洗消剂及洗消技术

卢林刚　徐晓楠　等编著

化学工业出版社

·北京·

本书重点介绍了氧化氯化型洗消剂、酸碱型洗消剂、吸附型洗消剂、溶剂型洗消剂、洗涤型洗消剂、催化型洗消剂、络合型洗消剂的洗消机理及洗消方法，对相关的基础理论研究进行有选择性介绍。本书的后三章分别对新型洗消技术、洗消工作的实施和典型洗消案例评析进行概述，力求让读者对该领域的新技术有所了解，对洗消工作的流程有所了解，对典型案例洗消处置有一定了解，力求做到深入浅出，资料翔实。

本书可供消防、化工、石化、环保等领域从事洗消处置及抢险救援相关工作人员使用，也可供相关专业的广大本科生、研究生及教师参考。

图书在版编目（CIP）数据

洗消剂及洗消技术/卢林刚，徐晓楠等编著. —北京：
化学工业出版社，2014.12（2022.1重印）
ISBN 978-7-122-22035-6

Ⅰ.①洗…　Ⅱ.①卢…②徐…　Ⅲ.①洗消-技术
Ⅳ.①TQ086.5

中国版本图书馆 CIP 数据核字（2014）第 235826 号

责任编辑：杜进祥　　　　　　　　文字编辑：孙凤英
责任校对：边　涛　　　　　　　　装帧设计：韩　飞

出版发行：化学工业出版社（北京市东城区青年湖南街 13 号　邮政编码 100011）
印　　装：北京科印技术咨询服务有限公司数码印刷分部
787mm×1092mm　1/16　印张 16½　字数 423 千字　2022 年 1 月北京第 1 版第 2 次印刷

购书咨询：010-64518888　　　　　　　售后服务：010-64518899
网　　址：http://www.cip.com.cn
凡购买本书，如有缺损质量问题，本社销售中心负责调换。

定　　价：98.00 元　　　　　　　　　　　　　　　版权所有　违者必究

前　言

化学品已成为人类生产和生活不可缺少的一部分。目前世界上已知的化学品已超过1000多万种，每年还要有千余种新化学品问世。危险化学品在生产、经营、储存、运输等过程中，常发生泄漏、爆炸、燃烧等灾害事故，给人民的生命和财产安全造成严重威胁，对生态环境造成严重危害。

洗消处置是危险化学品事故现场救援的一个关键环节，能有效降低事故现场的毒性，减少事故现场的人员伤亡，降低染毒人员的染毒程度，为事故后的恢复节省大量的人力、物力和财力。洗消剂及洗消技术直接决定了危险化学品事故现场应急洗消处置的能力和水平。了解洗消剂的种类及洗消机理，熟悉新时期下新型洗消技术及洗消技术发展趋势对实际洗消应用有重要理论指导意义，为彻底高效洗消处置危险化学品提供重要技术支撑。

本书共十一章。第1章简要介绍危险化学品事故应急洗消的定义及洗消方法；第2章至第8章分别从洗消原理、洗消剂分类及常规洗消应用等方面介绍氧化氯化型洗消剂、酸碱型洗消剂、吸附型洗消剂、溶剂型洗消剂、洗涤型洗消剂、催化型洗消剂、络合型洗消剂；第9章介绍新型洗消技术；第10章和第11章分别介绍洗消工作的实施和典型洗消案例评析；每章后列有参考文献，供读者查阅。

全书具体分工是，徐晓楠、孙楠楠、王会娅负责撰写第1、第2、第3、第9章(部分)内容，邵高耸负责撰写第4章并负责全书统稿，卢林刚、李向欣、韩冬负责撰写第5、第6、第7、第8章内容，李伟、王俊迪负责撰写第9(部分)、第10、第11章内容。

最后感谢化学工业出版社的领导和相关编辑对本书出版的大力支持和帮助。

由于我们水平有限，书中定有不当和不妥之处，敬请读者不吝指教。

编著者

2014 年 4 月

目 录

第 **1** 章

危险化学品与应急洗消

化学品是指天然的或人造的各类化学元素、化合物和混合物。近年来，随着经济的飞速发展和科学技术的不断进步，作为化工生产基础原料、中间体及产品的各类化学品以其特有的性能和用途，满足了人们在生产、经济、生活等各个领域的多种需要。据不完全统计，目前世界上已知的化学品种类已达1000多万种，常用的化学品有8万种左右，并且每年还有上千种新化学品问世。然而在品种繁多的化学品中，不乏有很多对人类生命和环境产生不良影响的危险化学品。这些物质在生产、经营、储存、运输和使用过程中，由于自身的特性，当遇到特殊的反应条件时就会迅速的释放出大量的热、能量和气体，在失控的反应中意外地导致爆炸、火灾和泄漏等多种化学灾害事故的发生。

危险化学品事故发生后，需要及时高效的应急处置工作。而洗消是化学品事故处置工作的重要组成部分，是防止化学品事故发生次生灾害的重要环节。如何开展快速、全面、高效的洗消工作不仅关系到化学品事故处置的成败，而且直接关系到人民群众的生命安危和生态环境的保护。洗消剂、洗消理论和洗消方法的相关基础理论研究，可有力地指导和促进洗消技术以及危险化学品应急处置技术的发展与提高。

1.1 危险化学品及其危害

1.1.1 危险化学品的概念

化学品中具有易燃、易爆、毒害、腐蚀、放射性等危险特性，在生产、储存、运输、使用和废弃物处置等过程中，能引起燃烧、爆炸而导致人身伤亡、财产毁损、环境污染等事故的化学物品，均属危险化学品。

目前，我国危险化学品的管理主要依据是，2002年1月26日国务院令第344号公布，2011年2月16日国务院第144次常务会议修订通过的《危险化学品安全管理条例》（国务院令第591号）。该条例第一章第三条中，将危险化学品定义为具有毒害、腐蚀、爆炸、燃烧、助燃等性质，对人体、设施、环境具有危害的剧毒化学品和其他化学品。该条例中还明确指出危险化学品目录，由国务院安全生产监督管理部门会同国务院工业和信息化、公安、环境保护、卫生、质量监督检验检疫、交通运输、铁路、民用航空、农业主管部门，根据化学品危险特性的鉴别和分类标准确定、公布，并适时调整。对于化学品的危险特性尚未确定的，由国务院安全生产监督管理部门、国务院环境保护主管部门、国务院卫生主管部门分别负责组织对该化学品的物理危险性、环境危害性、毒理特性进行鉴定。

1.1.2 危险化学品的分类

1.1.2.1 分类原则

危险化学品应按其危险性进行分类。每一种危险化学品往往具有多种危险性，但是在多种危险性中，必有一种主要的即对人类危害最大的危险性。在对危险化学品分类时，主要依据"择重归类"的原则，即根据该化学品的主要危险性来进行分类。

我国对种类繁多的危险化学品按其主要危险特性实行分类管理，分类的主要依据有《危险货物分类和品名编号》(GB 6944—2012)、《危险货物品名表》(GB 12268—2012)、《化学品分类和危险性公示通则》(GB 13690—2009)、《危险化学品名录》、《剧毒化学品名录》、《高毒物品目录》、《各类监控化学品名录》、《易制毒化学品的分类和品种目录》等。

1.1.2.2 分类方法

（1）依据《化学品分类和危险性公示通则》(GB 13690—2009)，结合联合国全球化学品统一分类和标签制度（GHS），按照化学品危险性的形态，可分别从理化危险、健康危险和环境危险三个方面对危险化学品进行分类，化学品共分为 27 类。具体分类情况，见表 1.1。

表 1.1　化学品危险性分类

危险特性	化学品分类		
	理化危险	健康危险	环境危险
分类	爆炸物 易燃气体 易燃气溶胶 氧化性气体 压力下气体 易燃液体 易燃固体 自反应物质或混合物 自燃液体 自燃固体 自热物质和混合物 遇水放出易燃气体的物质或混合物 氧化性液体 氧化性固体 有机过氧化物 金属腐蚀剂	急性毒物 皮肤腐蚀/刺激 严重眼损伤/眼刺激 呼吸或皮肤过敏 生死细胞致突变性 致癌性 生殖毒性 特异性靶器官系统毒性——一次接触 特异性靶器官系统毒性——反复接触 吸入危险	危害水生危险

（2）根据《危险货物品名表》(GB 12268—2012) 和《危险货物分类和品名编号》(GB 6944—2012)，可将常见的危险化学品划分为以下 9 大类。

第 1 类　爆炸品。

第 2 类　气体。

第 3 类　易燃液体。

第 4 类　易燃固体、易于自燃的物质、遇水放出易燃气体的物质。

第 5 类　氧化性物质和有机过氧化物。

第 6 类　毒性物质和感染性物质。

第 7 类　放射性物质。

第 8 类　腐蚀性物质。

第 9 类　杂项危险物质和物品，包括危害环境物质。

1.1.3　危险化学品的危害

1.1.3.1　燃爆危害

燃爆危害是指因危险化学品的燃烧、爆炸所造成的伤害或损害。

燃烧是一种同时具有光和热发生的剧烈的氧化还原反应。燃烧必须同时具备三个条件，即可燃物、助燃物和点火源，三个条件缺一不可。

爆炸是物质自一种状态迅速转变为另一种状态，并在瞬间以对外做机械功的形式放出大量能量的现象。爆炸是系统的一种非常迅速的物理或化学的能量释放过程，通常伴随发热、发光、压力上升、真空和电离等现象，具有很大的破坏作用，它与爆炸物的数量和性质、爆炸时的条件以及爆炸位置等因素有关。

1.1.3.2　健康危害

健康危害是指危险化学品接触人体后能对人体健康造成的损害。

（1）危害途径

① 呼吸道　呼吸道是危险化学品进入人体的最重要的途径。凡是以气体、蒸气、雾、烟、粉尘形式存在的危险化学品，均可经呼吸道侵入体内，直接被鼻、咽部和气管湿润的表面吸收，或渗透到肺泡区进而到身体各处。人的肺由亿万个肺泡组成，肺泡壁很薄，壁上有丰富的毛细血管，某些危险化学品一旦进入肺，很快就会通过肺泡壁进入血循环而被运送到全身，对人体造成伤害。影响呼吸道吸收最重要的影响因素是危险化学品在空气中的浓度，浓度越高，吸收越快。

② 皮肤　当液态、气态危险化学品附着在皮肤（包括眼睛、黏膜）上时，其可能会对皮肤产生刺激、腐蚀或引起发炎及过敏反应，有些危险化学品还可经皮肤吸收到体内，使人员中毒。由于脂溶性物质经表皮吸收后，还需有水溶性，才能进一步扩散和吸收，所以水、脂溶性的物质（如苯胺）易被皮肤吸收。另外，毒物更易通过皮肤破损处（伤口）侵入人体。

③ 消化道　由于不良卫生习惯或误食、误饮受毒物污染的食物、水，亦可导致人员中毒。由于人的肝对某些毒物具有解毒功能，所以消化道中毒较呼吸道中毒缓慢。有些毒性物质，如砷及其化合物，在水中不溶或溶解度很低，但接触胃液后则变为可溶物被人体吸收，引起人员中毒。

（2）危害形式

① 刺激　包括对皮肤、眼睛、呼吸道及肺泡上皮的刺激作用，引起皮肤干燥、粗糙、疼痛，引起眼睛的轻微、暂时不适或永久性伤残，以及咳嗽、呼吸、气管炎和肺水肿等。典型具有刺激性的毒物有氨、氯、光气、二氧化硫、甲醛、氟化氢等。

② 窒息　窒息主要表现在对身体组织氧化作用的干扰。症状主要分为单纯窒息、血液窒息和细胞内窒息三种。某些毒物如一氧化碳、硫化氢、氰化物、丙烯腈等属化学窒息性毒物，可以直接对体内氧的供给、摄取、运输、利用等任一环节造成障碍，造成肌体以缺氧为主要表现环节的疾病状态；毒物如氮、氢、氦等属单纯窒息性毒物，大量释放会导致空气中氧气浓度的降低，造成因缺氧而窒息。

③ 昏迷和麻醉　一些脂溶性物质，如醇类、酯类、氯烃、芳香烃等，可对神经细胞产生麻醉作用；有机磷和氨基甲酸酯类等农药、溴甲烷、三氯氧磷、磷化氢等，可作用于神经系统引起中毒昏迷。

④ 化学灼伤　化学灼伤是因某些化学物质直接作用于皮肤或黏膜，由于刺激、腐蚀作用及化学反应热而引起的急性损伤。其不同于一般的热力烧伤，致伤化学物质与皮肤接触的时间往往较热力烧伤长，对组织造成的损害可以是持续性、进行性的。不同化学物质导致化学灼伤的作用和机制不同，某些化学物质造成的化学灼伤还可造成皮肤、黏膜的吸收中毒，并产生严重后果，甚至导致死亡。可造成化学灼伤的化学物质种类很多，按类别主要是酸性和碱性物质，如浓硫酸、硝酸、氢氧化钠等，其他的还有金属钠、电石、有机磷、沥青和芥子气等。

⑤ 致癌性　某些化学物质在长期接触后可能会引起细胞的无节制生长，形成癌性肿瘤。这些肿瘤可能在经过一段潜伏期后才表现出来，一般可达 4～40 年。典型的致癌毒物有苯、联苯胺、氯乙烯、石棉、铬等。

⑥ 致畸　一些研究表明，某些化学物质，如麻醉性气体、水银和有机溶剂，可能干扰正常的细胞分裂过程，在怀孕的前 3 个月，胎儿的脑、心脏、胳膊和腿等重要器官正在发育，孕妇如果接触此类化学物质，可能对胎儿造成危害，干扰胎儿的正常发育，导致胎儿畸形。

⑦ 致突变　某些化学品对人的遗传基因的影响可能导致后代发生异常，实验结果表明，80％～85％的致癌化学物质对后代有影响。

1.1.3.3　环境危害

环境危害是指危险化学品对环境的影响。化学品事故本身往往会致使大量有毒危险化学品外泄进入环境，污染大气、水体、地表，造成较为严重的环境污染。

（1）对大气的危害

① 破坏臭氧层　臭氧可以减少太阳紫外线对地表的辐射，导致地面接收的紫外线辐射增加，从而导致皮肤癌和白内障的发病率大量增加。研究结果表明，含氯化学物质，特别是氯氟烃进入大气会破坏同温层的臭氧，另外，N_2O（氧化亚氮）、CH_4 等对臭氧也有破坏作用。

② 导致温室效应　大气层中的某些微量组分能使太阳的短波辐射透过加热地面，而地面增温后所放出的热辐射都被这些组分吸收，使大气增温，这种现象称为温室效应。这些能使地球大气增温的微量组分被称为温室气体。温室气体主要有 CO_2、CH_4、N_2O、氟氯烷烃等。

③ 引起酸雨　由于硫氧化物（主要为 SO_2）和氮氧化物的大量排放，在空气中遇水蒸气形成酸雨，对动物、植物、人类等均会造成严重影响。

④ 形成化学烟雾　一种是硫酸烟雾，主要是因为大气中未燃烧的煤尘、SO_2 与空气中的水蒸气混合并发生化学反应所形成的烟雾；一种是光化学烟雾，主要是由于汽车、工厂等排入大气中的氮氧化物或碳氢化合物，经光化学作用生成臭氧、过氧乙酰硝酸酯等造成的烟雾。

（2）对土壤的危害　大量化学废物进入土壤，可导致土壤酸化、土壤碱化和土壤板结。

（3）对水体的危害　水体中的污染物可分为：无机无毒物、无机有毒物、有机无毒物和有机有毒物四大类。无机无毒物一般包括无机盐和氮、磷等植物营养物等；无机有毒物包括各类重金属（汞、镉、铅、铬）和氧化物、氟化物等；有机无毒物主要是指在水体中比较容易分解的有机化合物，如碳水化合物、脂肪、蛋白质等；有机有毒物主要为苯酚、多环芳烃和多种人工合成的具积累性的稳定有机化合物，如多氯醛苯和有机农药等。

含氮、磷及其他有机物的生活污水、工业废水排入水体，使水中养分过多，藻类大量繁殖，海水变红，称为"赤潮"，由于造成水中溶解氧的急剧减少，严重影响鱼类生存；重金属、农药、挥发酚类、氧化物、砷化合物等污染物可在水中生物体内富集，造成其损害、死亡、破坏生态环境；石油类污染可导致鱼类、水生生物死亡，还可以引起水上火灾。

1.2　危险化学品事故及应急处置

1.2.1　危险化学品事故的定义

危险化学品事故指由一种或数种危险化学品或其能量意外释放造成的人身伤亡、财产损失或环境污染事故。在国家安全生产监督管理总局 2006 年 10 月发布的《危险化学品事故灾难应急预案》中规定,危险化学品事故的定义是指危险化学品生产、经营、储存、运输、使用和废弃危险化学品处置等过程中由危险化学品造成人员伤害、财产损失和环境污染的事故(矿山开采过程中发生的有毒、有害气体中毒、爆炸事故、放炮事故除外)。表 1.2 列举了我国发生的典型危险化学品事故。

表 1.2　典型危险化学品事故

时　间	事故经过	事故损失
1993 年 8 月 5 日	深圳安贸危险物品储运公司清水河危险化学品仓库发生特大爆炸事故,爆炸引起大火	15 人死亡,200 多人受伤,直接经济损失超过 2.5 亿元
1997 年 6 月 27 日	北京化工集团有限公司东方化工厂石脑油外溢遇火源发生爆炸,进而引起火灾	9 人死亡,39 人受伤,直接经济损失 1.17 亿元
2002 年 5 月 8 日	山东时风集团有限责任公司发生重大苯中毒案件	31 人中毒,2 人死亡
2002 年 7 月 8 日	山东某化肥厂一储存 20m³ 液氨储罐在向一辆槽车充装时,由于车载金属软管发生爆裂,导致液氨泄漏	105 人中毒,13 人死亡,直接经济损失约 72.62 万元
2003 年 4 月 17 日	山东省聊城蓝威化工有限公司存放的二氯异氰尿酸钠半成品因被雨水浸湿发生自燃	4 人死亡,6 人重度中毒,127 人轻度中毒
2003 年 12 月 23 日	中国石油天然气总公司重庆开县西南油气田分公司发生天然气井喷事故,大量含有高浓度硫化氢的天然气喷出并扩散	243 人中毒死亡,4000 多人受伤,疏散转移 6 万多人,93 万人受灾,直接经济损失达 6432.31 万元
2004 年 1 月 13 日	河南省郾城县境内一辆满载 40t 液氯的罐车在途经邸襄路时倾覆,造成大量液氯泄漏	约 2.4 万人紧急疏散
2004 年 4 月 20 日	北京市怀柔区京都黄金冶炼有限公司由于工人违规操作,导致含有氢氰酸的有毒液体泄漏外溢约 30t	10 人中毒,3 人死亡
2005 年 3 月 29 日	京沪高速公路淮安段一辆装有约 35t 液氯的槽罐车与货车相撞,导致液氯大面积泄漏	28 人中毒死亡,285 人受伤,疏散村民群众近 1 万人,2 万多亩农作物受灾
2005 年 10 月 15 日	青岛东方化工股份有限公司一个 1750m³ 硫酸储罐破裂,罐内 2800 多吨硫酸顷刻泄漏	6 人死亡,13 人受伤
2005 年 11 月 13 日	中国石油天然气股份有限公司吉林石化分公司双苯厂硝基苯精馏塔发生爆炸	8 人死亡,60 人受伤,直接经济损失 6908 万元,引发松花江水污染事件
2006 年 6 月 24 日	京沪高速公路淮安楚州段一辆装载 29t 丙烯腈的槽罐车发生交通事故,导致丙烯腈泄漏并爆炸起火	1 人死亡,8 人受伤,2 万群众被转移疏散,直接经济损失 300 万元
2007 年 11 月 27 日	江苏联化科技有限公司重氮盐生产过程中发生爆炸	8 人死亡,5 人受伤,直接经济损失约 400 万元
2008 年 6 月 5 日	黑龙江齐齐哈尔铁锋区光宇废品收购站发生光气泄漏事故	3 人死亡,1 人重伤,11 人中毒住院
2008 年 6 月 12 日	云南省昆明市安宁齐天化肥厂发生硫化氢气体泄漏事故	6 人死亡,28 人入院治疗
2009 年 7 月 15 日	河南省洛染股份有限公司 2,4-二硝基氯苯发生爆炸,导致氯苯中转罐着火及爆炸事故	7 人死亡,9 人受伤,靠近工厂约 1km 范围内玻璃被震碎,周边 108 名居民被划伤
2009 年 9 月 2 日	山东省临沂市兰山区金兰物流城一装载化学物品的货车在卸车过程中引发意外爆燃事故	18 人死亡,10 人受伤
2010 年 7 月 16 日	大连新港中石油油罐区发生爆炸和原油泄漏事故	直接经济损失 5 亿元以上
2010 年 7 月 28 日	扬州鸿运建设配套工程有限公司在拆迁土地过程中,挖掘机挖穿地下管道,导致丙烯泄漏后遇到明火发生爆燃	22 人死亡,120 人住院治疗,直接经济损失 4784 万元

续表

时　间	事故经过	事故损失
2011年4月13日	山东科源制药有限公司综合车间单硝工段单硝母液蒸酯釜发生爆炸事故	2人死亡，3人受伤，直接经济损失约973万元
2011年11月19日	山东新泰联合化工有限公司尿素车间在停车检修三聚氰胺时发生重大爆燃事故	15人死亡，4人受伤，直接经济损失1890万元
2012年2月28日	河北克尔化工有限责任公司生产硝酸胍的车间发生重大爆炸事故	25人死亡，4人失踪，46人受伤
2013年9月25日	兰海高速贵阳至遵义路段一辆满载化学药品的槽罐车起火，导致30t液态苯发生泄漏燃烧	火势造成单向路段关闭，数百辆车受堵
2013年11月22日	山东青岛中石化东黄输油管道泄漏原油进入市政排水暗渠，在形成密闭空间的暗渠内油气积聚遇火花发生大范围连续爆炸	62人死亡，136人受伤，直接经济损失75172万元

1.2.2　危险化学品事故的分类

危险化学品事故具有突发性强、形式多样性、扩散迅速、危害严重和处置艰巨等特点。该类事故的发生与发展极易对生态、人畜、设备等造成严重污染，极易产生中毒、热辐射、放射性损伤和爆炸损伤等多种严重的、长时期的和潜在的危害，从而极易造成巨大的人员伤亡、经济损失和环境污染，甚至会造成灾难性后果，影响社会的安全稳定。从危险化学品事故的理化表现和伤害方式划分，危险化学品事故大体上可划分为8类，即火灾、爆炸、泄漏、中毒、窒息、灼伤、辐射和其他危险化学品事故。

（1）火灾　危险化学品火灾事故指燃烧物质主要是危险化学品的火灾事故。具体又分若干小类，包括易燃液体火灾、易燃固体火灾、自燃物品火灾、遇湿易燃物品火灾和其他危险化学品火灾。易燃易爆的气体、液体、固体泄漏后，一旦遇到助燃物和点火源就会被点燃引发火灾事故，易造成重大的人员伤亡。火灾对人的影响方式主要是显露于热辐射所致的皮肤烧伤，烧伤程序取决于热辐射强度和暴露时间。另一影响是由于大多数危险化学品在燃烧过程中空气含氧量的耗尽和产生大量的有毒有害气体或烟雾，往往会伴随发生人员中毒和窒息事故。

（2）爆炸　危险化学品爆炸事故是指危险化学品发生化学反应的爆炸事故或液化气体和压缩气体的物理爆炸事故。主要包括爆炸品的爆炸（如烟花爆竹爆炸、民用爆炸装备爆炸、军工爆炸品爆炸等），易燃固体、自燃物品、遇湿易燃物品、易燃液体的火灾爆炸，易燃气体爆炸，危险化学品产生的粉尘、气体、挥发物爆炸，液化气体和压缩气体的物理爆炸，其他化学反应爆炸等。

爆炸的特征是能够产生冲击波。冲击波的作用可因爆炸物质的性质和数量以及蒸气云封闭程序、周边环境而变化。冲击波对人直接造成伤害的压力为5～10kPa（只有在较高的超压下才出现死亡），造成厂房倒塌、门窗破坏的最低压力为3～10kPa。冲击波的压力随距爆炸源的距离增加而迅速降低。常见的危险化学品爆炸有气体与粉尘爆炸、沸腾液体扩展蒸气爆炸、物理爆炸。

（3）泄漏　危险化学品泄漏事故主要是指气体或液化危险化学品发生了一定规模的泄漏，虽然没有发展成为火灾、爆炸或中毒事故，但造成了严重的财产损失或环境污染等后果。危险化学品泄漏事故一旦失控，极易造成重大火灾、爆炸或中毒事故。

在现代工业的生产过程中，危险化学品常在高温和高压条件下以冷冻液化形式大量储存，在生产、使用和运输过程中极易发生泄漏事故。如，常压下为液态的物料泄漏后四处流淌，同时蒸发为气体扩散；常温下加压压缩、液化储存的物料一旦泄漏至空气中会迅速膨胀、气化为常压下的大量气体，迅速扩散至大范围空间，如液态烃、液氯、液氨；如果泄漏的物质有毒性，将造成所扩散范围内的人员中毒；如果有燃烧爆炸性，将可能形成火球、池火灾、蒸气云爆炸、沸腾液体扩展蒸气爆炸等严重的火灾爆炸事故。

（4）中毒　危险化学品中毒事故主要指人体吸入、食入或接触有毒有害化学品或者化学品反应的产物，而导致的中毒事故。具体包括吸入中毒事故（中毒途径为呼吸道）、接触中毒事故（中毒途径为皮肤、眼睛等）、误食中毒事故（中毒途径为消化道）、其他中毒。

（5）窒息　危险化学品窒息事故主要指危险化学品对人体氧化作用的干扰，主要是人体吸入有毒有害化学品或者化学品反应的产物而导致的窒息事故。主要分为简单窒息（周围氧气被惰性气体替代）和化学窒息（化学物质直接影响机体传送氧以及和氧结合的能力）。

（6）灼伤　危险化学品灼伤事故主要指腐蚀性危险化学品意外与人体接触，在短时间内即在人体被接触表面发生化学反应，造成明显破坏的事故。主要包括化学品灼伤（如酸碱性腐蚀品的化学灼伤）和物理灼伤（如火焰烧伤、高温固体和液体烫伤等）。物理灼伤是高温造成的伤害，致使人体立即感到强烈的疼痛，人体肌肤会本能地立即避开。化学品灼伤有一个化学反应过程，开始并不感到疼痛，经过几分钟、几小时甚至几天才表现出严重的伤害，并且伤害还会不断地增加。因此化学品灼伤比物理灼伤危害更大。

（7）辐射　危险化学品辐射事故是指具有放射性的危险化学品发射出一定能量的射线对人体造成伤害。放射性污染物主要指各种放射性核素，其放射性与化学状态无关。其放射性强度越大，危险性就越大。人体组织在受到射线照射时，能发生电离，如果人体受到过量射线的照射，就会产生不同程度的损伤。

（8）其他　其他危险化学品事故指不能归入上述七类危险化学品事故之外的其他危险化学品事故，主要是指危险化学品的险肇事故，即危险化学品发生了人们不希望的意外事故，如危险化学品罐体倾倒、车辆倾覆，但没有发生火灾、爆炸、中毒和窒息、灼伤、泄漏等事故。

目前，我国化学灾害事故的灾害形式主要是爆炸或火灾（所占比例 60%～71%），它是造成人员伤亡的第一原因，泄漏中毒是造成我国化学伤亡的第二大原因（所占比例 30%～50%），其他危害形式的化学灾害事故所占比例较小。

1.2.3　危险化学品事故应急处置的基本程序

危险化学品事故应急处置是指在危险化学品造成或可能造成人员伤害、财产损失和环境污染等其他较大社会危害时，为及时控制危险源，抢救受害人员，指导群众防护和组织撤离，清除危害后果而采取的措施或组织的救援活动。

在国家安全监督管理总局于 2006 年 10 月发布的《国家危险化学品事故灾难应急预案》中，对危险化学品事故一般处置方案进行了明确规定。主要包括以下内容。

（1）接警　接警时应明确发生事故的单位名称、地址、危险化学品种类、事故简要情况、人员伤亡情况等。

（2）隔离事故现场，建立警戒区　事故发生后，启动应急预案，根据化学品泄漏的扩散情况、火焰辐射热、爆炸所涉及的范围建立警戒区，并在通往事故现场的主要干道上实行交通管制。

（3）人员疏散　包括撤离和就地保护两种。撤离是指所有可能受到威胁的人员从危险区域转移到安全区域。在有足够的时间向群众报警、进行准备的情况下，撤离是最佳的保护措施。一般是从上风侧离开，必须有组织、有秩序地进行。

就地保护是指人进入建筑物或其他设施内，直至危险过去。当撤离比就地保护更危险或撤离无法进行时，采取此项措施。指挥建筑物内人关闭所有门窗，并关闭所有通风、加热、冷却系统。

（4）现场控制　针对不同事故，开展现场控制工作。应急人员应根据事故特点和事故引发物质的不同，采取不同的防护措施。现场控制的基本原则如下。

① 控制事故源　及时有效地控制事故源是危险化学品事故应急处置工作的首要任务，只有及时有效地控制住事故源，才能及时防止事故的继续发展，为下一步有效地处置工作铺平道路。

② 抢救受害人员　这是危险化学品应急处置工作的主要任务。在应急处置行动中，及时、有序、有效地实施现场急救与安全转送伤员是降低伤亡率、减少人员伤害的关键。

③ 做好现场清理和洗消　对事故外溢和事故处置过程中产生的有毒有害物质及可能对人和环境继续造成危害的物质，应及时组织人员予以清理和洗消，消除危害后果，防止对人的继续危害和对环境的污染。

1.3　危险化学品的应急洗消

危险化学品事故不同于日常的跑、冒、滴、漏所造成的时间长、剂量小的事故危害。危险化学品事故发生后，除对人体可造成严重伤害以外，大部分有毒有害物质可污染空气和物体表层，有毒气体可能滞留在污染区内任何一个位置，而有毒液体则能渗透到地表，一旦渗入地下，还可能流入江河、湖泊等水体，导致水域的严重污染。若不能及时采取有效的措施进行应急处置，大量的危险化学品可以造成空气、地面、农作物、建筑物表面的深度污染，持续时间少则几个小时，多则数日、数月甚至更长，污染还会迅速蔓延扩大，造成更大危害。此外，许多危险化学品事故具有连锁性，一个事故发生后，由其可以导致一系列的其他事故，即导致发生衍生事故，如危险化学品发生火灾爆炸事故，在火灾扑救过程中，消防废水没有得到有效收集和控制，易导致环境衍生事故的发生。

应对危险化学品事故处置过程严加防护，并在对危险化学品事故现场情况进行危险分析的基础上，要及时对现场可能产生的进一步危害和破坏采取及时的行动，使二次事故的可能性尽可能小，以保证所有在场人员的安全及保护现场免遭进一步破坏。如当存在严重的衍生事故风险时，应尽快查明现场是否有危险品存在并采取相应措施，准备好随时可用的消防装置，并尽快转移危险物质，同时严格制止任何可能引起事态恶化的行为。即使是使用抢救设备等都应在绝对安全的情况下才可使用。因此，为了从根本上消除或降低毒源造成的污染，化学品事故发生后必须科学地实施洗消，以彻底排除安全隐患。及时、正确地应用洗消技术可以避免或减轻人员的伤害程度，保持战斗力。事故现场洗消作业在危险化学品事故处置中发挥着越来越重要的作用。

1.3.1　洗消的概念

洗消是指通过机械、物理或化学的方法对化学品事故现场遭受化学污染物、放射性物质和生物毒剂污染的地面、设备、装备、人员、环境等进行消毒、清除污染和灭菌而采取的技术过程，它是使危险物失去毒害作用、有效防止其蔓延扩散的一种有效方法，是消除染毒体和污染区毒性危害的重要措施。

参与危险化学品事故应急响应的人员应进行全面、专业的洗消。为避免人员和设备受到污染，应针对洗消的各个阶段制订详细的程序并予以执行。应根据现场危险化学品的类型、危害程度、应急人员、设备及周围环境受到污染的可能性等信息，确定洗消程序和方法，尽可能将污染降到最低，避免或减少与污染源的接触，控制污染物的扩散，妥善处置污染物，直至经确认完全洗消为止。

1.3.2 洗消的作用

洗消的目的是对被染毒对象实施彻底的洗涤和消毒，降低或消除其可能的危害程度，有效地减少和防止由涉及危险品事件的人员和装备携带的污染物蔓延扩散的危险。它是对事故现场染毒体残余的毒害作用进行彻底消除的一项重要措施，在化学品灾害事故处置中是一个非常重要的必不可少的环节，直接关系到化学品事故应急救援的成败。它是一项要求高、技术强的现场处置工作，一般在化学品灾害事故已完全得到控制，人员已被抢救出来后，洗消工作开始全面展开。如，在2004年"4·20"北京怀柔区某黄金冶炼厂氰化氢泄漏事故中，处置人员对流淌区域及厂区共计10000m²的范围进行清洗、消毒，有效地处置了氰化氢（HCN）的毒害作用，避免含有HCN的毒液流入雁栖湖，保证北京市居民饮用水的安全，确保周围环境的不受污染。

洗消的作用主要表现在以下几方面。

① 降低事故现场毒性，减少事故现场人员伤亡。

② 降低染毒人员的染毒程度，为染毒人员的医疗救治提供宝贵时间。

③ 提高事故现场的能见度，提高化学品事故的处置能力，如化学危险品发生泄漏，常以气态形式弥散在空气中，使能见度降低，通过洗消，可以降低空气中化学毒物的浓度，提高能见度，有利于化学应急工作的展开。

④ 降低事故现场的污染程度，提高处置人员的防护水平，简化化学品事故处置程序。

⑤ 能缩小染毒区域，精简警戒人员，便于居民的防护和撤离。

⑥ 能消除或降低毒物对环境的污染，最大限度地降低事故损失。

⑦ 能使具有火灾爆炸危险的有毒物质失去燃爆性，消除事故现场发生燃烧或爆炸的威胁。

1.3.3 洗消的原则

洗消是被迫采取的一种措施，不可能"积极主动"，做到面面俱到。洗消内容越多，所需的人力、物力、财力等资源也越多，所以，在洗消过程中既要做到快速有效的消毒和消除污染，保证救援人员的生命安全，维护救援力量的战斗能力，又要做到节约资源。要做到以上几点，应遵循以下原则。

（1）尽快实施洗消 危险化学品灾害事故突发性强，泄漏的危险化学品的量大、毒性强、扩散范围广，任何受到污染的物体都可能引起人员的二次中毒。另外，有些毒物对人员造成伤害很大，如沾染危险化学品浓硫酸、毒剂（物）、放射性物质等后能迅速致伤、致残、致死，这从客观上要求现场洗消工作在现场侦检、人员疏散和救治、泄漏物控制和处置等工作的同时，必须及时、快速和高效地实施现场染毒体的消毒工作，将危险化学品事故的危害程度降到最低。另外，尽快洗消还可限制沾染的渗透和扩散，提高后期救援的可靠性。

（2）实施必要洗消 洗消的目的是为了保证救援任务的顺利完成，而不是制造一个没有沾染有毒物质的绝对安全环境。重大危险化学品事故现场的洗消任务重，时间性和技术性要求高。此外，受后勤保障、地理环境等的限制，对洗消的范围不能随意扩大，而且由于救援现场客观环境要求的关系和资源的有限，因此，只能对那些继续履行救援职责来说应为必要的器材装备、地面才进行洗消。

（3）靠近前方洗消 洗消点的位置靠前设置，主要是为了控制沾染面积的扩散，如果洗消点设置位置靠后，受染器材装备、人员洗消时必然后撤，造成污染面积的扩散。同时洗消位置适当靠前，可以使救援装备和人员减少不必要的防护时间的浪费，有利于救援任务的执行。

（4）按优先等级洗消　对受染更为严重、有重大威胁和有生命危险的优先洗消，而威胁小的则可以后洗消；针对执行救援任务中重要的、急需转移二次救援的器材装备优先洗消，对一般性的器材装备可押后洗消。

1.3.4　洗消的基本方法

根据危险化学品应急处置现场中洗消工作的任务和要求，可将常用的洗消方法从原理上加以区分，主要分为物理洗消法和化学洗消法。这两类方法各有特点和适用条件的限制，可能顺次进行，也可能同时进行。在选择洗消方法时，应全面考虑危险化学品的种类、泄漏量、性质以及被污染的对象等因素，进行合理选择。方法选择应符合的基本要求是，消毒要快，毒性消除彻底，洗消费用尽量低，消毒剂不会造成人的伤害。

1.3.4.1　物理洗消法

物理洗消法是通过将毒物转移，或将染毒的浓度稀释至其最高容许浓度以下或防止人体接触来减弱或控制毒物的危害。该方法主要是利用各种物理手段，如通风、溶解、稀释、收集输转、掩埋隔离等，将染毒体的浓度降低、泄漏物隔离封闭或清离现场，达到消除毒物危害的目的。

物理洗消法的实质是毒物的转移或稀释，毒物的化学性质和数量在洗消处理前后并没有发生变化，只是临时性解决现场毒物的危害问题。其优点是处置便利，容易实施、腐蚀性小。其不足是清除下来的毒剂仍存在，存在发生再次危害的可能性，如毒物随冲洗水流入下水道、河流或深埋的毒物随雨水渗入地下水源等，都会再次造成危害，需要进行二次消毒处理。常用的物理洗消方法有以下几种。

（1）吸附洗消法　吸附洗消法是利用具有较强吸附能力的物质（如活性炭、活性白土等），通过化学吸附或物理吸附的原理，吸附染毒物品表面或过滤空气、水中的有毒物，亦可用棉花、纱布等材料吸去人体皮肤上的可见毒物液滴。如在苯、油类等液体危险化学品泄漏事故中，针对地面残留液体的洗消中可用消防专用活性炭、吸附垫进行吸附洗消。这种洗消法的优点是使用简单、操作方便、吸附剂没有刺激性和腐蚀性、适用范围广。

（2）通风洗消法　通风洗消法适用于局部空间区域的消毒，如车间、库房、污水井、下水道等。根据局部空间区域内有毒气体或蒸气浓度，可选择采用自然通风或强制通风的消毒措施。采用强制通风消毒时，要求做到局部空间区域内排出的有毒气体或蒸气不得重新进入局部空间区域；若采用机械排毒通风的办法，应根据有毒气体或有毒蒸气的密度与空气密度的大小，来确定排毒口的具体位置，若排出的毒物具有燃爆性，排毒设备必须防爆。

（3）溶洗洗消法　溶洗洗消法是指用棉花、纱布等浸以酒精、汽油、煤油等有机溶剂，将染毒物表面的毒物溶解擦洗掉。此种方法消耗溶剂较多，消毒不彻底，多用于精密仪器和电子设备的洗消。

（4）机械转移洗消法　机械转移洗消法是采用除去（如用破拆工具、铲车、推土机等切除或铲除）或覆盖（如使用沙土、水泥粉、炉渣或草垫覆盖）染毒层的办法，也可采用将染毒物密封移走或密封掩埋（如制作密封容器），使事故现场的毒物浓度得以降低的方法。这种方法虽然不能破坏毒物的毒性，但可在一定程度上降低化学毒物的浓度，使处置人员不与染毒的物品、设施直接接触，但在掩埋的时候必须添加大量的漂白粉、生石灰拌匀。

（5）冲洗洗消法　在采用冲洗洗消法实施消毒时，若在水中加入某些洗涤剂（如洗衣粉、肥皂、洗涤液等），冲洗效果更好。冲洗消毒法的优点是操作简单，腐蚀性小，冲洗剂价廉易得；其缺点是水耗量大，处理不当会使毒剂扩散和渗透，扩大染毒区域的范围。

（6）其他　通过自然条件（如日晒、雨淋、风吹等）也可使毒物消除，但这些方法一般只适用于不经常使用或暂不使用的工业设施。

1.3.4.2　化学洗消法

化学洗消法是通过洗消剂与毒物发生化学反应，来改变毒物的分子结构和组成，使之转变成无毒或低毒物质，达到消除其危害的方法。化学洗消法具有消毒彻底，对环境保护较好的特点。在使用时要注意洗消剂与毒物的化学反应是否产生新的有毒物质，防止发生次生反应染毒事故。但由于在实施中需借助器材装备，消耗大量的洗消药剂，成本较高，在实际洗消中一般是化学洗消法与物理洗消法同步展开，以提高洗消效率。常用的化学洗消方法有以下几种。

（1）中和洗消法　中和法是利用酸碱中和反应的原理，用于处理事故现场泄漏的强酸、强碱或具有酸（碱）性毒物的方法。如强酸大量泄漏，可用碱性物质实施洗消；大量碱性物质发生泄漏时，可用酸性物质实施洗消。但由于酸和碱都具有强烈的腐蚀性，能腐蚀皮肤和设备等，且具有较强的刺激性气味，吸入体内能引起呼吸道和肺部的伤害，所以无论是使用酸还是碱作为洗消剂，使用时都必须调配成稀的水溶液使用，以免引起新的酸碱伤害。中和消毒完毕，还要用大量的水实施冲洗。

（2）氧化还原洗消法　氧化还原消毒法是利用氧化还原反应的原理，使有毒物变成无毒物或低毒物。氧化还原反应的实质是反应物质之间的电子得失的过程，通过毒物电子的得失，毒物中某些元素的价态会发生改变（将低价有毒物质可氧化为高价无毒物质；将高价有毒物质还原为低价无毒物质），从而使毒物的毒性得到降低或消除。例如，硫化氢、硫磷农药、含硫磷的某些军事毒剂等低价硫磷化合物，可用氧化型洗消剂，如漂白粉、三合二等强氧化剂，迅速将其氧化成高价态的无毒化合物。

（3）催化洗消法　催化洗消法是利用催化原理，在催化剂的作用下，使有毒化学物质加速生成无毒物或低毒物的化学消毒方法。如一些有机硫磷农药、军事毒剂等都具有毒性大、毒效长的特点，但其水解的最终产物却没有毒性。在常温、低浓度下它们需要数天的时间才能彻底水解，不能满足化学品事故现场快速洗消的要求。此时，可加入某些催化剂促使其快速水解，从而快速对其进行洗消处理。此外，催化洗消法包括碱催化法、催化氧化消毒法、催化光化洗消消毒法、酶催化、络合催化等。催化消毒法只需少量的催化剂溶入水中即可，适合事故现场洗消，是一种经济高效、有发展前景的化学消毒方法。

（4）络合洗消法　络合洗消法是利用络合剂与有毒物发生快速络合反应，生成无毒的络合物，或将有毒分子化学吸附在含有络合消毒剂的载体上，使原有的毒物失去毒性。如氯化氢、氨、氰根离子就可用络合吸附的方法，使其失去毒性。络合消毒法使用的络合剂又可分为有机络合剂和无机络合剂。络合法还可利用硝酸银试剂、含氰化银的活性炭等吸附络合剂与有毒物质作用，将有毒物吸附在含有络合剂的洗消剂（或载体）上面，从而起洗消作用。如氰化氢过滤罐就是在过滤罐内添装有氰化铜的活性炭，氰化铜是络合剂，活性炭是载体，当活性炭表面附着的氰化铜遇到氰化氢后，迅速发生络合反应，将氰化氢化学吸附在含有氰化铜的活性炭上，生成无毒的铜氰络合物，这样可对染毒空气起到过滤的作用，利用的原理就是络合消毒法。

1.3.4.3　燃烧洗消法

燃烧洗消法是通过燃烧来破坏有毒化学物质，使其毒性降低或失去毒性的消毒方法。这种方法实质上也是氧化还原反应，但反应的速率比较剧烈，是将具有可燃性的毒物与空气反应使其失去毒性。适用于具有可燃性、同时价值不大或燃烧后仍可使用的设施或物品，如染毒的衣物和染毒的植物。如，在重庆开县发生的特大井喷事故中，为了防止硫化氢的扩散，在压井前，将喷出的硫化氢气体进行了点燃。从而将剧毒的硫化氢转化为低毒的二氧化硫，降低了硫化氢的毒性。但燃烧消毒法是一种不彻底的消毒方法，燃烧虽可破坏毒物，但同时也可能会使有毒化学物质挥发，造成邻近或下风方向空气污染，故使用燃烧消毒法时洗消人员应采取相应的防护措施。

1.3.5　洗消剂

正确的洗消是化学品事故应急处置中的关键措施之一，是从根本上清除危化品灾害事故的有效手段。选择适合的洗消剂是实施洗消的根本要素，是获得事故处置成功的前提和关键。

1.3.5.1　洗消剂的选择

为了使洗消剂在危险化学品事故处置中有效地发挥作用，应根据毒物的理化性质、受污染物体的具体情况和器材装备，结合相关洗消剂的洗消原理，对洗消剂进行灵活选择。总体来说，洗消剂的选择上应坚持"高效、广谱、低成本、低腐蚀、无污染、稳定、易携带、对环境要求低"原则。因此，洗消剂的具体技术要求主要有如下几点。

① 洗消速度快，不易扩散，有利于在第一时间控制事态的发展。

② 洗消彻底，效果明显。

③ 用量少，价格便宜。

④ 安全环保，副作用小，应用后能使洗消对象尽快恢复其使用价值。

⑤ 易于得到，且具有较好的稳定性。

⑥ 广谱性能好，功能多样，应用范围广泛，使用方法简单，便于存储。

⑦ 洗消废液易于处理，对环境影响小。

1.3.5.2　常用洗消剂的分类

洗消剂是用来清洗化学毒剂或能与化学毒剂反应使其毒性消失的化学物质。它是随着持久性毒剂在战场上的出现而发展起来的，自从第一次世界大战德军首次使用持久性毒剂芥子气后，就出现了漂白粉和高锰酸钾消毒剂。目前，常用洗消剂的种类主要有以下几种。

（1）氧化氯化型洗消剂　如次氯酸钙、次氯酸钠、三合二、双氧水、氯胺、二氯异三聚氰酸钠等。

（2）酸性洗消剂　如稀盐酸、稀硫酸、稀硝酸等。

（3）碱性洗消剂　如氢氧化钠、氨水、碳酸钠、碳酸氢钠等。

（4）络合型洗消剂　如硝酸银试剂、含氰化银的活性炭等。

（5）溶剂型洗消剂　包括常用的溶剂，如水、酒精、汽油或煤油等。

（6）洗涤型洗消剂　其主要成分是表面活性剂，根据活性基团的不同可分为阳离子活性剂和阴离子活性剂，具有良好的湿润性、渗透性、乳化性和增溶性，如肥皂水、洗衣粉、洗涤液、乳液消毒剂等。

（7）吸附型洗消剂　其主要利用吸附机理达到洗消作用，主要分为物理吸附和化学吸附，如活性炭、吸附垫、分子筛等。

（8）催化型洗消剂　某些化学污染物与洗消剂的反应需要在特定的温度、pH 值等环境因素下进行，需加入相应催化剂以提高其洗消反应速率，如氨水、醇氨溶液等催化剂，可加快毒物的水解、氧化、光化等反应速率。

（9）螯合型洗消剂　此类洗消剂能够与有毒物质发生快速的螯合，将有毒分子吸附在螯合体上使其丧失毒性。如敌腐特灵、六氟灵洗消剂，属酸碱两性的螯合剂，对强酸、强碱等各种化学品灼伤都适用。

上述各类洗消剂在洗消效果上基本都能满足毒物洗消的要求。在洗消剂的选择过程中，对于同一种污染物并不只有唯一类型的洗消剂。如对氰化钠泄漏事故的处置，除选择络合洗消剂外，亦可选择三合一氧化氯化型洗消剂。有时在实际洗消中仅依靠一种洗消剂并不能达到预期的洗消目的与要求，需要选择多种洗消剂进行联用，如洗涤剂＋吸附剂＋中和剂、催化剂＋氧化氯化洗消剂、催化剂＋络合剂等不同组合模式，从而达到最佳的洗消效果。

1.3.5.3 洗消剂的发展

目前没有任何一种洗消剂堪称为通用洗消剂，各种洗消剂都有其优缺点。如，次氯酸盐消毒剂对金属兵器腐蚀性强，使用后兵器的维护保养难度极大；有机碱消毒剂对兵器涂层腐蚀严重，同时其本身有一定毒性，污染大、后勤负担重；吸附消毒粉的毒剂吸附量有限，易出现解吸附，造成二次染毒；有些洗消剂本身有一定毒性、污染大，对皮肤会有刺激，无法完全实现安全环保的基本要求。为了实现快速洗消，保护环境，减少有害化学物质渗入到人员皮肤、土壤或水中的数量，各国进行了大量改进性研究，并以研发新型高效能、快速的洗消剂为主，同时要确保洗消剂具有存储稳定性、强环境适应性和高环境相容性的特点。因而，研究多用途、低腐蚀、无污染且具有快速反应能力是新时期洗消剂研发的主要趋势。如目前我国消防部队使用的敌腐特灵洗消剂就是一种较好的高效、广谱、无腐蚀、无污染的洗消剂，具有较好的适用性。

此外，目前已取得显著进展并具有实用潜力的洗消剂的研究方向主要有生物酶催化、光催化氧化、金属络合物催化、超亲核试剂催化、高分子吸附反应型消毒剂、纳米金属氧化物、广谱高效的表面活性剂和自动消除涂料等，它们的共同特点是反应温和，不会对洗消对象造成损伤，并且用量少，后勤负担小，环境相容性好。现将本领域内新型高效的洗消剂及其应用情况列举如下。

（1）生物酶洗消剂　生物酶洗消剂是利用生物发酵培养得到的一类高效水解酶，其主要原理是利用降解酶的生物活性快速高效地切断磷脂键，使不溶于水的毒剂大分子降解为无毒且可以溶于水的小分子，从而达到使染毒部位迅速脱毒的目的，并且降解后的溶液无毒，不会造成二次污染。生物酶洗消剂与传统的化学反应型洗消剂相比，具有快速、高效、安全、环境友好、用量少、后勤负担小等独特的优点。

如，美国杰能科国际公司生产了军民两用的 DEFENZ 生物酶洗消剂，该洗消剂平时以干粉形式储存，使用时加水活化即可使用，可用于洗消 G 型和 V 型神经性毒剂、有机磷化合物和杀虫剂等，不腐蚀金属表面，洗消溶液无需后处理，污染小，是一种对环境友好的洗消剂。

为更好地解决有机磷类毒剂及其他有毒有害的危险化学品的洗消问题，我国"863 计划"研究出一种"比亚有机磷降解酶"高效洗消剂。该洗消剂可以通过生物降解的方式，将有毒、不溶于水的毒物大分子瞬间降解成无毒、溶于水的小分子，是一种无毒、高效、环保的酶基洗消剂。它可以对有毒的含有磷氧键、磷氟键、磷硫键等化学键的危险化学品进行快速降解，常温常态常压下就可以发生催化反应，使有毒物质的降解速率提高 1000～2450 倍，达到对各类危险化学品，如硫化物、磷化物及液氯等进行快速洗消的目的。

（2）非水基洗消剂系列　德国 Karcher 公司的 RDS2000、BDS2000、GDS2000 是一个完整的非水基洗消剂系列，使用温度范围为－30～49℃，可以在恶劣的冬季环境中使用，高反应活性的特点能使反应时间最小化，大大节约洗消时间，减少洗消剂用量的同时确保高效的洗消能力，并且对胶黏毒剂具有明显的消毒效果。

（3）高效液体洗消剂　加拿大 EZ-EM 公司生产的广谱性强的高效液体有机药剂——活

性皮肤洗消液 RSDL,是溶解于聚乙二醇单甲醚和水中的 Dekon 139 与 2,3-丁二酮肟的混合物。它可以消除糜烂性毒剂和神经性毒剂,药剂本身和残余物都无毒,可以清洗各种皮肤和眼镜,也适用于各种设备及武器的洗消,不会损害其机械系统和光学器件。

(4)泡沫洗消剂 泡沫洗消技术是以泡沫的形式将消毒剂喷洒在染毒物质表面,可以极大地减少用水量,降低后勤负担,而且适用于不规则表面和垂直表面的洗消。特别是以过氧化氢(H_2O_2)为消毒成分时,不仅能快速、高效消除生化毒剂,而且具有无毒、无腐蚀性、不产生毒副产品等优点。如,美国能源部桑迪亚实验室研制的 Decon Foam 100 泡沫洗消剂的主要活性成分为 27.50% 过氧化氢、4.23% 复合季铵盐烷基二甲基苄基氯化铵。现场模拟消毒试验显示,它可在几分钟之内使病毒、细菌(包括炭疽芽孢)和神经生化战剂(包括神经毒剂、芥子气和梭曼)失效,但对人员无害;美国桑迪亚国家实验室开发的 DF200 泡沫洗消剂,在 15min 内可中和毒剂的 98.5%,60min 可中和毒剂的 99.84%,是一种新型高效的洗消剂。

在国内,唐金库在对过氧化氢泡沫洗消剂进行实验研究中发现,以苄基 C_{12}~C_{16} 烷基二甲基氯化铵为发泡剂,与稳定剂 1-十二烷醇进行复配,过氧化氢为消毒成分制得的泡沫洗消剂,对 G 类和 VX 类毒剂模拟剂具有较高的洗消效率。

(5)纳米金属氧化物洗消剂 纳米氧化物因其比表面积大而对毒物具有较高的吸附-反应性能,以纳米材料为主体的消毒技术研究成为热点。如,美国军方化学发展与技术研究中心(CRDTC)的 Yang 指出氧化物可以用作战场、实验室以及化学战剂生产、储存和销毁等领域内的消毒。据美国相关研究报道,在常温条件下,VX、GD、HD 在纳米氧化镁、氧化钙和三氧化铝上可发生消毒反应,机理主要是表面水解反应,其动力学特征为初始的快反应和随后转变为受扩散限制的慢反应。负载在介孔分子筛上的纳米氧化物显示出更高活性,对毒剂的反应性已显著超过现装备的 XE-555 树脂。2004 年爱基伍德生化研究中心已采用纳米氧化铝研制了 MlooSDS 吸附消毒手套,用于对人员皮肤和装备的局部消毒。

◆ 参考文献 ◆

[1] GB 13690—2009 化学品分类和危险性公示通则.

[2] GB 6944—2012 危险货物分类和品名编号.

[3] GB 12268—2012 危险货物品名表.

[4] 赵庆贤,邵辉,葛秀坤.危险化学品安全管理.北京:中国石化出版社,2010.

[5] 蒋军成.危险化学品安全技术与管理.第 2 版.北京:化学工业出版社,2013.

[6] 中华人民共和国公安部消防局.中国消防手册(第十一卷)抢险救援.上海:上海科学出版社,2007.

[7] 吴春晓.化学战剂的发展与防护:[学位论文].兰州:兰州大学,2007.

[8] 黄金印.公安消防部队在化学事故处置中的应急洗消[J].消防科学与技术,2002,(2):64-67.

[9] 吴文娟,张文昌,牛福等.化学毒剂侦检 防护与洗消装备的现状与发展[J].国际药学研究杂志,2011,38(6):414-427.

[10] 王媛原,王炳强,普海云.化学事故处置中的洗消现状及发展[J].化学教育,2008,(2):6-9.

[11] 和丽秋,李纲.危险化学品灾害事故中的洗消.云南消防[J],2003,(12),54-55.

[12] 仲崇波,王成功,陈炳辰.氰化物的危害及其处理方法综述[J].金属矿山,2001,299(5):44-47.

[13] 葛巍巍,吕显智,王永用等.军事化学毒剂的应急救援[J].职业卫生与应急救援,2009,27(4):211-214.

[14] 唐金库.过氧化氢泡沫洗消剂实验[J].舰船科学技术,2010,32(12):84-87.

第 **2** 章

氧化氯化型洗消剂

许多有毒物质的毒性主要由其所含毒性基团的性质决定。常见的有硫化氢、磷化氢、硫磷农药、硫醇以及含有杂环结构和硫磷等低价态毒性基团的某些军事毒剂，如塔崩、沙林、VX 等。对于此类物质，可采用经济性较好、效果良好的氧化氯化型洗消剂进行洗消处理。

2.1 洗消机理

氧化氯化型洗消剂主要是指含有活性氯和活性氧的物质，由于氯和氧都具有较强的氧化性，大多数的化学毒物和军事化学品都可与这类洗消剂发生氧化还原反应，实现对毒性基团的氧（氯）化过程，从而生成低毒或无毒的氧化产物，从而达到洗消处置的目的。

从氧化氯化反应的作用机理来分，该类洗消剂可分为氧化剂和氯制剂。其中氧化剂的作用机理是氧化反应，而氯制剂的作用机理是氯化反应。

2.1.1 氧化还原反应机理

氧化还原反应是化学反应的基本类型之一。氧化还原反应机理和电化学有密切联系，氧化还原反应的过程与电子转移所产生的电池电势（也叫电位）有关。原电池电极电势的确定可作为比较氧化剂和还原剂相对强弱、判断氧化还原反应的重要依据。

2.1.1.1 基本概念

（1）氧化值 氧化值又称为氧化数，表征各元素在化合物中所处的化合状态。它是某元素原子的表观荷电数，这种荷电数是假设把化学键中的电子指定给电负性较大的原子而求得。在离子化合物中，简单阳离子、阴离子所带的电荷数即该元素原子的氧化数。如在 NaCl 中 Na 的氧化数为 +1，Cl 的氧化数为 -1。对共价化合物来说，共用电子对偏向吸引电子能力较大的原子，如在 HCl 中，Cl 原子的形式电荷为 -1，H 原子的形式电荷为 +1。

（2）氧化还原反应 元素的氧化值发生了变化的化学反应称为氧化还原反应。氧化值升高（即失去电子）称为氧化，含有该元素的物质被称为还原剂，发生氧化反应；元素的氧化值降低（即得到电子）称为还原，含有该元素的物质叫氧化剂，发生还原反应。其反应关系式可表示为：

表 2.1 列举了常见的氧化剂和还原剂。

表 2.1　常见的氧化剂和还原剂

特　性	代　表　物
氧化剂	活泼非金属单质：X_2、O_2、S 高价金属离子：Fe^{3+}、Sn^{4+} 不活泼金属离子：Cu^{2+}、Ag^+ 其他：$[Ag(NH_3)_2]^+$、新制 $Cu(OH)_2$ 含氧化合物：NO_2、N_2O_5、MnO_2、Na_2O_2、H_2O_2、$HClO$、HNO_3、浓 H_2SO_4、$NaClO$、$Ca(ClO)_2$、$KClO_3$、$KMnO_4$、王水
还原剂	活泼金属单质：Na、Mg、Al、Zn、Fe 某些非金属单质：C、H_2、S 低价金属离子：Fe^{2+}、Sn^{2+} 非金属的阴离子及其化合物：S^{2-}、H_2S、I^-、HI、NH_3、Cl^-、HCl、Br^-、HBr 低价含氧化合物：CO、SO_2、H_2SO_3、Na_2SO_3、$Na_2S_2O_3$、$NaNO_2$、$H_2C_2O_4$ 含—CHO 的有机物：醛、甲酸、甲酸盐、甲酸某酯、葡萄糖、麦芽糖等
既可作氧化剂又可作还原剂	S、SO_3^{2-}、HSO_3^-、H_2SO_3、SO_2、NO_2^-、Fe^{2+} 等，及含—CHO 的有机物

每个氧化还原反应可被拆分成两个半反应，即氧化半反应和还原半反应。同一元素的两种不同氧化态构成氧化还原电对，一般把氧化数高的称为氧化态，而把氧化数低的称为还原态。氧化还原电对的表示方法为氧化态/还原态（Ox/Red）。其半反应的通式为：

$$氧化态 + ne^- \rightleftharpoons 还原态$$

式中，n 为得失电子数，氧化态物质包括氧化剂及相关介质，还原态物质包括还原剂及相关介质。

2.1.1.2　氧化还原反应的本质

氧化还原反应的本质是反应过程中有电子转移，从而导致元素的氧化值发生变化。氧化还原反应中的电子转移，既可以表示某一原子得到或失去电子，也可以表示某一原子电子的偏离或偏向。氧化还原反应中得失的电子数相等，即元素氧化值升高的总数与元素氧化值降低的总数相等。

有机物的氧化和还原是指有机物分子中碳原子和其他原子的氧化和还原，同时可根据氧化值的变化来确定。氧化值升高为氧化，氧化值降低为还原。氧化和还原总是同时发生的，由于有机反应的属性是根据底物的变化来确定的，因此常常将有机分子中碳原子氧化值升高的反应称为氧化反应，碳原子氧化值降低的反应称为还原反应。有机反应中，多数氧化反应表现为分子中氧的增加或氢的减少，多数还原反应表现为分子中氧的减少或氢的增加。有机化合物的氧化还原反应主要发生在官能团和 α 碳上。

氧化态物质的氧化能力越强，氧化值降低的趋势就越大，还原态物质失电子能力就越弱，反之亦然。在氧化还原反应过程中，一般是按较强氧化剂与较强还原剂间作用的方向进行。

同一反应中氧化数升高和降低的元素出自同一物质的反应叫自身氧化还原反应。如：

$$2KClO_3 =\!=\!= 2KCl + 3O_2\uparrow$$

自身氧化还原反应中氧化数升高和降低的是同一元素的反应叫歧化反应。如：

$$Cl_2 + 2NaOH =\!=\!= NaClO + NaCl + H_2O$$

2.1.1.3　氧化还原能力的判定

氧化还原反应在发生过程中，涉及电子的转移。一般用原电池的电化学理论来分析和判定氧化还原的反应过程，利用电极电势的高低表征物质的氧化还原能力、判断氧化还原反应进行的方向和进行的程度等。

（1）原电池 原电池是利用自发氧化还原反应产生电流的装置，它将化学能转化成电能。原电池中电子输出极为负极，电子输入极为正极。正极发生还原反应，负极发生氧化反应，正极反应和负极反应构成电池反应，即氧化还原反应。

常用的电极有金属-金属离子电极、气体电极、金属-金属难溶盐-阴离子电极、氧化还原电极四种类型。图2.1为铜-锌原电池装置示意图。

原电池可用电池组成式表示。如Zn-Cu电池的电池组成式为：

$$(-)Zn(s)\,|\,Zn^{2+}(c_1)\,\|\,Cu^{2+}(c_2)\,|\,Cu(s)(+)$$

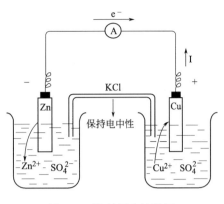

图2.1 铜-锌原电池装置

（2）电极电势的基本理论 原电池装置中的两个半电池的电极用导线连接起来时就有电流通过，说明两个电极之前存在电势差，即两个电极的电极电势大小不同。电势高的电极为正极，正极接受电子，发生还原反应；电势低的电极为负极，负极流出电子，发生氧化反应。

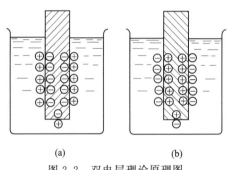

图2.2 双电层理论原理图

电极电势的产生可用双电层理论解释。图2.2为双电层理论原理图。

当金属浸入其相应盐的溶液中，存在如下平衡。

$$M(s)\underset{\text{析出}}{\overset{\text{溶解}}{\rightleftharpoons}}M^{n+}(aq)+ne^-$$

在极板上 在溶液中 留在极板上

平衡时，若金属溶解的趋势大于金属离子析出的趋势，则金属极板表面上会带有过剩的负电荷，等量的正电荷将分布在溶液中。由于正负电荷的静电吸引，使溶液中的正电荷较多地集中在金属极板附近的溶液中，形成了双电层结构，从而产生了电势差。

（3）电极电势的确定方法 电极电势用符号$\varphi_{Ox/Red}$表示。可根据电对的电极电势高低来判断构成电对的物质的氧化还原能力。判断的基本原则如下。

a. 电极电势愈低，电对中还原型物质失电子的能力愈强，是较强的还原剂；电极电势愈高，电对中氧化型物质得电子的能力愈强，是较强的氧化剂。

b. 较强氧化剂所对应的还原剂的还原能力较弱，较强还原剂所对应的氧化剂的氧化能力较弱。

① 标准氢电极 金属的电极电势的大小可以反映金属在水溶液中得失电子能力的大小。金属与溶液界面间的电极电势无法测得绝对值。但在处理溶液中物质的氧化还原能力等问题时，还需用到电极电势的大小，因此我们采用比较的方法确定出其相对值，即通常所说的"电极电势"就是相对电极电势。在电化学中选用标准氢电极（SHE）作为比较的标准，以此得到其他电极的电极电势的相对值。

在任何温度下，标准氢电极的电极电势均为零，即：

$$\varphi^{\ominus}(H^+/H_2)=0.000V$$

② 电极电势的测定

a. 标准电极电势 参与电极反应的各物种的浓度均处于标准状态（组成电极的离子浓度为$1.0\,mol\cdot L^{-1}$，气体的分压力100kPa，液体或固体都是纯净物质）时的电极为标准电极。在标准状态下，将待测电极与 SHE 组成原电池（SHE 为负极），如图 2.3 所示，所测得原电池的电动势等于待测电极的标准电极电势。

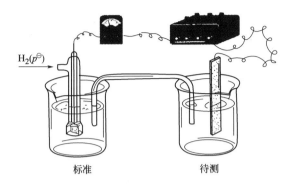

图 2.3　电极电势测定图

表 2.2 列举了常见氧化还原电对的标准电极电位。

表 2.2　常见的氧化还原半反应和标准电极电位（298.15K）

半反应	$\varphi^{\ominus}/V$
$Li^+ + e^- \rightleftharpoons Li$	-3.0401
$Na^+ + e^- \rightleftharpoons Na$	-2.71
$Zn^{2+} + 2e^- \rightleftharpoons Zn$	-0.7618
$AgCl + e^- \rightleftharpoons Ag + Cl^-$	0.2223
$Cu^{2+} + 2e^- \rightleftharpoons Cu$	0.3419
$I_2 + 2e^- \rightleftharpoons 2I^-$	0.5355
$O_2 + 2H^+ + 2e^- \rightleftharpoons H_2O_2$	0.695
$Fe^{3+} + e^- \rightleftharpoons Fe^{2+}$	0.771
$Ag^+ + e^- \rightleftharpoons Ag$	0.7996
$Br_2(l) + 2e^- \rightleftharpoons 2Br^-$	1.066
$Cr_2O_7^{2-} + 14H^+ + 6e^- \rightleftharpoons 2Cr^{3+} + 7H_2O$	1.232
$Cl_2 + 2e^- \rightleftharpoons 2Cl^-$	1.3583
$MnO_4^- + 8H^+ + 5e^- \rightleftharpoons Mn^{2+} + 4H_2O$	1.507
$F_2 + 2e^- \rightleftharpoons 2F^-$	2.866

左侧：氧化剂的氧化能力增强（向下）
右侧：还原剂的还原能力增强（向上）

注：1. 对于非标准状态和非水溶液体系，都不能使用标准电极电位值比较物质的氧化还原能力。

2. 电极电位的数值反映了氧化还原电对得失电子的趋向，它是一个强度性质，大小与反应方程式的书写方向无关，也与电极反应中物质的计量系数无关。

3. 该表为 298.15K 时的标准电极电位。由于电极电位随温度变化并不大，其他温度下的电极电位也可参照使用此表。

原电池的标准电动势 $E^{\ominus}$ 是在没有电流通过的情况下，两个电极的电极电势之差，即

$$E^{\ominus} = \varphi_+ - \varphi_-$$

b. 非标准状态下电极电势的确定　影响电极电位的因素很多，除了电极本性外，主要和温度、反应物浓度及溶液的 pH 有关，若有气体参与反应，气体分压对电极电位也有影响，这些影响因素由能斯特方程式（Nernst）联系起来。

判断非标准态下的氧化还原反应的方向或氧化剂、还原剂的相对强弱时，应根据由 Nernst 方程式计算出来的电池的电动势或电极电势来判断。

对于任一电极反应：

$$a\,Ox + ne^- \rightleftharpoons b\,Red$$

能斯特方程可表示为：

$$\varphi(\text{Ox/Red}) = \varphi^{\ominus}(\text{Ox/Red}) + \frac{RT}{nF}\ln\frac{c^{a}(\text{Ox})}{c^{b}(\text{Red})}$$

式中，φ 为非标准状态时的电极电势；$\varphi^{\ominus}$ 为该电对的标准电极电势；R 为摩尔气体常量，$8.314\text{J}\cdot\text{mol}^{-1}\cdot\text{K}^{-1}$；$T$ 为反应的热力学温度；F 为法拉第常量，$9.6485\times10^{4}\text{C}\cdot\text{mol}^{-1}$；$n$ 为电极反应中所转移的电子数；a 和 b 分别表示在电极反应中氧化态和还原态物质前的系数；$c(\text{Ox})$、$c(\text{Red})$ 分别表示氧化态、还原态物质的浓度对标准浓度（$c^{\ominus}=1\text{mol}\cdot\text{L}^{-1}$）的相对值，单位为1。

氧化还原反应一般在室温下进行，如未注明反应温度，可认为反应在298.15K下进行，代入上述有关常数，能斯特方程可改写为：

$$\varphi(\text{Ox/Red}) = \varphi^{\ominus}(\text{Ox/Red}) + \frac{0.05916}{n}\ln\frac{c^{a}(\text{Ox})}{c^{b}(\text{Red})}$$

应用能斯特方程式应注意以下几点。

（a）当电极反应中的 Red 及 Ox 为气体时，其以相对分压（$p/p^{\ominus}$）计入；若是参与反应的是固体、纯液体或溶剂，则其浓度视为常数，不列入方程式。

（b）方程式中，各物质的浓度或分压应以其反应式中化学计量系数为幂指数。

（c）对于有 H^{+} 或 OH^{-} 参与的氧化还原反应，计算时 H^{+} 或 OH^{-} 的浓度也应列入方程式。

③ 电极电势的应用

a. 判断氧化剂和还原剂的相对强弱　电极电势代数值的大小反映了组成电对的物质氧化还原能力的强弱。电极电势的代数值越大，表示该电对氧化态物质氧化性越强，与其相对应的还原态物质的还原性越弱。

b. 判断氧化还原反应进行的方向　从标准电极电势的相对大小比较出氧化剂和还原剂的相对强弱，就能预测出氧化还原反应进行的方向。由于氧化还原反应进行的方向是强氧化剂和强还原剂反应生成弱氧化剂和弱还原剂，也就是说，总是电极电势较大的电对中的氧化态物质与电极电势较小的电对中的还原态物质作用，发生氧化还原反应。

在等温、等压下进行的自发过程可由反应的吉布斯自由能变来判断。对于发生氧化还原过程的两个电极反应组成的原电池，当电池中各物质均处于标准态时，其标准吉布斯自由能变与原电池的电动势存在以下关系。

$$\Delta_{r}G_{m}^{\ominus} = -nFE^{\ominus}$$

式中，F 为法拉第常数，$F=96485\text{C}\cdot\text{mol}^{-1}$；$n$ 为电池反应中电子转移数。

因此，在等温等压标准态下，氧化还原反应自发性的判据如下。

$\Delta_{r}G_{m}^{\ominus}<0$，$E^{\ominus}>0$，反应正向自发进行。

$\Delta_{r}G_{m}^{\ominus}>0$，$E^{\ominus}<0$，反应逆向自发进行。

$\Delta_{r}G_{m}^{\ominus}=0$，$E^{\ominus}=0$，反应达到平衡。

同理，$\Delta_{r}G_{m}$ 和 E 也可作为非标准态下的氧化还原反应自发性的判据。

c. 判断氧化还原反应进行的程度　所有的氧化还原反应原则上都可以构成原电池，正极电势高，负极电势低。随着反应的进行，正极氧化态物质浓度越来越低，电势不断降低；负极电势则随着还原态和氧化态物质浓度比的降低而增大，最终正极和负极电势相等，达到氧化还原的平衡状态。根据两个电极的电极电势，可以计算出氧化还原反应的平衡常数。平衡常数能判断氧化还原反应进行的程度。

氧化还原反应的平衡常数与原电池电极电势的关系为：

$$RT\ln K^{\ominus} = nF$$

在 298.15K 下，将 $R = 8.314 J \cdot K^{-1} \cdot mol^{-1}$，$F = 96485C \cdot mol^{-1}$ 代入上式得：

$$\lg K^{\ominus} = \frac{n E^{\ominus}}{0.05916V}$$

式中，n 为配平的氧化还原反应方程式中转移的电子数。

从上式可以看出，对于氧化还原反应，$E^{\ominus}$ 越大，平衡常数 $K^{\ominus}$ 越大，说明正反应进行的越完全。当 $K^{\ominus} > 10^6$ 时，可以认为反应进行得已相当完全。

④ 电极电势的影响因素

a. 浓度对电极电势的影响　如果降低电对中氧化态物质的浓度，电极电势数值减小，即电对中氧化态物质的氧化能力减弱或还原态物质的还原能力增强；反之，若降低电对中还原态物质的浓度，电极电势数值增大，电对中氧化态物质的氧化能力增强或还原态物质的还原能力减弱。

b. 酸度对电极电势的影响　如果电极反应中包含 H^+ 或 OH^-，则酸度会对电极电势产生影响。凡是有 H^+ 或 OH^- 参加的电极反应，若 H^+ 或 OH^- 是在电极反应中与氧化态在同侧，则其浓度变化与氧化态物质浓度变化对 E 的影响相同；反之若 H^+ 或 OH^- 是在电极反应中与还原态在同侧，则其浓度变化与还原态物质浓度变化对 E 的影响相同。

c. 生成沉淀对电极电势的影响　在一些电极反应中，如果加入某种沉淀剂，会使氧化态物质或还原态物质产生沉淀而浓度降低，也会导致电极电势的变化。如果沉淀剂与氧化态物质作用，电极电势减小；相反，沉淀剂与还原态物质作用，电极电势增大。生成的沉淀溶度积越小，影响越显著。

d. 络合物的生成对电极电势的影响　络合物的生成对电极电势也有影响。例如电极 Cu^{2+}/Cu，如果往含有 Cu^{2+} 溶液中加入适量氨水，Cu^{2+} 会和氨水生成 $[Cu(NH_3)_4]^{2+}$ 络合离子，而使 Cu^{2+} 的浓度降低，从而导致 Cu^{2+}/Cu 电极的电极电势减小。与沉淀的生成对电极电势的影响一样，配位体与氧化态物质生成络合物时，电极电势减小；配位体与还原态物质生成络合物时，电极电势增加。而且，生成的络合物越稳定，影响越显著。

(4) 元素电势图及应用

① 定义　具有多种氧化态的元素可以形成多对氧化还原电对，为了方便比较其各种氧化态的氧化还原性质，可以将这些电对的电极电势以图示的方式表示出来。这种表明元素各种氧化态之间标准电极电势关系的图叫作元素电势图。

如果某元素有三种氧化态，氧化数由高到低为 A、B、C，其元素电势图表示为：

$$A \xrightarrow{\varphi^{\ominus}_{左}} B \xrightarrow{\varphi^{\ominus}_{右}} C$$

在元素电势图中，元素应按氧化态由高到低排列，横线左端是电对的氧化态，右端是电对的还原态，横线上的数字是电对的 $\varphi^{\ominus}$ 值。

② 主要应用　元素电势图将分散在标准电极电势表中的同一元素的不同氧化值电对的电极电势集中在一起，可以更清晰地分析元素及其化合物的各种氧化还原性能、各物质的稳定性与可能发生的氧化还原反应等。具体表现如下。

a. 判断某物质能否发生歧化反应　一些氧化还原反应是某元素由其一种中间氧化态同时向较高和较低氧化态转化，这种反应常称为歧化反应；相应，如果是由元素的较高和较低的两种氧化态相互作用生成其中间氧化态的反应，则是歧化反应的逆反应，或称逆歧化反应。

对于某元素电势图：

$$A \xrightarrow{\varphi^{\ominus}_{左}} B \xrightarrow{\varphi^{\ominus}_{右}} C$$

若 $\varphi^{\ominus}_{右}>\varphi^{\ominus}_{左}$，则 B 会发生歧化反应，即 B ⟶ A＋C。

若 $\varphi^{\ominus}_{左}>\varphi^{\ominus}_{右}$，则 B 会发生逆歧化反应，即 A＋C ⟶ B。

b. 计算未知电对的标准电极电势　利用元素电势图能计算出未知电对的标准电极电势。如某元素的电势图如下。

$$A \xrightarrow{\varphi^{\ominus}(A/B),\ \Delta G^{\ominus}_1} B \xrightarrow{\varphi^{\ominus}(B/C),\ \Delta G^{\ominus}_2} C$$
$$\underbrace{\qquad\qquad\qquad}_{\varphi^{\ominus}(A/C),\ \Delta G^{\ominus}_3}$$

在三个电对中，若已知两个电对的标准电极电势 $\varphi^{\ominus}(A/B)$、$\varphi^{\ominus}(B/C)$，就能计算出另一个电对的未知电极电势 $\varphi^{\ominus}(A/C)$。计算关系为：

$$\varphi^{\ominus}(A/C)=\frac{n_1\varphi^{\ominus}(A/B)+n_2\varphi^{\ominus}(B/C)}{n_1+n_2}$$

若元素电势图中有若干个相邻电对：

$$A \xrightarrow{\frac{\varphi^{\ominus}_1}{n_1}} B \xrightarrow{\frac{\varphi^{\ominus}_2}{n_2}} C \cdots D \xrightarrow{\frac{\varphi^{\ominus}_i}{n_i}} I$$
$$\underbrace{\qquad\qquad\qquad}_{\varphi^{\ominus}(A/I)}$$

则未知电对（A/I）的电极电势可按下式求算：

$$\varphi^{\ominus}=\frac{n_1\varphi^{\ominus}_1+n_2\varphi^{\ominus}_2+\cdots+n_i\varphi^{\ominus}_i}{n_1+n_2+\cdots+n_i}$$

式中，n_i 为电极反应中元素的一个原子转移的电子数目。

c. 综合评价元素及其化合物的氧化还原性质　由于元素的电极电势受溶液酸碱性的影响，所以元素电势图也分为酸表和碱表。全面分析比较酸、碱介质中的元素电势图，可对元素及其化合物的氧化还原性质作出综合评价。

下面以元素 Cl 的电势图为例，加以说明。

酸性介质（$\varphi^{\ominus}_A$/V）条件下：

$$\overset{\overset{\displaystyle 1.39}{\overbrace{\qquad\qquad\qquad\qquad}}}{ClO_4^- \xrightarrow{1.20} ClO_3 \xrightarrow{1.18} ClO_2 \xrightarrow{1.70} HClO \xrightarrow{1.63} Cl_2 \xrightarrow{1.36} Cl^-}$$
$$\underset{1.451}{\underbrace{\qquad\qquad\qquad\qquad\qquad}}$$

碱性介质（$\varphi^{\ominus}_B$/V）条件下：

$$\overset{\overset{\displaystyle 0.76}{\overbrace{\qquad\qquad\qquad}}}{ClO_4^- \xrightarrow{0.36} ClO_3^- \xrightarrow{0.33} ClO_2^- \xrightarrow{0.66} ClO^- \xrightarrow{0.40} Cl_2 \xrightarrow{1.36} Cl^-}$$
$$\underset{0.62}{\underbrace{\qquad\qquad\qquad}}$$

从元素 Cl 的电势图中，可分析得出以下结论。

（a）无论是酸性还是碱性介质中，$HClO_2$ 或 ClO_2^- 都是 $E^{\ominus}_{右}>E^{\ominus}_{左}$，即都会发生歧化反应，因而它们很难在溶液中稳定存在，迄今还未从溶液中制得其纯物质。Cl_2 在碱性介质中有 $\varphi^{\ominus}_{右}>\varphi^{\ominus}_{左}$，会发生歧化反应。所以实验室的氯气尾气，乃至工厂的含氯量较低的废气的处理方法都是将其通入碱性溶液中吸收。

（b）除 $\varphi^{\ominus}(Cl_2/Cl^-)$ 值不受介质影响外，其他各电对的 $\varphi^{\ominus}$ 均受介质影响，且 $\varphi^{\ominus}_A \gg \varphi^{\ominus}_B$，所以氯的含氧酸较其盐都有较强的氧化性，而其盐比酸更为稳定。如果要利用其氧化性，最好在酸性溶液中；如果要从低价制备＋3，＋5，＋7 价的物质，最好在碱性介质中。

（c）氯元素所有电对的 $\varphi^{\ominus}$ 均大于 0.33V，大部分大于 0.66V，所以氧化性是氯元素及其化合物的主要性质，在运输和储存过程中，不能接触还原性物质是保证安全的重要条件。

（d）虽然 $HClO_4$、ClO_4^- 是氯的最高氧化态，但其相关电对的 $\varphi^{\ominus}$ 值并不是最大的，因此其稳定性较高。可见，氧化型强弱与氧化数高低无直接关系。

2.1.1.4 影响氧化还原反应速率的因素

（1）反应物浓度 一般来讲，增加反应物浓度都能加快反应速率。对于有 H^+ 参加的反应，提高酸度也能加快反应速率。

（2）温度 温度升高可以使反应速率加快，尤其对于速率较慢的氧化还原反应来说，温度的影响不能忽略。例如，当用 $KMnO_4$ 溶液滴定 $H_2C_2O_4$ 溶液时，由于室温下 MnO_4^- 与 $C_2O_4^{2-}$ 的反应速率很慢，必须将溶液加热到 $75\sim85℃$。但是，对于易挥发物质（如 I_2 等），不能采用升高温度的方法加快反应速率，只能通过增加反应时间来确保反应定量完成。

（3）催化剂 为了使反应符合要求，有时会使用催化剂加快反应速率，如 Ce^{4+} 氧化 AsO_2^- 的反应速率很慢，如加入少量的 KI 或 OsO_4 作为催化剂，则反应可以迅速进行。

有一类反应，例如高锰酸钾与草酸的反应，初反应即使在强酸溶液中加热至 80℃，反应速率仍相当慢，一旦反应发生，生成的 Mn^{2+} 就会起催化作用，使反应速率变快，这种由反应产物起催化作用的现象叫做自催化现象。

（4）诱导反应 在氧化还原反应中，一种反应（主反应）的进行，能够诱发原本反应速率极慢或不能进行的另一种反应的现象，叫作诱导作用，后一反应（副反应）叫作被诱导的反应（简称诱导反应）。

例如，$KMnO_4$ 氧化 Cl^- 的速率极慢，但是当溶液中同时存在有 Fe^{2+} 时，由于

$$MnO_4^- + 5Fe^{2+} + 8H^+ \longrightarrow Mn^{2+} + 5Fe^{3+} + 4H_2O（初级反应或主反应）$$

$$2MnO_4^- + 10Cl^- + 16H^+ \longrightarrow 2Mn^{2+} + 5Cl_2 + 8H_2O（诱导反应）$$

受到 MnO_4^- 与 Fe^{2+} 反应的诱导，MnO_4^- 与 Cl^- 发生反应。其中 MnO_4^- 称为作用体，Fe^{2+} 称为诱导体，Cl^- 称为受诱体。

诱导与催化不同，催化剂参加反应后，恢复至原来的状态，而在诱导反应中，诱导体参加反应后，变为其他物质。

2.1.2 氯化反应机理

分子中的原子或基团被卤原子取代的反应称为卤化反应。氯化反应是其中最常见的一类反应，它广泛应用于制造溶剂、各种杀虫剂、医药、农药、精细化工原料及中间体。

氯化是指以氯原子取代有机化合物中氢原子的反应，根据氯化反应条件的不同，有热氯化、光氯化、催化氯化等，在不同条件下，可得不同产品。广泛应用的氯化剂有液态氯、气态氯、气态氯化氢、各种浓度的盐酸、磷酰氯、硫酰氯、三氯化磷等。

氯化反应的机理包括亲电加成、亲电取代、亲核取代和自由基反应等，许多有机物的氯化存在平行的或/和连串的反应，所以氯化反应的选择性较低。对于选择不同位置的氯化反应主要是靠反应物自身结构或催化剂限制反应来达到，也可通过改氯气为其他缓和的氯化剂来实现。

2.2 氧化氯化型洗消剂的分类及特点

氧化氯化型洗消剂是目前最常用的消毒剂。该类洗消剂通常可分为含氯洗消剂和过氧化物两大类。具体分类及主要代表物，如图 2.4 所示。

```
                              ┌ 次氯酸盐类：次氯酸钙、漂白粉、三合二等
                  ┌ 含氯洗消剂 ┤ 氯胺类：一氯胺、二氯胺等
氧化氯化型洗消剂 ┤           └ 其他：二氧化氯等
                  └ 过氧化物  ┌ 无机过氧化物：过氧化氢
                            └ 有机过氧化物：过氧乙酸
```

图 2.4 氧化氯化型洗消剂分类及主要代表物

氧化氯化型洗消剂对大多数毒物具有洗消效果。如 HCN 中 C 的氧化数是＋2，它可被弱氧化剂（H_2O_2 等）氧化成＋3 价 C 的氰 $(CN)_2$，被强氧化剂（HClO）氧化成的＋4 价 C 的氰酸（HOCN）；糜烂性毒剂和刺激剂 CS 可被漂白粉浆（液）、氯胺、过氧化氢、高锰酸钾等氧化剂氧化；含磷毒剂的磷（膦）酰基易于与亲核试剂发生 SN_2 型双分子亲核取代反应，如沙林在碱性水解时与氢氧根离子之间发生的反应就属于此种反应，与沙林发生反应的亲核试剂主要有醇（酚）负离子、过氧化氢负离子、次氯酸根负离子、某些含肟基化合物的负离子等。

氧化氯化型洗消剂虽是常用的洗消剂，但它的使用会对环境产生一定的影响，如含氯消毒剂使用后有盐酸产生，可使环境酸化；过氧化物类洗消剂对织物有漂白性，对金属具有腐蚀性，但对物品消毒之后一般分解为无毒成分，无残留毒性；过氧乙酸消毒后有乙酸生成，使溶液显酸性，可使环境酸化。因此，氧化氯化型洗消剂在使用的时候，进行适当的改性处理，如将活性成分制成乳液、微乳液或微乳胶，可以有效地降低该类洗消剂的腐蚀性，且因乳状体黏度较单纯的水溶液大，可在洗消物质表面上滞留较长时间，从而减少了洗消剂的用量，提高了洗消效率。但氧化氯化型消毒剂具有一定的选择性，如氯胺类消毒剂只对芥子气（HD）和维埃克斯（VX）消毒，不能对梭曼（GD）等 G 类毒剂消毒，而且低温使用效果较差。

2.2.1　含氯洗消剂

含氯洗消剂是以有效氯为主要洗消成分的洗消剂。凡是能溶于水，产生次氯酸（HClO）的洗消剂统称为含氯洗消剂。HClO 只能存在于溶液中，浓溶液呈黄色，稀溶液无色，有非常刺鼻的气味，它是一种弱酸，在水溶液中可部分电离为次氯酸根（ClO^-）和氢离子（H^+），其中 ClO^- 中的 Cl 的价态为＋1 价，具有较强的氧化性。此外，HClO 极不稳定，易分解，放出氧气，当受日光照射时，其分解速率加快，从而增加了其氧化能力。HClO 产生的新生态氧和氯能与有毒物质发生氧化还原反应，从而实现对毒物的洗消。

综上，含氯洗消剂的洗消机理主要包括次氯酸的氧化作用、新生态氧的作用和氯化作用。其反应式如下。

$$HClO \longrightarrow H^+ + ClO^-$$

$$2HClO \longrightarrow 2HCl + O_2 \uparrow$$

$$HCl \longrightarrow H^+ + Cl^-$$

含氯洗消剂的洗消效果主要取决于它们的氧化能力，即由有效氯来衡量含氯洗消剂的效能。因此，有效氯并不是指氯的含量，而是指洗消剂的氧化能力。工业上用有效氯来表示氧化氯化剂含有效成分的多少，其含义是将氧化氯化剂等价折算成氯气，该氯气的量为有效氯，可用重量、浓度或百分数来表示。一般常用百分数表示，其表现形式为：

$$有效氯（AC） = \frac{等价的 Cl_2 量}{氧化氯化剂量} \times 100\%$$

含氯洗消剂可分为以次氯酸盐为主的无机氯和以氯胺类为主的有机氯两大类。其中，无机含氯洗消剂的主要代表物有次氯酸钠、漂白粉、三合二等，有机含氯洗消剂的主要代表物有一氯胺、二氯胺等。表 2.3 为常见含氯洗消剂的主要成分及有效氯含量。

表 2.3　常见含氯洗消剂的主要成分及有效氯含量

类型	成分名称	分子(结构)式	有效氯含量/%
无机含氯洗消剂	次氯酸钙	$Ca(OCl)_2 \cdot 3H_2O$	$80\sim85$
	次氯酸钠	$NaOCl$	10(溶液)
	次氯酸锂	$LiOCl$	95.3
	三合二	$3Ca(OCl)_2 \cdot 2Ca(OH)_2 \cdot 2H_2O$	$56\sim60$
	漂白粉	$Ca(OCl)_2 \cdot CaCl_2 \cdot 2H_2O$	$25\sim32$
	二氧化氯	ClO_2	263
	氯气	Cl_2	…
有机含氯洗消剂	氯胺 T	$H_3C-C_6H_4-SO_2-N(Cl)(Na) \cdot 3H_2O$	$24\sim26$
	氯胺 B	$C_6H_5-SO_2-N(Cl)(Na) \cdot 3H_2O$	29.5
	氯胺 C	$Cl-C_6H_4-SO_2-N(Cl)(Na) \cdot 3H_2O$	$26\sim30$
	双氯胺 T	$H_3C-C_6H_4-SO_2-N(Cl)(Cl)$	$57\sim59$
	双氯胺 B	$C_6H_5-SO_2-N(Cl)(Cl)$	$57\sim59$
	双氯胺 C	$Cl-C_6H_4-SO_2-N(Cl)(Cl)$	$57\sim59$

2.2.2　过氧化物

过氧化物，全称为过氧化合物，是一类至少包含两个相互连接的氧原子的化学物质的总称，这种相互键合的氧原子的连接结构一般为—O—O—，称为过氧结构。它可看作过氧化氢的衍生物，分子中含有过氧离子（O_2^{2-}）是其主要特征。

过氧化物一般分为无机过氧化物和有机过氧化物两大类别。其中，无机过氧化物通常由氢元素或金属元素与过氧结构组成，主要代表物有过氧化氢（H_2O_2）、过氧化钠（Na_2O_2）、过氧化钾（K_2O_2）、过氧化钙（CaO_2）等；有机过氧化物可以看作用有机基团置换掉过氧化氢中的一个或两个氢所得到的产物，分子结构由有机物与过氧结构组合而成，主要代表物有过氧乙酸、过氧化异丙苯、过氧化苯甲酰、过氧化二叔丁醇、过氧化甲乙酮等。

过氧化物中的氧是−1价，而氧的稳定价态是−2价，所以过氧化物有很强的化合价降低的趋势，也就是体现出很强的氧化性。有机过氧化物中含有的过氧基结构（—O—O—），过氧键键长而弱，键能较小（$84\sim209kJ \cdot mol^{-1}$），还原电极电势较高，内能较高，稳定性较差，也属于一种较强的氧化剂。另外，过氧基对热不稳定，可发生热分解反应，当温度升高时，放热分解反应加速，分解反应的产物主要是活泼的自由基、可燃气体和氧气（O_2）等。过氧机能与许多不饱和烯烃，不饱和卤代烃，含氧、硫、氮、磷化合物以及芳香族化合物等发生氧化还原反应，尤其是强还原性的胺类化合物能显著地促进其分解。

2.3　次氯酸盐类洗消剂

含有次氯酸根的盐被称为次氯酸盐。次氯酸盐类洗消剂不但具有优良的消毒性能，而且具有悠久的使用历史。1798 年，Charle S. Tennant 发明了漂白粉，并用于化学战剂的消毒。1917 年，德国人用漂白粉消毒芥子气之后，各国都研制并装备了以次氯酸盐为主要活性物质的消毒剂，用于对化学战剂的洗消。

次氯酸盐种类较多，常用的有 $Mg(ClO)_2$、$Ca(ClO)_2$、$NaClO$、$LiClO$ 四种。其中 $Mg(ClO)_2$、$LiClO$ 来源较少，只用于一些特殊场合。$NaClO$ 因稳定性差，容易分解而常用于工业上。$Ca(ClO)_2$ 一直作为专业消毒剂使用。次氯酸钙类物质根据工艺指标的不同，可分为三个品种，即次氯酸钙、漂白粉和三合二。这三类物质的主要技术指标见表 2.4。这类洗消剂中发挥洗消作用的主要是具有较强氧化氯化效果的次氯酸钙。其消毒反应过程如下。

$$Ca(OCl)_2 + 2H_2O \longrightarrow Ca(OH)_2 + 2HOCl$$
$$2HOCl \longrightarrow [O] + Cl_2 + H_2O$$

表 2.4　三种次氯酸钙类物质的技术指标　　　　　　　　单位：%

指　　　标		次氯酸钙	漂白粉	三合二
有效氯		70～85	28～32	55～65
氯化钙	≥	5	29	10
氢氧化钙	≥	8	15	20～24
水分	≥	2	5～7	3～4

次氯酸钙类物质普遍具有以下特性。

① 碱性　次氯酸钙是一种强酸弱碱盐，在水中电离产生次氯酸根离子（ClO^-），次氯酸根离子水解也可产生氢氧根离子（OH^-），使溶液呈碱性。

② 氧化氯化性　次氯酸钙是一种强氧化剂，可氧化生成氯气，而且在碱性介质中可氧化醇、硫醚等多种物质。次氯酸钙的氧化终态一般为 Cl^-。

③ 稳定性　空气中的水分和 CO_2 能加快次氯酸盐的分解，温度升高及日光照射也促使次氯酸盐的分解，储藏该类洗消剂时必须防潮防晒。

④ 腐蚀性　由于次氯酸钙不稳定，能释放出活泼的氧和氯，释放出的氯气对人有很强的刺激性和一定的毒性，还具有较强的腐蚀破坏性，如对织物有很强的漂白作用，并将其腐蚀而毁坏，能腐蚀皮革、金属，能灼伤皮肤等。因此，一般不能用次氯酸钙对服装、皮肤和精密器材消毒，而用于对地面、兵器、车辆、建筑及水源消毒。

因此，各国在保留次氯酸盐有效反应性的同时，不断改良和优化配方，研制以次氯酸盐为主要成分的新型高效洗消剂，以提高其实用性，其中以有效氯为主要成分的乳状液消毒剂和反应型吸附消毒粉是改进性研究的主要方向。其中，乳状洗消剂是将有效氯的消毒成分制成乳液、微乳液或微包胶等形式，可以有效降低次氯酸盐类消毒剂的腐蚀性，且可在洗消物质表面上长时间滞留，从而提高洗消效率。如德国研制的以次氯酸钙为活性成分的 C_8 乳液消毒剂、以有机氯胺及少量催化剂为活性成分的 MCBD 微乳液消毒剂以及意大利研制的以有机氯胺为活性成分的 BX24 消毒剂等。为了赋予吸附型消毒粉反应性能，可主要是将一些反应活性成分（如次氯酸钙）或催化剂（如金属离子），通过高科技手段（纳米微包胶或静电原理包覆活性成分）均匀混入已装备的吸附消毒粉中，所吸附的毒剂会被活性成分消毒降解，这在一定程度上解决了毒剂解吸造成二次染毒的问题。

目前主要的次氯酸盐类消毒剂及其相关性能见表 2.5。

表 2.5　次氯酸盐类消毒剂及性能

国家	名称	活性物质	使用对象	腐蚀性
—	漂白粉	次氯酸钙	地面、装备	强腐蚀
—	漂粉精	次氯酸钙	地面、装备	强腐蚀
—	HTH	次氯酸钙	地面、装备	强腐蚀
美国	STB(超热漂白精)	次氯酸钙	地面、装备	强腐蚀
美国	ASH	次氯酸钙	设备	低腐蚀
德国	C_8 乳液	HTH	设备	低腐蚀
澳大利亚	二甲苯乳液	HTH 或 Fichlor	设备	低腐蚀
意大利	BX24	HTH 或 Fichlor	设备	低腐蚀
德国	荷兰粉	次氯酸钙,氧化镁	人员、兵器	腐蚀

2.3.1　次氯酸钙

次氯酸钙又称漂白精，白色或淡绿色粉末，有氯气味，易溶于水。其溶液为黄绿色半透明液体，不溶于有机溶剂。它的组成是 $Ca(OCl)_2 \cdot 3H_2O$，相对分子质量 142.99，相对密度（水＝1）2.35，相对密度（空气＝1）6.9，有效氯在 80％以上。性质稳定，不易受潮分解。次氯酸钙属强氧化剂，与碱性物质混合能引起爆炸，接触有机物有引起燃烧的危险，受热、遇酸或日光照射会分解放出剧毒的氯气。

漂白精是优良的消毒剂。使用时，次氯酸钙与水的调制比为 1：10。由于其含有的杂质少，水溶液沉淀少，不堵塞管道。但其生产工艺复杂，因此其成本较高。

2.3.2　漂白粉

漂白粉，白色固体粉末，分子式为 $Ca(OCl)_2 \cdot CaCl_2 \cdot 2H_2O$，相对分子质量 289.97，有氯气味，有效氯 28％～32％，密度 0.6～0.8g·cm^{-1}。它微溶于水，其水溶液呈碱性，不溶于有机溶剂。漂白粉是混合物，其中有效成分是次氯酸钙，占 32％～36％。除此之外，通常还包的成分有氢氧化钙 15％、氧化钙 29％、潮解水和结晶水 10％～12％、碳酸钙和其他等。

漂白粉暴露于空气中，易吸收空气中的水分、二氧化碳（或遇无机酸类）分解放出次氯酸（HClO）和氯气（Cl_2），次氯酸随即分解生成氯化氢（HCl）和新生态氧（［O］），具有漂白作用。镍、钴、铁、铜、锰等金属离子的存在可促使其分解。作为强氧化剂，由于漂白粉中含有较多氯化钙，容易受潮结块而失去有效氯，日光、受热、酸度均能使其变质而降低有效氯成分，稳定性较差。漂白粉与有机物、易燃液体混合能发热自燃，受高热会发生爆炸。其反应式如下。

$$Ca(OCl)_2 + H_2O + CO_2 == CaCO_3 + HCl + HClO + [O]$$
$$HCl + HClO == H_2O + Cl_2$$
$$HClO == HCl + [O]$$

漂白粉的使用可根据不同对象调配成粉状、浆状或悬浊液等形式。在化学品事故处置中，可以对一些低价有毒、高价无毒的有机化合物起洗消作用。它们既可配成水的悬浊液使用，也可以粉状形式使用。按（1：1）～（1：2）体积比调制的漂白粉水浆，可以对混凝土表面、木质以及粗糙金属表面洗消；按（1：4）～（1：5）调制的悬浊液可以对道路、工厂、仓库地面洗消。漂白粉除有洗消能力外，还有灭菌能力，可作为杀菌剂和漂白剂等使用。漂白粉制造容易，原料来源广泛，价格便宜，故可适用于洗消剂用量相对较大的大面积事故现场的洗消。

2.3.3　三合二

（1）理化性质　三合二又称为漂粉精，主要成分是三次氯酸钙和二氢氧化钙组成的复盐，其他成分有次氯酸钙合二氢氧化钙、次氯酸钙、氢氧化钙等，为白色或微灰色粉状、粒状或粉粒状固体，分子式为 $3Ca(OCl)_2 \cdot 2Ca(OH)_2$。它与漂白粉不同，能制成纯品晶体，洗消效力比漂白粉强。工业品为成分复杂的混合物，相对密度 0.8～0.85，有氯气的刺激性臭味，一般有效氯含量 56%～65%，是普通漂白粉的 2 倍。三合二溶于水和乙醇，有氯气味，溶于水后能产生次氯酸并释放出活泼的氧和氯，溶液成悬浊状，有杂质沉淀，不溶于有机溶剂。

三合二性质不稳定，易分解，使有效氯降低。空气中的水分和二氧化碳能加速其潮解，使其失效。吸收水分后结成硬块，不便调制使用，与二氧化碳作用生成碳酸钙，直接受到分解；日光照射或高温也能加速三合二分解，在 25℃ 以下时，分解较慢。但由于三合二中氯化钙和水分含量较低，其稳定性比普通漂白粉好，常温下储存 200 天不分解。储存 1 年后，有效氯含量降低 6.6%，3 年后降低 14%。常温下，三合二干粉能与某些有机物质（如酒精、煤油、机油、芥子气等）作用，引起燃烧，储存必须避开这些有机物质，单独存放。各种酸能迅速破坏三合二放出氯气，因此三合二不能与酸性物质一起存放。三合二具有腐蚀性，能破坏纤维，腐蚀金属，使皮肤干燥。

（2）应用方法　使用时，需将三合二用水调制成悬浊液、澄清液或水浆的形式。具体使用方法如下。

① 三合二悬浊液　三合二悬浊液是将三合二与水按一定比例混合在一起，搅拌均匀所调制成的溶液。适用于对植物层高度不超过 50cm 的地面和道路、工厂、仓库地面消毒。为了达到彻底消毒目的，要求调制好的三合二有效氯为 7%～8%，一般按溶质比 1:5 进行调制。

少量调制时，将三合二倒入容器，先加少量水成糨糊状，然后加水至定量，搅拌均匀即可；大量调制时，可在池子内或喷洒车装料桶内进行操作。调制时需要注意两点。第一，气温低于 5℃，悬浊液会变稠，甚至生成针状结晶，气温越低，越不利于调制。为克服低温调制的困难，解决办法有两点，一是在气温不太低时，降低调制比，可使消毒液有效率降低到 5%～6%；二是适当地加入防冻剂，用以降低消毒液的冰点。常用的防冻剂有氯化镁、氯化钙、氯化钠。第二，三合二悬浊液调制好后应立即使用，放置 8～12h 后会逐渐发生沉淀，堵塞喷洒车管路，影响喷洒。为了防止发生沉淀，可以利用喷洒车循环管路进行间断循环搅拌，或者加入 1% 硅酸钠（水玻璃）。调制时，要先向水中加入硅酸钠，后加三合二，否则起不到防沉淀的作用。

② 三合二澄清液　三合二悬浊液经过 3～4h 沉淀后，上层的清溶液即为三合二澄清液，多用于武器技术装备的消毒。使用三合二澄清液应注意三点，不能对精密器材、铝制品消毒；消毒的金属易生锈，应及时用水冲洗后，擦拭上油；三合二澄清液失效较快，一般不超过 48h，因而不能长久保存，必须使用前临时调配。

③ 三合二水浆　三合二和水按 1:1 或 1:2 调制成浆状，称为三合二水浆。它适用于建筑物等的垂直表面及木质、粗糙金属表面的消毒。三合二水浆比较黏稠，能附着在物体表面上，不致流失，从而增加与毒剂的作用时间，提高洗消效果。使用三合二水浆消毒时应注意三点，三合二水浆不能久存，一般只能保存 4h 左右，时间增长会结成硬块，故使用时应临时调配；三合二水浆腐蚀性强，消毒后的橡胶、金属应清洗保养；三合二水浆不能喷洒，

要用人力涂刷，故不适用于大面积消毒。

（3）储运注意事项

① 三合二用塑料袋包装，盛装于密封的铁桶中，每桶 50kg。这是因为三合二易吸收空气中的水分潮解；三合二与二氧化碳生成碳酸钙，从而破坏三合二，平时严禁打开桶盖。

② 日常将三合二放于阴凉、通风、干燥的场所。这是因为三合二吸水分解是放热反应，如果热量积蓄不散，容易发生危险；日光照射或高温也能加速三合二分解。

③ 三合二必须单独存放。不能与有机物质、油脂（如酒精、煤油、芥子气等）放在一起，防止爆炸和燃烧的危险。各种酸也迅速破坏三合二。

④ 运输三合二过程中防止震动和撞击，禁止用滚动的方式搬运。

2.4 氯胺类洗消剂

氯胺类消毒剂是指有机胺（ $>$ N—H）上的氢被氯取代（ $>$ N—Cl）的衍生物，是一类庞大的有机消毒剂。氯胺类化合物种类极多，大致可概括为以下四类。

（1）N-氯脂肪胺类，结构式为：

$$RCH_2N{\overset{Cl}{\underset{X}{}}} \quad (X=Na, Cl)$$

（2）N-氯磺酸胺类，结构式为：

$$RSO_2N{\overset{Cl}{\underset{X}{}}}$$

（3）N-氯内酰脲类，结构式为：

（4）杂环类，结构式为：

氯胺类化合物的结构特点是都含有氮氯键（N—Cl）。氮氯键（N—Cl）上氯原子的活泼性决定了氯胺类化合物的消毒和杀菌能力，它们具有较强的氧化氯化能力，但这类洗消剂没有碱性。氯胺类物质中与 N 原子相连的各种基团，R、R[1] 基团具有电负性，对电子有吸引作用，使得 N 上的电子云密度减小，有机胺上的氢处于正电状态；同时，氯原子的引入，并未改变各基团的结构，在 N—Cl 键中，由于 N 的电负性比 Cl 的电负性大，共用电子对偏向 N 原子，所以 Cl 原子也处于原来氢原子状态呈正电性，是亲电基团，在有机溶剂中直接发生氯化反应，酸性条件水解。

氯胺类物质的一个氮上含有一个 N—Cl 键的化合物称之为一氯胺；含有两个 N—Cl 键的化合物称之为二氯胺。主要品种有一氯胺 T、二氯胺 T、一氯胺 B、二氯胺 B、六氯三聚氰胺等。氯胺类物质具有低毒、低腐蚀、高稳定性、消毒能力强等特点，是目前各国最常用的洗消剂。与次氯酸盐类洗消剂相比，氯胺类洗消剂的使用优点是有效氯含量高、用量少，可用于皮肤、武器装备的消毒。缺点是具有一定的选择性，对军事毒剂中的梭曼（GB）等

G类毒剂没有作用，对人皮肤有刺激，而且低温使用效果差。如20世纪50年代，美军研制装备的MS油膏，其活性成分为氯胺类消毒材料，擦拭在皮肤上对芥子气（HD）等糜烂性毒剂有良好防护消毒效果；20世纪80年代初，美国研制的M258A1消毒盒，其主要消毒成分为苯酚钠溶液及氯胺B，可用于对G类毒剂及HD、VX的消毒；俄罗斯的IPP型个人消毒包也属于此类。此外，三氯异氰脲酸与表面活性剂、缓冲剂等助剂复配形成的TTA消毒剂，可在碱性环境中消毒HD、G类、V类毒剂；基于NBO（N-溴代-4,4-二甲基-2-噁唑烷酮）和NCO（N-氯代-4,4-二甲基-2-噁唑烷酮）为主剂的消毒剂，低腐低毒，具有良好的消毒效率，适用于对武器装备的消毒，因成本较高，其推广应用受限。

2.4.1　一氯胺

（1）理化性质　一氯胺是白色或淡黄色的固体结晶，工业品含有3个分子的结晶水，有微弱的氯气味，易溶于水，稍溶于酒精，溶液呈混浊状，不溶于二氯乙烷、四氯化碳等有机溶剂。一氯胺有效氯的含量26%～30%。一氯胺的固体在干燥及常温下，性质稳定，但受热后失结晶水，逐步分解出氯气，使有效氯降低。遇到空气中的二氧化碳、水分和酸等，也会使其分解。因此保存时要密封防潮、防热、防酸。一氯胺的醇水溶液对皮肤没有刺激性，但会使嘴唇等处的黏膜有刺痛感。误服2%的氯胺T溶液仅仅引起呕吐，但吞入固体可以致死。常见的一氯胺有1-氯胺B和1-氯胺T，它们都是常用的氧化消毒剂。结构分别如下。

1-氯胺B　　　　　　1-氯胺T

（2）洗消原理　一氯胺在水中能发生缓慢水解，生成次氯酸和苯磺酰胺钠。在酸性条件下，生成的次氯酸钠迅速水解，生成次氯酸，次氯酸和有毒物发生氧化氯化反应，从而达到消毒杀菌的作用。其反应式如下。

有酸存在的条件下，一氯胺的氧化氯化能力增强，但酸性过强，则会使一氯胺分解过快，反而失去消毒能力。在碱性条件下，一氯胺发生异构化作用，生成亚胺，失去消毒能力。因此，在应用时，一定要保持溶液的酸性，避免碱性环境条件下使用。

（3）主要应用　一氯胺稳定性好，腐蚀性和刺激性小，性质温和，但是价格较贵，适用于小面积污染处的洗消，所以常用于对人皮肤、服装、个人兵器及较精密仪器进行消毒。通常采用18%～25%的一氯胺水溶液，对染毒人员的皮肤进行消毒；采用5%～10%的一氯胺酒精溶液，对精密器材进行消毒；采用0.1%～0.5%的一氯胺水溶液，对眼、耳、鼻、口腔等进行消毒。为提高一氯胺的氯化能力，可以加入能使溶液保持弱酸性的"激活剂"，如NH_4Cl、$ZnCl_2$、$NaHSO_4$等。但激活剂的加入会使消毒液的稳定性降低，不能长时间保存，应该在使用时临时加入，乙醇也能缓慢地被一氯胺氧化，故醇水溶液也不能长时间保存，应现用现配。

2.4.2　二氯胺

（1）理化性质　二氯胺为白色或淡黄色晶体，有氯气味，不溶于水，难溶于汽油、煤油，稍溶于四氯化碳，能溶于二氯乙烷、三氯乙烯和酒精。有效氯含量 57%～59%。二氯胺常温下稳定，受热时会逐渐分解，常以固体状态密封于铁桶中。

（2）洗消原理　二氯胺在有机溶剂中，可直接和毒物发生氯化作用而达到洗消的目的。与一氯胺相似，如洗消反应过程中有水存在，二氯胺将生成次氯酸，次氯酸与其毒物发生氧化作用而消毒，其反应机理与次氯酸盐类消毒剂相同。其反应式如下。

$$\text{\Large\text{⟨⟩}}-SO_2N\begin{smallmatrix}Cl\\Cl\end{smallmatrix} + 2HCl \longrightarrow \text{\Large\text{⟨⟩}}-SO_2NH_2 + 2HOCl$$

二氯胺与 10% 的盐酸作用，能迅速放出氯气，生成的氯气可再与毒物作用而进行洗消处理。其反应式如下。

$$\text{\Large\text{⟨⟩}}-SO_2N\begin{smallmatrix}Cl\\Cl\end{smallmatrix} + 2HCl \longrightarrow \text{\Large\text{⟨⟩}}-SO_2NH_2 + 2Cl_2$$

（3）主要应用　二氯胺必须溶解在有机溶剂中才能用于消毒。如使用 10% 二氯胺的二氯乙烷溶液（或四氯化碳、三氯乙烯等），可对金属、木质表面消毒，10～15min 后，再用氨水等碱性物质破坏剩余的二氯胺，然后清洗物体表面进行保养；用 5% 二氯胺酒精溶液，可对皮肤和服装消毒，10min 后，再用清水洗。

使用注意事项，其溶液有明显的腐蚀性，消毒后的 10～15min 内应用清水冲洗干净；碱和 10% 以上的盐酸均能破坏二氯胺，使其有效氯降低；二氯胺的二氯乙烷不宜久存，使用前临时调配；需要溶解在有机溶剂中，价格比较高，不便携带。

2.5　过氧化物类洗消剂

近年来，随着环境保护意识的提高，人们对消毒剂的环境友好性、与设备的相容性提出了更高的要求，以过氧化物为代表的氧系消毒剂凭借其良好的消毒性能和低腐蚀性等突出的优势，被作为"绿色消毒剂"广泛应用。过氧化物类洗消剂具有强氧化性、容易自然降解、对环境的危害性小、对武器装备表面的腐蚀性低于次氯酸盐的优点。目前各领域内的专家不断研制多种新型氧化物洗消剂配方，以最大限度地发挥它的高效消毒作用。如复配型过氧化物洗消剂 DF200，其主要成分为过氧化氢、阳离子表面活性剂、长链脂肪醇和碳酸氢钠，可以以泡沫、液剂和雾状等状态使用，洗消剂液体可以通过特殊的喷嘴使体积膨胀 100 倍，充满空间并自动寻找藏有生化战剂的缝隙，可在几分钟内使病毒、细菌和神经类的单个或组合生化战剂失效，对人无害，可对生化武器攻击作出快速反应。

2.5.1　无机过氧化物

无机过氧化物作为消毒剂使用已有较长的历史，主要有基于过氧化氢（H_2O_2）的消毒剂和其他无机过氧盐类。早期使用的有过氧化氢、过硼酸钠、过二硫酸钠、过焦磷酸钠、过碳酸钠等。但经研究发现，过硼酸钠、过二硫酸钠等无机过氧化物在配成溶液时稳定性差，现在消毒中已很少使用。

2.5.1.1　过氧化氢的理化性质

过氧化氢又叫双氧水，分子式 H_2O_2，相对分子质量 34.01，纯的过氧化氢是无色无味的黏稠液体，熔点 $-0.43℃$，沸点 $150.2℃$，相对密度 1.46，在 $-1.7℃$ 时凝固为针状固体。它是一种爆炸性强氧化剂，本身不燃，但不稳定，光、热和许多金属氧化物杂质（如 MnO_2）都能加速其分解作用，分解时发生爆炸而生成水和氧，同时放出大量的热，需放遮光阴凉处保存。过氧化氢在 pH 值为 3.5～4.5 时最稳定，在碱性溶液中极易分解。它可以任何比例与水混合，形成性质稳定的过氧化氢水溶液，并具有微弱的酸性。市售过氧化氢水溶液含过氧化氢 30%～50%。浓度超过 74% 的过氧化氢，在具有适当点火源或温度的密闭容器中，能发生气相爆炸。相反的有某些物质，如磷酸盐，能显著提高其稳定性。为了使双氧水便于携带和使用，可加入尿素，使其共结晶而成固体过氧化氢，其中过氧化氢含量小于 35%。

2.5.1.2　过氧化氢的特点

过氧化氢是最强的氧化剂之一，具有非常优异的杀菌能力，是常用的消毒剂。H_2O_2 在环保方面的突出优点就是反应活性强，反应只产生水和氧气，不产生二次污染，因此对洗消对象和环境无危害，过量使用也不会引发污染问题，被称为最清洁的化学品。

在洗消的过程中，H_2O_2 产生大量的羟基自由基·OH，其特点主要如下。

① 产生的·OH 自由基量大，其性质非常活泼，而且·OH 是反应的中间产物，可诱发后面的链反应。

② ·OH 自由基可直接与毒物发生反应，将其降解为 CO_2、H_2O 及无害盐类，不会产生二次污染。

③ 由于它是一种物理-化学处理过程，很易控制，能满足处理需要，而且既可作为单独处理，又可与其他处理过程匹配，可有效降低处理成本。

过氧化氢最突出的化学性质是具有一定的氧化能力，能够氧化许多毒物，使毒物失去毒性。如过氧化氢氧化芥子气生成芥子亚砜；氧化路易士气生成 β-氯乙烯胂酸；也可氧化含磷毒剂生成膦酸而使其失去毒性。美国研制开发的 DF200 型消毒剂和 Decon Green 型消毒剂活性成分均为过氧化氢。

2.5.1.3　活化过氧化氢体系

(1) H_2O_2 的活化机理　由于非水溶性毒剂（如 HD）在 H_2O_2 溶液中的溶解度有限，而且 H_2O_2 本身氧化反应活性有限，所以单一的 H_2O_2 溶液很难满足化学毒剂快速洗消的需求。因此，为进一步提高其反应活性，通过各种活性调控手段，建立活化过氧化氢体系。建立弱碱性条件下 α 亲核取代与氧化消毒之间的平衡，优化消毒反应效率和活性氧利用率，同时还应尽量避免有毒副产物的生成和累积。

下面以 HD 为例进行说明。

① α 亲核取代与氧化反应的优化平衡　要充分利用 H_2O_2 溶液的 α 亲核取代和氧化反应，需要在合理的酸碱度下，实现两种消毒能力的均衡，同时还要对毒剂的水解反应进行抑制。图 2.5 为 H_2O_2 体系的消毒反应平衡。为了保证对含磷毒剂的快速消毒效果，须将 H_2O_2 溶液调配至弱碱性。此时，H_2O_2 浓度下降，氧化能力降低，对 HD 的氧化消毒效果难以保证。通常需要将 H_2O_2 分子转化为其他在弱碱性条件下具有更高氧化活性或更低氧化反应活化能的活性氧，以提高其氧化消毒速率。

② 有毒产物的抑制　消毒剂的浓度和酸碱度决定了亲核取代与水解反应的相对比例，对亲核反应（包括水解）调控的空间较小，产物选择性的调控主要体现在氧化反应机制上。如在对芥子气进行氧化消毒时，要防止无毒的芥子亚砜（HDO）发生过度氧化转化为有毒的芥子砜（HDO_2）。因此活化后的活性氧，其氧化还原电位不宜过高。抑制产物的过度氧化，还可以通过控制活性氧的转移方式来实现，如将 H_2O_2 转化为对目标物具有立体结构选择性的过渡金属过氧

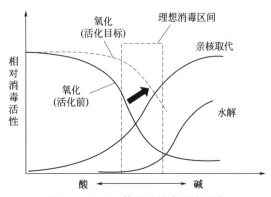

图 2.5　H_2O_2 体系的消毒反应平衡

酸盐、有机金属络合物的过氧化物等。

③ 活化剂与其他助剂的配合 活化的 H_2O_2 复配溶液往往还不能满足塑性材料、多孔介质表面沾染 HD 等非水溶性毒剂以及低温等特殊染毒场所的洗消需要。为了增加毒剂在过氧化物消毒技术中的溶解度，以及引入强亲核取代试剂，可在 H_2O_2 复配溶液中加入助溶剂或制成微乳消毒液、乳化消毒剂和泡沫消毒剂以提高对毒剂的溶解性能，增加反应接触面积。设计此类消毒剂时，活性氧的稳定性及其与表面活性剂、乳化剂的作用过程，助剂对消毒剂极性的影响，都成为能否实现增溶与高效消毒反应互补的关键。半衰期较短的小分子活性氧，如·OH、[O] 等，难以扩散穿过乳化层而与毒剂分子发生反应，会因此降低活性氧的利用率。但这一原理也可以被利用于抑制这些短寿命的高活性氧对 HDO 的过度氧化。

(2) 几种典型的 H_2O_2 活化消毒体系

① 盐活化 H_2O_2 体系 利用强碱弱酸盐（如钼酸盐）作为 H_2O_2 活化剂，不仅可以将 H_2O_2 转化为活性更高的过酸活性氧，还可以起到酸碱缓冲剂的作用，使消毒体系维持在有利于亲核取代-氧化反应均衡的弱碱性条件下。

2002 年，美国陆军配备的 Decon Green 水基消毒剂，以 35% H_2O_2 为活性组分，使用钼酸钾 （K_2MoO_4） 作为活化剂，并配以丙二酸以及非离子表面活性剂 TX-100 等物质。该消毒剂利用 OOH^- 的亲核取代和氧化机理，把亲核取代和氧化反应统一起来，对神经毒剂和芥子气都有良好的消毒效果。但 Decon Green 仍然具有一定的毒性，而且对 VX 的消毒效果还是不理想，温度在 25℃，反应 15min，对 VX 消毒才达到 81%；温度在 49℃，相同的时间，对 VX 的消毒效率达到 86.9%；而在低温 （−31℃） 条件下，消毒效果很差。表 2.6 为 Decon Green 的消毒效果。

表 2.6　Decon Green 对 VX、GD 和 HD 的消毒效果

温度/℃	消毒率/%		
	VX	GD	HD
25	81	>99.8	>99.0
−31	29.2	55	3.5
49	>86.9	>99.8	>99.0

注：反应时间为 15min；0.1mol·L^{-1} 毒剂的浓度。Decon Green 的配方：60% 体积比的丙二酸，30% 的 35% H_2O_2，10% 的 Triton-100；0.02mol·L^{-1} 的 K_2MoO_4。

过碳酸钠 （$2Na_2CO_3 \cdot 3H_2O_2$） 俗称固体双氧水，其水溶液 （pH≈10.5） 能自发分解产生 H_2O_2，但单一的过碳酸钠溶液对 HD 消毒不理想。据相关资料介绍，过碳酸钠/钼酸钠复配溶液，其对 2-CEES 的氧化消毒能力相对单一的过碳酸钠可大大地提高，其对比效果，如图 2.6 所示。同时，其消毒率也大于同等浓度的 H_2O_2/Na_2MoO_4 体系。

② TAED 活化 H_2O_2 体系 过氧乙酸 （CH_3CO_3H） 的氧化性比 H_2O_2 强，对 HD、VX、GD 的消毒性能良好。因此将 H_2O_2 转化为过氧乙酸，也可以提高体系的消毒性能。过氧乙酸可由乙酸与 H_2O_2 反应制备，也可以由四乙酰乙二胺 （TAED） 与 H_2O_2 或固体双氧水（如过碳酸钠）反应发生。当保持 [O]/[TAED] 的摩尔比为 2∶1 时，用磷酸盐调节消毒液的 pH 值 8.5，活性氧含量 0.31%，$V_{消毒剂}$∶$V_{毒剂}$=200∶1 时，5min 内几乎能够完全消毒 HD、VX、GD。表 2.7 为过碳酸钠/TAED 的消毒性能。

表 2.7　过碳酸钠/TAED 的消毒性能

毒剂	[O]/[毒剂]	消毒率>99%所需时间/min
HD	5.0	2
VX	10.8	5
GD	7.4	2

其他许多含有酰基或酰氨基的化合物也能活化 H_2O_2 生成有机过氧酸，增强其消毒性能。如过碳酰胺 $[CO(NH_2)_2 \cdot H_2O_2]$ 水溶液兼有尿素和 H_2O_2 的性质，对 G 类、V 类和 H 类毒剂具有良好的消毒效果。

　　③ 凝胶过氧化物洗消体系　过氧化物硅凝胶洗消技术是近几年发展起来的消毒新技术。它是以凝胶类物质作为载体，过氧化物消毒剂分散在其中形成凝胶消毒剂。凝胶消毒剂的腐蚀性明显低于液态消毒剂，其消毒使用量小，仅相当于传统消毒剂使用量的 $1/3\sim1/10$，并具有很好的附着性，后处理简单，容易从消毒表面脱落，利于环境的恢复使用，因此被广泛关注。

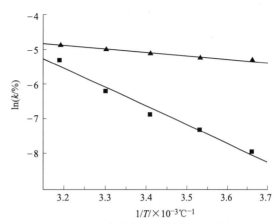

图 2.6　过碳酸钠/钼酸钠复配溶液与过碳酸钠消毒性能对比

■ 单一过碳酸钠；▲ 过碳酸钠/钼酸钠

　　1986 年德国的 D. E. Fowler 首次把 H_2O_2 与硅凝胶结合，利用凝胶的吸附与催化水解作用，通过亲核取代和氧化的消毒原理，对工具、装备和武器表面进行清除放射性物质、毒物、生化战剂的污染的研究。

　　目前研究的主要有两种凝胶消毒剂。一种是 Hoffillan 研究的 L-凝胶消毒剂（Oxone-硫酸氢钾制剂-CuSO4），另一种是 Gineto 研究的 G-凝胶消毒（Oxone-H_2O_2-FeSO4）。其中，L-凝胶的消毒时间一般持续 $30\sim60$min，硅凝胶干燥时间 $3\sim6$h，具有使用方便、消毒作业性能良好、低腐蚀性、低毒害性、环境友好等优点；它的主要缺点是对 G 类毒剂的消毒效果低，不理想。G-凝胶是在酸性（pH=3，2）条件下，通过改进 Fenton 试剂，添加 Oxone 的硅凝胶消毒技术。G-凝胶消毒时间很快，一般不超过 10min，硅凝胶干燥时间 $3\sim6$h，消毒性能良好，消毒产物甚至被氧化成无机物 CO_2 和 H_2O，腐蚀性低，低毒害性，环境友好；它的主要缺点是使用复杂，反应有时放热量很大。

　　Gineto 研究发现，过氧化剂 Oxone 与 H_2O_2-Oxone 在亚铁离子（Fe^{2+}）催化下，一起协同产生·OH，该技术对 2-CEES、DEMP、DIMP、Dem-S 消毒迅速，$3\sim10$min 即可消毒彻底。但它对 DMMP 消毒不够完全，30min 后还有 0.9% 的残留量。它对 MAL 消毒，90min 后还有 6.3% 的残留量。消毒后的副产物无毒，对物体表面没有伤害。一旦消毒剂干燥后，产物残留很容易从污染表面剥离清除或者真空吸尘清除。但是，该技术只对毒剂的模拟剂进行了消毒的研究，没有对毒剂进行消毒的研究，更没有对毒剂的消毒机理进行研究。

　　2008 年，我国东北大学孔祥松以国产硅凝胶作为载体，利用过氧化物催化氧化（AOT），引入亲核性的过氧化物，提出了过氧化物硅凝胶催化消毒技术。他以二氧化硅 A-380 作为消毒技术的载体，加入无机盐，制成 H_2O_2-Oxone-FeSO4-NaBO3-CuSO4 体系，并对 2-CEES、HD、VX 和 GD 的消毒效果及机理进行研究。研究结果表明，该技术对 2-CEES、HD、VX 的消毒时间不超过 3min，消毒效价比基本达到 $10g \cdot L^{-1}$，符合实际消毒的要求，并可以预测，该消毒技术可以用于实战消毒，但它并不适合对高浓度的 GD 进行消毒。2-CEES 和 HD 的消毒机理是依次经过氧化、脱氯消除反应、C—S 键断裂等反应，最后降解形成 SO_2、CO_2 等产物。

　　④ H_2O_2 泡沫体系　H_2O_2 常态下是液体，不能用于大批量、大体积的敏感设备洗消。

为改善此性能，美国的蒸气洗消研究把液体洗消剂转化为蒸气，充满沾染空间，能对敏感设备和平台内部化学和生物战剂进行洗消；美国爱基伍德生化中心和 STERIS 公司共同开发了改进型汽化过氧化氢洗消装置，能用于生化战剂的洗消，其对芥子气、VX 和炭疽病毒等的效果十分明显。测试表明，它对室内空间的消毒一般需要 4～24h，消毒后不会留下残余物，对室内设备也无危害性。

2002 年，美国陆军爱基伍德生化中心尝试将 H_2O_2 蒸气技术用于化学毒剂消毒时发现，H_2O_2 蒸气中加入少量 NH_3 气体后，对 GB 和 GD 的消毒速率有了显著提高。它主要以 HCN 为目标物，对 H_2O_2-NH_3 体系的配比进行了优化，并对 GB 在 H_2O_2-NH_3 溶液中的降解过程进行了研究。研究发现，GB 在消毒液中首先转化为过氧化沙林酸，后者进一步分解为甲基膦酸异丙酯，并释放出 O_2。同时，由于在 H_2O_2 气雾中加入 NH_3，对 HD 的消毒率会有明显降低，H_2O 的含量也会对消毒效果产生显著影响。目前，对 NH_3 活化 H_2O_2 体系的消毒机理及氧化消毒能力的补偿机制正在深入研究。

2.5.1.4　过氧化氢高级氧化技术

高级氧化技术的研究是 H_2O_2 利用的最新进展之一。H_2O_2 除了可以单纯作为氧化剂对毒物进行洗消处理外，它在一定催化剂（如 Fe^{2+}、UV 等）以及其他氧化剂（如 O_3）的作用下，可以组合成高级氧化体系，产生氧化性极强的羟基自由基·OH，·OH 作为反应的中间产物，彻底氧化降解有机毒物，形成小分子的降解产物，甚至形成 CO_2 和 H_2O。与其他化学氧化法相比，其具有氧化能力强、反应速率常数大、选择性小、与反应物浓度无关、羟基自由基·OH 寿命短、处理效率高、不产生二次污染等特点。过氧化氢高级氧化技术的反应体系主要包括 Fenton 试剂、H_2O_2/UV、H_2O_2/O_3、UV/H_2O_2/Fe^{2+}、UV/H_2O_2/O_3 等。

（1）Fenton 试剂　典型的 Fenton 试剂是在酸性条件下（pH＝3～5），H_2O_2 和 Fe^{2+}（硫酸亚铁）之间发生的链式反应分解产生羟基自由基（·OH），由于·OH 比其他常见氧化剂具有更高的标准电极电位（氧化电位 E_0＝2.80V，仅次于 F），其亲电能力达到 569.3kJ·mol^{-1}，具有加成作用。其反应式如下。

$$Fe^{2+}+H_2O_2 \longrightarrow Fe^{3+}+OH^-+\cdot OH$$
$$Fe^{3+}+H_2O_2 \longrightarrow Fe^{2+}+\cdot OOH+H^+$$
$$\cdot OH+H_2O_2 \longrightarrow \cdot OOH+H_2O$$
$$\cdot OH+Fe^{2+} \longrightarrow Fe^{3+}+OH^-$$

Fenton 试剂氧化分解有机物是利用反应中产生的·OH 与有机物 RH 反应生成自由基 R·，R·进一步氧化生成 CO_2 和 H_2O。·OH 与有机物反应的速率一般为 10^9～10^{10} mol·L^{-1}·s^{-1}。其反应式如下。

$$RH+\cdot OH \longrightarrow R\cdot +H_2O$$
$$R\cdot +Fe^{3+} \longrightarrow R^++Fe^{2+}$$
$$R\cdot +O_2 \longrightarrow ROO^- \longrightarrow CO_2+H_2O$$

Fenton 试剂对许多有机物具有氧化作用，而且具有生物降解性能。Fenton 试剂产生的·OH 对容易极化的 C—S、P—S、C—C、C—H 键无选择性地亲电加成氧化，最后使有机物矿化成无机分子产物。随着人们对 Fenton 试剂反应体系研究的不断深入，发现 Fenton 试剂中的 Fe^{2+} 被 Cu^+ 代替，也同样具有催化氧化的效果，如将紫外线（UV）、可见光、草酸盐、氧气等引入 Fenton 试剂，也可显著提高其氧化分解有机物能力，并可大大减少 H_2O_2 的用量，降低处理成本。由于以上各体系的反应机理与 Fenton 试剂相同，故被称为类芬顿试剂法。

（2）H_2O_2/UV 氧化体系 H_2O_2/UV，即 H_2O_2 和紫外线氧化体系。该体系中，每个 H_2O_2 分子可产生两分子·OH，其反应机理为：

$$H_2O_2 + 紫外线(UV) \longrightarrow 2OH·$$
$$OH· + H_2O_2 \longrightarrow H_2O + HO_2·$$
$$HO_2· + H_2O_2 \longrightarrow H_2O + O_2 + OH·$$
$$2OH· \longrightarrow H_2O_2$$
$$总反应：2H_2O_2 \longrightarrow 2H_2O + O_2$$

H_2O_2/UV 体系对有机物的去除能力比单独用 H_2O_2 或紫外线更强。它不仅能有效去除水中有机污染物，而且不会造成二次污染，也不需要后续处理，并具有比 Fenton 试剂更好的费用-效益比。

经某研究资料表明，利用 H_2O_2/UV 体系可对水中 2,4-二氯酚进行氧化降解，其中 H_2O_2 的投加量主要由 UV 光强度和有机物初始浓度来确定，酸性和中性条件下有利于 H_2O_2/UV 体系对 2,4-二氯酚的降解，最佳反应温度 20～25℃。此外，在 Fenton 试验中，向质量浓度为 20mg·L^{-1} 的 2,4-二氯酚溶液加入 2.0mg·L^{-1} 的 Fe^{2+}，同时把 H_2O_2 的投加量减为 0.204mg·L^{-1}，pH 值 3.0 左右，此时 $H_2O_2/UV/Fenton$ 体系对 2,4-二氯酚的氧化效率大大提高，比单纯 Fenton 体系的降解率提高 1 倍，可达到 95.6%。因此，利用 $H_2O_2/UV/Fenton$ 体系去除有机污染物在效果和经济上均具有明显的优越性。

（3）H_2O_2/O_3 以及 $UV/H_2O_2/O_3$ 氧化体系 H_2O_2/O_3，即过氧化氢-臭氧氧化体系，向臭氧反应器中加入 H_2O_2 即可制得。O_3 本身具有极强氧化性，能去除大量有机物，但对某些卤代烃及农药等有机物的氧化效果较差，将 O_3 与 H_2O_2 结合使用可大大提高氧化效率。

Glaze 等的研究结果表明，增加 O_3 水溶液中的 pH 值或向其中添加 H_2O_2，能极大地提高羟基自由基的产生量和速率，并能将水溶液中的羟基自由基浓度稳定地维持在较高的水平。H_2O_2/O_3 对农药久效磷也具有很好去除效果，20min 内去除率达 95% 以上。同时，H_2O_2/O_3 对地下水中卤代烃、苯化合物、邻二氯硝基苯、2-甲基异丁醇、三氯乙烯和四氯乙烯都有显著的去除效果。$UV/H_2O_2/O_3$，即紫外-过氧化氢和臭氧高级氧化体系。该体系基于氧化和光解作用，包括 O_3 的直接氧化、O_3 和 H_2O_2 分解产生的羟基自由基的氧化、直接光解以及 H_2O_2 的光解和离解作用，使其对有机污染物的降解能力大大加强。如 $UV/H_2O_2/O_3$ 可使挥发性有机氯化合物的去除率达到 98%，几乎可使芳香烃化合物完全矿化。这些作用在氧化有机物时的相对重要性取决于各种运行参数如 pH、UV 光强和波长范围、氧化剂之间及与有机物的比值等。

目前，高级氧化技术已成为治理难降解有机物的主要手段之一，但运转费用过高、氧化剂消耗量大等缺点使其普遍应用受到限制。高级氧化过程与传统工艺结合是近年来高级氧化技术的应用方向。

2.5.2 有机过氧化物

有机过氧化物是一类含有过氧基键的有机化合物。通过对有机过氧酸的研究，发现烷基对毒剂具有更强的亲和力，有望通过改变烷基链的长度和结构来调节过氧酸与毒剂的作用效果。小分子过氧酸稳定性差，长链过氧酸明显改善对毒剂的稳定性，同时长链（C_8～C_{12}，或更长）过氧酸又具有胶束特性，能大大提高消毒液对毒剂的溶解能力。法国于 1989 年研究了长链过氧酸的弱碱性水溶液对 VX 和 HD 的消毒作用，20 世纪 90 年代又研究了单过氧化苯二甲酸盐（镁盐）对 VX 和 HD 的消毒作用，对 VX 反应半衰期为 42s，而对 HD 则只需 14s。

过氧乙酸是有机过氧化物的典型代表，它是过氧类消毒剂中杀菌能力最强、使用最广的消毒灭菌剂，常用于对生物污染的消毒，是一种良好的氧化剂。过氧乙酸又名过氧醋酸，分子式 $C_2H_4O_3$，相对分子质量 76，其结构式为：

$$H-\underset{\underset{H}{|}}{\overset{\overset{H}{|}}{C}}-C\underset{O}{\overset{O}{\Big\langle}}O-H$$

过氧乙酸是无色透明液体，具弱酸性，易挥发，有刺激性酸味，熔点 0.1℃，沸点 105℃，相对密度（水＝1）1.15（20℃），饱和蒸气压 2.67kPa（25℃），闪点 40.5℃（开杯）。过氧乙酸腐蚀性强，有漂白作用，可溶于水和乙醇、乙醚等有机溶剂。性质不稳定，含量＞45%（g·mL^{-1}）的高浓度溶液，搬运、振荡、撞击、遇热、有金属离子存在、与还原剂接触等会释放氧气，存在爆炸的危险，当加热至 110℃以上时，会发生分解产生强烈爆炸。我国市售消毒用过氧乙酸浓度多在 20%（g·mL^{-1}）左右，一般无此危险。过氧乙酸一般以混合水溶液形式存在，主要成分有过氧化氢、醋酸、硫酸等。

由于过氧乙酸由乙酰基和过氧基组成，因此过氧乙酸既具有乙酸的性质又具有过氧化物的性质。过氧乙酸消毒能力首先是依靠其强大的氧化性，遇有机物放出新生态氧而起氧化作用。它可使生物酶失去活性，导致微生物死亡。此外，具有酸性的过氧乙酸也可通过改变细胞内的 pH 值而损伤微生物。因此，过氧乙酸杀菌作用远较一般的酸与过氧化物强。如碱性固体过氧乙酸水溶液中过氧乙酸含量 0.1%～0.20%，作用 10～15min，可用于细菌繁殖体污染表面的消毒和水果、蔬菜的浸泡消毒。

实验室研究表明，过氧乙酸对 HD、VX 等含较低价 N、S 的有毒化学品具有较好的消毒效果。以 HD 为例，过氧乙酸浓度越高，消毒效果越好，表 2.8 为不同浓度条件下过氧乙酸对 HD 消毒效果影响的实验研究结果。气质联用仪器（GC-MS）检测结果表明，对 HD 的消毒反应机理主要是氧化反应，生成芥子亚砜、芥子砜，同时检测到亚砜和砜的消去产物——双烯和单烯芥子（亚）砜。

表 2.8　动态条件下不同浓度过氧乙酸对 HD 消毒效果的影响

过氧乙酸浓度 /%	HD 液滴消失时间 t_1/min	残存质量 /mg	残存百分率 /%
15	立即消失	0.065	0.065
10	3	0.450	0.225
5	4	0.250	0.250
2	5	0.304	0.304
0.5	41	0.397	0.397

在有机过氧酸消毒剂研究方面，Cauld Lion 等研究开发的长链过氧酸和 MMPP 对化学战剂均有良好的消毒性能；国内也报道了 MMPP，常温下每毫升 6%、10% 的 MMPP 乳液分别可降解消毒 21mg、52mg 的 HD。其他过氧酸如以 0.2% 二过氧癸二酸水溶液为主体的 DPOS 消毒液，其腐蚀性低，适于兵器和精密仪器的消毒；过碳酸钠、TAED 和季铵盐类阳离子表面活性剂复配形成的乳液消毒剂也能够快速消毒降解化学战剂。

无机过氧化物与有机过氧化物相比，对有机毒物和有毒有害化学品的溶解能力相对较差、氧化能力相对较弱。而有机过氧化物性质不稳定，且腐蚀性较强。为克服两者的缺点，发挥各自的优势，研制复配型过氧化物消毒剂成为新的研究方向。某研究中的新型复配型过氧化物消毒剂由氧化主剂 A 和增效助剂 B 两部分组成，消毒剂活性成分为有机过氧酸

[RC(O)—O—O$^-$]。该消毒剂储存稳定，使用方便，腐蚀性低，环境污染小，在相同活性成分浓度下，对 HD、GD 和 VX 等毒物的消毒效果与三合二相当。

2.6 其他氧化氯化型洗消剂

2.6.1 二氧化氯

其他的常用含氯消毒剂，也可用于危险化学品的洗消过程。二氧化氯（ClO_2）是国际上公认的广谱高效的氧化性消毒剂。

稳定的 ClO_2 是淡黄色或无色刺激性透明水溶液，具有与氯气近似的辛辣的刺激性气味，但很少挥发，溶解度为 $2.9g \cdot L^{-1}$，是氯在水中溶解度的 5 倍，ClO_2 在水中几乎 100% 以分子状态存在，所以易透过细胞膜，可在 pH=3.0～9.0 的广泛范围内有效地杀菌。不易燃，不易分解，性质稳定，二氧化氯易溶于冰醋酸、四氯化碳中，易被硫酸吸收，但与硫酸不起反应。

二氧化氯是强氧化剂，其作用机理主要是氧化反应。由于 ClO_2 中 Cl 的氧化数 +4 价，有很强的氧化性，有效氯含量高达 263%，能与许多有机和无机化合物发生氧化还原反应。它对水中无机污染物铁（Fe^{2+}）、锰（Mn^{2+}）、硫化物（S^{2-}）和氰化物有明显的去除效果，还可快速有效地氧化破坏硫醇、硫醚和其他无机硫化物以及仲胺和叔胺类物质，如苯并芘蒽醌、酚、氯酚、氯仿、四氯化碳及有机硫化物等。

二氧化氯与氯气相比，氧化性更强，它的氧化能力是氯气的 2.5 倍左右，而且具有操作安全简便、受 pH 值影响小等特点。氯气对氰化物的氧化通常只将 CN^- 氧化成毒性较小的氰酸盐（OCN^-），并要求很高的 pH 值。而二氧化氯对氰化物的氧化却能将 CN^- 氧化成 N_2 和 CO_2，可彻底消除氰化物的毒性。二氧化氯与氰化物的反应式如下。

$$2CN^- + 2ClO_2 \longrightarrow 2CO_2 + N_2 + 2Cl^-$$

ClO_2 水溶液还可用于对化学战剂的消毒。据某文献报道称，9% ClO_2 溶液 30min 内对 VX、GD、HD 的消毒率分别为 99%、98%、78%，若使 ClO_2 水溶液 pH 值调整为 8.0～10.0，可有效提高对 HD 的消毒效果，ClO_2 水溶液对 HD 的消毒产物主要为其氧化产物二乙烯基砜。ClO_2 处理水不会产生致癌、致畸、致突变的三卤甲烷（THM）类物质，避免了传统氯化消毒对人类健康的危害。

2.6.2 其他含氧类洗消剂

臭氧（O_3）由于其氧化能力仅次于天然元素中的氟，故长期以来一直被认为是一种高效氧化剂，在环境工程中特别是水处理领域得到广泛应用。但由于 O_3 在处理有机物废水时存在利用率低、氧化能力不足及溶解性差等缺陷，为此出现了 UV/O_3、O_3/H_2O_2、$UV/O_3/H_2O_2$、草酸/Mn^{2+}/臭氧等多种高级氧化方式。这些新方法不仅提高了 O_3 的利用率和处理效率，而且氧化能力大大提高。周建军等人用 O_3 对神经性化学战剂的模拟剂氯磷酸二苯酯（DPCP）进行洗消研究，得出结论是，O_3 可以对 DPCP 进行有效降解，在最佳反应参数下，16min 可以使 $50mg \cdot L^{-1}$ 的 DPCP 降解率达到 98%，并且具有降解速率快、操作简单的特点。

高锰酸钾（$KMnO_4$）是一种强氧化剂，能使许多官能团或 α-碳氧化。$KMnO_4$ 在中性或碱性介质中进行氧化时，Mn^{7+} 变为 Mn^{4+}，生成二氧化锰（MnO_2）沉淀；在强酸性介质中进行氧化时，Mn^{7+} 变为 Mn^{2+}，生成溶于水的锰盐。它在丙酮、乙酸中有一定的溶解度，因此可以在这些溶剂或是它们与水的混合溶剂中进行氧化。但它不溶于如苯、二氯甲烷等非极性溶剂，因此常在反应介质（如苯-水）中加入冠醚或季铵盐、季膦盐等相转移催化剂，以提高 $KMnO_4$ 在有机溶剂中的溶解度，促进氧化反应的进行。崔晓萍等人采用氧化还原法研制一种针对刺激剂 CS 沾染部位进行快速有效洗消的方法，成功利用 $KMnO_4$ 氧化还原洗消刺激剂 CS，并用硼酸（H_3BO_3）作催化剂。通过实验的方法得出结论，当高锰酸钾浓度为 0.015%、反应时间为 10min、反应温度为 30℃、催化剂用量为 2% 时，效果最佳。

二氧化钛（TiO_2）在光照条件下可将水分解为 H_2 和 O_2，利用这一技术可有效去除或降解多种难降解有机物。如 Mattews 等人用 UV/TiO_2 法对水中存在的多种有机物进行研究发现，除硝基苯、三氯乙烷、四氯化碳降解缓慢外，其他物质都能被迅速降解。TiO_2 法产生?OH 的原理是，当 TiO_2 受到大于禁带宽度的能量（约为 3.2eV）激发时，其满带上的电子被激发越过禁带进入导带，同时满带上形成相应的空穴（h^+），所产生的空穴具有很强的捕获电子的能力，而导带上的光致电子 e^- 又具有很高的活性，在半导体表面形成氧化还原体系，当半导体处于溶液中时，便可产生·OH，因此 UV/TiO_2 法成为备受关注的高级氧化过程。

2.7 氧化氯化型洗消剂的应用

2.7.1 次氯酸盐洗消剂对氰化物的洗消

漂白粉在碱性介质中水解生成具有强氧化性的次氯酸根（ClO^-），可将毒性较强的氰化物氧化成氰酸盐。如果废水中有足够的次氯酸根，氰酸盐则继续被氧化成二氧化碳（CO_2）和氮气（N_2），从而将氰根的毒性解除。根据此原理，可利用碱性氯化法对氰化物进行洗消。具体方法是，将含有氰根（CN^-）的水溶液 pH 值先调至碱性，再加入含氯试剂，利用生成的次氯酸（HOCl）与氰根发生氧化分解反应，而生成无毒或低毒的产物。

① 次氯酸盐对氰化钠的洗消　氰化钠与次氯酸的反应式如下。

$$NaCN + HOCl \longrightarrow CNCl + NaOH$$

反应生成的 CNCl 仍具有和 HCN 一样的毒性，在 pH 值大于 10 的条件下，CNCl 可进一步与碱（OH^-）生成 HOCN，反应式如下。

$$CNCl + NaOH \longrightarrow NaCl + HOCN$$

生成的 HOCN 无毒，并可在次氯酸盐的作用下分解，生成二氧化碳和氮气：

$$2CNO^- + 6OCl^- + 4H_2O \longrightarrow 2CO_2\uparrow + N_2\uparrow + 3Cl_2\uparrow + 8OH^-$$

此反应一般应在 pH 值为 7.5～8 之间的范围内进行，并且要保证充分供给氧化剂。

② 三合二对氢氰酸的洗消　三合二与氢氰酸的反应式为：

$$6HCN + [3Ca(ClO)_2 \cdot 2Ca(OH)_2] \longrightarrow 6HOCN + 3CaCl_2 + 2Ca(OH)_2$$

为了消除氰酸（HOCN）在一定条件下重新再转化成氢氰酸的潜在危险，可用三合二继续对氰酸实施进一步氧化，使其氧化成二氧化碳和氮气，其反应式为：

$$4HOCN + [3Ca(ClO)_2 \cdot 2Ca(OH)_2] \longrightarrow 4CO_2\uparrow + 2N_2\uparrow + 3CaCl_2 + 2Ca(OH)_2 + 2H_2O$$

综上，三合二对氰化物实施消毒的作用原理主要是次氯酸盐的氯化氧化作用，其反应式为：

$$12HCN + 5[3Ca(ClO)_2 \cdot 2Ca(OH)_2] \longrightarrow 12CO_2\uparrow + 6N_2\uparrow + 15CaCl_2 + 10Ca(OH)_2 + 6H_2O$$

注意，氢氰酸发生泄漏时，严禁采用直接喷射三合二的方法实施消毒处理，以免引起火灾和氢氰酸蒸气的空间爆炸。三合二对氰化物的氧化反应是一个剧烈的放热过程，因此，对洒落的固体氰化物和流散泄漏的液体氰化物首先要实施收集和输转，然后配制有效氯含量为8% 的三合二水溶液，利用消防车加压通过消防水枪或水炮实施洗消。被氰化物污染的水域实施洗消时可采用干粉车直接向水域喷洒三合二粉末，也可采用船艇实施人工喷洒。

2.7.2　次氯酸盐洗消剂对军事毒剂的洗消

次氯酸盐除了具有氧化性外，还具有很强 α-亲核取代能力，对 G 类、V 类毒剂也有较强的消毒能力。如芥子气易被氯化生成一系列无糜烂作用的多氯化合物等。因此常用漂白粉、三合二、氯胺或二氯异三聚氰酸钠消除芥子气。

① 次氯酸盐对芥子气、沙林的洗消　采用次氯酸盐水溶液对芥子气进行洗消，其反应主要是氧化反应，也包含硫氧化、取代、消去和氯化等不同的反应路线，生成产物主要是毒性较小的芥子亚砜和芥子砜等。其反应式如下。

芥子气　初生态氧　　　芥子亚砜　　　　芥子砜

次氯酸盐对 G 类和 V 类毒剂消毒机理相同。如次氯酸盐洗消沙林的过程，实质是对沙林的催化水解过程，其反应式为：

GB

② 三合二对路易士毒剂的洗消　三合二对路易士毒剂的消毒，主要是氧化反应。其反应式如下。

$$Ca(OCl)_2 + 2ClHC{=\!\!=}CHAsCl_2 + 4H_2O \longrightarrow$$

路易士毒剂

氯乙烯砷酸

2.7.3　氯胺类洗消剂对芥子气的洗消

在无水条件下，1-氯胺 B 与芥子气发生氧化反应，生成无毒的结晶体。这个反应被称作芥子气的磺亚胺化反应，产物的名称是 N-苯磺酰-二（2-氯乙基）硫亚胺。其反应式如下。

在这个反应后，产物分子中的硫失去了亲核性，整个分子也就不再具有糜烂毒性。有水存在时，一氯胺在本性条件下则可与水反应，生成次氯酸，次氯酸将芥子气氧化为芥子亚砜。在弱酸性的醇水溶液中，一氯胺与芥子气的反应速率大大加快。如当 pH 值为 6.5～7.5 时，约 1min 反应完毕；pH 值为 8～8.5 时需 10min；pH 值为 11 时，则需 120min。因此，对染毒皮肤消毒使用时，可调配一氯胺的醇水溶液，并加入氯化锌造成弱酸性反应条件进行消毒。

二氯胺在无水存在时，也能强烈氯化芥子气。二氯胺与芥子气反应后，生成的产物与芥子气和氯气反应后的产物相同，同时二氯胺变成一氯胺。这个一氯胺分子可与另一分子的芥子气发生磺亚胺化反应。综合效果是，芥子气与二氯胺反应，相当于芥子气与氯气和一氯胺共同反应。其反应式如下。

2.7.4 过氧化氢对军事毒剂的洗消

过氧化氢的基本消毒反应机理包括 α 亲核取代和氧化反应，两种反应机制在消毒体系中的协同，构成了过氧化氢对各类毒剂广谱消毒的基础。

(1) α 亲核取代消毒机理　常用的 H_2O_2 试剂是 30%～35% 的 H_2O_2 水溶液。H_2O_2 是二元弱酸 (p$K_a \approx 11.6$)，它在碱性条件下能电离产生具有很强亲核性的过氧酸根离子 (OOH^-)，OOH^- 可与含磷毒剂发生 α 亲核取代反应，生成低毒或无毒的过氧膦酸/过氧膦酸酯中间产物，中间产物与 H_2O_2 进一步反应生成膦酸/膦酸酯，并放出 O_2 而实现消毒过程。H_2O_2 碱性条件下电离方程式为：

$$H_2O_2 \underset{}{\overset{HO^-}{\rightleftharpoons}} H^+ + HO{-}O^-$$

含磷毒剂可在碱溶液中水解，但在 pH≤9 的过氧化物溶液中，OOH^- 的浓度和亲核性都远强于 OH^-，含磷毒剂直接经 OH^- 水解而降解的比例小于 5%。此外，OOH^- 亲核取代与 OH^- 水解的部位不同。OOH^- 亲核取代时，含磷毒剂的 RS—、F—、NC— 被取代，而 P—O 键不会断开，避免了有毒产物 S-(二异丙基氨基乙基) 甲基硫代膦酸 (EA-2192) 的生成，而在碱液水解消毒时，EA-2192 约占了 VX 降解产物的 22%。

对 VX 而言，OOH^- 亲核取代生成的甲基膦酸乙酯 (EMPA)，能质子化 VX 生成 VX-H^+。失去质子的 EMPA 具有亲核性，能与 VX-H^+ 继续发生亲核取代反应生成 VX-pyro 和 RSH，VX-pyro 水解重新生成 EMPA，即 VX 的亲核取代具有自催化作用。

H_2O_2 对 VX 的洗消反应式为：

过氧酸盐或 H_2O_2 加合物溶于水可以释放出 H_2O_2，并进一步电离产生 OOH^-，因此其亲核取代消毒机理与 H_2O_2 类似。过碳酸钠与 H_2O_2 对 GD、VX 消毒的反应机制及产物基本一致，只是由于过碳酸钠溶液具有较高的 pH 值 (10～11)，水解反应对 G 类毒剂消毒的贡献增加了。

(2) 氧化反应消毒机制　以 S、N 为中心原子的化学毒剂，例如 HD、HN，在弱碱性溶液中水解缓慢，过氧化物对这类毒剂的消毒主要是通过对中心原子的氧化实现的。在 H_2O_2 溶液中，HD 被选择性地氧化为非糜烂性的芥子亚砜 (HDO)，延长反应时间则可以被进一步氧化为具有糜烂性的芥子砜 (HDO_2)。H_2O_2 对 HN 中心 N 原子的氧化产物，因 N 原子烷基化水平的不同而异。在过氧化物消毒体系中，VX 在发生亲核取代反应的同时也有 N、S 原子的氧化，亲核取代生成的 RSH 容易发生二聚形成连硫化合物（RSSR）并最终氧化为 RSO_3H，避免了 RSH 的累积，推动了 EMPA 的自催化循环，使 VX 被彻底消毒，体现了两种消毒机制的协同效应。

H_2O_2 对 HD 的洗消机理反应式为：

参考文献

[1] 曹凤歧. 无机化学. 沈阳： 东北大学出版社，2010.

[2] 韩磊. 几种消毒剂的消毒机理及比较［J］. 河北化工，2003（3）：19-20.

[3] 张亨. 几种重要的无机氯系消毒剂［J］. 江苏氯碱，2012（3）：1-6.

[4] 于开录，李培铭，李海平等. 敏感设备洗消技术进展［J］. 舰船科学技术，2010，32（12）：11-14.

[5] 王峰， 徐海云， 贾立峰. 洗消剂的消毒机理及研究发展状况［J］. 舰船防化，2003，4：1-6.

[6] 王连鸾， 朱海燕， 马萌萌等. 氧化消毒技术进展∥公共安全中的化学问题研究进展，2013：289-293.

[7] 崔晓萍. 刺激剂 CS 的氧化还原洗消法研究. 科学技术与工程，2012，12（28）：7391-7394.

[8] 周建军，吴春笃，储金宇等. 臭氧洗消化学战剂模拟剂 DPCP 试验研究. 环境工程学报，2009，9（9）：1709-1712.

[9] 白希尧， 白敏冬， 杨波等. 先进氧化技术及其研究进展. 自然杂志，2004，2（2）：69-74.

[10] 习海玲， 赵三平， 周文. 基于过氧物的消毒技术研究进展. 环境科学，2013，34（5）：1645-1652.

[11] 孔祥松. 过氧化物硅凝胶催化消毒技术的研究［D］. 沈阳：东北大学，2008.

[12] 习海玲， 孔令策. 国外人员应急洗消技术现状与发展趋势∥公共安全中的化学问题研究进展（第二卷）（C），2011：17-22.

[13] 习海玲， 赵三平， 王唯琴等. 活化过氧化氢体系对化学毒剂消毒技术研究进展∥中国环境科学学会学术年会论文集，2013：3743-3747.

第 3 章

酸碱型洗消剂

3.1 酸碱物质的分类与危害

酸碱物质广泛使用于各类工业的生产过程中，常见的酸碱作业广泛应用于食品制造的淀粉糖化、味精提取；纺织行业的炭化、花筒腐蚀；皮革、毛皮的坯皮浸酸；印刷的制版；无机酸、碱产品、无机盐、化学肥料、化学农药、有机化工原料、染料、塑料、合成橡胶等的制造；涂料及颜料的合成；有色金属和稀有金属的冶炼；塑料制品的捏合、塑化、成型以及金属制品的金属酸洗、搪瓷酸洗、焊芯酸洗等。

3.1.1 分类

从化学的角度讲，能在水溶液中电离出氢离子的物质都属于酸性物质。酸性物质按照化学式中的氢原子的个数可以分为一元酸、二元酸、三元酸和四元酸等；按照氧化还原性，可分为氧化性酸和还原性酸；根据其为无机物还是有机物，又可分为有机酸和无机酸。常见的酸为硫酸、硝酸、盐酸（氯化氢）、磷酸、氢氟酸（氟化氢）、氢溴酸（溴化氢）、甲酸、乙酸、丙酸、三氟乙酸、氢氰酸（氰化氢）和溴乙酸等。

碱性物质是由金属元素或铵根离子加氢氧根组成的，其根据水溶性的不同，可分为可溶性碱和不溶性碱。常见的可溶性碱为氢氧化钠、氢氧化钙、氢氧化钾和氨水等，除氨水外，可溶性碱一般为强碱；常见的不溶性碱为氢氧化铜、氢氧化铁、氢氧化镁和氢氧化铝等，不溶性碱一般为弱碱。常见酸碱的 IDLH 浓度和职业接触限值见表 3.1。

表 3.1　常见酸碱的 IDLH 浓度和职业接触限值

名称	英文名称	IDLH /ppm(mg·m^{-3})	PC-TWA /mg·m^{-3}	PC-STEL /mg·m^{-3}	MAC /mg·m^{-3}
乙酸	Acetic acid	50(2.46)	10	20	—
氨水	Ammonia	300(0.70)	20	30	—
甲酸	Formic acid	30(1.88)	10	20	—
溴化氢	Hydrogen bromide	30(3.31)	—	—	10
氯化氢	Hydrogen chloride	50(1.49)	—	—	7.5
氰化氢	Hydrogen cyanide	50(1.10)	—	—	1
氟化氢（按氟计）	Hydrogen fluoride(as F)	30(0.82)	—	—	2
硝酸	Nitric acid	25(2.58)	—	—	—
草酸	Oxalic acid	—(500)	1	2	—
磷酸	Phosphoric acid	—(1000)	1	3	—
苦味酸	Picric acid	75(9.37)	0.1	—	—

续表

名称	英文名称	IDLH /ppm(mg · m^{-3})	PC-TWA /mg · m^{-3}	PC-STEL /mg · m^{-3}	MAC /mg · m^{-3}
氢氧化钠	Sodium hydroxide	—(10)	—	—	2
硫酸	Sulfuric acid	—(15)	1	2	—

注：1. IDLH（立即威胁生命和健康浓度）：指有害环境中空气污染物浓度达到某种危险水平，如可致命、可永久损害健康或使人立即丧失逃生能力。一般以 ppm 为单位（百万分之分数），表示溶液的浓度单位对应的是 mg · L^{-1} 或 mg · m^{-3}。

2. PC-TWA（时间加权平均容许浓度）：指以时间为权数规定的 8h 工作日的平均容许接触水平。

3. PC-STEL（短时间接触容许浓度）：指一个工作日内，任何一次接触不得超过的 15min 时间加权平均的容许接触水平。

4. MAC（最高允许浓度）。

3.1.2　主要危害

酸碱对人体的危害主要体现在皮肤系统与呼吸系统的刺激性损害，主要表现有以下几点。

（1）皮肤系统的损害

① 酸灼伤　盐酸、硫酸、硝酸三者所引起的化学灼伤症状基本相同，皮损多局限于接触局部。接触时间短、接触物浓度低者，仅在接触部出现潮红、灼痒，脱离接触后很快消退；接触物浓度较大，皮肤会出现红肿灼痛继而形成褐红色肿胀、水疱，甚者发生溃疡坏死，愈后留有瘢痕；长期接触稀硫酸或盐酸可引起皮肤干燥、角化、易形成皲裂；长期接触酸雾者可使皮肤及黏膜发生刺激症状，亦可发生湿疹样皮炎。偶可引起鼻中隔穿孔、咽部黏膜溃疡、齿酸蚀症、溃疡性口腔炎或消化道炎症等。

盐酸所致的烧伤不及硫酸和硝酸所致的深，且较易形成水疱；硝酸作为强氧化剂，能引起组织黄染及深部烧伤，产生棕色焦痂，形成难愈的深溃疡灶；接触硫酸后立即感到疼痛，局部皮肤先变白后变黑形成坏死，坏死焦痂脱落形成明显的深溃疡，愈合很慢。氢氟酸（即40%氟化氢水溶液）作用缓慢，故易被忽视而延误治疗，轻者仅出现红斑，剧烈疼痛，继而接触部位皮肤变白、水肿，发生组织凝固性坏死，表面出现大疱，疱壁紧张，破后形成溃疡。若有少量氢氟酸残留，则继续向深处及周围组织渗透，坏死组织扩展可深达骨质。浓醋酸灼伤皮肤黏膜可形成污秽的灰白色坏死组织块。

② 碱灼伤　碱性物质不论是蒸气、溶液或是固体、粉尘，均可造成皮肤烧伤，碱烧伤后，创面进行性加深，组织损伤严重，肿胀较明显，失液量大，早期易因输液量不足而造成休克。氢氧化钠和氢氧化钾是碱性物质中对皮肤损害最大的碱类，称为苛性碱。苛性碱具强烈刺激和腐蚀性，作用远较氰化钙、碳酸钠强。

碱性物质不仅能吸收组织水分，使细胞脱水而坏死，并产热加重损伤，而且能结合组织蛋白，生成碱性变性蛋白化合物。碱性变性蛋白化合物易于溶解，可进一步作用于正常的组织蛋白，致使病变向纵深发展；同时它还能皂化脂肪，皂化时产生的热量可使深层组织继续坏死，因此碱烧伤比酸烧伤严重。

钠、钾、钙、铵、钡等的氢氧化物为强碱性化合物，长期接触低浓度者可引起皮肤干燥、甲板变薄、光泽消失；接触中等浓度者，接触局部自觉瘙痒，可出现红斑肿胀、丘疹、水疱、糜烂，处理不当可转为慢性皮炎；接触高浓度者，接触局部自觉灼痛，继而发生灼伤、坏死，形成深溃疡，易继发感染，愈合极慢，愈后留有瘢痕。接触碱粉或蒸气可引起上呼吸道黏膜的刺激反应，偶可引起鼻中隔溃疡、穿孔。眼部可有畏光、流泪、视力模糊和异物感，眼结膜充血红肿。眼部若溅入浓碱，尤其是氢氧化钠，可致角膜损伤甚至失明。

（2）呼吸系统的损害　酸碱对呼吸系统损害主要是因其蒸发、升华及挥发后产生的刺激性气体、蒸气与酸雾等引起的。如硫酸、盐酸、硝酸、氢氟酸等酸雾；二氧化硫、三氧化硫、二氧化氮等成酸氧化物；氯化氢、溴化氢、硫化氢等成酸氢化物；氨气等。

酸碱刺激性气体可引起多种呼吸道炎症，如化学性气管、支气管炎及肺炎；吸入高浓度的酸碱性气体可引起喉痉挛或水肿，喉痉挛严重者可窒息死亡。

3.2　酸碱洗消机理

人们对酸碱的认识只单纯地限于从物质所表现出来的性质上来区分酸和碱。随着生产和科学技术的进步，人们的认识不断深化，提出了多种酸碱理论。其中比较重要的有电离理论、溶剂理论、质子理论、电子理论以及软硬酸碱概念等。

3.2.1　酸碱电离理论

酸碱电离理论认为，在水中电离出的正离子全部是 H^+ 的物质是酸；在水中电离出的负离子全部是 OH^- 的物质是碱。该理论从化学组成上揭示了酸和碱的本质，简单、明确，但有明显的局限性。酸碱电离理论难以解释为什么有些物质不能完全电离出 H^+ 或 OH^-，却具有明显的酸碱性。这种理论仅适用于水溶液中的酸碱问题。

酸碱电离理论认为，酸碱中和反应的实质是：

$$H^+ + OH^- \rightleftharpoons H_2O$$

3.2.2　酸碱质子理论

3.2.2.1　酸碱定义及其共轭关系

酸碱质子理论对酸碱的区分以质子 H^+ 为判据。该理论认为，凡是能提供质子的物质是酸，即质子给予体；凡是能接受质子，即能与质子结合的物质是碱，即质子接受体。如 HCl、HAc、NH_4^+、HCO_3^-、$[Fe(H_2O)_6]^{3+}$ 等都能给出质子，所以它们都是酸。酸给出质子后，剩余的 Cl^-、Ac^-、NH_3、CO_3^{2-}、$[Fe(OH)(H_2O)_5]^{2+}$ 等能接受质子，所以它们都是碱。酸与碱之间的这种依赖关系称共轭关系。酸碱共轭关系可表示为：

$$HA \rightleftharpoons A^- + H^+$$
$$\text{酸} \qquad \text{碱} \quad \text{质子}$$

其中，HA 和 A^- 互为共轭酸碱对。酸碱的这种共轭关系中，酸性越强，即给出质子能力越强，则其共轭碱就越弱；碱性越强，即接受质子的能力越强，则其共轭酸就越弱。表3.2列出了常见的共轭酸碱对，并指出了酸碱性的相对强弱。

3.2.2.2　酸碱反应的实质

酸碱质子理论认为，酸碱反应的实质是两个共轭酸碱对之间的质子传递反应。为了实现酸碱反应，酸在给出质子的同时，必然有另一物质接受质子。因此，酸碱反应实际上是两个共轭酸碱对共同作用的结果。酸碱反应的过程可表示为：

$$\text{酸}_1 + \text{碱}_2 \rightleftharpoons \text{碱}_1 + \text{酸}_2$$
$$\underset{H^+}{\rule{2cm}{0pt}}$$

质子传递过程不要求反应都在水溶液中进行，也不要求先生成质子再加到碱上去，只要质子能从一种物质传递到另一种物质上就可以了。因此，酸碱反应可以在非水溶剂、无溶剂条件下进行。如 HCl 和 NH_3 的反应，无论在水溶液中，还是在气相或苯溶液中，其实质都是一样的，都是 H^+ 转移反应，其反应过程如下。

$$\overset{\displaystyle H^+}{\overbrace{\qquad\qquad}}$$

$$\underset{\text{酸(1)}}{HCl(l)}+\underset{\text{碱(2)}}{NH_3(l)}\Longleftrightarrow\underset{\text{酸(2)}}{NH_4^+(aq)}+\underset{\text{碱(1)}}{Cl^-(aq)}$$

表 3.2　常见的共轭酸碱对

酸		碱	
高氯酸	$HClO_4$	ClO_4^-	高氯酸根离子
硫酸	H_2SO_4	HSO_4^-	硫酸氢根离子
氢溴酸	HBr	Br^-	溴离子
氢碘酸	HI	I^-	碘离子
盐酸	HCl	Cl^-	氯离子
硝酸	HNO_3	NO_3^-	硝酸根离子
水合氢离子	H_3O^+	H_2O	水
三氯醋酸	Cl_3CCOOH	Cl_3CCOO^-	三氯醋酸根离子
氢硫酸根离子	HSO_4^-	SO_4^{2-}	硫酸根离子
亚硝酸	HNO_2	NO_2^-	亚硝酸根离子
氢氟酸	HF	F^-	氟离子
醋酸	CH_3COOH	CH_3COO^-	醋酸根离子
碳酸	H_2CO_3	HCO_3^-	碳酸氢根离子
氢硫酸	H_2S	HS^-	硫氢根离子
铵根离子	NH_4^+	NH_3	氨
氢氰酸	HCN	CN^-	氰根离子
硫氢根离子	HS^-	S^{2-}	硫离子
水	H_2O	OH^-	氢氧根离子
氨	NH_3	NH_2^-	—

左侧纵向标注：酸性增强（↑）　右侧纵向标注：酸性增强（↓）

3.2.2.3　酸碱的强弱

物质的酸碱强度因介质不同而不同，它们的强度是相对的。为了比较共轭酸碱的强度，需要选择一对共轭酸碱作为比较的标准。质子酸碱反应的通式为：

$$HB_1+B_2\Longleftrightarrow HB_2+B_1$$

这种标准物质的条件最好是选择一种溶剂，以便于在它的溶液中进行酸碱强度的比较。这就要求，它既能接受质子又供给质子的性能；它的酸（或碱）性比较弱，否则溶液的酸碱性过强，会使测定酸强度范围变小。目前，使用最广泛的溶剂是水，即水和水合氢离子（H_3O^+）为标准的共轭酸碱。由于在稀溶液中各离子间的互相影响减弱，所以测定酸碱强度一般在 0.1N 或更稀的溶液中进行。

（1）水的解离平衡　水作为最重要的溶剂，它是两性物质，水的自身解离反应也是质子转移反应。水分子是弱电解质，分子之间存在着弱的质子传递，其质子式如下。

$$\overset{\displaystyle H^+}{\overbrace{\qquad\qquad}}$$

$$\underset{\text{酸(1)}}{H_2O(l)}+\underset{\text{碱(2)}}{H_2O(l)}\Longleftrightarrow\underset{\text{酸(2)}}{H_3O^+(aq)}+\underset{\text{碱(1)}}{OH^-(aq)}$$

其中一个水分子放出质子作为酸，另一个水分子接受质子作为碱，这种溶剂分子之间的质子传递反应称为自递平衡。

对水而言，反应的标准平衡常数称为水的质子自递常数，也称为水的离子积常数，以 $K_w^\ominus$ 表示，即：

$$K_w^\ominus=\left[\frac{c(OH^-)}{c^\ominus}\right]\left[\frac{c(H^+)}{c^\ominus}\right]=c(OH^-)c(H^+)=1.0\times10^{-14}(25℃)$$

即：

$$pK_w^\ominus = pH + pOH = 14$$

溶液中氢离子或氢氧根离子浓度的改变会导致水的解离平衡的移动，但 $K_w^\ominus$ 保持不变。

（2）酸碱的解离常数（酸碱的强度）　在水溶液中，酸碱的强度用酸碱反应的标准解离平衡常数来衡量。以共轭酸碱对 HA-A$^-$ 来说，酸 HA 在水溶液中的解离反应式为：

$$HA + H_2O \longrightarrow H_3O^+ + A^-$$

根据化学反应平衡原理，该反应的解离平衡常数 $K_a^\ominus$ 为：

$$K_a^\ominus = \frac{\left[\dfrac{c(H_3O^+)}{c^\ominus}\right]\left[\dfrac{c(A^-)}{c^\ominus}\right]}{\dfrac{c(HA)}{c^\ominus}} = \frac{c(H^+)c(A^-)}{c(HA)}$$

$K_a^\ominus$ 值的大小可衡量酸的强弱。$K_a^\ominus$ 值越大，表示酸越强；即它给出质子的能力越强；反之，则越弱。一般 $K_a^\ominus$ 为 $10^{-2} \sim 10^{-3}$ 的酸为中强酸，为 $10^{-4} \sim 10^{-7}$ 的酸为弱酸，$K_a^\ominus \leqslant 10^{-7}$ 的酸为极弱酸。

同理，其共轭碱 A$^-$ 在水中的解离平衡常数 $K_b^\ominus$ 为：

$$K_b^\ominus = \frac{\left[\dfrac{c(HA)}{c^\ominus}\right]\left[\dfrac{c(OH^-)}{c^\ominus}\right]}{\dfrac{c(A^-)}{c^\ominus}} = \frac{c(HA)c(OH^-)}{c(A^-)}$$

碱的解离常数，其意义与酸的解离常数一样，是衡量碱强弱的重要参数。

因此，共轭酸碱对 HA-A$^-$ 中酸的 $K_a^\ominus$ 与其共轭碱 $K_b^\ominus$ 之间存在如下关系。

$$K_a^\ominus K_b^\ominus = \frac{c(H^+)c(A^-)}{c(HA)} \times \frac{c(HA)c(OH^-)}{c(A^-)} = c(H^+)c(OH^-) = K_w^\ominus$$

或

$$pK_a^\ominus + pK_b^\ominus = pK_w^\ominus = 14$$

可见，按此类推，可以得到 n 元共轭酸碱解离常数之间的关系为：

$$K_{ai}^\ominus K_{bj}^\ominus = K_w^\ominus$$

式中，$K_{ai}^\ominus$ 为 n 元共轭酸在第 i 级解离时的解离常数；$K_{bj}^\ominus$ 为 n 元共轭碱在第 j 级解离时的解离常数，i 与 j 两者之间的关系为 $i + j = n + 1$。

从共轭酸碱解离常数关系式中可以看出，酸的强度与其共轭碱的强度呈反比关系，即酸越强，其共轭碱就越弱；反之，酸越弱，其共轭碱就越强。表 3.3 列出了水溶液中一些共轭酸碱对的解离平衡常数及强弱。

（3）酸碱强度的影响因素　根据酸碱质子理论，酸碱在溶液中表现出来的强弱，不仅与酸碱本性有关，同时与溶液的本性有关。例如 HAc 在水中是弱酸，但在液氨中变成较强的酸，因为液氨接受氢离子的能力比水强。有许多有机化合物既不易溶于水中，又难在水中解离。水的碱性较弱，不适合分辨许多强酸的解离程度。因此，还需要采用其他物质作为比较酸碱强度的标准物质，如硫酸、甲酸、乙酸、甲醇、乙醇、液体氨等。

影响酸碱强度的因素有很多，其中溶剂和分子结构对其影响最大。

① 溶剂化作用　溶剂的溶剂化能力对有机化合物的酸碱强度有很大的影响。溶剂的介电常数越高，存在于其中的离子对的静电能就越低，离子在溶液中的稳定性就会增加，因而离子就容易生成。另一方面，溶液中的离子会将其周围的溶剂分子强烈地极化，使得离子的表面会包积一层溶剂分子（称为离子溶剂化作用），这种溶剂化使得离子的电荷分散或离域化而稳定。一般说来，离子越小、电荷越多，受到的溶剂化作用就越强。

表 3.3 共轭酸碱对的解离平衡常数及强弱

酸强度	共轭酸	$K_{ai}^{\ominus}$	共轭碱	$K_{bj}^{\ominus}$	碱强度
	$HClO_4$		ClO_4^-		
	H_2SO_4		HSO_4^-		
	HI		I^-		
	HBr		Br^-		
	HCl		Cl^-		
	HNO_3		NO_3^-		
	H_3O^+	1	H_2O	1.0×10^{-14}	
	$H_2C_2O_4$	5.4×10^{-2}	$HC_2O_4^-$	1.9×10^{-13}	
	H_2SO_3	1.3×10^{-2}	HSO_3^-	7.7×10^{-13}	
	HSO_4^-	1.0×10^{-2}	SO_4^{2-}	1.0×10^{-12}	
	H_3PO_4	7.1×10^{-3}	$H_2PO_4^-$	1.4×10^{-12}	
	HNO_2	7.2×10^{-4}	NO_2^-	1.4×10^{-11}	
逐渐减弱	HF	6.6×10^{-4}	F^-	1.5×10^{-11}	逐渐增强
	$HCOOH$	1.77×10^{-4}	$HCOO^-$	5.65×10^{-11}	
	$HC_2O_4^-$	5.4×10^{-5}	$C_2O_4^{2-}$	1.9×10^{-10}	
	CH_3COOH	1.75×10^{-5}	CH_3COO^-	5.71×10^{-10}	
	H_2CO_3	4.4×10^{-7}	HCO_3^-	2.3×10^{-8}	
	H_2S	9.5×10^{-8}	HS^-	1.1×10^{-7}	
	$H_2PO_4^-$	6.3×10^{-8}	HPO_4^{2-}	1.6×10^{-7}	
	HSO_3^-	6.1×10^{-8}	SO_3^{2-}	1.6×10^{-7}	
	HCN	6.2×10^{-10}	CN^-	1.6×10^{-5}	
	NH_4^+	5.8×10^{-10}	NH_3	1.7×10^{-5}	
	HCO_3^-	4.7×10^{-11}	CO_3^{2-}	2.1×10^{-4}	
	$[Ca(H_2O)_6]^{2+}$	2.69×10^{-12}	$[Ca(H_2O)_5OH]^+$	3.72×10^{-3}	
	H_2O_2	2.2×10^{-12}	HO_2^-	4.5×10^{-3}	
	HPO_4^{2-}	4.2×10^{-13}	PO_4^{3-}	2.4×10^{-2}	
	HS^-	1.3×10^{-14}	S^{2-}	7.7×10^{-1}	
	H_2O	1.0×10^{-14}	OH^-	1	
	NH_3		NH_2^-		

以常用的水溶剂为例，由于具有很高的介电常数和很强的离子溶剂化能力，水是一个很好的溶剂化介质。主要是水分子比较小，很容易被极化，因而它对正负离子都能够起稳定的作用。由于能够产生"氢键"型溶剂化作用（图 3.1），水的溶剂化效应对负离子尤为有效。

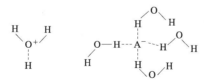

图 3.1 水的"氢键"型溶剂化作用

一些结构、性能与水相似的质子性溶剂，如 CH_3OH、C_2H_5OH 等，也有类似的作用。

溶剂化作用对酸碱性影响的典型例子，就是酸碱在气相和液相中的强度有很大的差异。例如，苯酚和乙酸在水中的 pK_a 值相差 5 左右，而在气相时，它们的 pK_a 值相近。这是因为在水中，$CH_3CO_2^-$ 能够被有效地溶剂化，在气相时由于没有溶剂化作用而使其酸性降低。对于苯酚负离子 $C_6H_5O^-$，由于其负电荷可以通过共轭离域而分散，因而在水中的溶剂化作用较 $CH_3CO_2^-$ 弱，所以苯酚在水中酸性比乙酸要弱很多。另一个例子是，人们测得取代甲胺化合物在气相中的碱性强弱次序为：

$$Me_3N > Me_2NH > MeNH_2 > NH_3$$

由于甲基具有 +I 的诱导效应，随着甲基的增多，胺的碱性也增大。但在水溶液中，它们的碱性强弱的次序被发现是：

$$Me_2NH > MeNH_2 > Me_3N > NH_3$$

这是由于分子中的氮原子接受质子后生成的铵离子，会与水产生氢键型溶剂化而稳定。氮原子上的氢越多，溶剂化的作用就越强。但这种溶剂化作用导致的碱性次序与甲基的增加所导致的碱性次序作用是相反的，这两种因素的协同作用，就导致了水溶液中上述取代甲胺的碱性次序。另外，在非质子性溶剂（如氯仿、乙腈等），由于可以避免氢键的影响，测得的取代甲胺化合物的碱性次序与气相中测得的结果一致。从这里可以看出，气相中测定的酸碱度，是由分子自身结构决定的，是内在的酸度。而液相中的酸度，存在溶剂化效应的影响，与分子的结构（大小、电荷分布等）及溶剂的性质等多种因素有关。

② 有机化合物结构对酸碱性的影响　有机化合物的结构可以通过多种因素来影响其酸碱性。对于一个有机分子而言，通常都存在两种或两种以上的影响因素，要严格区分单一因素影响的大小不是很容易的。其影响主要表示在以下几个方面。

a. 主要元素电负性的影响　同一周期各元素的氢化物随着电负性的增加，其酸性相应增强。如 $CH_4 < NH_3 < H_2O < HF$。其原因有两方面，一是核电荷逐渐增加，电离的趋势增大，酸性增强；二是主要原子上连接正电性氢原子的数目增加，分散了核电荷的作用，酸性减弱。

碳原子上所连接的键愈是不饱和，它的酸性愈强，碱性愈弱。表 3.4 列举了不同烃类化合物的酸性强弱比较。

表 3.4　不同烃类化合物的酸性强弱比较

化合物	$H—CH_3$	$H—CH=CH_2$	$H—C≡CH$
pK_a	40	36.5	25
C 的轨道杂化	sp^3	sp^2	sp
酸性	增强	→	

从表 3.4 可以看出，甲烷、乙烯、乙炔三种物质虽然是极弱的酸，但随着 C 原子杂化轨道中的 s 轨道成分比例的增加，酸性逐渐增强。这说明，酸碱强弱的不同是由于主要原子杂化状态不同。饱和碳原子及氟原子的价状态为 sp^3 杂化；双键的价状态为 sp^2 杂化；三键为 sp 杂化。在这三种状态中，s 成分逐渐增加，s 亚层比 p 亚层靠近原子核，原子核对它们的吸收力较强，较易电离，酸性也较强（当这些原子与氢相连成键时）。

b. 诱导效应　分子中键的极性通过静电诱导沿着分子链传递的作用，叫作诱导效应（用 I 符号表示）。其中，又分为吸电子诱导效应（用 −I 符号表示）和供电子诱导效应（用 +I 符号表示）。具有 −I 诱导效应的原子或基团，在分子中增加酸性；反之，具有 +I 诱导效应的原子或基团，在分子中降低酸性。例如，在氯乙酸分子中（结构式如下），氯碳键的极性沿着分子链传递下去，使 O—H 键的极性增加，酸性增强。

$$Cl \leftarrow CH_2 \overset{\overset{\textstyle O}{\|}}{—C} —O \leftarrow H$$

取代基的电负性越大，X—C 键的极性越大，诱导效应越强；取代基的数目增加，诱导效应越强。表 3.5 列举了乙酸及衍生物的酸性大小关系。可以看出，将卤原子引入乙酸的 α 位后，其酸性显著地增加。随着卤原子电负性的增大，−I 的诱导效应增强，氯乙酸的酸性比乙酸增加了约 100 倍。另外，随着乙酸的 α 位的卤原子的数目的增加，酸性大大增强，三氯乙酸的酸性比乙酸增加了约 10000 倍。

表 3.5　乙酸及衍生物的酸性大小比较

结构式	$H-CH_2CO_2H$	ICH_2CO_2H	$BrCH_2CO_2H$	$ClCH_2CO_2H$	Cl_2CHCO_2H	Cl_3CCO_2H
pK_a	4.76	3.18	2.90	2.86	1.30	0.64

c. 共轭效应　共轭体系中，电子离域扩大了电子运动的范围，使体系稳定；反之，电子的运动范围小或受到限制就比较不稳定。与诱导效应的作用相似，具有－C 共轭效应的原子或基团，将使分子的酸性增加而降低碱性；反之，具有＋C 共轭效应的原子或基团，将使分子的碱性增加而降低酸性。但一般情况下，共轭效应往往与诱导效应等共同影响着分子的酸碱性。如苯酚及衍生物的酸性比较见表 3.6。

表 3.6　苯酚及衍生物的酸性比较

结构式	OH	OH(CH₃)	OH(CH₃)	OH(CH₃)
pK_a	9.99	10.26	10.0	10.26

结构式		OH(NO₂)	OH(NO₂)	OH(NO₂)
pK_a		7.23	8.40	7.15

从表 3.6 可以看出，由于甲基是具有＋I 诱导效应的基团，所以甲基取代的苯酚的酸性都比苯酚的弱。而邻、对位取代的较间位取代的酸性更弱，是因为在邻、对位上，甲基既有＋C 的 σ-p 超共轭效应，又有＋I 的诱导效应；而间位上仅有＋I 的诱导效应。同理，对于硝基取代的苯酚，因为硝基的强拉电子作用，硝基取代的苯酚的酸性都要比苯酚强很多。由于邻、对位上硝基既有－C 的共轭效应，又有－I 的诱导效应，故其酸性要增强很多。但邻硝基苯酚的酸性弱于对硝基苯酚，这是由于邻硝基苯酚会生成分子内氢键的结果。

d. 场效应　场效应是由分子中带偶极的极性键产生的，有人习惯上认为它也是诱导效应。但通过精细的实验可以区分诱导效应与场效应的。例如，人们测定了下面两个化合物的 pK_a。

pK_a　6.04　　　6.25

氯代酸的酸性不但未增强反而减弱了，这只能用场效应来解释。主要是由于氯原子上负电荷的电场对羧基上氢原子的影响，阻止了氢原子变成带正电荷的质子离去。

e. 立体效应　质子本身很小，在质子的转移过程中很少发生直接的立体位阻，但分子中的立体位阻会通过影响共轭效应，间接地影响酸碱的强度。例如，邻叔丁基苯甲酸的酸性比对叔丁基苯甲酸的强 10 倍，这是因为大体积的叔丁基把羧基挤得偏离了苯环平面，从而减小了共轭效应的影响。

pK_a 3.88　　4.44

另外，对于 α,β-不饱和羧酸的顺反异构体，当较大的基团与羧基处在同一侧时，由于两个靠近而产生的空间上的挤压与排斥，使得羧基与双键间的共轭效应受到影响，从而减少了烯键的 +C 共轭效应，结果导致顺式肉桂酸的酸性比反式的更强。

3.2.2.4　酸碱溶液的 pH 值

酸碱解离常数的值反映了某质子酸或质子碱的强度，而溶液的酸碱强度可以用 $c(H^+)$ 和 pH 两种方式表示，两者之间的关系为：

$$pH = -\lg c(H^+)$$

或

$$pOH = -\lg c(OH^-)$$

在常温下，水溶液中的 pH＋pOH＝14。pH 的应用范围一般是 0～14（溶液中的 H^+ 在 $1～1.0×10^{-14}\,mol\cdot L^{-1}$）。

（1）强酸（碱）溶液　对于强酸（碱），可认为解离是完全的。所谓强酸（碱），按一般惯例定义为解离常数大于 10 的酸（碱）。由于强酸在水中几乎是全部电离的，故可根据 H^+ 浓度直接计算其 pH。如 $0.10\,mol\cdot L^{-1}$ 的 HCl 溶液，$c(H^+)=0.10\,mol\cdot L^{-1}$，故 pH＝1.0。

但如果强酸浓度很低，例如强酸浓度 $10^{-6}\,mol\cdot L^{-1}$，与纯水中 H^+ 浓度 $10^{-7}\,mol\cdot L^{-1}$ 接近时，计算酸度除了考虑酸自身解离的 H^+ 外，还需要考虑由水解离产生的 H^+。此时，强酸溶液的 pH 可以从提供质子的两个来源考虑，即酸的解离和水的解离。

$$HA \Longrightarrow H^+ + A^-$$

$$H_2O \Longrightarrow H^+ + OH^-$$

因强酸完全解离，所以由强酸提供的氢离子浓度即为它的分析浓度 c_A，由水提供的氢离子浓度应等于 $K_w^{\ominus}/c(H^+)$，在溶液中氢离子浓度应是这两部分的总和，即：

$$c(H^+) = c_A + \frac{K_w^{\ominus}}{c(H^+)}$$

上式是计算强酸溶液 H^+ 浓度的精确式，可按下述三种情况作近似处理：

① 当 $c_A > 10^{-6}\,mol\cdot L^{-1}$ 时，$c(H^+)=c_A$。

② 当 $10^{-8}\,mol\cdot L^{-1} < c_A < 10^{-6}\,mol\cdot L^{-1}$ 时，两项均不可忽略，需解一元二次方程。

③ 当 $c_A < 10^{-8}\,mol\cdot L^{-1}$ 时，pH≈7。

强碱的情况完全类似，可按强酸的简化原则处理。

（2）一元弱酸（碱）溶液　酸碱反应的本质是物质间质子转移的结果。表示在质子转移反应中得失质子数相等的数学表达式称为质子条件式，用 PBE 表示。质子条件式是处理酸碱平衡计算问题的基本关系，是计算溶液中 H^+ 浓度与有关组分浓度的基础。

对于一元弱酸（HA）溶液，其质子条件式为：

$$c(H^+) = c(A^-) + c(OH^-)$$

而根据解离平衡有：

$$c(A^-)=\frac{K_a^\ominus c(HA)}{c(H^+)} \qquad c(OH^-)=\frac{K_w^\ominus}{c(H^+)}$$

代入质子条件式可得：

$$c(H^+)=\frac{K_a^\ominus c(HA)}{c(H^+)}+\frac{K_w^\ominus}{c(H^+)}=\sqrt{K_a^\ominus c(HA)+K_w^\ominus}$$

这类计算通常允许 $c(H^+)$ 有 5% 的误差，根据具体情况可作近似处理。主要有以下三种情况。

a. 若 $c(HA)K_a^\ominus\geqslant 20K_w^\ominus$，酸不是太弱，则 H_2O 解离产生的 H^+ 可以忽略，即

$$c(H^+)=\sqrt{K_a^\ominus c(HA)}$$

设分析浓度为 c_0，根据解离平衡原理：

$$c(HA)=c_0-c(H^+)$$

可得：

$$c(H^+)=\frac{1}{2}[-K_a^\ominus+\sqrt{(K_a^\ominus)^2+4K_a^\ominus c_0}]$$

b. 若 $c_0/K_a^\ominus\geqslant 500$，且 $c_0 K_a^\ominus\geqslant 20K_w^\ominus$ 时，则精确式可简化为：

$$c(H^+)=\sqrt{c_0 K_a^\ominus}$$

c. 若 $c_0/K_a^\ominus\geqslant 500$，$c_0 K_a^\ominus<20K_w^\ominus$ 时，则弱酸的解离度很小，可认为 $[HA]\approx c$，则精确式可简化为：

$$c(H^+)=\sqrt{c_0 K_a^\ominus+K_w^\ominus}$$

对于一元弱碱（B）溶液，其质子条件式为：

$$c(OH^-)=c(BH^+)+c(H^+)$$

处理一元弱碱的方法与一元弱酸类似，由此可以得出一元弱碱溶液的 $c(OH^-)$ 浓度计算公式如下。

近似式：
$$c(OH^-)=\frac{1}{2}[-K_b^\ominus+\sqrt{(K_b^\ominus)^2+4K_b^\ominus c_0}]$$

最简式：
$$c(OH^-)=\sqrt{c_0 K_b^\ominus}$$

（3）多元酸（碱）溶液的 pH 值　多元弱酸（碱）在水溶液中是分步解离的，一般说来由于同离子效应的存在，多元弱酸的各级解离常数依次减小，即 $K_{a1}^\ominus>K_{a2}^\ominus>\cdots>K_{an}^\ominus$。如果多元弱酸的解离常数满足，则可认为溶液中的 H^+ 主要来源于第一级解离，可忽略其他各级解离。因此，$c(H^+)$ 可按一元弱酸的计算公式进行计算，多元弱碱也可以做类似处理。

3.2.3　酸碱电子理论

1923 年，G. N. Lewis 以化学键理论为基础，提出了酸碱电子理论。该理论突破了其他理论所要求的某一种离子、元素（如氢元素）或溶剂，是基于组分合电子对的授受，将更多的物质用酸碱的概念联系了起来，极大地扩展了酸碱的范围。因此也被称为广义酸碱理论。

酸碱电子理论对酸碱的定义是，凡是能够接受电子对的物质（分子、离子或原子）是酸，凡是能够给出电子对的物质就是碱。简单地说，酸是电子对的接受体，碱是电子对的给予体。酸碱电子理论认为，酸与碱的反应就是在酸碱之间共享电子对，也就是生成配位共价键的过程。其反应过程可用下式表示。

$$酸+碱\longrightarrow 酸碱加合物（或称络合物）$$

如下列酸碱中和反应：

$$BF_3 + NH_3 \longrightarrow F_3B : NH_3$$

该反应中，BF_3 是酸，NH_3 是碱。生成的酸碱加合物中凡是正离子或金属离子都是酸，能够与之结合的无论是负离子还是中性分子都是碱。

因此，大多数的无机化合物（如盐、金属氧化物及络合物等），不论在液态、固态或溶液中，都可看作酸碱加合物。有机化合物也是如此，依据它们的性质可以设想将有机化合物分解为"酸"和"碱"两个部分。例如，醇（ROH）可以分解为烷基正离子 R^+（酸）和羟基负离子 OH^-（碱）；烷烃也可以认为是由烷基负离子 R^-（碱）和质子 H^+（酸）组成；还可以把有机分子中电子密度高的原子、重键、芳环等看作碱等。在有机化学中，按照酸碱电子理论，亲电试剂（E^+）就是 Lewis 酸，而亲核试剂（Nu^-）就是 Lewis 碱。对于卤代烃的亲核取代反应，实际上就是碱的置换反应，反应式如下。

$$\underset{\text{酸}}{CH_3} \underset{\text{碱}_1}{+ X} \underset{}{+ Nu^-} \longrightarrow \underset{\text{酸}}{CH_3} \underset{\text{碱}_2}{+ Nu} \underset{}{+ X^-}$$

而芳环上的亲电取代反应，如氯代反应，则可看作酸的置换反应，如以下反应式。

$$Cl_2 + FeCl_3 \longrightarrow Cl^+ + FeCl_4^-$$

$$Cl^+ + \underset{\text{碱}_1}{\bigcirc} \underset{\text{酸}_2}{H} \longrightarrow \underset{\text{碱}}{\bigcirc} \underset{\text{酸}_1}{Cl} \underset{\text{酸}_2}{+ H^+}$$

酸碱电子理论在有机化学中十分重要，其概念已经成为了解有机化合物和运用有机反应的基础。但是，该理论不像酸碱质子理论那样，有一个统一的 pK_a 值可以作为定量比较酸碱强度的标准。该理论认为，酸碱的强弱与反应的对象密切相关，吸（给）电子的能力越强，酸（碱）性就越强，但目前该理论还没有一个统一的衡量酸碱强弱的定量标准。

3.2.4 软硬酸碱理论

20 世纪 60 年代初，Pearson 把酸碱分为软硬两类。软硬酸碱理论中，酸碱的定义如下。

硬酸是指体积小、正电荷高、极化性低，外层电子控制得紧的吸电子原子；软酸是指体积大、正电荷低或等于零、极化性高，外层电子控制得松的吸电子原子。

硬碱是指极化性低、电负性高、难氧化，外层电子控制得紧，外层电子难失去的给电子原子；软碱是指极化性高、电负性低、容易氧化，外层电子容易失去的给电子原子。而介于软硬酸碱之间的酸碱称为交界酸碱。表 3.7 列出了一些常见的软硬酸碱。

表 3.7 常见的软硬酸碱

硬酸	交界	软酸
H^+，Li^+，Na^+，K^+，Be^{2+}，Mg^{2+}，Ca^{2+}，Sr^{2+}，Sc^{3+}，La^{3+}，Ce^{4+}，Gd^{3+}，Lu^{3+}，Ti^{4+}，Cr^{6+}，Fe^{3+}，Al^{3+}，BF_3，$AlCl_3$，CO_2，SO_3，RCO^+，NC^+，$RSOI_2^+$	Fe^{2+}，Co^{2+}，Ni^{2+}，Cu^{2+}，Zn^{2+}，Rh^{3+}，Ir^{3+}，Ru^{3+}，Os^{2+}，$B(CH_3)_3$，GaH_3，R_3C^+，$C_6H_5^+$，Pb^{2+}，Sn^{2+}，NO^+，Bi^{3+}，SO_2	Pd^{2+}，Pt^{2+}，Pt^{4+}，Cu^+，Ag^+，Au^+，Cd^{2+}，Hg^{2+}，BH_3，$Ga(CH_3)_3$，GaI_3，I_2，CH_2，HO^+，RO^+，Br_2，I_2，O，Cl，Br，I，N，M（金属原子）
硬碱	交界	软碱
NH_3，RNH_2，N_2H_4，H_2O，OH^-，ROH，RO^-，R_2O，$CH_3CO_2^-$，CO_3^{2-}，NO_3^-，SO_4^{2-}，ClO_4^-，F^-，Cl^-	$C_6H_5NH_2$，C_5H_5N，N_2，NO_2^-，SO_3^{2-}，Br^-	H^-，R^-，CH_2CH_2，C_6H_6，CN^-，CO，RNC，R_2S，RSH，RS^-，I^-

软硬酸碱理论认为，硬性与离子键有关，而软性则与共价键有关。酸碱反应的本质是，硬酸倾向于与硬碱相结合，软酸则倾向于与软碱相结合。这个反应特性决定了反应生成物的稳定性和反应速率的快慢。即硬酸与硬碱、软酸与软碱形成稳定的络合物，而硬酸与软碱或软酸与硬碱反应形成的络合物比较不稳定；硬酸与硬碱或软酸与软碱反应速率都较快，而软

酸（碱）与硬碱（酸）的反应速率较慢。应用软硬酸碱原理可以解释有机化合物的稳定性、有机反应的活性和选择性等。

3.3 酸碱洗消剂的分类与特点

酸碱性物质是最常见的污染物种类之一，酸和碱都能强烈地腐蚀皮肤和设备。对于该类物质的洗消主要是利用酸和碱能发生中和反应的基本原理，通过酸和碱作用互相交换成分，生成盐和水的过程达到洗消的目的，这是处理现场泄漏的强酸（碱）或具有酸（碱）性毒物较为有效的方法。酸碱中和洗消的反应实质为：

$$H^+ + OH^- \longrightarrow H_2O$$

有大量强酸泄漏时，可用碱液来中和，如使用氢氧化钠水溶液、石灰水、氨水等进行洗消；反之当大量的碱性物质发生泄漏时，采用酸与之中和，如稀硫酸、稀盐酸等。另外，对于某些物质，如二氧化硫、硫化氢、光气等，本身虽不具有酸碱性，但溶于水或与水反应后的生成物为酸碱性，亦可使用此类洗消剂。值得一提的是，无论是酸性物质泄漏还是碱性物质泄漏，必须控制好中和洗消剂的中和剂量，防止中和药剂过量，造成二次污染，另外在洗消过程中注意适时通风，洗消完毕后对洗消场地、设施必须采用大量清水进行冲洗。

酸碱中和洗消是在溢出的危险化学品中加入酸或碱，形成中性盐的过程。中和洗消的产物是水和盐，有时是二氧化碳气体。如果使用固体物质用于中和处置，则会对泄漏物产生围堵的效果。进行中和洗消应使用适当的化学药剂，以防产生剧烈反应或局部过热，中和过程要严格控制洗消剂的用量，以防止发生二次污染事故。事故现场应用中和法处置要求最终pH值控制在6～9之间，因此洗消工作期间必须监测处置现场的pH值变化。具有酸性有害物和碱性有害物以及泄入水体的酸、碱或泄入水体后能生成酸、碱的物质，一般考虑应用中和法进行处理。对于陆地泄漏物，如果反应能控制，可选用适量的强酸、强碱进行中和洗消，这样比较经济；而对于水体泄漏物，建议使用弱酸、弱碱中和。表3.8为常见危险化学品的中和洗消剂。

表3.8　常见危险化学品的中和洗消剂

危险化学品名称	中和剂
氨气	水、弱酸性溶液
氯气	氢氧化钙及其水溶液、碳酸钠等碱性溶液、氨或氨水(10%)
一氧化碳	碳酸钠等碱性溶液、氯化铜溶液
氯化氢	水、碳酸钠等碱性溶液
光气	氢氧化钙及其水溶液、碳酸钠、碳酸钙等碱性溶液
氯甲烷	氨水
液化石油气	大量的水
氰化氢	碳酸钠等碱性溶液、硫酸铁的苏打溶液
硫化氢	碳酸钠等碱性溶液、水
过氧乙酸	氢氧化钙及其水溶液、碳酸钠等碱性溶液、氨或氨水(10%)
氟	水

3.3.1 酸性洗消剂

当大量的碱性物质发生泄漏时，可选用酸性物质进行中和洗消。在洗消过程中，要注意使用酸的水溶液浓度不能太高，且当中和洗消完成后，对残留物仍然需要用大量水冲洗，以减少酸液带来新的危害。常用的酸性洗消剂一般是弱酸，可在确保完全洗消的基础上，以保证使用的安全性。如稀盐酸、稀硫酸、磷酸、草酸、柠檬酸等。

3.3.1.1　稀盐酸

稀盐酸是无色澄明液体，无臭，味酸，盐酸含量为 $9.5\%\sim10.5\%$。当大量碱性物质泄漏时，可在消防车水罐中加入稀盐酸等酸性物质，利用水枪向罐体、容器等喷射，以减轻危害；也可将泄漏的碱液导至稀盐酸溶液中，使其中和，形成无危害或微毒废水；对于碱性有毒气体，也可在涡喷消防车的水箱中加入少量酸性液体，经雾化喷射后吸收中和，溶解空气中的高浓度气体，达到快速洗消的目的。但稀盐酸溶液具有较大的腐蚀性，容易对洗消装备金属器械造成损坏，因而适用性有限。

3.3.1.2　稀硫酸

稀硫酸是硫酸（H_2SO_4）的水溶液，常温下为无色无味透明液体，密度比水大。质量分数小于 70.4% 的硫酸是稀硫酸。在水分子的作用下，稀硫酸中的硫酸分子全部电离形成自由移动的氢离子和硫酸根离子，所以稀硫酸不具有浓硫酸和纯硫酸的氧化性、脱水性等特殊化学性质。稀硫酸的电离式为：

$$H_2SO_4 \longrightarrow 2H^+ + SO_4^{2-}$$

用稀硫酸中和各碱液的反应式分别如下。

$$H_2SO_4 + 2NaOH == Na_2SO_4 + 2H_2O$$
$$H_2SO_4 + Na_2CO_3 == Na_2SO_4 + CO_2\uparrow + H_2O$$
$$2RCOONa + H_2SO_4 == 2RCOOH + Na_2SO_4（R=C_1\sim C_5 \text{ 烷基}）$$
$$R'(COONa)_2 + H_2SO_4 == R'(COOH)_2 + Na_2SO_4（R'=C_1\sim C_4 \text{ 烷基}）$$

3.3.1.3　磷酸

磷酸，或叫正磷酸，它是一种常见的无机酸。它是化肥工业生产中重要的中间产品，用于生产高浓度磷肥和复合肥料。磷酸还是肥皂、洗涤剂、金属表面处理剂、食品添加剂、饲料添加剂和水处理剂等所用的各种磷酸盐、磷酸酯的原料。通常由五氧化二磷溶于热水中即可得到，工业上正磷酸用浓硫酸跟磷酸钙反应制取。

磷酸分子式 H_3PO_4，相对分子质量98，无色黏稠状液体或无色正交体系晶体。在空气中易潮解。熔点 $42.35℃$，沸点 $261℃$（100%）、$158℃$（85%），相对密度1.83，折射率1.34（10%水溶液中）。磷酸易溶于水，每 $100mL$ 水溶解 $548g$ 磷酸，溶于乙醇。加热至 $150℃$ 成为无水物，$213℃$ 失去 $1/2$ 结晶水转变为焦磷酸，$300℃$ 以上进一步脱水生成偏磷酸。

磷酸为一种无氧化性的不挥发、不易分解的三元中强酸，酸性强于碳酸，具有酸的通性。磷酸三步解离常数分别为 $K_1=7.6\times10^{-3}$、$K_2=6.3\times10^{-8}$、$K_3=4.4\times10^{-13}$。市售磷酸试剂是黏稠的、不挥发的浓溶液，含量一般为 $83\%\sim98\%$。

磷酸根离子具有很强的络合能力，能与许多金属离子生成可溶性的络合物。如 Fe^{3+} 与 PO_4^{3-} 可以生成无色的可溶性的络合物 $[Fe(PO_4)_2]^{3-}$ 和 $[Fe(HPO_4)_2]^-$。

3.3.1.4　草酸

草酸，又称乙二酸，属有机二元酸。其化学结构式为：

$$\text{H—O}\overset{\displaystyle O}{\underset{}{\text{—C—C—}}}\overset{\displaystyle O}{\underset{}{}}\text{O—H}$$

草酸遍布于自然界，常以草酸盐形式存在于植物，如伏牛花、羊蹄草、酢浆草和酸模草的细胞膜中，几乎所有的植物都含有草酸盐。它在工业中主要用作还原剂和漂白剂，印染工业的媒染剂，亦用于提炼稀有金属，合成各种草酸酯、草酸盐和草酰胺等。

草酸的分子式 $H_2C_2O_4$，相对分子质量 126.07，为无色、无味的有吸湿性的物质，单斜片状、棱柱体结晶或白色颗粒，易风化。在空气中变为二水合物。相对密度 1.653，熔点 189～191℃，沸点 365.1℃，闪点 188.8℃。它易溶于水、乙醇，微溶于乙醚，不溶于苯、氯仿和石油醚。$0.1mol \cdot L^{-1}$ 溶液的 pH 值为 1.3。草酸易升华，在 100℃ 开始升华，125℃ 时迅速升华，157℃ 大量升华并分解为甲酸和 CO_2。

草酸是有机酸的二羧基酸类，是有机酸中的强酸，且酸性比其他的二元酸强，与甲酸类似，比醋酸（乙酸）强 10000 倍。其解离常数为 $K_1 = 5.9 \times 10^{-2}$、$K_2 = 6.4 \times 10^{-5}$。草酸具有酸的通性，能与碱发生中和反应生成草酸盐，能与 CO_3^{2-} 作用放出 CO_2，并可发生酯化、酰卤化和酰胺化反应，如与乙醇反应生成乙二酸二乙酯。草酸根具有很强的还原性，与氧化剂作用易被氧化成 CO_2 和 H_2O。草酸在 189.5℃ 或遇浓硫酸会分解生成 CO_2、CO 和 H_2O。草酸能与许多金属形成溶于水的络合物，如草酸与铁作用，生成可溶性的草酸铁，容易被水洗去，故可用作铁锈污染消除剂。草酸具有无水和二水合两种形式，是一个温和的质子酸，在有机合成中具有非常重要的用途。

草酸有低毒性，对人体皮肤、黏膜有刺激及腐蚀作用，极易经表皮、黏膜吸收引起中毒。空气中最高容许浓度为 $1mg \cdot m^{-3}$。

3.3.1.5　柠檬酸

柠檬酸是一种重要的有机酸，又名枸橼酸，主要用于香料或作为饮料的酸化剂，在食品和医学上用作多价螯合剂，也是化学中间体。

柠檬酸的化学名称为 3-羟基-3-羧基戊二酸，分子式 $C_6H_8O_7$，相对分子质量 192.14。柠檬酸的化学结构式如下。

它的相对密度（水＝1）1.6650，熔点 153℃，闪点 100℃，爆炸上限（％，体积分数）8.0（65℃）。在室温下，柠檬酸为无色半透明晶体或白色结晶性粉末，无臭，有很强的酸味。在干燥空气中微有风化性，在潮湿空气中有潮解性。柠檬酸结晶形态因结晶条件不同而不同，它从热水中结晶时生成无水合物，在冷水中结晶则生成一水合物（$2C_6H_8O_7 \cdot H_2O$ 或 $C_6H_8O_7 \cdot H_2O$）。柠檬酸易溶于水、乙醇、丙酮，不溶于乙醚、苯，微溶于氯仿。

柠檬酸是一种有机酸，有 3 个 H^+ 可以电离，25℃ 时它的三级解离常数分别为 $K_1 = 7.4 \times 10^{-4}$、$K_2 = 1.7 \times 10^{-5}$、$K_3 = 4.0 \times 10^{-7}$。柠檬酸可燃，粉体与空气可形成爆炸性混合物，遇明火、高热或与氧化剂接触，有引起燃烧爆炸的危险。

柠檬酸是一种三羧酸类化合物，因此它与其他羧酸有相似的物化性质。加热至 175℃ 时会分解产生 CO_2 和 H_2O，剩余一些白色晶体。它能与酸、碱、甘油等发生反应。

柠檬酸是目前化学清洗中用得较广的较强有机酸，在水溶液中是一种三价酸。在洗涤剂工业，它是磷酸盐理想的代替品。可用作锅炉化学清洗酸洗剂和锅漂洗剂。用柠檬酸作清洗剂时，要在清洗液中加氨，将溶液的 pH 调至 3.5～4.0，在这样的条件下，清洗溶液的主要成分是柠檬酸单铵，可与金属离子（如铁离子）生成易溶的络合物，有很好的清洗效果。

采用柠檬酸或柠檬酸盐类作助洗剂，可改善洗涤产品的性能，可以迅速沉淀金属离子，防止污染物重新附着在织物上，保持洗涤必要的碱性；使污垢和灰分分散和悬浮；提高表面活性剂的性能，是一种优良的螯合剂。

柠檬酸-柠檬酸钠缓冲液可用于烟气脱硫。柠檬酸-柠檬酸钠缓冲溶液由于其蒸气压低、无毒、化学性质稳定、对 SO_2 吸收率高等原因,是极具开发价值的脱硫吸收剂。

3.3.1.6 硼酸

硼酸,为白色粉末状结晶或三斜轴面鳞片状光泽结晶,与皮肤接触有滑腻感,无气味,味微酸,苦后带甜。分子式 H_3BO_3,相对分子质量 61.83,相对密度 1.435,熔点 169℃,沸点 300℃。主要用于玻璃、搪瓷、医药、化妆品等工业,以及制备硼和硼酸盐,并用作 pH 值调节剂、消毒剂和抑菌防腐剂等。

硼酸实际上是氧化硼的水合物($B_2O_3 \cdot 3H_2O$),它溶于水、酒精、甘油、醚类及香精油中,水溶液呈弱酸性。它在水中的溶解度随温度升高而增大,并能随水蒸气挥发。它在无机酸中的溶解度要比在水中的溶解度小。

硼酸是一元极弱酸,$0.1mol \cdot L^{-1}$ 溶液的 pH 值为 5。其酸性来源不是本身给出质子,由于硼是缺电子原子,能加合水分子的氢氧根离子,而释放出质子。利用这种缺电子性质,加入多羟基化合物(如甘油醇和甘油等)生成稳定络合物,以强化其酸性。

硼酸是一种稳定结晶体,通常保存下不会发生化学反应。温度、湿度发生剧变时会发生重结晶而结块。将硼酸加热至 100℃,由于不断地失去水分,它首先变成偏硼酸(HBO_2)。加热至 160℃ 时生成焦硼酸($H_2B_4O_7$),300℃ 时生成硼酸酐(B_2O_3)。晶体氧化硼 450℃ 时溶化。无定形氧化硼没有固定的熔点,它在 325℃ 时开始软化,500℃ 全部成为液体。

3.3.1.7 酒石酸

酒石酸(Tartaric acid)是一种羧酸,存在于多种植物(如葡萄和罗望子)中,也是葡萄酒中主要的有机酸之一。酒石酸与柠檬酸类似,可用于食品工业,如制造饮料。酒石酸和单宁合用,可作为酸性染料的媒染剂。酒石酸能与多种金属离子络合,可作金属表面的清洗剂和抛光剂。

酒石酸,化学名称 2,3-二羟基丁二酸或二羟基琥珀酸,分子式 $C_4H_6O_6$,相对分子质量 150.09。分子结构式为:

$$\begin{array}{c} OH \\ | \\ O = C - C - C - C = O \\ | \\ OH \end{array}$$

酒石酸分子中有两个相同的不对称碳原子,所以有三种光学(立体)异构体。

(1)左旋酒石酸或 D-酒石酸 相对密度 1.7598,熔点 168~170℃,旋光度 -12.0(20g 溶于 100g 水中)。

(2)右旋酒石酸或 L-酒石酸 相对密度 1.7598,熔点 168~170℃,旋光度 +12.0(20g 溶于 100g 水中)。

右旋酒石酸是天然酒石酸,它以游离的酸或 K 盐、Ca 盐、Mg 盐的形态广泛分布于高等植物中,特别是多存在于果实和叶中。右旋酒石酸和左旋酒石酸均易溶于水,溶于甲醇、乙醇、甘油,微溶于乙醚,不溶于氯仿。等量的右旋酒石酸和左旋酒石酸混合物的旋光性相互抵消,称为外消旋酒石酸,又称为葡萄酸,相对密度 1.697,熔点 205℃。

(3)内消旋酒石酸 相对密度 1.666,熔点 140℃。溶于水。用于制药物、果子精油、焙粉,也用作媒染剂、鞣剂等。将酒石酸用石灰乳处理成酒石酸钙,再用硫酸处理制得。也可由顺丁烯二酸酐用过氧化氢氧化而成。

3.3.2 碱性洗消剂

工业上常用的各种酸,在生产和储运的过程中,难免会发生泄漏事故,一旦流于地面或其他物体表面时，将会造成严重的腐蚀。当有大量强酸（H_2SO_4、HCl、HNO_3）泄漏时，酸会强烈腐蚀皮肤、腐蚀设备，且有强烈刺激味，人体吸入后会伤害呼吸系统。此时可用碱液来中和洗消。另外，对于某些物质，如二氧化硫、硫化氢、氯气、光气等，本身虽不具有酸碱性，但溶于水或与水反应后的生成物具有酸碱性，亦可使用此类洗消剂。此外，由于部分军事毒剂可在碱性条件下水解而失去毒性，故可用碱性洗消剂对沙林、梭曼等含磷毒剂进行洗消处置。但需要注意的是，洗消剂必须配制成稀的水溶液，以免腐蚀车辆和设备并对人员造成新的酸碱伤害，并在中和洗消完毕后使用大量清水冲洗。

碱性洗消剂可分为无机碱和有机碱。无机碱洗消剂主要有烧碱、消石灰及其水溶液、苏打等碱性溶液或氨水（10%）等；有机碱洗消剂主要有甲酚钠。碱性洗消剂按碱性强弱也可分为强碱类洗消剂和弱碱类洗消剂。其中，强碱类物质主要包括碱金属和碱土金属的氢氧化物，其中以氢氧化钠为主要代表物；弱碱类消毒剂主要包括氨和 β-羟乙胺等含氮类化合物，以及碳酸钠、碳酸氢钠、甲酚钠等弱酸强碱盐等。

强碱类洗消物质在化学性质上主要表现为碱性和亲核性，表现在反应形式上主要有酸碱中和反应、有机反应中的消去反应和亲核取代反应。如强碱与含磷毒物的反应过程是，在自然条件下，含磷毒物的水解速率较慢，如沙林染毒的水源，当浓度为 $28mg \cdot L^{-1}$ 时，需要1个月才能完成消毒反应。因此只有采用比水亲核反应性能更强的基团，如 OH^- 才能对含磷毒物实施有效的消毒，生成有机磷酸，完全失去酰化胆碱酯酶的能力而被消毒。OH^- 浓度越大，即碱性越强，反应速率越快。表 3.9 为沙林（GB）水解的半衰期 $t_{1/2}$ 与 pH 值的关系。由表中可以看出，pH 值越大，半衰期越短，反应速率越快，pH 每增大一个单位，$t_{1/2}$ 增加 10 倍。

表 3.9 沙林水解的半衰期同 pH 的关系（25℃）

pH 值	7.0	7.5	8.0	8.5	9.0	10.0
$t_{1/2}/min$	2720	849	325	87.5	32	3.09

3.3.2.1 氢氧化物

氢氧化钠又叫苛性钠或烧碱，通常是电解食盐的产物，白色固体，易溶于水、乙醇，溶解时放热，溶液呈强碱性。固体吸水性很强，容易潮解，能吸收空气中 CO_2 变成 Na_2CO_3。腐蚀性强，能腐蚀金属，烧伤皮肤，破坏纤维和毛皮制品。通常采用 5%~10% 的氢氧化钠水溶液对强酸，如硫酸、硝酸、盐酸泄漏流淌的地面、物体表面进行中和洗消。也可用浓度为 5%~10% 的氢氧化钠水溶液对 G 类毒剂、L 类毒物和酸性有毒化学品等染毒的装备、容器和地面进行消毒，消毒时间一般为 60min。

氢氧化钙又名熟石灰，白色粉末，难溶于水，20℃ 的溶解度为 0.165%，在热水中的溶解度更小，溶液呈碱性，其混浊液叫石灰乳，透明的澄清液极易吸收空气中的二氧化碳（CO_2）生成白色碳酸钙（$CaCO_3$）沉淀。固体氢氧化钙也能吸收空气中的二氧化碳生成碳酸钙。通常用 20% 的石灰乳对染有沙林类毒剂的地面、粗糙的物体表面、墙壁等消毒。由于氢氧化钙在水中的溶解度较小，所以消毒效果较差。但其来源丰富，对群众性洗消有一定价值。

低温时上述碱性溶液都难以使用。同时，强碱类消毒液的腐蚀性较大，装备消毒后必须用水清洗，然后进行常规保养。

3.3.2.2 氨水

氨水是化学工业的基本产品，无色液体，有刺激臭味。易液化（−33℃），氨气易挥发出来，极易溶于水，0℃时每体积水中约可溶 1200 体积的氨，市售的氨水浓度在 10%～25% 之间。在水中呈下列平衡：

$$NH_3 + H_2O \rightleftharpoons NH_3 \cdot H_2O \rightleftharpoons NH_4^+ + OH^-$$

不同的氨水凝固点也不同，浓度越大，凝固点越低。如 12% 的氨水凝固点为 −17℃，25% 的氨水为 −36℃，30% 的氨水为 −38℃。因此，氨水可在冬季使用，也是较好的中和剂。浓氨水对皮肤有强烈的刺激和烧灼作用，但对服装的腐蚀性则不大。此外，氨气能刺激呼吸器官黏膜，并伤害中枢神经系统。通常使用 10%～12% 的氨水对 G 类毒剂、光气、双光气和酸性的有毒化学品或染毒的装备、容器等进行消毒。对上述几种毒物的染毒空气，也可用氨水喷雾的方法实施消毒。冬季使用为了保证不冻，也可用 20%～25% 浓氨水。如光气泄漏，微量时可用水蒸气冲散，较大量时，可用液氨喷雾解毒，也可用苛性钠溶液吸收。其反应式如下。

$$COCl_2 + 4NH_3 \longrightarrow CO(NH_2)_2 + 2NH_4Cl$$

氨作为冬季消毒剂配方的主要成分之一，特别能对染有 G 类毒剂等染毒空气进行消毒，且腐蚀性小，可用于对染毒的服装、装备消毒。因此氨是一种有一定价值的碱性消毒剂，但由于它是弱碱，对含磷毒物作用效果不如苛性钠。

3.3.2.3　碳酸钠或碳酸氢钠

碳酸钠俗称苏打或纯碱，碳酸氢钠俗称小苏打。白色固体，溶于水，不溶于有机溶剂，腐蚀性小。水溶液呈碱性，并能水解生成氢氧化钠，反应式如下。

$$Na_2CO_3 + 2H_2O \rightleftharpoons 2NaOH + H_2CO_3$$

$$H_2CO_3 \rightleftharpoons CO_2 + H_2O$$

碳酸钠的腐蚀性比氢氧化钠小，它可用来对皮肤、服装上染有各种酸时中和洗消。2% 的碳酸钠水溶液可对染有沙林类的服装、装具消毒；2% 的碳酸氢钠水溶液可对口、眼、鼻等部位消毒。

3.3.2.4　甲酚钠

甲酚钠是对、邻、间三种甲基酚的混合物，易溶于水和醇，在水溶液中因消解呈碱性。与 G 类毒剂发生酯化反应生成无毒产物，其醇溶液反应活性更高，可用于对 HD 的消毒。15% 的甲酚钠醇水溶液通常用来对人员皮肤消毒，也可用来对个人的染毒服装和装置进行消毒，该消毒剂曾是主要的人员皮肤消毒剂。

沙林能与甲酚钠迅速发生亲核取代反应，生成无毒的甲基苯酚膦酸异丙酯，因此，可用甲酚钠的醇水溶液对沙林消毒。在个人消毒包中，就装有甲酚钠酒精溶液，用来对染毒皮肤消毒。苯酚的氢氧化钠醇水溶液可对沙林进行消毒。

3.3.2.5　碱醇胺消毒剂

碱醇胺类洗消剂是把苛性碱溶于醇中后再加脂肪胺制成的。该类消毒剂的研究始于 20 世纪 50 年代，美国为解决消毒剂的腐蚀性问题而研制出来，它适用于沙林、梭曼、维埃克斯和芥子气等 G 类毒剂的有效消毒。如 DS₂ 型消毒剂，其组成为 70% 二亚乙基三胺、28% 甲基溶纤剂和 2% 氢氧化钠。其消毒机理是氢氧化钠溶解于甲基溶纤剂时，生成 $CH_3OCH_2CH_2O^- \cdots Na^+$，由于醇的溶剂化作用，生成接触离子对 $|RO^-|$、$|Na^+|$，加入胺后，胺对 Na^+ 的溶剂化作用大于醇，形成分离的离子对 $|RO^-|$、$|Na^+|$，使 RO^- 更容易与毒剂发生反应。$CH_3OCH_2CH_2O^- \cdots Na^+$ 可与 VX 和 G 类毒剂发生亲核取代反应，使含磷毒剂的 P—S 或 P—F 键断裂，生成无毒产物。其反应式如下。

$$\text{VX} + CH_3OCH_2CH_2O^- \longrightarrow 磷酸三酯 + (iC_3H_7)_2NCH_2CH_2S \quad 二异丙氨基硫醇$$

$$(H_3C)_2HOC\underset{F}{\overset{O}{P}}H_3C + CH_3OCH_2CH_2O^- \longrightarrow (H_3C)_2HCO\underset{CH_3}{\overset{O}{P}}OCH_2CH_2OCH_3 + F^-$$
沙林

碱醇胺型洗消剂对芥子气的消毒反应主要是消除反应，芥子气脱去两个分子的氯化氢，生成无毒产物。其反应式如下。

$$S\underset{CH_2CH_2Cl}{\overset{CH_2CH_2Cl}{}} + 2CH_3OCH_2CH_2O^- \longrightarrow CH_2{=}S{=}H_2C + CH_3OCH_2CH_2OH + 2Cl^-$$

DS$_2$ 洗消剂具有良好的消毒能力，但低温反应性差，对油漆有损伤作用，其喷洒消毒时间一般为 30min，使用碱醇胺消毒部位需要用水冲洗去掉残留毒剂。但碱醇胺有毒，污染环境。

美国于 1969 年研究了一种新的消毒剂配方，主要由乙醇胺、乙烯乙醇和氢氧化锂组成，具有毒性低、腐蚀性小的特点，能对 V 类、G 类、BZ 等多种毒剂消毒，现已装备美国空军，用于对飞机外表面的洗消。我国目前装备的 191 消毒液也属于此型消毒剂。此类消毒剂因其毒性大，后勤负担重。

3.4 酸碱型洗消剂的应用

3.4.1 氨气泄漏的洗消

传统液氨洗消剂主要是根据氨气极易溶于水的特点，利用雾状水对污染区域进行喷淋，使逸出的氨溶解在水中，成为氨水。但是冲洗水中的氨并未被破坏，且氨水稳定性较差，受热温度升高时，氨气就会重新挥发出来；另外，洗消产物氨水在地面流淌容易进入下水道、河流等其他水体，造成更大的危害。

为提高洗消效果，可利用酸性水溶液对其进行吸收处理。当两者作用时氨气溶解于水形成氨水，同时酸性洗消剂中的 H^+ 将与氨发生中和反应生成铵。反应式如下。

$$NH_3 + H_2O \longrightarrow NH_3 \cdot H_2O$$

$$H^+ + NH_3 \cdot H_2O \longrightarrow NH_4^+ + H_2O$$

因此，当氨气泄漏时，可选用稀盐酸和次氯酸的水溶液吸收氨气，生成氯化铵盐，中和反应的存在使得含有添加剂的水洗消剂的洗消效果明显高于纯水。其反应式分别如下。

$$NH_3 \cdot H_2O + HCl \longrightarrow NH_4Cl + H_2O$$

$$NH_3 \cdot H_2O + HClO \longrightarrow NH_4ClO + H_2O$$

3.4.2 氰化物的洗消

气态氰化氢易溶于水，生成的氢氰酸是一种极弱的酸，一旦发生泄漏事故，可利用中强碱进行中和，生成的盐类及其水溶液，经收集再进一步处理。洗消剂可选用石灰水、烧碱水溶液、氨水、碳酸钠、碳酸氢钠、磷酸二氢钠等碱性溶液，洗消剂可与氰化氢迅速发生中和反应。由于氢氰酸与碱反应生成的盐是不挥发性的固体，故中和反应对 HCN 的防护、洗消都具有一定的实用意义。但其水溶液仍有剧毒，空气中的二氧化碳能置换出水溶液中的 CN^- 生成 HCN。

如氢氧化钠与氢氰酸的反应式如下。

$$HCN + NaOH \longrightarrow NaCN + H_2O$$

$$NaCN + H_2O + CO_2 \longrightarrow HCN + NaHCO_3$$

3.4.3　氯气的洗消

氯气泄漏事故的处置中,洗消工作是十分重要的。由于氯气能部分溶于水,同时可与水作用发生自氧化还原反应,能有效地减弱其毒害性。因此,大量氯气泄漏后,除用通风法驱散现场染毒空气使其浓度降低外,对于较高浓度的泄漏氯气云团,可采用喷雾水直接喷射,使其溶于水。在水中氯气发生的自氧化还原反应式如下。

$$Cl_2 + H_2O \longrightarrow HCl + HClO$$

为进一步强化氯气的洗消效果,达到快速高效的洗消目的,可根据酸碱中和反应的原理,在消防车的供水箱道中加入碱性中和剂,将其按一定比例与水均匀混合后使雾状水向氯气喷射,使氯气溶于水后,与其产生中和反应来吸收大气中的有毒气体,达到高效洗消的目的。碱性洗消剂可选用氢氧化钠、氢氧化钙、氨水、碳酸钠、碳酸氢钠等,其反应式如下。

用烧碱洗消氯气:　　　　$$NaOH + HCl = NaCl + H_2O$$
$$NaOH + HClO = NaClO + H_2O$$
用石灰水洗消氯气:　　$$Ca(OH)_2 + 2HCl = CaCl_2 + 2H_2O$$
$$Ca(OH)_2 + 2HClO = Ca(ClO)_2 + 2H_2O$$

用于氯气的吸收剂产品,除了烧碱,常用的还有硫代硫酸钠、亚硫酸钠、碘化钾。但是,由于反应生成的产物是次氯酸盐和氯化物的混合体,次氯酸盐在自然环境下会继续反应,可能造成二次污染;而使用还原性试剂如硫代硫酸钠、碘化钾等,反应结果会生成沉淀碘或酸雾,仍会造成污染。

3.4.4　军事毒剂的洗消

大多数的军事毒剂,可因水解失去毒性,但常温下水解较慢,加温加碱可使水解加速。与碱作用时碱可破坏、抑制毒剂的毒性,特别是 G 类神经毒剂和路易士剂,故常用氨水、碳酸钠、碳酸氢钠和氢氧化钠等碱性消毒剂消除上述毒剂。对其进行洗消处理,将其水解为无毒或低毒产物。

如氢氧化钠对 GB 的洗消过程实质上是碱性条件下 GB 的催化反应过程,其反应式为:

氢氧化钠对 VX 的洗消反应式如下。

◆ 参考文献 ◆

[1]　孙毓庆,胡育筑.分析化学.第 2 版.北京:科学出版社,2006.

[2] 裴文. 高等有机化学. 杭州： 浙江大学出版社，2006.

[3] 杨径. 职业危害的个人防护. 北京： 中国环境科学出版社， 2010.

[4] 王峰， 徐海云， 贾立峰. 洗消剂的消毒机理及研究发展状况 ［J］. 舰船防化， 2003, 4: 1-6.

[5] 吴春晓. 化学战剂的发展与防护. 兰州: 兰州大学， 2007.

[6] 张宏哲，赵永华，姜春明等. 危险化学品泄漏事故应急处置技术. 安全、 健康和环境， 2008, 8 (6)： 2-4.

[7] 汤海荣，杨凤华. 危险化学品泄漏后的洗消研究∥公共安全中的化学问题研究进展 (第二卷)， 2011: 259-263.

第 **4** 章

吸附型洗消剂

吸附是从气体或液体中去除危险化学品、污染物、杂质等，使组分分离的一种方法。吸附是固体表面的特征之一，对固体表面性质有很重要的影响，如吸附可以改变表面的结构，使表面的组分发生变化等。本章所述的吸附型洗消剂主要针对固相-气相和固相-液相吸附，主要介绍吸附形式和特点、吸附等温线的类型和相关理论分析、吸附洗消的基本条件和常用洗消剂及应用等，以达到对吸附型洗消剂的初步认识，为实际应用吸附型洗消剂奠定坚实的理论基础。

4.1 吸附现象和洗消原理

4.1.1 吸附现象

吸附是一种传质过程，物质内部的分子和周围分子有互相吸引的引力，但物质表面的分子，其相对物质外部的作用力没有充分发挥，所以固体物质的表面可以吸附其他的液体或气体，尤其是表面积很大的情况下，这种吸附力能产生很大的作用，所以所用的吸附型洗消剂经常用比表面积大的物质进行吸附，如活性炭、分子筛等。

吸附是一种典型的表面现象（图 4.1）。在洗消领域中，被吸附的危险化学品（一定量的气体或蒸气或液体）称为吸附质，具有吸附作用的物质称为吸附型洗消剂，本章简称为洗消剂。吸附量 M 是洗消剂单位质量或单位表面积上的吸附质质量（或物质的量）。一般来说，吸附量是表征吸附状态的最基本参数，可以衡量洗消剂吸附能力的大小。常用的吸附型洗消剂有活性炭、硅胶、分子筛、高分子吸附树脂等。

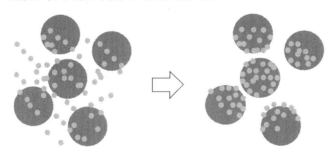

图 4.1 吸附现象

吸附的目的就是利用洗消剂与危险化学品之间的作用力而使危险化学品吸附并浓缩于洗消剂上。利用吸附法将危险化学品进行有效洗消应注意以下几个方面。

① 吸附法常用于浓度低、毒性大的有害气体或液体，对于低浓度有害气体，吸附法的洗消效率高。

② 吸附法处理有害气体时气体量不宜过大，当处理的气量较小时，用吸附法灵活方便。

③ 用吸附法洗消有机溶剂蒸气，也具有较高的效率。

4.1.2　洗消机理

吸附法洗消危险化学品的原理如下。

① 洗消剂本身具有吸附性，如免疫吸附材料、仿生吸附材料等。

② 洗消剂和危险化学品之间的范德华力（分子间力）、氢键或化学键力或静电引力作用的结果；范德华力主要包括定向力、诱导力和色散力；定向力是极性分子之间静电力，由极性分子的永久偶极矩产生；诱导力是极性与非极性之间引力，极性分子产生的电场作用会诱导非极性分子极化，产生诱导偶极矩；色散力是非极性分子之间引力，由瞬时偶极矩产生。

③ 危险化学品对水的疏水特性和对固体颗粒的高度亲和力。

洗消剂可为多孔性结构，具有分子筛的作用。

4.1.3　吸附平衡

被吸附的危险化学品离开洗消剂界面引起吸附量减少的现象叫脱附。从动力学观点看，危险化学品分子或离子在洗消剂界面上不断地进行吸附和脱附。当一定时间内进入吸附相的分子数和离开吸附相的分子数相等时，吸附过程就达到了平衡，或者经过无限长时间也不发生变化的状态就叫吸附平衡。

危险化学品在吸附型洗消剂上的吸附量（M）是热力学温度（T）、气体压力（p）或液体浓度（c）和固体-气体之间的吸附作用势（E）的函数，用下式表示。

$$M=f(T,p,E) \text{ 或 } M=f(T,c,E) \tag{4.1}$$

在固体-气体界面吸附时，采用平衡绝对压力 p 或平衡相对压力 p/p_0 作横轴，在混合气体时采用分压作横轴；在固体-液体界面吸附时，采用各种绝对浓度或相对浓度作横轴。

4.2　吸附等温线

对于给定的固体-气体体系，在温度 T 一定时，可认为吸附作用势 E 一定。这时吸附量 M 只是压力 p 的函数，这个关系叫作吸附等温线。压力 p 一定时，吸附量 M 与温度 T 的关系叫作吸附等压线。吸附量 M 一定时，压力 p 与温度 T 的关系叫作吸附等量线。

吸附等温线　　　　　　　　　　$M=f(p)_{T,E}$　　　　　　　　　　　　(4.2)

吸附等压线　　　　　　　　　　$M=f(T)_{p,E}$　　　　　　　　　　　　(4.3)

吸附等量线　　　　　　　　　　$p=f(T)_{M,E}$　　　　　　　　　　　　(4.4)

在本章中，只对吸附等温线做重点介绍。

在恒定温度下，对应一定的吸附质压力，固体洗消剂表面上只能吸附一定量的气体。通过测定一系列相对压力下相应的吸附量，可得到吸附等温线。吸附等温线是对吸附现象以及洗消剂的表面与孔进行研究的基本数据，可从中研究洗消剂表面性质、孔分布以及洗消剂与吸附质之间的相互作用，计算出对特定吸附质的吸附容量，还可以用于计算洗消剂的孔径、比表面积等重要物理参数。孔分布计算方法有 BJH（Barrett，Joyner and Halenda）法、HK（Horvath-Kawazoe）法、DH（Dollimore Heal）法和 NLDFT（Non Local Density Functional Theory）法等。

下面着重介绍吸附等温线的类型及其迟滞环的形貌特征。

4.2.1　吸附等温线类型及其形貌特征

孔材料按照不同分类方法可分很多种。为了方便起见，我们统一按照国际纯粹和应用化学联合会（IUPAC）的定义，根据孔直径的大小，将孔材料分为微孔材料（孔径小于2nm）、介孔或中孔材料（孔径 2～50nm）和大孔材料（孔径大于 50nm）。

气体在固体洗消剂表面的吸附状态多种多样，Brunauer、Deming 和 Teller 在大量的实验数据基础上总结归纳，把吸附等温线总结为五大类，称为 BDDT 分类。后来 Sing 又增加了一个阶梯形吸附等温线。因此，现在吸附等温线分为六类，如图 4.2 所示。实际测得的吸附等温线大多是这六类吸附等温线的不同组合。

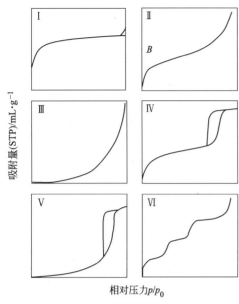

图 4.2　吸附等温线的分类

Ⅰ型吸附等温线的特点：在相对压力低的区域，气体吸附量有一个快速增长，这是Ⅰ型吸附等温线最显著的特点。快速增长归因于微孔填充，随后的水平或近水平平台表明，微孔已经充满，没有机会或没有进一步的吸附发生。达到饱和压力时，可能出现吸附质凝聚。外表面相对较小的微孔固体，如活性炭、分子筛沸石和某些多孔氧化物，表现出这种吸附等温线。

Ⅱ和Ⅲ型吸附等温线的特点：Ⅱ型吸附等温线相当于发生在非孔或大孔固体上自由的多层可逆吸附过程，位于 $p/p_0 = 0.05 \sim 0.10$ 的 B 点，是吸附等温线的第一个陡峭部，它表示单分子层饱和吸附量，常被作为单层吸附容量结束的标志。Ⅲ型吸附等温线以向相对压力轴凸出为特征，这种吸附等温线在非孔或大孔固体洗消剂上发生弱的气-固相互作用时出现，但不常见。

Ⅳ型吸附等温线的特点：Ⅳ型吸附等温线多发生在介孔或中孔的洗消剂上，低 p/p_0 区曲线凸向上，与Ⅱ型吸附等温线类似。在较高 p/p_0 区，吸附质发生毛细凝聚，吸附等温线迅速上升，有时以吸附等温线的最终转而向上结束，还可观察到迟滞回线，即吸附支与脱附支不重合，脱附支在吸附支的上方。

Ⅴ型和Ⅵ型吸附等温线的特点：Ⅴ型吸附等温线很少遇到，而且难以解释，虽然反映了吸附质与洗消剂之间作用微弱的Ⅲ型吸附等温线特点，但在高压区又表现出有孔充填（毛细凝聚现象）；Ⅵ型吸附等温线以其吸附过程的台阶状特性著称。这些台阶源于均匀非孔表面的依次多层吸附。这种吸附等温线的完整形式，不能由液氮温度下的氮气吸附来获得。

几乎每本类似参考书都会提到，前五种的 BDDT 分类由四个人（Brunauer-Deming-Deming-Teller）在大量实验数据的基础上，将吸附等温线归为五类，阶梯状的第六类为 Sing 增加。X 轴相对压力粗略地分为低压（0.0～0.1）、中压（0.3～0.8）、高压（0.90～1.0）三段。吸附曲线在低压端，偏 Y 轴（氮气吸附量）则说明洗消剂与氮有较强作用力（Ⅰ型、Ⅱ型、Ⅳ型），较多微孔存在时由于微孔内强吸附势，吸附曲线起始时呈Ⅰ型；低压端偏 X 轴说明与材料作用力弱（Ⅲ型、Ⅴ型）。中压端多为氮气在材料孔道内的冷凝积聚，介孔分析就来源于这段数据，包括样品粒子堆积产生的孔，有序或梯度的介孔范围内孔道。BJH方法就是基于这一段得出的孔径数据；高压段可粗略地看出粒子堆积程度，如Ⅰ型中最后上扬，但粒子未必均匀。平常得到的总孔容通常是取相对压力为 0.99 左右时氮气吸附量的冷凝值。

4.2.2　迟滞环

Ⅳ型、Ⅴ型吸附等温线有迟滞环的可能原因是，吸附时由孔壁的多分子层吸附和在孔中凝聚两种因素产生，而脱附仅由毛细管凝聚引起。这就是说，吸附时首先发生多分子层吸附，只有当孔壁上的吸附层达到足够厚度时才能发生凝聚现象；而在与吸附相同的 p/p_0 比压下脱附时，仅发生在毛细管中的液面上的蒸气，却不能使 p/p_0 下吸附的分子脱附，要使其脱附，就需要更小的 p/p_0，故出现脱附的滞后现象，实际就是相同 p/p_0 下吸附的不可逆性造成的。

迟滞环也可以称为"回线"或"滞后环"。迟滞作用也是由于孔的连通效应导致的。迟滞环的形状本身被简单地解释成空穴的几何效应。根据 IUPAC（国际纯粹化学与应用化学联合会）的分类，按形状将迟滞环分为四类，如图 4.3 所示。

迟滞环的分类和特点介绍如下。

H1：迟滞环很陡（几乎直立）并且（直立部分）几乎平行，多由大小均匀且形状规则的孔造成。常见的孔结构是独立的圆筒形细长孔道，且孔径大小均一。一般在尺寸较均匀的球形颗粒聚集体易观察到。对于圆筒形细长孔道，吸附时吸附质一层一层地吸附在孔的表面（孔径变小），如图 4.4（a）所示，而脱附时为弯月面［图 4.4（b）］。因此，吸附和脱附过程是不一样的。毛细凝聚和脱附可以发生在不同的压力，出现迟滞现象。

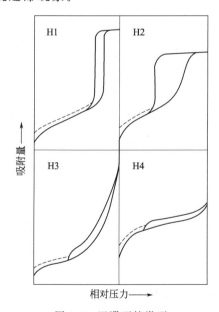

图 4.3　迟滞环的类型

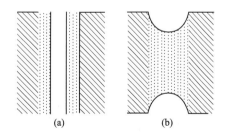

图 4.4　圆筒形孔吸附过程（a）和脱附过程（b）

H2：吸附等温线的吸附分支由于发生毛细凝聚现象而逐渐上升，而脱附分支在较低的相对压力下突然下降，几乎直立，吸附质突然脱附，从而空出孔穴，归因于瓶状孔（口小腔大）。吸附时凝聚在孔口的液体为孔体的吸附和凝聚提供蒸气，而脱附时，孔口的液体挡住孔体蒸发出的气体，必须等到压力小到一定程度，孔口的液体蒸发汽化开始脱附，"门"被打开，孔体内的气体"夺门而出"。H2 型回线反映出洗消剂的孔径分布比H1 型回线宽。

H3 和 H4：多归因于狭缝状孔道，形状和尺寸均匀的孔呈现 H4 迟滞环，而非均匀的孔呈现 H3 迟滞环。

4.3 吸附理论

4.3.1 单分子层吸附理论——兰格缪尔（Langmuir）方程

4.3.1.1 基本观点

固体洗消剂表面没有饱和的原子力场存在。当气体与之接触时就会被吸附在固体表面，一旦表面上覆盖满一层气体分子，这种力场就得到了饱和，吸附就不再发生，因此，吸附是单分子层的。

4.3.1.2 Langmuir方程建立的3个假设

① 开放表面，均一表面，即被吸附分子具有相等的亲和力。

② 定位吸附。

③ 每一个吸附位只容纳一个吸附质分子，亦即被吸附成单一分子层（图4.5）。

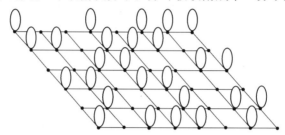

图4.5　Langmuir吸附位置示意图

4.3.1.3 推导过程

吸附速率与气体压力成正比，也与未吸附气体分子空着的表面积成正比，因此吸附速率 r_a 为：

$$r_a = k_a p(1-\theta) \tag{4.5}$$

式中，p 为被吸附气体的压力；θ 为表面覆盖率；$1-\theta$ 为表面空白率。

脱附的速率与被吸附分子所覆盖的表面积的百分数成正比，可表示为：

$$r_d = k_d \theta \tag{4.6}$$

k_a，k_d 分别为吸附和解吸（脱附）过程的速率系数。

令式(4.5)与式(4.6)相等，得到Langmuir方程：

$$r_a = r_d$$
$$k_a p(1-\theta) = k_d \theta \tag{4.7}$$

令 $a = k_a/k_d$，称为吸附系数（吸附平衡常数），它的大小代表了固体表面吸附气体能力的强弱程度。则

$$\theta = ap/(1+ap) \tag{4.8}$$

$$\theta/\theta_{max} = V/V_{max} = ap/(1+ap) \tag{4.9}$$

进行如下讨论。

(1) 低压时，$ap \ll 1$，$\theta = ap$，$V \propto p$；

高压时，$ap \gg 1$，$\theta = 1$，$V = V_{max}$。

V_{max} 为固体表面全部铺满一层气体分子时的吸量（图4.6）。V_{max} 是一个重要参数。由吸附质分子截面积 A_m，可计算洗消剂的总表面积 S 和比表面积 A。

(2) 方程式可改写成：

$$p/V = p/V_m + 1/(aV_m) \tag{4.10}$$

以 p/V 对 p 作图（图4.7），可求 V_{max} 和 a。

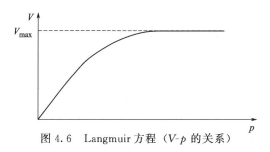

图 4.6 Langmuir 方程（V-p 的关系）

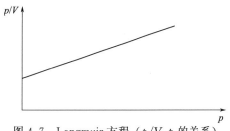

图 4.7 Langmuir 方程（p/V-p 的关系）

对于多组分吸附而言，例如，当 A 和 B 两种粒子都被吸附时，A 和 B 分子的吸附与解吸速率分别为：

$$r_a = k_1 p_A (1 - \theta_A - \theta_B), \quad r_a = k'_1 p_B (1 - \theta_A - \theta_B)$$
$$r_d = k_{-1} \theta_A, \quad r_d = k'_{-1} \theta_B \tag{4.11}$$

达吸附平衡时，$r_a = r_d$：

$$\frac{\theta_A}{1 - \theta_A - \theta_B} = a p_A, \quad \frac{\theta_B}{1 - \theta_A - \theta_B} = a' p_B \tag{4.12}$$

两式联立解得 θ_A、θ_B 分别为：

$$\theta_A = \frac{a p_A}{1 + a p_A + a' p_B}, \quad \theta_B = \frac{a p_B}{1 + a p_A + a' p_B} \tag{4.13}$$

对 i 种气体混合吸附的 Langmuir 吸附公式为：

$$\theta_i = \frac{a_i p_i}{1 + \sum_1^i a_i p_i} \tag{4.14}$$

4.3.1.4 关于 Langmuir 方程的说明

可以通过对 Langmuir 方程的一些修正，将其用于超临界吸附；由于 Langmuir 方程是建立在均匀表面假设上的，而真实材料的表面都是不均匀的，因此在实际使用中常常需要对材料表面的不均一性进行修正。

4.3.2 焦姆金（Temkhh）吸附模型

兰格缪尔吸附模型认为被吸附分子间互不影响，由此推出吸附活化能、脱附活化能以及吸附热与吸附程度无关。但实际上吸附分子间是有影响的。一般吸附活化能随覆盖率的增加而增大，脱附活化能则随覆盖率的增加而减少，因此吸附热必然随覆盖率的增加而减少。

焦姆金吸附模型与兰格缪尔吸附模型的具体区别在于，它认为吸附活化能 E_a、脱附活化能 E_d 以及吸附热 q 与覆盖率 θ 呈线性函数关系。即

$$E_a = E_a^{\ominus} + \alpha \theta$$
$$E_d = E_d^{\ominus} - \beta \theta$$
$$q = E_d - E_a = (E_d^{\ominus} - E_a^{\ominus}) - (\alpha + \beta) \theta = q^{\ominus} - (\alpha + \beta) \theta$$

将上式带入吸附速率一般表达式后可得：

$$r_a = k_a^{\ominus} p_A f(\theta) \exp[-E_a^{\ominus}/(RT)] \exp[-\alpha \theta/(RT)] \tag{4.15}$$

由于 θ 值在 0 到 1 之间，若系统处于中等覆盖度时，$f(\theta)$ 值的变化对吸附速率的影响远比 $\exp[-\alpha \theta/(RT)]$ 的影响小，近似把 $f(\theta)$ 视为常数，对过程影响不大。

设：

$$k_a = k_a^{\ominus} f(\theta) \exp[-E_a^{\ominus}/(RT)]$$
$$g = \alpha/(RT)$$

可得：

$$r_a = k_a p_A \exp(-g\theta) \tag{4.16}$$

同理，对于脱附速率可用下式表示：

$$r_d = k_d \exp(+h\theta) \tag{4.17}$$

$$k_d = k_d^{\ominus} f'(\theta) \exp[-E_d^{\ominus}/(RT)]$$

$$h = \beta/(RT)$$

表观吸附速率为：

$$r = r_a - r_d = k_a p_A \exp(-g\theta) - k_d \exp(h\theta) \tag{4.18}$$

当吸附达到平衡时：

$$(k_a/k_d) p_A = \exp(h+g)\theta$$

令

$$K_A = k_a/k_d$$

$$f = h+g$$

则

$$K_A p_A = \exp(f\theta) \tag{4.19}$$

取对数后得：

$$\theta = \frac{1}{f} \ln(K_A p_A) \tag{4.20}$$

式(4.19)、式(4.20)称为焦姆金吸附等温方程。

4.3.3 多分子层吸附理论——BET方程

4.3.3.1 基本观点

BET理论认为，物理吸附是由范德华力引起的，由于气体分子之间同样存在范德华力，因此气体分子也可以被吸附在已经被吸附的分子之上，形成多分子层吸附。

4.3.3.2 BET方程建立的几个假设

① 保留Langmuir方程中的假设，但又进行了扩充。

② 第一层的吸附热为定值，但与以后各层吸附热不同，第二层以上的吸附热都相等并等同于凝聚热。

③ 吸附是多分子层。

4.3.3.3 方程的推导

$$1 = \sum_{i=0}^{\infty} \theta_i \tag{4.21}$$

$$n = n_m \sum_{i=0}^{\infty} i\theta_i \tag{4.22}$$

图4.8为BET多分子层吸附模型。设定吸附了0、1、2、…、i层分子的吸附位数分别

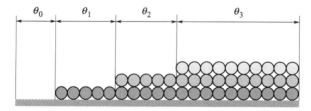

图4.8 BET多分子层吸附模型

为 θ_0、θ_1、θ_2、θ_3、…、θ_i。在第一层，与 Langmuir 理论相同。达到吸附平衡时，气体分子在第零层上吸附形成第一层的速率等于第一层脱附形成第零层的速率。对于第二层吸附平衡，在第一层吸附分子上的凝聚速率（即第二层的吸附速率）等于第二层的蒸发速率（即第二层的脱附速率）。第 i 层，同理。

$$a_1 p \theta_0 = a'_1 \theta_1 \exp\left(-\frac{E_1}{RT}\right) \tag{4.23}$$

$$a_2 p \theta_1 = a'_2 \theta_2 \exp\left(-\frac{E_2}{RT}\right) \tag{4.24}$$

$$\vdots$$

$$a_i p \theta_{i-1} = a'_i \theta_i \exp\left(-\frac{E_i}{RT}\right) \tag{4.25}$$

式中，p 为吸附平衡时的压力；a_i 和 a'_i 是常数。

吸附热 E_1 和常数 a_i、a'_i 与第一层吸附分子的数量无关，即认为表面吸附位的能量都相同。E_2 是在第一层吸附分子上的吸附热，也就是吸附质分子间的相互作用能，它与吸附质的凝聚能即液化热接近，$E_2 < E_1$。

总吸附量 n 是全部 $i\theta_i$ 的加和，θ_i 的加和就是总吸附位数，即单分子层吸附量，记作 n_m。取 $\theta = n/n_m$，当 θ 小于 1 时，与 Langmuir 式一样，称为表面覆盖率；当 θ 大于 1 时，则表示平均吸附层数。

为了简化方程，假定从第二层开始，吸附热（吸附能）E_2、E_3、…、E_i 等于液体的蒸发热或凝聚热 E_1。从第二层开始，吸附分子与固体表面的相互作用小于第一层，吸附主要由吸附质分子与已吸附分子之间的相互作用引起，这时常数 a_i、a'_i（$i \geqslant 2$）的比值不变。

因此，BET 引进两个假设。

假设 1：$E_2 = E_3 = \dots = E_i = E_1$ \hfill (4.26)

假设 2：$a'_2/a_2 = a'_3/a_3 = \dots = a'_i/a_i = g$ \hfill (4.27)

$$n = n_m \frac{C \sum\limits_{i=1}^{\infty} i x^i}{1 + C \sum\limits_{i=1}^{\infty} x^i} \tag{4.28}$$

设：

$$x = \frac{p}{g} \exp\left(\frac{E_1}{RT}\right) \tag{4.29}$$

$$C = \frac{a_1 g}{a'_1} \exp\left(\frac{E_1 - E_1}{RT}\right) \tag{4.30}$$

对式(4.28)进行数学处理，即得 BET 方程。

$$\frac{n}{n_m} = \frac{Cx}{(1-x)(1-x+Cx)} \tag{4.31}$$

在吸附质饱和蒸气压 p_0 时，表面的吸附层数为无限大，则吸附量就无限大。由式(4.31)知，为使吸附量无限大（$n = \infty$），必须有 $x = 1$。因为这时的气体压力 p 等于饱和蒸气压 p_0，将 $p = p_0$ 和 $x = 1$ 带入式(4.29)中，得：

$$\begin{cases} x = \dfrac{p}{g} \exp\left(\dfrac{E_1}{RT}\right) \\ 1 = \dfrac{p_0}{g} \exp\left(\dfrac{E_1}{RT}\right) \end{cases} \Rightarrow x = \frac{p}{p_0}$$

把 $x = p/p_0$ 带入上式，即得 BET 方程的线形形式：

$$\frac{p}{n(p_0 - p)} = \frac{1}{n_m C} + \frac{C-1}{n_m C} \times \frac{p}{p_0} \tag{4.32}$$

如果以 $\frac{p}{n(p_0 - p)} - \frac{p}{p_0}$ 作图，得一条直线。

从直线的斜率和截距可计算两个常数值 C 和 n_m，从 n_m 可以计算吸附剂的比表面。

一般认为，当相对压力 p/p_0 在 $0.05 \sim 0.35$ 之间时，实测值与理论值比较符合。但是，尽管 BET 公式存在许多争议，然而在至今提出的多种等温式中，BET 公式仍然是应用最多的。

4.3.4 毛细孔凝聚理论——Kelvin 方程

4.3.4.1 方程的推导

液体在毛细管内会形成弯曲液面，弯曲液面的附加压力可以用杨-拉普拉斯（Yong-Laplace equation）方程表示：

$$\Delta p = \frac{2\sigma}{r_m} \tag{4.33}$$

式中，Δp 为附加压力；σ 称为表（界）面张力；r_m 为平均曲率半径。

如果要描述一个曲面，一般用两个曲率半径表示（图 4.9）。

因此，r_m 表示为：

$$\frac{2}{r_m} = \frac{1}{r_1} + \frac{1}{r_2} \tag{4.34}$$

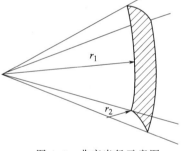

图 4.9 曲率半径示意图

球形曲面，$r_1 = r_2 = r_m$；圆柱形曲面，$r_2 = \infty$，$r_m = 2r$。

设一单组分体系，处于气（β）液（α）两相平衡中。此时，气液两相的化学势相等。

$$\mu^\alpha = \mu^\beta$$

如果给其一个微小的波动，使得体系在等温条件下，从一个平衡态变化至另一个平衡态，则

$$d\mu^\alpha = d\mu^\beta$$
$$d\mu^\alpha = -S^\alpha dT + V^\alpha dp^\alpha$$
$$d\mu^\beta = -S^\beta dT + V^\beta dp^\beta$$
$$V^\alpha dp^\alpha = V^\beta dp^\beta \tag{4.35}$$

根据式（4.33）有：

$$dp^\beta - dp^\alpha = d\frac{2\sigma}{r_m}$$

将式（4.35）代入上式得到：

$$d\left(\frac{2\sigma}{r_m}\right) = \frac{V^\alpha - V^\beta}{V^\alpha} dp^\beta \tag{4.36}$$
$$V^\alpha \ll V^\beta$$

因此，式（4.36）可以写作：

$$d\left(\frac{2\sigma}{r_m}\right) = \frac{RT}{V^\alpha} \times \frac{dp^\beta}{p^\beta} \tag{4.37}$$

$$\int_{r_m}^{\infty} \frac{2\sigma}{r_m} = -\int_{p}^{p_0} \frac{RT}{V^{\alpha}} \mathrm{dln} p$$

Kelvin 方程：

$$\ln \frac{p}{p_0} = -\frac{2\sigma V_L}{RT} \times \frac{1}{r_m} \tag{4.38}$$

4.3.4.2　关于 Kelvin 方程的几点说明

Kelvin 方程给出了发生毛细孔凝聚现象时孔尺寸与相对压力之间的定量关系，也就是说，对于具有一定尺寸的孔，只有当相对压力 $\frac{p}{p_0}$ 达到与之相应的某一特定值时，毛细孔凝聚现象才开始。而且孔越大发生凝聚所需的压力越大，当 $r_m = \infty$ 时，$p = p_0$，表明当大平面上发生凝聚时，压力等于饱和蒸气压。

在发生毛细孔凝聚之前，孔壁上已经发生多分子层吸附，在发生毛细孔凝聚过程中，多分子层吸附还在继续进行。研究问题时，我们经常将毛细凝聚和多分子层分开讨论，这只是处理问题的一个简化手段，但并不代表这两个过程是完全分开的。

关于 Kelvin 半径（图 4.10），有以下关系。

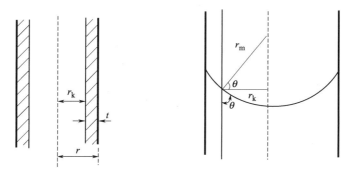

图 4.10　Kelvin 半径示意图

$$r = r_k + t, \quad r_m = \frac{r_k}{\cos\theta}$$

$$\ln \frac{p}{p_0} = -\frac{2\sigma V_L \cos\theta}{r_k RT} \tag{4.39}$$

r_k 称为 Kelvin 半径，在实际应用时，为了简化问题，通常取 $\theta = 0$，此时 $r_k = r_m$。

Kelvin 方程是从热力学公式中推导出来的，对于具有分子尺度孔径的孔并不适用（不适于微孔）。对于大孔来说，由于孔径较大，发生毛细孔凝聚时的压力十分接近饱和蒸气压，在实验中很难测出。因此，Kelvin 方程在处理介孔凝聚时是最有效的。

4.3.4.3　吸附滞后现象

吸附脱附曲线存在回线是Ⅳ型吸附等温线的显著特征。以一端封闭的圆筒孔和两端开口的圆筒孔为例（$\theta = 0$），如图 4.11 所示。

对于一端封闭的圆筒孔，发生凝聚和蒸发时，气液界面都是球形曲面，$r_m = r_1 = r_2 = r_k$，无论是凝聚还是蒸发，相对压力都可以表示为 $\ln \frac{p}{p_0} = -\frac{2\sigma V_L}{RT} \times \frac{1}{r_k}$，因此吸附和脱附分支之间没有回线。

对于两端开口的圆筒孔，发生毛细孔凝聚时，气液界面是圆柱形，$r_1 = r_k$，$r_2 = \infty$，$r_m = 2r_k$，相对压力都可以表示为：

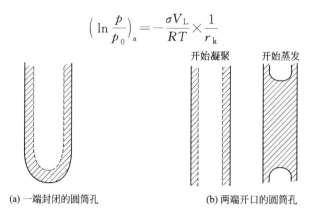

$$\left(\ln\frac{p}{p_0}\right)_a = -\frac{\sigma V_L}{RT}\times\frac{1}{r_k}$$

(a) 一端封闭的圆筒孔   (b) 两端开口的圆筒孔

图 4.11 两种不同的圆筒形孔凝聚和蒸发过程示意图

发生蒸发时，气液界面是球形，相对压力都可以表示为：

$$\left(\ln\frac{p}{p_0}\right)_d = -\frac{2\sigma V_L}{RT}\times\frac{1}{r_k}$$

两式相比，$p_a > p_d$。

这时，吸附与脱附分支就会发生回线，且脱附曲线在吸附曲线的左侧（图 4.12）。

4.3.4.4 几种常见的吸附回线

A 类回线（图 4.13）：吸附和脱附曲线都很陡，发生凝聚和蒸发时的相对压力比较居中。具有这类回线的吸附剂最典型的是两端开口的圆筒孔。

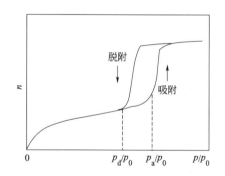

图 4.12 典型的有回线的
等温吸附脱附曲线

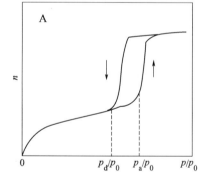

图 4.13 圆筒孔型 A 类吸附回线

B 类回线（图 4.14）：典型的例子是具有平行板结构的狭缝孔。开始凝聚时，由于气液界面是大平面，只有当压力接近饱和蒸气压时才发生毛细凝聚（吸附等温线类似 Ⅱ 型）。蒸发时，气液界面是圆柱状，只有当相对压力满足 $\left(\ln\dfrac{p}{p_0}\right)_d = -\dfrac{\sigma V_L}{RT}\times\dfrac{1}{r_k}$ 时，蒸发才能开始。

C 类回线（图 4.15）：典型的例子是具有锥形管孔结构的孔。当相对压力达到与小口半径 r 相对应的值时，开始发生凝聚，一旦气液界面由柱状变为球形，发生凝聚所需要的压力迅速降低，吸附量上升很快，直到将孔填满。当相对压力达到与大口半径 R 相对应的值，开始蒸发。

D 类回线（图 4.16）：典型的例子是具有锥形结构的狭缝孔。与平行板模型相同，只有当压力接近饱和蒸气压时才开始发生毛细孔凝聚。蒸发时，由于板间不平行，Kelvin 半径是变化的，因此，曲线并不像平行板孔那样急剧下降，而是缓慢下降。如果窄端处间隔很

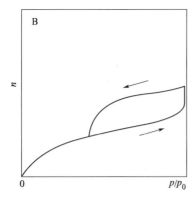
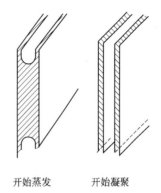

开始蒸发　　　　开始凝聚

图 4.14　平行板狭缝孔型 B 类吸附回线

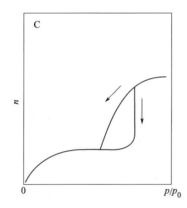

图 4.15　锥形管孔型 C 类吸附回线

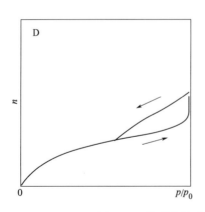
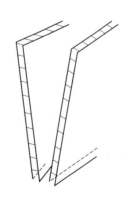

图 4.16　锥形狭缝孔型 D 类吸附回线

小，只有几个分子直径大小，回线往往消失。

E 类回线（图 4.17）：典型的例子是具有"墨水瓶"结构的孔。

如在 r 处凝聚：$\left(\ln\dfrac{p}{p_0}\right)_{a,r}=-\dfrac{\sigma V_L}{RT}\times\dfrac{1}{r}$

如在 R 处凝聚：$\left(\ln\dfrac{p}{p_0}\right)_{a,R}=-\dfrac{2\sigma V_L}{RT}\times\dfrac{1}{R}$

如果 $\dfrac{R}{r}<2$，则：$\left(\ln\dfrac{p}{p_0}\right)_{a,R}<\left(\ln\dfrac{p}{p_0}\right)_{a,r}$

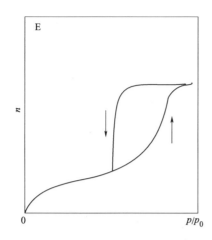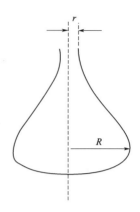

图 4.17　墨水瓶孔型 E 类吸附回线

则凝聚首先发生在瓶底，而后相继将整个孔填满。发生脱附时，当相对压力降至与小口处半径 r 相应的值时，开始发生凝聚液的蒸发，$\left(\ln \dfrac{p}{p_0}\right)_{\mathrm{d},r}=-\dfrac{2\sigma V_{\mathrm{L}}}{RT}\times\dfrac{1}{r}$。此时相对压力已经低于在 R 处蒸发时对应的相对压力，蒸发很快完成。

如果 $\dfrac{R}{r}>2$，则 $\left(\ln \dfrac{p}{p_0}\right)_{\mathrm{a},R}>\left(\ln \dfrac{p}{p_0}\right)_{\mathrm{a},r}$，凝聚首先发生在瓶颈 r 处，凝聚液堆积在瓶颈处，直到压力达到与 R 相对应的某一值时，才开始在瓶底发生凝聚。蒸发过程也在 r 处进行。

4.3.5　弗鲁德里希（Freundlich）等温式

4.3.5.1　基本假设

固相表面具有不同的吸附位置，需有不同的吸附能量。常用于表面非常不均匀的洗消剂在一定浓度范围对单一溶质系统的等温吸附。

4.3.5.2　Freundlich 吸附等温式的两种表示形式

$$q=kp^{1/n} \tag{4.40}$$

式中，q 为吸附量，$\mathrm{cm}^3\cdot\mathrm{g}^{-1}$；$k$ 及 n 为在一定温度下对一定的体系而言的常数；p 为气体的平衡压力。

$$\frac{x}{m}=k'p^{1/n} \tag{4.41}$$

式中，x 为吸附气体的质量；m 为洗消剂质量；k'，n 为与温度、系统有关的常数。

Freundlich 吸附公式对 q 的适用范围比 Langmuir 公式要宽，适用于物理吸附、化学吸附和溶液吸附。Freundlich 公式在溶液中吸附的应用通常比在气相中吸附的应用更为广泛。

洗消剂在溶液中的吸附较为复杂，迄今尚未有完美的理论。因为洗消剂除了吸附溶质之外还可以吸附溶剂。但是由于溶液中的吸附具有重要的实际意义，所以洗消剂在溶液中的吸附量用以下公式表示。

表观（或相对）吸附量的计算，其数值低于溶质的实际吸附量：

$$a=x/m_{\mathrm{a}}=m_{\mathrm{s}}(w_0-w)/m_{\mathrm{a}} \tag{4.42}$$

式中，m_{a} 为洗消剂的质量；m_{s} 为溶液的质量；w_0 和 w 分别为溶质的起始和终了质量分数。

这里没有考虑溶剂的吸附，此时该式取对数还可表示为：

$$\lg a = \lg k + \frac{1}{n}\lg w \tag{4.43}$$

4.3.6 微孔填充理论——DR 方程

微孔填充理论是建立在吸附势理论基础上，1914 年，Polanyi 以定量表达式描述了吸附势，解释气体分子在具有微孔的洗消剂表面吸附行为的理论。

4.3.6.1 Polanyi 吸附势理论简介

Polanyi 认为，固体的周围存在吸附势场，气体分子在势场中受到吸引力的作用而被吸附，该势场是固体固有的特征，与是否存在吸附质分子无关。将 1mol 气体从主体相吸引到吸附空间（吸附相）所做的功定义为吸附势 ε。如果吸附温度远低于气体的临界温度，设气体为理想气体，吸附相为不可压缩的饱和液体，则吸附势可表示为：

$$\varepsilon = RT\ln\frac{p_0}{p} \tag{4.44}$$

式中，p_0 为气体的饱和蒸气压。

4.3.6.2 微孔填充理论和 DR 方程

早期的吸附势理论没有给定吸附等温式，前苏联科学家 Dubinin 等将吸附势理论引入到微孔吸附的研究，创立了微孔填充理论，该理论又被称为 Dubinin-Polanyi 吸附理论。由于微孔的孔壁之间距离很近，发生了吸附势场的叠加，这种效应使得气体在微孔吸附剂上的吸附机理完全不同于在开放表面上的吸附机理。微孔内气体的吸附行为是孔填充，而不是 Langmuir、BET 等理论所描述的表面覆盖形式（图 4.18）。在微孔吸附过程中，被填充的吸附空间（吸附相体积）相对于吸附势的分布曲线为特征曲线，在色散力起主要作用的吸附体系中，该特征曲线具有温度不变性。

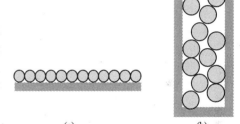

图 4.18 表面覆盖 (a) 和微孔填充 (b)

1947 年 Dubinin 和 Radush Kevitvh 在对大量实验数据进行分析的基础上给出了上述特征曲线的方程，即著名的 DR 方程。

$$\theta = \exp[-(\varepsilon/E)^2] \tag{4.45}$$

式中，$\theta = W/W_0$，为微孔填充率；W 为某一相对压力下吸附相体积；W_0 为吸附达到饱和时吸附相体积，即微孔体积；$E = \beta E_0$，为特征吸附能，其中 E_0 为参考流体（对活性炭来说，参考流体一般为苯）的特征吸附能，β 为相似系数（similarity coefficient），表示与参考流体的相似程度。

为了便于使用，DR 方程通常转化为如下形式。

$$\lg\left(\frac{W}{W_0}\right) = -D\lg^2\left(\frac{p_0}{p}\right) \tag{4.46}$$

$$D = 2.303\left(\frac{RT}{\beta E_0}\right)^2$$

其中，$\lg W$ 对 $\lg^2\left(\frac{p_0}{p}\right)$ 作图能够得到一条直线，即 DR 曲线。

DR 方程是建立在三个假设基础之上的，即 θ 是吸附势的函数、β 是常数、孔分布是

Gaussian 型。

4.4 吸附的形式和特点

4.4.1 吸附形式

固体洗消剂的吸附可分为下面几种形式。

4.4.1.1 物理吸附

分子或原子吸附在固体洗消剂表面是靠它们与表面间的吸引力，如果分子或原子是通过范德华力吸附在表面上的，这种吸附作用叫物理吸附。物理吸附可发生单层吸附，在较高的压力下，可形成多层吸附。吸附容量的大小主要决定于温度、压力和表面积的大小，而与表面微观结构的关系不大。

4.4.1.2 化学吸附

如果吸附的分子、原子或原子团是通过化学键与洗消剂表面原子相互结合的，这种吸附作用叫化学吸附。吸附吸附质分子或原子的物质通过一个或多个电子轨道的重叠，而进行的一种化学反应。化学吸附具有极高的方向性，一般限制在表面单层。化学吸附的多少不仅取决于温度、压力和表面积的大小，而且还与洗消剂表面的微观结构密切相关。

化学吸附被认为是由于电子的共用或转移而发生相互作用的分子与固体间的电子重排，气体分子与固体之间的相互作用力具有化学键的特征，与固体物质和气体分子间仅借助于范德华力的物理吸附明显不同，前者在吸附过程中有电子的转移和重排，而后者不发生此类现象。

化学吸附由于涉及吸附剂与被吸附物之间的电子转移或共用，因此有很强的特定性，即洗消剂对被吸附物有很强的选择性；吸附物在洗消剂表面属单分子层覆盖；吸附温度可以高于被吸附物的沸点温度；吸附热的大小近似于反应热。总而言之，化学吸附可被看作洗消剂与被吸附物之间发生了化学反应。

4.4.1.3 共吸附

共吸附是指两种气体 A 和 B 在表面上吸附时的情况，分为两种，一是协和吸附，表面上出现的是有规则的混合相；另一种极端情况为竞争吸附，两种分子在表面上完全不能互溶。在这种情况下，它们有在不同微区内积聚的趋向，即在一个微区内只有 A 而在另一个微区内则只有 B，两种分子竞争相同的自由吸附部位。

4.4.1.4 交换吸附

溶质的离子由于静电引力作用聚集在洗消剂表面的带电点上，并置换出原先固定在这些带电点上的其他离子。

4.4.1.5 吸收

吸收是指吸附原子扩散到固体内部的行为，由于原子必须通过扩散进入到固体内部，因此吸收过程是一种热激发过程。

4.4.1.6 形成化合物

当吸附原子与固体表面的键结强过固体内部的键结时，吸附原子将与表面原子形成化合物。化合物的形成也是一种热激发过程，因为在形成化合物的过程中必须打断固体的键结。

4.4.2 物理吸附和化学吸附的区别

在前面介绍的六种吸附形式中，我们最关心的是物理吸附和化学吸附，而物理吸附和化学吸附有很大的区别，下面对它们进行介绍。

勒纳德-琼斯（Lennard-Jones）模型能为我们提供最为直观的认识，其模型如图 4.19 所示。图中，（a）是物理吸附随距离的变化；（b）是化学吸附随距离的变化。其中 ΔH_a^c 是化学吸附热；ΔH_a^p 是物理吸附热；E_A 是吸附激活能；E_D 是脱附激活能；D 是分子解离能。

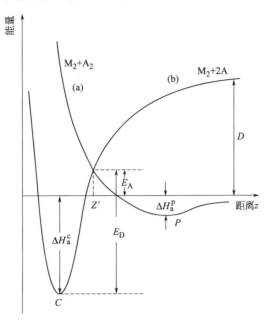

图 4.19　物理吸附与化学吸附的 Lennard-Jones 曲线

从图中很明显可以看出物理吸附和化学吸附的区别，大致包括以下几个方面。

4.4.2.1　二者的热效应不同

从 Lennard-Jones 模型中我们已经看到，物理吸附热要小于化学吸附热。物理吸附热近乎液化热，化学吸附热与化学反应热同数量级。另外，物理吸附的脱附温度，一般在气体的沸点附近；而化学吸附脱附的温度，要比同种气体的物理吸附脱附温度高。

4.4.2.2　物理吸附和化学吸附的速率不同

物理吸附类似于凝聚现象，一般不需要活化能，所以吸附、脱附都很快。化学吸附类似化学反应，也是一个活化过程，需要一定的活化能，因而吸附、脱附的速率要比物理吸附慢。但有些化学吸附不需要活化能，其吸附和脱附速率也很快。

4.4.2.3　吸附的选择性

化学吸附出于其化学本性，具有选择性，即高度的专属性。一种固体表面只能吸附某些气体，而不吸附另外一些气体。而物理吸附则不同，它不具选择性，任何气体在任何表面上在沸点温度附近都可以吸附。

4.4.2.4　吸附层的厚度

化学吸附仅限于单分子层或单原子层；而物理吸附可以是单层的，也可以是多层的。

4.4.2.5　可逆性

物理吸附是可逆的。但化学吸附因形成的化学键很强，致使吸附实际上成为不可逆的。只有在较高温度、低压的条件下才能脱附，但往往脱附物和原来的分子不同了。即便如此，也常不能使吸附物完全脱附。

4.4.2.6　吸附的压力范围

对于物理吸附，相对压力 p/p_0（p_0 是吸附温度下的饱和蒸气压）一般要超过 0.01 时才有较显著的吸附，形成单分子层饱和吸附的 p/p_0 约为 0.1；而化学吸附时相应的压力要低得多。

4.4.2.7 吸附态光谱

物理吸附只能使吸附分子的原特征吸附光谱发生某些位移，或使原吸收峰强度发生改变。而化学吸附会在紫外、红外或可见光的光谱区，产生新的吸收峰。

4.5 吸附速率和影响吸附速率的因素

4.5.1 吸附速率的一般表达式

吸附只能发生于固体表面那些能与气相分子起反应的原子上，通常把该类原子称为活性中心，用符号 "σ" 表示。由于吸附类似于化学反应，因此气相中 A 组分在活性中心上的吸附用以下吸附式表示。

$$A + \sigma \longrightarrow A\sigma \tag{4.47}$$

组分 A 的吸附率 θ_A 为固体表面被 A 组分覆盖的活性中心与总活性中心数之比，即：

$$\theta_A = \frac{被 A 组分覆盖的活性中心数}{总的活性中心数} \tag{4.48}$$

空位率 θ_v 为尚未被气相分子覆盖的活性中心数与总的活性中心数之比，即：

$$\theta_v = \frac{未被覆盖的活性中心数}{总的活性中心数} \tag{4.49}$$

设 θ_I 为 I 组分的覆盖率，可得：

$$\sum \theta_I + \theta_v = 1 \tag{4.50}$$

对于吸附过程，吸附速率可以写成：

$$r_a = k_{a0} \exp[-E_a/(RT)] p_A \theta_v \tag{4.51}$$

式中，r_a 为吸附速率；E_a 为吸附活化能；p_A 为 A 组分在气相中的分压；θ_v 为空位率；k_{a0} 为吸附的指前因子。

由于吸附过程是可逆的，即在同一时间内系统中既存在吸附过程，也存在脱附过程。一般脱附式可以写成：

$$A\sigma \longrightarrow A + \sigma$$

则脱附速率为：

$$r_d = k_{d0} \exp[-E_d/(RT)] \theta_A \tag{4.52}$$

式中，r_d 为脱附速率；k_{d0} 为脱附的指前因子；E_d 为脱附活化能；θ_A 为 A 组分的覆盖率。

吸附过程的表观速率 r 为吸附速率与脱附速率之差：

$$r = r_a - r_d = k_{a0} \exp[-E_a/(RT)] p_A \theta_v - k_{d0} \exp[-E_d/(RT)] \theta_A \tag{4.53}$$

当吸附速率与脱附速率相等时，表观吸附速率值为零，此时吸附过程已达到平衡：

$$r = r_a - r_d = 0 \tag{4.54}$$

或

$$r_a = r_d$$

可得：

$$K_A = k_{a0}/k_{d0} \exp\left(\frac{E_d - E_a}{RT}\right) = k_{a0}/k_{d0} \exp\left(\frac{q}{RT}\right) = \frac{\theta_A}{p_A \theta_v} \tag{4.55}$$

与化学反应类似，脱附活化能与吸附活化能之差为吸附热（$q = E_d - E_a$），上式称为吸附平衡方程。

由于上述吸附速率方程式(4.51)、式(4.52)和式(4.53)与吸附平衡方程式(4.55)在具体应用时存在一定困难，因而很多学者提出简化模型，使得方程能在实践中得到应用。较著名的模型有兰格缪尔吸附模型、焦姆金吸附模型和弗鲁德里希吸附模型。

4.5.2 吸附过程

吸附可以看作一个反应，可以概括为一个总速率。但是多孔洗消剂的吸附过程很复杂，包含了多个基本过程。

4.5.2.1 吸附基本过程

等温条件下，多孔洗消剂的吸附可以分为以下三个基本过程。

① 吸附质分子在粒子表面的薄液层（也称流体界面膜）中扩散。对于气体吸附来讲，该过程为吸附质气体分子在洗消剂外表面扩散速率。

② 细孔扩散和表面扩散。细孔扩散是吸附质分子在细孔内的气相中扩散，表面扩散是已经吸附在孔壁上的分子在不离开孔壁的状态下转移到相邻的吸附位上。

③ 吸附质分子吸附在细孔内的吸附位上。

4.5.2.2 控制吸附速率的基本过程

结合吸附的基本过程，吸附速率由以下三个基本过程的速率控制。

① 吸附质分子在洗消剂粒子表面液膜中的移动速率或吸附质气体分子在洗消剂表面的扩散速率。

② 粒子内的扩散速率。

③ 粒子内细孔表面的吸附速率。

在通常的物理吸附中，过程③的吸附速率很快，可以认为在细孔表面的各个吸附位上吸附质浓度和吸附量平衡，因此总吸附速率取决于过程①和过程②。

4.5.3 影响吸附速率的因素

4.5.3.1 操作条件

（1）温度 化学吸附可以看成是一个表面过程，这类吸附往往需要一定的活化能，它的吸附与脱附速率都较小。温度升高时，化学吸附速率和脱附速率都显著增加。而物理吸附不是一个活化过程，不需要活化能（即使需要也很少），其吸附速率和脱附速率都很快，一般不受温度的影响。

（2）压力 压力增加，吸附速率增大。

4.5.3.2 吸附质的性质、浓度

分子量、沸点、饱和性等因素对吸附质的吸附有一定影响。例如，同种活性炭洗消剂，对于结构相似的有机物，分子量和不饱和性越高、沸点越高，吸附越容易。吸附质分子的直径不能太大，一般我们把吸附质不易渗入的最小直径称为临界直径，所以吸附质临界直径不能大于洗消剂中孔道大小。对于一定的洗消剂，由于吸附质性质的差异，吸附效果也不一样。极性洗消剂易于吸附极性吸附质，非极性吸附剂则易于吸附非极性物质。吸附质分子的结构越复杂、沸点越高，被吸附的能力越强。酸性洗消剂易吸附碱性吸附质，反之亦然。

4.5.3.3 洗消剂的活性

洗消剂活性是单位洗消剂吸附的吸附质的量。一般以被吸附物质的重量对洗消剂的重量或体积分数表示，可分为静活性和动活性。

静活性是指在一定温度下，与气相中被吸附物质的初始浓度平衡时的最大吸附量，即在

该条件下，吸附达到饱和时的吸附量；动活性是指气体通过吸附层时，当流出吸附层的气体中刚刚出现被吸附物质时即认为此吸附层已失效。这时单位洗消剂所吸附的吸附质的量称为动活性。

4.5.3.4　洗消剂再生处理方法

洗消剂再生处理方法有升温再生、降压脱附、置换脱附、吹扫脱附和化学转化脱附等。

升温再生：升高温度，经常采用过热蒸汽、电感加热或微波加热等方法进行脱附，有助于吸附质从固体吸附剂上逸出而脱附。

降压脱附：降低压强也就是降低吸附质分子在气相中的分压，从而有助于吸附质分子从固相转入气相，达到脱附的目的。

置换脱附：采用在脱附条件下与吸附剂亲和能力比原吸附质更强的物质，将原吸附质置换下来的方法，称为置换脱附。

吹扫脱附：吹扫脱附是通进不被该吸附剂吸附的气体，降低吸附质在气相中的分压，使其脱附出来。

化学转化脱附：加入可与吸附质进行化学反应的物质，使生成的产物不易被吸附，从而使吸附质脱附。

在实际应用中，往往综合运用几种脱附方法，例如用水蒸气脱附，就同时具有加热、置换和吹扫的作用。

4.5.3.5　洗消剂的性质

洗消剂的比表面积、酸碱性、特殊基团等因素对吸附速率有重要影响，一般而言，比表面积越大，则吸附能力越强。洗消剂在制造过程中也会形成一定量的不均匀表面氧化物，这些表面氧化物称为选择性的吸附中心，使洗消剂具有类似化学吸附的能力。

4.5.3.6　其他因素的影响

对于溶液中的吸附，溶液 pH 值、溶液中其他组分对反应速率都有一定的影响。其中接触时间、吸附器性能对吸附过程、吸附速率也有很重要的影响。所以设计吸附器时应考虑的因素有，具有足够的气体流通面积和停留时间，它们都是吸附器尺寸的函数；保证气流分布均匀，以致所有的过气断面都能得到充分利用；对于影响吸附过程的其他物质如粉尘、水蒸气等要设预处理装置，以除去入口气体中能污染洗消剂的杂质；采用其他较为经济有效的工艺，预先除去入口气体中的部分组分，以减轻吸附系统的负荷。

4.6　吸附洗消的基本条件

吸附洗消的基本条件主要是针对洗消剂和吸附对象。

吸附对象即吸附质，对洗消体系而言，吸附对象为危险化学品。对于低浓度的气态或液态危险化学品，吸附法的效率高，灵活方便。吸附法常用于浓度低、毒性大的有害气体，但吸附法处理的气体量不宜过大。也常用于浓度低、腐蚀性强的液态危险化学品。

洗消剂需满足以下条件。

① 高的比表面积　洗消剂的比表面积越大，吸附容量越大，吸附能力越强。通常规律是洗消剂的粒径越小，或是微孔越发达，其比表面积越大。

② 具有分级孔道结构　孔的大小和分布对吸附性能影响很大。孔径太大，比表面积小，吸附能力差；孔径太小，则不利于吸附质扩散，并对直径较大的分子起屏蔽作用。通常大孔有利气体或液体流通，增加洗消剂与吸附质之间的相互作用，较多的微孔和介孔能提供更多的吸附位点。

③ 合适的化学组成和丰富的功能基团　这些化学组成成分和功能基团将成为选择性的吸附中心，使吸附剂具有类似化学吸附的能力，使洗消剂吸附效率高，吸附容量大。

4.7　吸附型洗消剂的应用

吸附型洗消剂共同特点是有大的比表面积、适宜的孔结构和表面结构，对吸附质有强烈的选择性吸附能力，一般不与吸附质和介质发生化学反应，制造方便、易再生，有良好的力学强度等。洗消剂可按照孔径大小、颗粒形状、化学成分、表面性质等分类，如粗孔和细孔洗消剂，粉状、粒状、条状洗消剂，炭和氧化物类洗消剂，极性和非极性洗消剂等。吸附型洗消剂种类很多，本节对洗消剂基础性能测试和最常用的、使用量较大的洗消剂及应用做简单介绍。

4.7.1　洗消剂基础性能测试

4.7.1.1　洗消剂密度

洗消剂密度分为填充密度、颗粒密度、真实密度和骨架密度。

（1）填充密度 ρ_B（Bulk density）　又称体积密度、堆密度。

$$\rho_B = \frac{W}{V_B} \tag{4.56}$$

测定方法：烘干的洗消剂放入量筒中摇实到体积不变，加入洗消剂颗粒的质量 W 与该颗粒所占的体积 V_B 之比。

间隙率：

$$\varepsilon_B = \frac{间隙体积}{堆积体积} \tag{4.57}$$

测定方法：用洗消剂颗粒填充好比重瓶，然后抽真空排除颗粒间空气，最后注入定量的汞，间隙体积＝汞质量/汞密度。

注：ρ_B 和 ε_B 与颗粒的形状、粒度分布以及装填的方法有关。

（2）颗粒密度 ρ_P（Particle density）　又称为假密度、表观密度。

$$\rho_P = \frac{W}{V_{颗粒}} \tag{4.58}$$

ρ_P 是单个颗粒包括洗消剂颗粒内孔腔体积在内的密度。

测定方法：真空下汞置换法。

原理：常压下汞只能灌注于颗粒之间的间隙内，不能进入孔道中。

$$\rho_P = \frac{\rho_H(W_2 - W_1)}{(W_4 - W_1) - (W_3 - W_2)}, \quad \rho_B = \rho_P(1 - \varepsilon_B) \tag{4.59}$$

式中，ρ_H 为汞的密度；W_1 为比重瓶的重量；W_2 为比重瓶＋洗消剂的质量；W_3 为比重瓶＋洗消剂的质量＋汞的重量；W_4 为比重瓶＋汞的重量。

（3）真实密度 ρ_T（True density）　ρ_T 为扣除空腔体积后，单位体积洗消剂的重量。

孔隙率 ε_P：吸附剂的孔道占有一定的空间（孔容），孔容占单位体积洗消剂的比率。

测定方式：氦、氖、氩气、苯置换法。

原理：可以进入内孔，但苯不能进入极微细的微孔中。

（4）骨架密度 ρ_C（Crystalline density）　又称晶体密度。ρ_C 指洗消剂晶体中，单位晶胞体积内含有构成晶胞的各种原子的质量数。真实密度即脱水晶体的密度，除所含水分外，包括晶胞中经交换的阳离子在内的密度。

$$\rho_P = \rho_C(1 - \varepsilon_P) \tag{4.60}$$

4.7.1.2 吸附容量

吸附容量一般可以衡量洗消剂的吸附能力大小，用静态吸附容量和动态吸附容量两种方法表示。

（1）静态吸附容量　静态吸附容量是在温度一定和被吸附组分浓度一定的情况下，每单位质量（或单位体积）的洗消剂达到吸附平衡时所能吸附物质的最大量，即洗消剂所能达到的最大的吸附量（平衡值）与洗消剂量之比。静态吸附容量测试方法有直接法和间接法。直接法是观察吸附前后吸附气体体积的变化或是洗消剂吸附后固体颗粒的增重量。

（2）动态吸附容量　动态吸附容量是洗消剂到达"转效点"时的吸附量（用吸附器内单位洗消剂的平均吸附量来表示）。通常以"转效时间"来计算（有时称为穿透时间），即从流体开始接触洗消剂层到"转效点"的时间。"转效点"是流体流出洗消剂层时被吸组分浓度明显增加的点。由于气体（或液体）连续流过洗消剂表面，洗消剂未达饱和（吸附量未达最大值）就已流走，故动态吸附容量小于静态吸附容量。

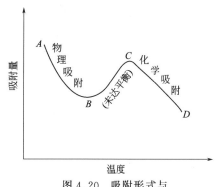

图 4.20　吸附形式与温度关系示意图

（3）影响因素　影响吸附容量的因素较多，主要有以下几点。

① 吸附过程的温度和被吸组分的分压力　同一危险化学品可能在较低温度下发生物理吸附，若温度升高到吸附剂具备足够高的活化能时，发生化学吸附，如图 4.20 所示。总体来讲，无论物理吸附还是化学吸附，温度升高时吸附量减少，但是低温有利于物理吸附，高温有利于化学吸附。在相同的被吸组分的分压力（或者说浓度）下，吸附容量随温度升高而减小；而在相同的温度下，吸附容量随被吸组分分压力（或浓度）的增加而增加。但它有一个限度，在分压力增加到一定程度以后，吸附容量就基本上与分压力无关了。由此可见，应尽量降低吸附过程的温度，以提高吸附效果。

② 气体（或液体）的流速　流速越高，吸附效果越差。动态吸附容量降低是因为气体（或液体）与吸附剂的接触时间短。流速低一些吸附效果较好。但流速设计得太低，所需吸附器的体积就要很大。所以要选定一个比较合适的流速值（设计时有经验数据可取）。

③ 吸附剂的再生完善程度　再生解吸越彻底，吸附容量就越大，反之越小。再生完善程度与再生温度（或压力）、再生气体中被吸组分浓度有关。

④ 洗消剂的厚度　因为吸附过程是分层进行的，故与洗消剂层厚度（吸附区长度）有关。洗消剂层不能过薄，太薄时因接触时间短，来不及吸附，即使吸附剂层截面积再大也是无用的。洗消剂层厚，吸附效果好。例如，硅胶在压力为 0.6MPa、二氧化碳含量为 300×10^{-6}、温度为 $-110 \sim -120{}^\circ\!C$、流速为 $1L \cdot min^{-1} \cdot cm^{-2}$ 时，每克硅胶对二氧化碳具有较大的吸附容量，为 $25 \sim 50mL \cdot g^{-1}$。设计时，取为 $28mL \cdot g^{-1}$，出口气流中二氧化碳含量小于 2×10^{-6}。硅胶对乙炔的动态吸附容量，国内常取用 $4.5L \cdot kg^{-1}$ 或 $2.63g \cdot kg^{-1}$（硅胶）。

4.7.1.3 孔结构和比表面积

（1）比表面积　单位质量洗消剂具有的表面积称为比表面积，记为 S_g，单位为 $m^2 \cdot$

g^{-1}。洗消剂的吸附效率部分取决于比表面积的大小，洗消剂颗粒表面积必须在 $5 \sim 1000 m^2 \cdot g^{-1}$ 的范围才能产生较好的吸附效果。因此，洗消剂通常都是多孔性的。洗消剂孔的几何性能影响吸附效率，洗消剂的表面积显著影响吸附气体的数量和速度。

测量洗消剂表面积的标准方法是基于气体在固体表面上的物理吸附（通常是平衡吸附量）。用这种方法得出的表面积数值不够精确。为了测定表面积，必须鉴定达到单分子层吸附时的吸附量，而物理吸附可能吸附多层分子，测得的表面积可能不是洗消剂的有效面积。只有表面积的一部分，即活性中心，才可能对吸附质有活性。气体吸附法测试单分子层吸附量是由恒定温度下吸附量随气体压力的变化关系依据 BET 公式求得。

（2）孔体积　孔体积又称孔容积，简称孔容，是指每克洗消剂内部孔所占有的体积，用 V_g 表示，其单位为 $cm^3 \cdot g^{-1}$。测定孔容积较简单的方法是将已知质量的洗消剂在液体（如水）中煮沸，待赶走孔中全部空气后，擦干外表面并称重，所增加的质量除以液体的密度，即得孔体积。

更精确的方法是氦-汞法，即先测试洗消剂粒子所取代的氦体积，该体积仅是固体物质占据的体积，用 V_t 表示，然后将氦除去，再测试洗消剂粒子所取代的汞的体积。因常压下汞不能进入微孔，故该体积既包括固体物质占据的体积，也包括微孔占有的体积，两体积之差就是洗消剂的孔体积。

（3）孔体积分布　内表面对于洗消剂吸附效率的影响不仅与空隙空间的体积 V_g 有关，而且还与空隙半径相关。所以需要知道孔大小在吸附剂中的分布。因为在一定的颗粒中空隙空间的大小、形状和长度都是不均匀的，通常都互相关联。而且这些特性随洗消剂颗粒类型不同而改变。把复杂而紊乱的几何形状构成的空隙空间说成微孔是一种近似。

设定一个孔结构的简单模型，该模型必须能估计吸附质通过空隙空间进入内表面的扩散速率。所有广泛使用的模型都是把空隙空间模拟为圆柱形孔。把空隙空间的大小假设成半径为 r 的圆柱形孔，而且用该变量来定义空隙体积的分布。

测定孔容分布的方法有两种。第一个方法是压汞法，根据汞有很大的表面张力，对大多数吸附剂的表面都不润湿。因此把汞压入孔中需要的压力与孔半径 r 有关，压力随 r 呈反比变化，充填 $r = 10^{-7} m$ 的微孔需要 690 kPa（近似的），而 $r = 10^{-8} m$ 时则需要 6900 kPa。测定低至 $1 \times 10^{-8} \sim 2 \times 10^{-8} m$ 的孔容分布，用简单的技术和设备即可满足，但是 r 低于 10^{-8} m 时，则需要特殊的设备，因为此时表面张力很大。第二个方法就是氮气吸附实验，当 $p/p^0 \to 1$（p^0 是饱和蒸气压）时，一切孔容均被吸附和冷凝的氮充满，分次降低压力而且测量每一增量下蒸发和脱附氮的量可得到脱附等温线。因为从毛细管中蒸发液体的蒸气压力随毛细管的半径而改变，所以可将这些数据脱附体积对微孔半径作图，可以得到孔容的分布。曲率半径远大于 $2 \times 10^{-8} m$ 时对蒸气压力影响不大，所以这一方法不适合半径大于 2×10^{-8} m 的孔。

（4）孔径分布　孔径分布是洗消剂孔体积对孔半径关系的表征，图 4.21 为几种典型洗消剂的孔径分布图。根据 Kelvin 公式可计算出不同相对压力时可充满的孔半径和由吸附量计算得出的毛细凝聚结液体体积，该孔体积与孔半径的关系曲线称为孔径分布的积分分布曲线。相应于不同孔半径，在积分分布曲线上各点切线的斜率与孔半径的关系曲线为孔径分布的微分分布曲线。由微分分布曲线可以得到不同半径的孔在所有孔中所占的比例。

气体吸附法测定孔径的经典方法是以毛细管凝聚理论为基础，通过 Kelvin 公式计算孔径（最简化的孔模型见图 4.22）。液体在细管中形成弯月面，在细管中凝聚时所需压力较小，$p_孔 < p_{平面}$，因此增加压力时气体先在小孔中凝结，然后才是大孔，根据孔形特点结合等温线可得到孔径分布，对孔径分布曲线积分可求得孔体积。

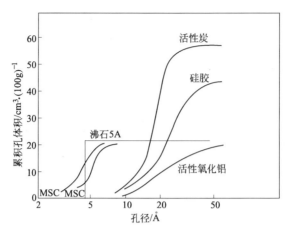

图 4.21　几种洗消剂的孔径分布示意图

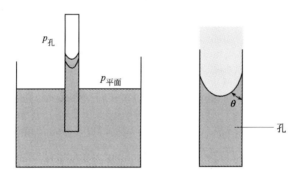

图 4.22　毛细管凝聚现象

$$r_k = \frac{-2\gamma V_m}{RT\ln(p/p_0)} \tag{4.61}$$

式中，γ 为 N_2 在沸点时的表面张力，在 77K 时，8.85×10^{-7}J·cm^{-2}；V_m 为 N_2 的摩尔体积，34.7cm^3·mol^{-1}；R 为气体常数，8.314J·mol^{-1}·K^{-1}；T 为 N_2 的沸点，77K；p/p_0 为 N_2 的相对压力；r_k 为孔径的 Kelvin 半径。

把这些常数代入式(4.61)，即可简化为：

$$r_k = \frac{4.15}{\lg(p_0/p)} \tag{4.62}$$

Kelvin 半径 r_k 是孔的半径，在相对压力 p/p_0 时孔内出现冷凝现象。冷凝前，在孔壁上就有吸附层存在，则 r_k 不能代表真实的孔径。相反，在脱附过程中，当蒸发出现时，仍有一层吸附质吸附在孔壁上。因而，真实孔径 r_p 为：

$$r_p = r_k + t \tag{4.63}$$

式中，t 为吸附层的厚度。统计值 t 通常取 3.54（V_{ads}/V_m），其中 3.54Å 是氮气分子层的厚度，V_{ads}/V_m 是在一定压力下吸附的氮气体积与氮气在无孔固体样品上单层吸附还是在具有相同组分的有孔样品上的单层吸附，二者竞争后的体积之间的比值。De Boer 提出的估算 t 值的方法如下。

$$t = \left[\frac{13.99}{\lg(p_0/p)+0.034}\right]^{1/2} \tag{4.64}$$

比孔容 V_p 与比表面积和孔径大小有一定联系。对于微孔吸附剂，比孔容越大极限吸附量越大。开孔孔隙体积占样品总体积的百分数称为孔隙率，也称气孔率或孔度。对于同一类洗消剂，孔隙率越大吸附能力越强。

4.7.2 洗消剂举例

4.7.2.1 硅胶

（1）性质 硅胶（$SiO_2 \cdot nH_2O$）是氧化硅微粒子的三维凝聚多孔体的总称，为一种亲水性的极性洗消剂。硅胶是用硫酸处理硅酸钠的水溶液，生成凝胶，并将其水洗除去硫酸钠后经干燥，便得到玻璃状的硅胶。1950 年，日本开始工业化制造硅胶，现在全球硅胶产品每年达到数十万吨。

硅胶作为硅酸的无机高分子聚合物，它具有较高的比表面积，较好的物理化学稳定性，合适的孔径、孔容及孔状结构，较强的机械强度和耐压性好等优点，使得硅胶经常作为一种理想的吸附载体应用在多种领域。

（2）影响硅胶洗消效能的主要因素

① 硅胶的晶相 硅胶分为无定形和结晶型，无定形的硅胶是由硅-氧四面体无规则堆积而成的，结晶型硅胶中硅-氧四面体排列规则。从亚微观的角度看，由小粒子联结而成的空间网状多孔性无定形二氧化硅，比结晶型二氧化硅有更多边、棱、角、弯曲部分和空穴。处于这些位置的原子可能有不饱和的价键和特殊的作用能，有更强的"抓捕"外来分子的作用，即吸附作用，因而，洗消效率高。

② 硅胶表面的羟基 当与水接触时，硅胶表面的硅原子化学吸附水形成硅羟基。在硅羟基上可以以形成氢键的作用形式发生水分子的物理吸附。物理吸附不受吸附层数限制，故可以在物理吸附的水分子上再发生水分子的物理吸附。在硅胶表面上可能存在的羟基类型多种多样，如图 4.23 所示。在众多的羟基类型中，Hair 认为实际上主要是三种类型，即孤立的自由羟基、一个硅原子上连接两个羟基的双生羟基和彼此生成氢键的连生缔合羟基。一般而言，硅胶表面的吸附性能与其表面的羟基的多少和类型有关。

③ 硅胶表面的带电性质和润湿性质 硅胶表面的带电性质是其在一定条件下具有吸附能力的原因之一。在二氧化硅-水界面上，硅羟基的电离使表面可带有某种电荷，所带电荷的符号和表面电荷密度由介质的 pH 值所决定。硅胶表面的带电也可以看作羟基化的表面对 H^+ 或 OH^- 吸附的结果。对硅胶而言，决定表面带电符号和电荷密度的离子是 H^+ 或 OH^-，这些离子称为决定电势的离子（PD）。表面电荷为零时的 PD 离子浓度称为零电荷点（PZC）。电动现象消失或电动电势为零时的 PD 离子浓度称为等电点。零电荷点与等电点通常并不相等，但有时很接近。硅胶的等电点大约在 pH＝2 附近，在等电点时，硅胶表面的硅羟基向左、右两方向反应的速率最小，电动电势为零，二氧化硅粒子表面不带电或正负电荷相等。当 pH＞2 时，硅胶表面带负电荷；当 pH＜2 时，硅胶表面带正电荷。

4.7.2.2 活性炭

（1）性质 在众多的洗消剂当中，活性炭是迄今为止性能优良、应用率极高的洗消剂之一。很早以前就把多孔性碳素材料作吸附剂使用了，开始主要是使用木炭作吸附剂。据说在古埃及王国，用木炭、骨炭对酒、水和砂糖等饮料和食品进行脱色精制。1773 年，C. W. Sheele 第一个对木炭吸附气体的现象进行科学观察。1777 年，A. B. Fontana 报道了木炭脱除气体后能吸附一定量的其他气体。1890 年前后开始工业化生产活性炭。在第一次世界大战的时候，活性炭被用于防毒面具。

活性炭的分类方法有很多种，根据其用途、形状、生产原料的不同进行分类，如图 4.24 所示。

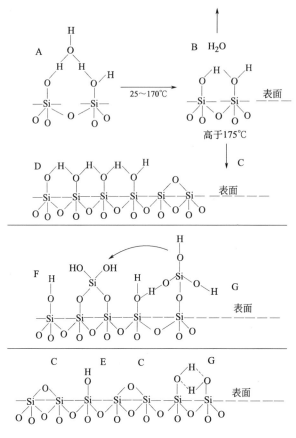

图 4.23　无定形二氧化硅表面可能存在的羟基类型

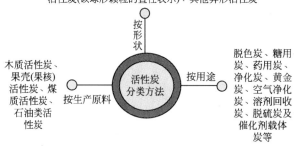

图 4.24　活性炭分类方法

活性炭是一种暗黑色非极性洗消剂，主要成分是炭，另外还含有少量的氧、氢、硫等元素，以及水分、灰分等。它具有良好的吸附性能和稳定的化学性质，可以耐强酸、强碱，能经受水浸、高温、高压作用。活性炭之所以具有良好的吸附性能，这与它有巨大的比表面积和特别发达的微孔有很大关系。通常它的比表面积高达 $500\sim1700\mathrm{m}^2\cdot\mathrm{g}^{-1}$，这是活性炭吸附能力强、吸附容量大的主要因素。当然，比表面积相同的活性炭，对同一物质的吸附容量有时也不尽相同，这与活性炭的内孔结构和分布以及表面化学性质有关。

（2）影响活性炭洗消能力的因素　从宏观来说，影响因素有比表面积大小、孔结构特点、表面化学性质。从微观来说，活性炭的吸附主要取决于以下机制。

① 范德华力引起的物理吸附 物理吸附是指活性炭内部分子在各个方向都承受着同等大小的力，而在表面的分子则受到不平衡的力，这使得物质吸附在其表面以使表面分子达到受力平衡。活性炭的基本微晶与石墨的二维平面结构类似，排列成六角形的碳原子平行层面（尽管不如石墨完整）对外来吸附质有强烈的范德华力作用，这种作用导致物理吸附的发生。这也正是人们通常将活性炭主要归于非极性洗消剂的原因。在范德华力作用中也包括吸附质与炭表面某些基团形成氢键。活性炭自气相或液相中吸附某种组分以达到洗消、去除、分离、回收等目的。

② 化学吸附作用 化学吸附是指活性炭表面的化学官能团和其他化学物质中的原子或原子团发生化学反应而产生的吸附。活性炭有类似于石墨结构的微晶构成，在这些微晶中有大量的不饱和键，大的比表面和丰富的孔结构也使活性炭表面有大量的处于边、棱上的高能量碳原子，这些不饱和键、高能量碳原子都可能成为发生化学吸附的位置。

③ 微孔填充和毛细凝聚作用 活性炭的微孔容积占总孔容积的很大比例。进入微孔中的吸附质分子受到四方孔壁的叠加作用能，当气体平衡压力（或溶液平衡浓度）不是很大时，微孔即可被吸附质完全填满。在介孔中，在一定的气体平衡压力（或溶液平衡浓度）下被吸附的吸附质形成凹液面，在此凹液面上发生毛细凝聚时，从而使吸附量急剧增加。一般情况下，活性炭作为吸附剂被应用的时候，它的物理吸附和化学吸附是共同产生作用的。虽然活性炭的吸附性能很优良，但是它缺乏吸附选择性，为了提高活性炭的选择性，常用的方法是对活性炭的表面进行改性，改性的活性炭在保持原有的吸附性能的基础上大大地提高了选择性。

4.7.2.3 氧化铝

（1）性质 活性氧化铝是由铝的水合物加热脱水而形成的多孔物质。与其他吸附型洗消剂相比，氧化铝可以吸附极性分子，无毒，机械强度大，不易膨胀且可以高温处理。氧化铝依据制备工艺的不同，通常比表面积可在 $150\sim350\mathrm{m}^2\cdot\mathrm{g}^{-1}$ 之间，并且可以在高温条件下再生。氧化铝晶相结构中能起吸附作用的主要是 γ 型。γ 型氧化铝则是在 $150\sim160^{\circ}\mathrm{C}$ 的温度下制得，其结构主要为氯离子与氧离子围成的对称四面体。因此 γ 型氧化铝是一种大孔容性的吸附物质，其单位质量内表面积最高可达数百平方米，因此活性更高、吸附能力更强。在洗消技术领域中，这种 γ 型氧化铝（也称活性氧化铝）常用作一些石油气的脱硫及含氟废气的洗消。

活性氧化铝由不同大小的粒子堆积而成，这些粒子间的空隙即为氧化铝的孔。因而，氧化铝的孔大小与形状由构成粒子的大小、形状、堆积方式等因素决定。由于粒子有初级粒子和二次粒子之分，故这两类粒子间的所有空隙均构成氧化铝的孔。

（2）孔结构影响因素 由于活性氧化铝是用氢氧化铝加热脱水得来的，因而一切影响氢氧化铝性质的因素最终都可能对氧化铝的孔结构产生影响，但下面几种因素对孔结构影响比较大。

① 氢氧化铝晶粒大小 氢氧化铝的晶粒越小，加热转化后形成的氧化铝的粒子也会越小，因而堆积密度增大，粒子间的缝隙减少，即比孔容减少，孔径减小，但是比表面积有增加趋势。

② 氢氧化铝洗涤液 形成的氢氧化铝在热处理前用低表面张力的低沸点短碳链极性有机物洗涤，置换形成氢氧化铝时所含的水，将有利于高温转化为氧化铝的比孔容和平均孔径的增大。该法的理论依据是水的表面张力大，产生的毛细收缩力也大，在脱水时将使粒子聚集。用低表面张力的短碳链脂肪醇能方便地顶替水，减轻粒子的聚集，有助于形成大的空隙。

③ 造孔剂　造孔剂泛指在形成氢氧化铝沉淀时加入的能使焙烧后所得氧化铝孔隙增加的可溶性有机聚合物。常用的造孔剂有聚乙二醇、纤维素及其衍生物、淀粉等。造孔剂的作用机理是在形成氢氧化铝时造孔剂的聚合物大分子桥连小晶粒形成大的晶粒，焙烧脱水时能使孔隙度增大。

④ 酸处理　将无机酸加入氢氧化铝中成型、焙烧后所得氧化铝的孔径和比孔容随加入酸浓度的增加而减少。这可能是因为氢氧化铝为两性化合物，加入的酸可使小的初级粒子或二次粒子表面部分溶解所致。

（3）影响吸附能力的因素　决定活性氧化铝吸附能力的因素有较大比表面、丰富的孔隙结构、较高的表面羟基浓度、表面的两性性质、表面带电性质等。活性氧化铝对极性吸附质气体或蒸气（特别是水蒸气）具有优良的吸附能力，其对空气深度干燥的能力优于硅胶。氧化铝表面羟基浓度是常见金属和非金属氧化物中最高的，表面羟基与水分子形成氢键是水物理吸附的主要原因。极性气体在氧化铝的毛细孔中发生毛细凝结，可大大提高吸附量，并使吸附等温线表现为Ⅱ型。活性氧化铝表面的氧离子和铝离子上都可能发生某些物质的化学吸附。例如，化学吸附的水可使氧离子形成羟基；氧化铝上的化学吸附作用可以净化氟含量高的水和捕获某些工业生产中产生的 HF 蒸气。

通过改性氧化铝表面间的化学作用可以提高氧化铝的吸附性能。表面改性主要是提高其表面亲水性和表面自由基，这样的改性处理对非极性化合物、饱和键化合物及分子量较大的化合物都会有较好的吸附效果。通过亲水、负载、热稳定改性处理主要是促使氧化铝表面含氧官能团的含量发生改变，这样使氧化铝对小分子量极性化合物的吸附效果变得更好。

4.7.2.4　分子筛

（1）性质　1756 年，瑞典矿物学家 Cronstedt 发现一种矿物在灼烧时产生类似气泡沸腾现象，于是将这种矿物命名为沸石。沸石晶体具有空旷的骨架结构，在结构中有许多孔径均一的孔道和容积较大的笼，并具有很大的内表面积，若将沸石孔道笼中体积较大的阳离子交换掉，再加热赶走孔道和笼中的水，沸石就具有了选择性吸附分子的能力。直径比较小的分子就可以进入沸石孔道和笼中，而直径比较大的分子则被拒之于外。由于沸石具有这种筛分分子的性能，故又被称为分子筛。传统意义上的沸石分子筛是指以硅氧四面体和铝氧四面体为基本结构单元，通过共用氧桥相互连接构成的一类具有笼形或孔道结构的硅铝酸盐晶体。在笼内和孔道中存在着可交换的、平衡骨架负电荷的可交换阳离子和可以自由流动的水分子，其组成通式一般表示为：

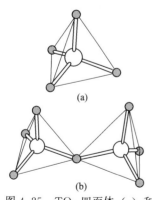

图 4.25　TO₄ 四面体（a）和 TO₄ 四面体间共用一个氧原子（b）

$$[M(Ⅰ),M(Ⅱ)]O \cdot Al_2O_3 \cdot nSiO_2 \cdot mH_2O$$

式中，M（Ⅰ）、M（Ⅱ）分别表示一价或两价金属离子；n 为沸石分子筛的硅铝比；m 为吸附水的物质的量。其中 n 的数值总大于 1，即在分子筛骨架中不可能存在 Al—O—Al 键。其初级结构单元如图 4.25 所示，其中每个 T 原子都与四个氧原子配位，每个氧原子桥联两个 T 原子。

（2）分子筛优异的特点　A 型分子筛、X 型和 Y 型分子筛、丝光沸石型分子筛、高硅沸石 ZSM（Zeolite Socony Mobil）型分子筛、磷酸铝系分子筛是具有代表性的分子筛。由于分子筛具有均一的孔径和极高的比表面积，所以具有许多优异的特点，这些特点能大大提高洗消效率。

① 根据分子大小和形状的不同选择吸附-分子筛效应　分子筛晶体具有蜂窝状的结构，晶体内的晶穴和孔道相互沟通，

并且孔径大小均匀、固定（分子筛空腔直径一般在 6～15Å 之间），与通常分子的大小相当，只有那些直径比较小的分子才能通过沸石孔道被分子筛吸附，而构型庞大的分子由于不能进入沸石孔道，则不被分子筛吸附。而硅胶、活性氧化铝和活性炭没有均匀的孔径，孔径分布范围十分宽广，所以没有筛分性能。

② 根据分子极性、不饱和度和极化率，选择性吸附 分子筛对于极性分子和不饱和分子有很高的亲和力；极性越大，不饱和越高，其选择吸附性越强。具有强烈的吸水性。哪怕在较高的温度、较高的空速和含水量较低的情况下，仍有相当高的吸水容量。此外，沸点越低的分子，越不易被分子筛所吸附。

③ 对气体的高效吸附特性 分子筛对于 Cl_2、H_2O、NH_3、H_2S、CO_2 等高分子极性的分子具有很高的亲和力。例如，利用变压吸附法，Zarchy 用含有高硅成分的分子筛，William 用全硅多形体和 Marie 用 F 硅沸石分子筛吸附氯气。Zarchy 注意到氯气会被所选吸附剂中的阳离子强烈吸收，因而，含有高硅成分的分子筛和通过质子交换过的分子筛用在氯气浓度高的吸附层中，这使得后来的氯气脱附过程变得实际可行。

④ 对放射性物质的吸附特性 日本金泽大学教授太田富久与一家专业污染处理公司合作，开发出一种能有效捕捉溶解在水中的放射性碘、铯、锶等并使之沉淀的粉末。这种粉末是将天然沸石等数种矿物和一些化学物质混合在一起制成的。沸石中有大量的与一些放射性碘、铯、锶等离子大小几乎相同的孔，这种孔能捕捉溶解在水中的离子并让其沉淀。不过，单靠沸石还不够，所以混合了其他物质。这些物质能与离子发生化学反应，产生化合物并沉淀，大大提高了放射性元素的捕捉效率。

⑤ 对水的高效吸附特性 无论是在低分压（甚至在 133Pa 以下）或低浓度下，还是在高温（甚至在 100℃ 以上）的条件下，分子筛对水仍有很高的吸附容量。如在 100℃ 和 1.3％相对湿度时分子筛可吸附 15％质量的水分，比相同条件下活性氧化铝的吸水量大 10 倍，而比硅胶大 20 倍以上。

4.7.2.5 高分子吸附树脂

（1）性质 吸附树脂是吸附剂中的一大分支，是一种高分子树脂洗消剂，它是一类以吸附为特点，对有机物危险化学品具有浓缩、分离作用的高分子聚合物。常见产品有美国 Amberlite XAD 系列、日本 HP 系列。国内一些单位也研制了性能优良的大孔吸附树脂。吸附树脂的应用已遍及许多领域，在各个领域的应用已经形成一种独特的吸附技术。虽然吸附树脂有许多品种，吸附能力和所吸附物质的种类也有区别，但其共同之处是具有多孔性，并具有较大的比表面积（主要指孔内的比表面积），具有分子筛的作用。此外，吸附树脂一般为小球状，流体阻力小于活性炭。

（2）影响吸附树脂洗消能力的因素 影响高分子吸附树脂洗消能力的是吸附树脂的结构。高分子吸附树脂洗消剂的结构包括化学结构和物理结构。物理结构的影响主要包括比表面积、孔径分布及孔体积等因素。化学结构的影响因素比较多，主要因为吸附树脂结构上的多样性，所以我们可以根据其用途的不同进行设计、合成、制造有针对性的吸附树脂品种，这是其他吸附型洗消剂所不能与之媲美的。

按照化学结构的不同对吸附树脂洗消剂进行分类，可以分为以下三类。

① 非极性吸附树脂 其不带任何功能基团，典型的例子是苯乙烯与二乙烯苯的共聚物，最适用从极性溶剂（如水）中吸附非极性物质。

② 中极性吸附树脂 此类吸附树脂存在像酯基一类的极性基团，这些基团均有一定的极性。

③ 强极性吸附树脂 此类树脂含有强的极性基团，如吡啶基、氨基等。

不同的结构与性质使吸附树脂有不同的吸附机理和吸附性能，使树脂获得多方面的用途。中极性和强极性吸附树脂主要通过氢键和偶极作用对吸附质进行吸附，有时也可将其称为氢键吸附树脂。

螯合树脂是一类具有优良吸附性能的功能化高分子吸附树脂，它是由母体和螯合功能基以化学键的形式结合在一起的。螯合树脂中含有能与危险化学品污染物形成螯合物的分析官能团，功能基中存在着具有未成键的孤对电子的原子如 N、O、S、P、As 等，特定的官能团会对特定的洗消对象产生吸附，如含有 N、O、S 官能团的螯合树脂就会通过上述原子的未成键的孤对电子与金属离子形成配位键，从而完成对金属离子的吸附、富集。由于螯合树脂不溶于酸、碱、水和其他的有机溶剂，所以它在重金属离子和工业污水处理等方面有广泛应用。

4.7.2.6　多孔碳材料

（1）性质　多孔碳材料由于其具有较高的比表面积、大的孔容和特殊的孔结构，在气体吸附、储存、分离、生物分子固载等诸多方面有广泛的应用，引起了科学界极大的兴趣和广泛的关注。在合成多孔碳材料的方法中，其中最有效的合成路线就是纳米铸造（nanocasting）技术，即采用多孔的氧化硅或其他多孔材料为硬模板，合成具有孔结构和孔形貌可调的多孔碳。具体合成步骤是，首先将碳的前驱体与少量作为催化剂的硫酸通过溶液浸渍的方法填入到含有多孔结构的模板的孔道中，然后高温碳化，最后用一定的方法（如 HF 酸或 NaOH 溶液）将模板溶解去除得到多孔的碳材料。利用纳米铸造（nanocasting）技术，一系列具有不同孔结构的碳材料相继合成报道出来。这些多孔碳材料包括微孔碳材料、介孔碳材料、大孔材料。此外，利用具有海绵状结构的介孔-大孔氧化硅为模板，介孔-大孔碳材料也被合成出来。但是在多孔碳材料的实际应用吸附过程中，往往需要在多孔碳材料中进行一些外来元素的掺杂杂化，可以起到功能化的作用。掺杂的外来原子可以取代石墨层中的碳原子或可以悬挂在石墨层的边角上，起到功能基团的作用。杂化的碳材料由于同时具有无机固体的多孔孔道和杂化成分产生的特殊功能引起了人们的极大关注。杂化材料由于其掺杂元素特有的性质可以带来很多显著的和优异的性能。在众多的外来原子杂化中（如 O、N、S、P、F、B、Cl 等），氮的掺杂使碳材料带来非常优异的性能。例如，碳材料中含氮功能基团可以作为 SO_2 的吸附和氧化活性中心，同时氮掺杂的碳材料具有更强的过渡金属离子吸附性能。

（2）提高多孔碳材料吸附性能的方法　由于碳表面的惰性，很难在其表面修饰一些功能基团，所以一般采用化学气相沉积（CVD）的方法进行外来元素的掺杂。例如 N_2、NH_3 或者乙腈气体作为氮源，通过载气通入反应体系中，制备氮掺杂的多孔碳材料。但是利用这种方法合成的材料表面化学特征和性质受温度控制。另外的合成路径就是在模板中直接灌注含功能基团或掺杂元素的前驱体。例如在具有多孔结构的模板中灌注含氮聚合物（如聚吡咯、聚丙烯腈等），或合适的含氮的物质（如乙二胺/四氯化碳、尿素、苯胺等），经高温碳化，最后除去模板后，得到反相复制模板结构的氮掺杂的多孔碳材料。近期研究表明，多孔碳材料由于本身的化学惰性和机械稳定性好等优点，与一些多孔氧化硅材料相比，更适合生物大小分子的吸附（如溶菌酶吸附）、毒害气体吸附等。

4.7.2.7　硅藻土

硅藻土是海洋或湖泊中生长的硅藻类的残骸在水底沉积，经自然环境作用而逐渐形成的一种非金属矿物。近年来，由于硅藻土具有质轻、多孔、比表面积大、熔点及化学稳定性高等特点，有望成为代替活性炭的廉价洗消剂。

我国硅藻土资源丰富，是世界上硅藻土储量最多的国家之一，不过多数矿藏品位较低，因此过去硅藻土在我国主要只用于作催化剂载体、助滤剂以及保温材料。近年来，硅藻土作为廉价的吸附剂逐渐得到应用。由于硅藻土材料多孔，比表面积大，熔点及化学稳定性高，所以是适合的洗消剂，且其价格低廉，价格比常用的活性炭吸附材料低了约400多倍。而又因其颗粒表面带有负电荷，它对于吸附各种金属离子、阳离子型的有机化合物及高分子聚合物等有天然的优势。表4.1列举了近年来国内外在硅藻土吸附及其改性方面所做的工作。

表4.1 近年来国内外在硅藻土吸附及其改性方面的研究

吸附对象	改性剂（方法）	效 果
苯酚	三种表面活性剂	饱和吸附容量提高了25%～120%
苯酚	聚乙烯亚胺	吸附平衡时96mg·g^{-1}
苯酚	表面活性剂联合改性	去除率可达72.75%
Cu^{2+},Pb^{2+},Zn^{2+}	无（固定床）	吸附容量 Cu^{2+}>Pb^{2+}>Zn^{2+}
Pb^{2+}	氧化锰	吸附容量24.99mg·g^{-1}
Zn^{2+}	溴化十六烷基三甲铵	去除率>98%
硫化物	微波改性	去除率87%
诺卡氏菌	无	去除率67.06%

从矿物成分上来看，硅藻土主要由蛋白石组成，杂质为黏土矿物、水云母、高岭石等。纯净的硅藻土一般呈白色土状，含杂质时，常被铁的氧化物或有机质污染而呈灰白、黄、灰、绿以至黑色。其化学成分主要是SiO_2，含有少量Fe_2O_3、CaO、MgO、Al_2O_3及有机杂质，有机物含量从微量到30%以上。SiO_2含量是硅藻土矿石中硅藻含量的量度标志之一，不同产地的SiO_2含量不同，而吉林省硅藻土的SiO_2含量是世界领先的。

由于硅藻土源于硅藻，而不同种属的硅藻（可分为直链藻、圆筛藻、冠盘藻、小环藻和羽纹藻等）具有不同的形态结构，这就导致了不同种属的硅藻土会在比表面积、孔结构等表面性质上有差异。国内硅藻土比表面积一般在$19～65m^2·g^{-1}$的范围内，主要孔半径为$50～800nm$，孔体积为$0.45～0.98cm^3·g^{-1}$，不同产地的硅藻土分别具有一级、二级和三级孔结构。许多研究表明，酸洗处理可提高硅藻土的比表面积，增大孔容；但不同种属的硅藻土经焙烧处理，比表面、孔容的变化不同。而硅藻土的吸附性能与其物理结构密切相关。一般来说，硅藻土的比表面积越大，吸附性能就越好；孔径越大，吸附质在孔内的扩散速率越大，也就越有利于达到吸附平衡，但是在孔容一定的情况下，孔径增大会降低比表面积，从而降低吸附性能；在孔径一定时，孔容越大，吸附量就越大。

与许多洗消剂不同，硅藻土表面独特的羟基结构（图4.26）使其在水溶液中呈弱酸性，通常其颗粒表面带有负电荷，这就对其吸附性能产生了重要影响。不同产地的硅藻土具有不同的表面酸强度，这被认为是由于孔结构和表面结构的不同所致。而且在焙烧条件下，随温度升高，表面酸强度逐渐增加，温度达600℃之后，表面酸强度减小，温度升至950℃时，表面酸强度急剧降低。

4.7.2.8 其他材料

天然矿物如海绵铁、蛭石、赤泥等由于其具有很高的吸附性能，被广泛地应用在废水处理过程中，得到了很好的吸附效果。例如，土耳其的Resat APAT等人研究用赤泥吸附水中的放射性元素^{137}Cs、^{90}Sr。赤泥使用前要经过水洗、酸洗、热处理三个步骤，以产生类似吸附剂的水合氧化物。赤泥的表面处理有助于^{137}Cs吸附，但热处理对赤泥表面吸附^{90}Sr的活性点不利，导致对^{90}Sr吸附能力不高。

固体废物如粉煤灰、炉渣、煤渣、植物秸秆焚烧后的粉末等也经常被用作洗消剂，用来吸附废水中的染料等，这样不仅避免了这些固体废物对环境的污染，也使得废物得到了再利用。

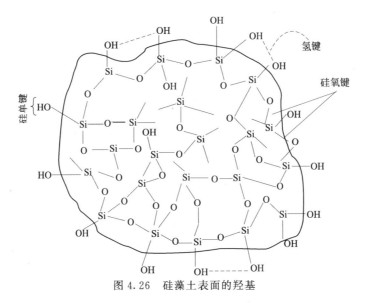

图 4.26　硅藻土表面的羟基

　　腐殖酸系洗消剂也被广泛应用于处理工业废水，尤其是重金属废水及放射性废水，除去其中的离子。一般认为腐殖酸是一组芳香结构的、性质相似的酸性物质的复合混合物，腐殖酸对阳离子的吸附，既有化学吸附，又有物理吸附。用作吸附剂的腐殖酸类物质有两大类，一类是天然的富含腐殖酸的风化煤、泥煤、褐煤等，直接作吸附剂用或经简单处理后作吸附剂用。另一类是把富含腐殖酸的物质用适当的黏结剂做成腐殖酸系树脂，造粒成型，以使用于管式或塔式吸附装置。腐殖酸类物质吸附重金属离子后，容易脱附再生，重复利用率高。

4.7.3　吸附型洗消剂应用实例

4.7.3.1　氯气洗消

　　利用吸附法洗消氯气的方法很多，如硅胶以及沸石分子筛是近年来采用的一种新方法，成本低，洗消效率高。A. Zarchy指出高硅成分的分子筛适合吸附氯气，氯气会被吸附剂中的阳离子强烈吸收，因而高硅分子筛用在氯气浓度高的情况下，且使后来的氯气脱附过程变得实际可行。

4.7.3.2　氨气洗消

　　主要是利用吸附垫、活性炭等吸附能力强的物质，将氨气吸附回收后转移处理。常用吸附型洗消剂使用简单、操作方便，洗消剂本身无刺激性和腐蚀性，但是还存在吸附的毒剂在解吸时产生二次污染的问题。为了提高吸附型洗消剂的反应性能，通过大量研究，可以通过高科技手段把一些反应活性成分均匀混入吸附型洗消剂中或通过磷酸、柠檬酸等浸渍处理洗消剂，所吸附的毒剂会被活性成分消毒降解，在一定程度上解决了由于毒剂解吸时的二次污染问题。武警学院张义铎选用水热合成技术，制备出绿色环保的多级孔膦酸盐洗消剂，实现了对氨气的高效洗消，无二次污染。

4.7.3.3　氯磺酸洗消

　　氯磺酸具有强腐蚀性，可通过吸入、食入、皮肤或眼睛接触途径对人体造成灼伤。同时，氯磺酸也是一种强氧化剂，遇水猛烈分解，产生大量的热和浓烟，甚至引起爆炸；在潮湿空气中与金属接触，能腐蚀金属并放出氢气，容易燃烧爆炸；与易燃物（如苯）和可燃物（如糖、纤维素等）接触会发生剧烈反应，甚至引起燃烧，产生有害的燃烧产物氯化氢、硫的氧化物。

针对氯磺酸的洗消，可以选用砂土、蛭石或其他吸附材料将液态氯磺酸吸附回收后转移处理。

4.7.3.4　芳香类危化品洗消

2005年11月的松花江水污染事故中，哈尔滨市供水系统采用粉末活性炭及颗粒活性炭双重消化式应急处理工艺在短时间内有效降低了水中的硝基苯浓度，保障了供水安全。武警学院李冠男制备 Al_{13}/SDBS/DOTAC/PM（Ⅱ）体系复合洗消剂对苯酚的洗消速率可以达到 $0.028mg \cdot mol^{-1} \cdot min^{-1}$，饱和洗消量最大可达到 $59.52mg \cdot g^{-1}$，在相同实验条件下具备在 120min 内对 $0 \sim 400mg \cdot L^{-1}$ 浓度苯酚水样达到 100% 洗消率，针对高浓度（$1000mg \cdot L^{-1}$）苯酚水样实现 100% 洗消率的理论用量仅为 $16.73g \cdot L^{-1}$，复合体系的表面吸附饱和量达到 $36.94mg \cdot L^{-1}$，且具备较强的分配作用。

4.7.3.5　重金属洗消

废水重金属离子洗消应用较多的天然吸附材料有壳聚糖、天然沸石、黏土、低品位的煤；一些工业副产物如废纸浆产生的木质素、红泥、飞尘、煤灰、金属氧化物等；农产品加工副产品如稻壳、椰子壳等。肖利萍利用改性膨润土颗粒在处理矿山废水中的 Mn^{2+}，达到较高去除率；原金海将螯合剂 EDTA 与吸附剂钠基膨润土相结合，用于处理吸附 Pb^{2+}；南京大学和江苏南大戈德环保科技有限公司开发一种新型络合树脂，大大降低了化工废水处理机资源化的成本。武警学院王晓悦通过实验可知，多数重金属洗消剂具有较高的选择性，因此洗消作业应结合重金属自身特点开展实施。针对不同种类重金属事故，洗消剂在实际的应用当中既有共同点也有区别之处，指挥人员宜在实战中给予特别关注。当发生重金属铅泄漏事故后，环境内铅浓度较高时，可选用碳酸氢钠/膨润土（1∶3）或碳酸钠/活性炭（1∶3）作为主战洗消剂进行洗消。氢氧化钙/膨润土、柠檬酸/壳聚糖等复合性洗消剂对铜的洗消效果较好，可对其进行使用。其中，前者适用干投法，即对洗消剂采取搬、扛等人力方式或借助干粉车等机械方式，直接将混合好的复合性洗消剂投放至事故区域。因壳聚糖自身密度小，容易漂浮造成洗消效果不佳，因此当将其作为复合性洗消剂底物时，应首先使用湿投法，将定量的壳聚糖与水预混，制成壳聚糖浆液，然后再按比例加入柠檬酸，并将其混合体用泵投放到受染水体之中。

参考文献

［1］　近藤精一，石川达雄，安部郁夫.吸附科学.李国希译.北京：化学工业出版社，2005.

［2］　Brunauer S，Deming L S，Deming W E，Teller E. J Amer Chem Soc，1940，62：1723.

［3］　Gregg S J，Sing K S W. Adsorption surface area and porosity. 2nd Ed. London：Academic Press，1982.

［4］　Kruk M，Jaroniec M. Gas adsorption characterization of ordered organic-inorganic nanocomposite materials. Chem Mater，2001，13：3169-3183.

［5］　Irving Langmuir. Journal of the American Chemical Society，1916，38：2221-2295.

［6］　Brunauer S，Emmett P H，Teller E. Adsorption of gases in multimolecular layers. Journal of the American Chemical Society，1938，60：309-319.

［7］　Jones D C. Some comments on the B. E. T.（Brunauer-Emmett-Teller）adsorption equation. J Chem Soc，1951，126-130.

［8］　宋世谟等.物理化学.第4版.北京：高等教育出版社，2002.

［9］　傅献彩，沈文霞，姚天扬.物理化学.第4版.北京：高等教育出版社，2000.

［10］　de Boer J H，Everett D H. Stone F S. The structure and properties of porous materials. London：Butterworths，1958.

［11］ Freundlich H. Z Phys Chem, 1907, 57: 385.

［12］ Dubinin M M, Radushkevich L V. Dokl Akad Nauk SSSR, 1947, 31: 55.

［13］ Do D D. Adsorption analysis: equilibria and kinetics. London: Imperial College Press, 1998.

［14］ 张辉, 刘士阳, 张国英. 化学吸附的量子力学绘景. 北京: 科学出版社, 2004.

［15］ 赵振国. 吸附作用应用原理. 北京: 化学工业出版社, 2005.

［16］ Hair M L. Infrared spectroscopy in surface chemistry. New York: Dekker, 1967.

［17］ Kiselev A V, Lygin V I. Infrared spectra of surface compounds and adsorbed substances. Moscow: Nauka Press, 1972.

［18］ 袁文辉. 高性能活性炭的制备及其性能研究 ［J］. 天然气化工, 1997, 22 （6）: 30-33.

［19］ Teng H, Tien S, Hsu L. Preparation of Activated Carbon From Bituminous Coal With Phosphoric Acid Activation ［J］. Carbon, 1998, 36 （9）: 1387-1395.

［20］ 林秋菊, 方华, 郭坤敏等. 低浓度 NO_2 及 SO_2 综合净化材料的研究 ［J］. 防化学报, 1999, 9 （1）: 24-27.

［21］ 周桂林, 蒋毅, 邱发礼. 活性炭制备条件与天然气脱附量的关系 ［J］. 天然气工业, 2005, 25 （7）: 111-124.

［22］ Frary F C. Adventures with Alumina. Ind Eng Chem, 1986, 38 （2）: 129-131.

［23］ Levy R M. Effect of the aging on the physical properties of activated alumina ［J］. Product Research and Development, 1999, 3 （7）: 217-220.

［24］ 张李峰, 石悠, 赵斌元等. γ-Al_2O_3 载体研究进展 ［J］. 材料导报, 2009, 21 （2）: 67-71.

［25］ Wei Q. Effect of La、Ce、Y and B addition on thermal stability of unsupported alumina membranes ［J］. Journal of Alloys, 2005, 387 （2）: 292-296.

［26］ Loong C K. Structural phase transformations of rare-earth modified transition alumina to corundum ［J］. Journal of Alloys, 1997, 250 （2）: 356-359.

［27］ Vazquez A. X-ray diffraction, characterization of sol-gel alumina doped with lanthanum and cerium ［J］. Journal of Chemistry, 2007, 128 （2）: 161-168.

［28］ Kurokawa Y. Photo-Properties of rare earth ion doped alumina films ［J］. Chemical Physics Letters, 2008, 287 （6）: 737-741.

［29］ Yamamoto T. Alumina-supported rare-earth oxides characterized by Acid-catalyzed reactions and spectroscopic methods ［J］. Phys Chem B, 2007, 105 （9）: 1908-1916.

［30］ Yua Z Q. Preparation and thermal stability of Eu_2O_3-doped Al_2O_3 nanometer-sized powder using the modified bimetallic alkoxides ［J］. Journal of Crystal Growth, 2003, 256 （1）: 210-218.

［31］ Angel G D. Lanthanum effect on the textural and structural properties of γ-Al_2O_3 obtained from boehmite ［J］. Materials Letters, 2005, 59 （4）: 499-502.

［32］ Vazquez A. X-ray diffraction, characterization of sol-gel alumina doped with lanthanum and cerium ［J］. Journal of Solid State Chemistry, 2003, 128 （2）: 161-168.

［33］ Yamamoto T. Alumina-supported rare-earth oxides characterized by acid-catalyzed reactions and spectroscopic methods ［J］. Phys Chem B, 2005, 105 （9）: 1908-1916.

［34］ Wang X J, Zhao J F, Xia S Q, et al. Adsorption of sulfosalicylic on amino modified polystyrene ［J］. Journal of Environmental Science, 2004, 16 （6）: 919-924.

［35］ 唐树和, 王京平, 费正皓等. 树脂吸附法处理对硝基苯乙酮生产废水 ［J］. 化工环保, 2002, 22 （5）: 275-279.

［36］ 许月卿, 赵仁心, 白天雄等. 大孔吸附树脂处理含苯胺废水的研究 ［J］. 离子交换与吸附, 2003, 19 （2）: 163-169.

第 5 章

溶剂型洗消剂

一般来讲，凡能够溶解其他物质，而在溶解过程中本身不发生任何化学变化的物质，都可称为溶剂。溶剂型洗消剂就是利用了溶剂的这种性质。在洗消过程中，利用不同污染物可以均匀地分散在某种溶剂中，成为分子或离子状态的性质，可以清除固体表面的某些污染物的方法，即为溶洗法。如果溶剂型洗消剂分子与污染物分子分布特别均匀，达成平衡的速度又很快，可以把这种溶剂型洗消剂视为该种污染物的良溶剂。在选用溶剂型洗消剂进行洗消时，任务之一就是要对特定的污染物选择它的良溶剂。

在开展洗消工作时，常用的洗消方法就是溶洗法，常用的溶剂型洗消剂就是水。为了更好地使用溶剂型洗消剂，必须掌握溶剂型洗消剂使用的一般规律、客观标准和溶剂型洗消剂的物理与化学性质、溶解洗消机理、使用方法等相关信息。正确选择合适的溶剂型洗消剂或溶剂型洗消剂混合物对更好地开展洗消工作具有十分重要的意义。

5.1 洗消机理

5.1.1 相关概念

5.1.1.1 分散系

一种或多种物质分散于另一种物质中的体系，称为分散体系。分散体系中被分散的物质叫做分散相；另一种物质叫做分散介质。溶液、乳浊液、胶体都是分散体系。按照分散相粒子的大小，分散体系可以分为粗分散系、胶体分散系和分子分散系三类，见表 5.1。

表 5.1 分散系的分类

分散系	粗分散系	胶体分散系	分子分散系
颗粒大小/nm	>100	100~1	1~0.1
某些性质	透不过滤纸 多相	能透过滤纸 多相或单相	能透过滤纸 单相
实例	悬浮体，如红细胞(7500nm)	胶体，如金溶胶(1~100nm)	真溶液，常见的溶液(0.1~1nm)

粗分散系主要包括悬浊液和乳浊液。悬浊液是固体分散相以微小的颗粒分散在液体物质中形成的分散体系，例如混浊的河水。乳浊液是液体分散相以微小的珠滴分散在另一种液体物质中形成的分散体系，如油井的原油、牛奶等。

分子分散是常见的溶液。胶体分散系的分散相颗粒大小介于分子分散系和粗分散系之间。三者有明显的区别，但是无绝对的界线。按照分散相和分散介质的聚集状态，分散系又可以分为九种，见表 5.2。

表 5.2　分散系的第二种分类

序号	分散相	分散介质	实　例
1	气	气	空气,合成氨的原料气
2	液	气	云雾
3	固	气	烟尘
4	气	液	各种泡沫
5	液	液	酒精水溶液,苯的醚溶液
6	固	液	糖水,橡胶的苯溶液,油漆
7	气	固	浮石,泡沫塑料
8	液	固	硅凝胶,沸石,汞在磷中的黑磷珍珠
9	固	固	合金,有颜色的宝石

5.1.1.2　溶液

溶液又称为溶体，是由两种或两种以上不同物质所组成的均匀体系。溶液有固态溶液，如 Fe-Ni-Cr 合金；液态溶液，如糖水、碘酒等；气态溶液，常称为气体混合物，如空气、N_2-H_2 混合气等。

溶解于溶剂中的物质称为溶质。溶质在溶液中以分子、离子或原子的状态存在。

溶剂又称为溶媒，是能分散其他物质的物质，即能够溶解其他物质形成均相溶液的物质。

根据溶液中溶质的含量小于、等于或大于在该温度和压力下，该溶质所能溶解的最大量，可分为不饱和溶液、饱和溶液和过饱和溶液。

5.1.1.3　溶剂型洗消剂

溶剂型洗消剂就是利用溶液中溶剂的相关性质，将污染物分散到其中来实现洗消的目的。因此，溶剂型洗消剂是指那些能把洗消对象的污染物以溶解或分散的形式剥离下来，且没有稳定的、化学组成确定的新物质生成的物质。溶剂型洗消剂包括水及非水溶剂。水是自然界存在的，也是最重要的溶剂。在消防洗消过程中，水是使用最多的物质。水既是多数化学洗消剂的溶剂，又是许多污染物的溶剂。在洗消中，凡是可以用水除去污染物的场合，就不用非水溶剂及各种添加剂。非水溶剂包括烃与卤化烃、醇、醚、酮、酯、酚等及其混合物。它主要用于溶解有机污染物，如油垢及某些有机化合物污染物。

5.1.2　溶剂型洗消剂的洗消机理

溶剂型洗消剂对染毒对象上的污染物有溶解作用，但并不是任何一种溶剂型洗消剂对任何一种污染物都可以发生溶解作用。如何对一种特定的污染物选定最理想的良溶剂，是有效开展洗消工作的前提。溶剂型洗消剂对污染物的作用机理虽然非常复杂，但仍有一定规律可循。人们经过长期的研究和实践总结出溶剂型洗消剂作用的若干规律，可作为选择溶剂型洗消剂的主要参考。

5.1.2.1　溶解过程

溶解是一种物质（溶质）均匀地分散在另一种物质（溶剂）中的过程。例如，碱、糖或食盐溶解于水成为均匀的水溶液的过程。溶解过程往往伴随有吸热或放热的现象。烧碱溶解于水时放热，食盐溶解于水时吸热。

溶解过程是克服溶质分子和溶剂分子的内聚力，形成二者的均匀体系的过程。发生溶解过程的必要条件，是被溶解的溶质的分子间力小于溶剂分子和溶质分子间的吸引力。对于洗消而言，发生溶解的必要条件是污染物分子间及污染物分子与所附着表面的分子间力，应小于污染物分子与溶剂型洗消剂分子间的吸引力。

溶质的分子量不同,溶解过程也不同。这里主要考虑低分子溶质的溶解过程与高分子聚合物的溶解过程。

当把低分子的固体溶质加到溶剂中后,溶质表面上的分子或离子由于本身的热运动和受到溶剂分子更大的作用力的作用,克服了溶质内部分子或离子间的引力而离开溶质表面,通过扩散作用均匀分散到溶剂中去,形成均匀的溶液。

非结晶性聚合物分子链比低分子大得多,溶解现象比低分子复杂得多。首先是聚合物表面上的分子链段被溶剂分子作用而溶剂化,但因为分子链很长,还有一部分聚集在聚合物表面以内的链段未被溶剂化,不能溶出,需要较长时间整个分子链才能被溶剂化,完全溶解到溶剂中去。溶剂分子对溶质分子起溶剂化作用的同时,其自身也由于高分子链段的运动而能扩散到溶质的内部去,使内部的链段逐步被溶剂化,从而使高分子溶质产生溶胀现象。随着溶剂分子不断向内部扩散,更多的链段必然会松动,外面的高分子链会首先全部溶剂化而溶解,使得里面又出现了新的表面,溶剂又对新表面溶剂化而溶解,直至所有的高分子都转入溶剂,这时才算是高分子溶质被全部溶解,形成均匀的溶液。

由上可知,即使是在选择正确溶剂的情况下,不同物质的溶解过程也是不一样的。理解溶质在溶剂中的溶解过程,对正确选择溶剂是十分必要的。

5.1.2.2 影响溶解过程的主要因素

影响溶解过程的主要因素包括以下几点。

(1) 溶质与溶剂的化学组成、分子量、结构和极性相似性大小 二者越相似,溶解倾向越大。极性大的污染物,容易溶解于极性大的溶剂中,因此离子化合物型和极性化合物型的无机盐垢、极性大的有机化合物垢等,往往可以考虑用水溶解和清除;而非极性的有机化合物垢、往往应考虑用非极性的非水溶剂洗消。

(2) 溶质分子间力、溶剂分子间力和溶质与溶剂分子间力的相对大小 在溶质-溶剂的体系中,同一种分子之间的作用力越大,不同种分子之间的作用力越小,溶解过程越难进行。

污染物能溶解于所选溶剂的必要条件是,污染物分子间的作用力(内聚力)小于污染物和溶剂分子之间的作用力。

(3) 溶解过程中所存在的物理过程,即溶质的分子或离子扩散到溶剂的分子群中的过程 由于扩散过程是吸热过程,因此当温度升高,以及附加机械搅动时,有利于物理溶解。温度对于溶解过程有很大的影响。

(4) 溶剂分子间的缔合程度 分子缔合是同种分子间的相互结合,形成比较复杂的分子作用,是不引起化学性质改变的同种分子间的可逆的结合过程。

溶剂分子之间的缔合,例如水分子:

$$x\,\mathrm{H_2O} \xrightarrow{\text{缔合}} (\mathrm{H_2O})_x + 热, x = 2,3,4\cdots$$
$$\underset{\text{水分子}}{\phantom{x\,\mathrm{H_2O}}} \quad \underset{\text{缔合水分子}}{\phantom{(\mathrm{H_2O})_x}}$$

水分子间的缔合是氢键引起的。常温下,在水中,除了简单的 $\mathrm{H_2O}$ 分子以外,还有 $(\mathrm{H_2O})_2$、$(\mathrm{H_2O})_3$、……、$(\mathrm{H_2O})_x$ 等缔合分子存在。

其他极性分子间偶极的相互作用也可能引起分子的缔合。缔合过程是一个放热过程。降低温度,有利于缔合;提高温度,使分子间的缔合作用减弱甚至完全消失。例如,加热有利于缔合水分子的解离;冷却有利于水分子的缔合,温度降到摄氏零度时,全部水分子缔合成一个巨大的分子——冰。

溶剂分子间的缔合作用越大,对许多其他物质的表面的湿润性越差,溶解和分散溶质的能力越小。

（5）在物理溶解的同时，常常伴随有一个化学过程，即溶剂化作用　由溶质的质点、分子或离子，与溶剂分子形成的不很稳定的化合物统称为溶剂合物。这种作用就是溶剂化作用。

溶剂的极性越大，溶剂化作用越大，极性化合物在该溶剂中的溶解越容易发生，越容易生成溶剂合物，所生成的溶剂合物越稳定。溶剂合物的组成是不固定的。一般的溶剂化过程是放热的过程。若溶剂化过程所放出的热量大于溶质分散时所吸收的热量，则整个溶解过程是放热过程。

（6）溶解过程的温度、附加机械作用等条件　温度对溶解体系的影响依溶剂状态的不同而不同。对于液体或固体溶质，溶解度受温度的影响比较复杂，有三种不同的规律，即绝大多数的盐的溶解度随温度的升高而增大；有的盐的溶解度与温度的关系不大；还有一些盐的溶解度随温度的升高，反而降低，属于反常溶解度物质。对于气态溶质，温度升高不利于气体的溶解。压力对液体和固体溶质的溶解没有明显影响。压力升高有助于气体的溶解。增强流体与污染物的相对运动速率的各种机械作用力，有利于污染物的溶解、分散与清除。

5.1.3　溶剂型洗消剂的特性

溶剂型洗消剂是能够溶解染毒对象上污染物形成均相溶液的物质。通常意义上的溶剂型洗消剂在室温下是液体。溶剂与增塑剂的区别在于，规定溶剂的沸点不超过250℃。为了区别溶剂与其他单体及其他活性物质，可把溶剂看作是非活性物质。作为洗消剂的溶剂，常常用到以下概念描述其特性。

5.1.3.1　溶剂的极性

极性是物质分子中形成正负两个中心的能力。极性这个概念在溶剂中用于描述溶剂的溶解能力及溶剂与溶质之间的相互作用。溶剂的极性取决于偶极矩、氢键、焓和熵的共同作用，其中偶极矩对溶剂的影响最大。分子呈高对称性的溶剂如脂肪烃和对称芳香烃没有偶极矩称为非极性溶剂；二甲基亚砜具有较大的偶极矩，是强极性溶剂；酮类、酯类和醇类溶剂具有中等偶极矩，是中等极性溶剂。有些溶剂的分子本身是电中性的，但在外部电场的影响下可产生感应偶极而被极化。

5.1.3.2　质子溶剂与非质子溶剂

非质子溶剂也称为惰性溶剂。惰性溶剂对质子有非常小的亲和力，也不能分解出质子。质子溶剂含有可给出质子的官能团，是可以给出质子的酸性溶剂。亲质子溶剂是能与氢离子结合或能作为质子受体的碱性溶剂。

5.1.3.3　溶剂的酸碱性

这里的酸碱性是指溶剂所具有的广义的路易斯（Lewis）酸/碱性。溶剂路易斯酸/碱性的强弱决定了该溶剂给出或接收一对电子的能力的大小，或者说是该溶剂与溶质分子形成共价键的能力的大小。

5.1.3.4　氢键

氢键是指化合物分子中所含有的一个能够和其他原子形成共价键的氢原子。含有氢键分子必含有活泼氢（如羟基）或氢受体（如羰基）。

5.1.3.5　溶剂的可混溶性

对于非极性或弱极性溶剂，如果溶解度参数相差不大于5个单位，则溶剂是可以混溶的，但对于强极性溶剂，此结论不适用。

5.1.3.6　良溶剂

如果溶剂和溶质的溶解度参数小于 5 个单位，则溶质很容易溶解。此规律存在例外。

5.1.3.7　溶剂的反应性

按照溶剂的一般定义，溶剂应该是非反应性的。但在特定的条件下，溶剂可能以两个方式影响反应速率、降低黏度和降低吉布斯（Gibbs）自由能。

5.1.3.8　溶剂的吸湿性

有些溶剂本身具有吸湿性，因此不适合在要求干燥的体系中使用，因为即使是干的溶剂仍可能会吸收空气中的水分。

5.1.3.9　溶剂的挥发性

溶剂的挥发性是指溶剂在低于它的沸点温度时的蒸发速率。

5.1.3.10　臭氧消耗值

溶剂的臭氧消耗值表示其在整个大气寿命期间由于气体排放所消耗的臭氧数量。

5.1.4　溶剂型洗消剂的选择

对于特定的溶质选择合适的溶剂，应遵循如下原则。

5.1.4.1　极性相似原则

即极性溶质易溶解于极性溶剂，非极性溶质则易溶解于非极性溶剂；极性大的溶质易溶解于极性大的溶剂，极性小的溶质则易溶解于极性小的溶剂。许多事实表明，存在着"相似者相溶"的规律，即溶质和溶剂的化学组成、分子结构或分子极性等相似者比较容易相互溶解。例如，同属于碳氢化合物的汽油、煤油和柴油，极性都很小，可以无限相溶。极性都很大的水与乙醇，也可以无限地相溶。非极性的高聚物可溶解于非极性的汽油和煤油等溶剂中，但不溶解于极性很大的水和乙醇中。反之，极性的高聚物，如聚酰胺可溶解于水、乙醇和苯酚等强极性的溶剂中。在洗消工艺和洗消剂的确定中，考虑溶剂与被洗消物质的极性相似相溶的原则，是有实际意义的。

5.1.4.2　溶剂化原则

溶剂化作用是指在溶质与溶剂接触时，溶质发生分离而溶解于溶剂的作用。例如，极性溶剂分子和聚合物中极性基团相互吸引就能产生溶剂化作用，使聚合物溶解。溶剂化作用主要是高分子上的酸性基团（或碱性基团）能与溶剂中的碱性基团（或酸性基团）发生溶剂化作用而被溶解。这里所指的酸、碱是广义的，即是指路易斯（Lewis）酸、路易斯碱。

5.1.4.3　内聚能密度或溶解度参数相近原则

溶质分子间、溶剂分子间都存在一定的相互作用力，要完成相互溶解，就需要破坏原有的分子间力，形成新的溶质分子与溶剂分子间的作用力。如果溶质分子间的作用力、溶剂分子间的作用力以及溶质与溶剂分子间的相互作用力大致相等，则很容易发生溶解。反之，如果溶剂分子间的作用力比溶质分子间的作用力大得多，或溶质分子间的作用力比溶剂分子间的作用力大很多，则需要足够的能量才能形成新的溶质分子与溶剂分子相互间的作用，否则就不会发生溶解。这种溶剂分子间或溶质分子间相互作用能的总和称为内聚能，它是使物质分子间通过相互作用而聚集在一起的能量。

内聚能一般用内聚能密度（CED）进行定量表示。内聚能密度的平方根即为溶解度参数（δ），它也是分子间力的一种度量。

溶解度参数与内聚能密度的关系为：

$$\delta = CED^{1/2} = (\Delta E / V)^{1/2}$$

式中，ΔE 为摩尔内聚能；V 为摩尔体积。

溶剂和溶质的溶解度参数或内聚能密度均可以测定出来。当非极性溶质的溶解度参数与溶剂的溶解度参数相近或相等时，溶质就能够很好地溶解在溶剂中。若两者的溶解度参数值相差在±1.5以上，则不能发生溶解。因此，溶解度参数还可以作为选择混合溶剂的依据，如两种溶剂按一定比例配成混合溶剂，它的溶解度参数与要溶解的溶质的溶解度参数相近时，就可使这一溶质溶解。

5.2 水洗消剂及其应用

水来源广泛，天然水存在于江、河、湖、海、地层和水库里，几乎覆盖了地球表面的70%。水是最常用的溶剂，它能溶解很多种物质。基于水的特性和水易得及廉价等特点，水在各类灾害事故的应急洗消工作中被广泛应用。在洗消过程中，常常用水直接冲洗染毒对象，或利用水的稀释作用减弱其毒害作用，以及利用水浸泡、煮沸使有毒物水解。

5.2.1 水的结构与性能

5.2.1.1 水分子的结构

一个水分子是由两个氢原子和一个氧原子构成，其中三个原子排列成以两个氢原子为底，以氧原子为顶的等腰三角形。分子中的正负电荷中心相互分离，H—O 之间的电子云大幅度地偏向电负性更大的氧原子，从而氢原子核被裸露，产生剩余价键，并能与另一个水分子中的氧原子结合，形成氢键。因此，水分子有很强的极性。

5.2.1.2 水的性能特点

由于水分子之间有氢键，水分子有很强的极性，因此，水在沸点、汽化热、比热容、溶解性、分子表面张力等性质方面都表现出明显的特殊性。

(1) 优良的分散溶解能力 当极性很强的水分子与离子型化合物或强极性化合物等强电解质分子接触时，它们之间会相互吸引，并由于质点的热运动使得电解质分散、溶解或离解于水。溶于水发生电离的离子，又能与水分子结合发生水化作用，成为水合离子。水合过程是放热过程，可使溶解于水的离子更加稳定。因此，水是大多数无机酸、碱、盐的良好溶剂和洗消介质，成本低廉，应用极广。强极性的水分子和具有极性的有机化合物也有强烈的相互作用，水分子与有强电负性元素的其他有机化合物分子，如醇、胺、有机酸等也会形成氢键，从而利于这些有机物在水中的溶解。因此，水也可用于某些有机化合物的洗消。灰尘、土壤等是含无机盐的混合物，在一定程度上部分溶解于水，分散于水形成悬浮液。

(2) 较大的汽化热和比热容 水的汽化热和比热容比许多其他溶剂大。温度每升高1℃或降低1℃，水所吸收或放出的热量比同质量的其他溶剂多。例如，1g 水温度升高1℃需要吸收 4.1868J 的热量；1g 水在 100℃时变成同温度的蒸汽需要吸收 225.6852J 的热量。因此水常用作冷却、传热等的良好载体。

(3) 接近于常温的沸点和凝固点 水是无色、无毒、无臭、无味的液体。它有三种状态，即气态、液态和固态。在 0～100℃之间，水都是小黏度的液体，便于使用常规的方法控制洗消温度，进行洗消作业。又由于 0～100℃，接近常温，便于在水蒸气-液态水-固体冰三态和能量之间的转换。

(4) 适中的蒸气压 有一定的蒸气压和挥发性，有利于洗消后表面的干燥。

(5) 不可燃烧性 这是大多数非水溶剂所不具备的。

(6) 导电性 水的导电性能主要与水的纯度有关。纯净的水是电的不良导体，电阻率很大，约 $2000\Omega \cdot m$。随着水中杂质含量的增加，特别是电解质含量的增加，水的电导率迅速下降，导电能力大大增强。由于水能导电，所以一般情况下，不用密集水流进行洗消。

（7）特殊的体积-温度关系　一般液体的体积，随温度升高而增加。但是，由于水分子间的氢键数和缔合水分子数随温度变化而变化，因此其体积在 $4℃$ 时最小，密度最大，温度低于或高于 $4℃$ 时的密度变小。这是水的一种异常现象。水在结冰时，它的体积要膨胀 $\frac{1}{11}$。

（8）表面张力与润湿现象　一个系统处于稳定平衡时，应有最小的位能，所以液体表面的分子有尽可能挤入液体内部的趋势，以便使液体表面最小，位能最小。液体具有尽可能缩小其表面的趋势，在沿着表面使表面有收缩倾向的力称为液体的表面张力。为了提高洗消效果，往往向水中添加一些表面活性剂以产生泡沫，从而降低水的表面张力。

在固体和液体的界面上，厚度等于分子作用半径的一薄层液体叫附着层。如果液体分子和固体分子之间的附着力大于液体分子之间的内聚力，就会产生液体能润湿固体的现象，附着力小于内聚力就产生液体不能润湿固体的现象。能被水润湿的固体物质，表面有污染物时容易洗消。如果在水中添加润湿剂，使不能润湿的物质变成能够被水润湿的物质，能提高洗消的效果。

5.2.2　水的添加剂

为了提供水洗消剂的洗消效果，在实际应用过程中，根据不同需要，可在水中添加各种药剂，以改进水的某些性能，从而对洗消更有利。常用的添加剂有防冻剂、抗蚀剂、防腐剂、减阻剂、润湿剂、增黏剂等。

5.2.2.1　防冻剂

防冻剂是指为了降低水的冰点，提高其耐寒性而在水中添加的盐类或有机物质。常用的防冻剂有氯化钠、碳酸钾、氯化钾、氯化镁和氯化钙等。水的冰点下降取决于添加剂的种类和数量。根据巴乌里定律，添加盐类时水的冰点下降数值与溶解于水中的没有被解离的物质分子数成正比。这种计算不适用于能解离的盐，这时盐的需要量应根据实验确定。

5.2.2.2　抗蚀剂

用金属容器盛水时，容器会发生腐蚀。如果往水中添加了润湿剂、泡沫剂、防冻的盐类时，腐蚀会更厉害。防止腐蚀的方法有两种，一种是在金属容器的内壁涂上保护材料层（例如塑料）；另一种是在水中添加抗蚀剂，抑制腐蚀。抗蚀剂有以下三种。

（1）无机阳性抗蚀剂　这是一些能形成氧化保护层的固体盐类，如碱金属的磷酸盐、碳酸盐、硅酸盐或者硅酸钠、铬酸钾及亚硝酸钠等氧化剂。

（2）无机阴性抗蚀剂　如碳酸氢钙，它能在阴极区同 OH^- 相互作用而形成碳酸钙的保护层。

（3）有机抗蚀剂　如能吸收氧的单宁酸混合物、苯酸钠和带长链脂肪酸胺。

消防车的水罐及其他经常更换的容器，最好使用保护层。

5.2.2.3　防腐剂

长时间储存水时，要考虑防腐，防止水腐败或生长藻类。为了防止水腐败可在水中添加上 p-氯-m-甲酚钠盐，其量为 $0.05\%\sim0.1\%$。

5.2.2.4　减阻剂

水在管道中流动时，由于内摩擦，存在一定的流动阻力，因而有一部分机械能不可逆地转变为热能。减阻剂是一种能在流动的水中增加润滑、减少摩擦、降低流动阻力的化学药剂。在消防水管中加入浓度为 1.5% 的 PWC 减阻剂，减阻百分数可达 60% 以上，流量增加 50% 以上，射程增加 1 倍以上。

在供水管道长、流量大的场合使用减阻剂效果显著。如果管道短、流量小，则减阻效果不明显。

5.2.2.5 润湿剂

润湿剂是一种表面活性物质，也称表面活性剂。从广义上说，凡能降低水的表面张力的物质都是表面活性物质，但习惯上，只把那些明显降低水的表面张力的两亲性质的物质叫作表面活性剂。

（1）表面活性剂的溶解特性　当表面活性剂在水中溶解的时候，亲水的极性基团有使表面活性剂分子进入水中的趋势，而憎水（亲非极性分子）的非极性基团则竭力阻止它在水中溶解。这种分子就有很大的趋势存在于两相界面上，不同的基团各选择所亲的相而定向。也就是说，当表面活性剂在溶解时，它的分子不是均匀地分布在水中，而是采取极性基团浸在水中，非极性基团脱离水（尾竖在水面上）的表面定向方式，浓集在水面成单层排列，如图5.1所示。这种定向排列方式使表面上不饱和的力场得到某种程度上的平衡，从而降低了水的表面张力（或界面张力）。

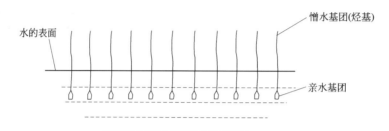

图 5.1　表面活性剂分子在水表面的定向排列

（2）表面活性剂的种类和作用原理　表面活性剂按其化学结构可分为以下四类。

① 阴离子表面活性剂　如羧酸盐、硫酸酯盐、磺酸盐、磷酸酯盐等。

② 阳离子表面活性剂　如伯胺盐、仲胺盐、叔胺盐、季铵盐等。

③ 两性表面活性剂　如氨基酸型两性表面活性剂、甜菜碱型两性表面活性剂。

④ 非离子表面活性剂　如聚氧乙烯型非离子表面活性剂，多元醇型非离子表面活性剂。

润湿剂可降低水的表面张力，提高水的润湿能力和乳化能力，增强水的洗消效果，扩大水的洗消适用范围，提高水的利用率。

由于难润湿物质的分子易于被表面活性剂的憎水基团所吸引，而水又被表面活性剂的亲水基团吸引，这样表面活性剂分子就成了水和难浸润物质之间的接触媒介，从而使难于润湿的物质得以润湿。润湿剂主要用于洗消不易润湿的物质。常用的润湿剂多为磺酸盐和硫酸酯盐，属阴离子型。

5.2.3　水的洗消作用

5.2.3.1　水的溶解稀释作用

用水洗消带极性的污染物，利用水直接溶解、分散物体表面的污染物，使污染物与水混合后离开物质表面，从而降低或消除染毒对象表面毒物的浓度，达到洗消的目的。

5.2.3.2　水力的冲击作用

机械洗消中的高压喷洗，主要是以水为施加压力的介质，形成高压喷水洗消技术。在机械力的作用下，水喷射出密集水流，具有强大的冲击力和动能。高压水流强烈的冲击污染物，可以冲散污染，使其在水的流动下转移至水中。

5.2.3.3 水的化学反应

水与污染物直接发生化学反应，从而将有毒物转化生产成低毒或无毒的物质。水作为洗消剂，常涉及的化学反应有水解反应、氧化还原反应等。

5.2.3.4 其他洗消添加剂的溶剂

洗消中的大部分洗消添加剂都是以水为溶剂的。例如，酸、碱、盐、表面活性剂、螯合剂以及某些极性非水溶剂，都是以水为溶剂，配成溶液，用于洗消作业的。

5.2.4 水的局限性

作为洗消剂，水也存在一些不利于洗消的性质。

（1）水是强极性分子，对非极性或极性小的污染物的溶解分散作用很差，因此单独用水难于洗消油污、非极性高聚物等。

（2）水分子间的氢键存在，使其分子间有很强的作用力，产生水分子之间的缔合作用，使若干简单的分子转变为复杂的缔合分子。因此，水有很大的表面张力，在 25℃、80℃、100℃时，表面张力分别为 71.96N·m^{-1}、62.6N·m^{-1}、58.8N·m^{-1}。而其他液体的表面张力大多在 20~50N·m^{-1} 之间。例如，在对应温度下，乙醇的表面张力分别为 24N·m^{-1}、31N·m^{-1} 和 30N·m^{-1}，它在许多物质的表面就难以展开，表现为渗透性、湿润性不良，这对于洗消是不利的。因此在用洗消液进行洗消时，洗消液先是湿润物体的表面，再往内部渗透，这样才能进一步发挥溶解、分散、乳化和剥离等作用。以水为溶剂的某些洗消液是难于渗透到被洗消物体的整个表面的。

（3）地面和地下水中含有大量的各种盐和其他杂质，例如钙盐、镁盐、铁盐等，对洗消效果造成不良影响。

5.2.5 水流形态及在洗消中的应用

水作为洗消剂，常以不同的形态出现。水的形态不同，洗消的效果也不同。

5.2.5.1 直流水和开花水（滴状水）

通过水泵加压并由直流水枪喷出的密集水流称为直流水。直流水能喷射到较远的地方，冲击到污染物质内部，阻止污染物的进一步扩散，使污染物直接冲刷下来。通过水泵的加压并由开花水枪或喷头喷出的滴状水流称为开花水，开花水水滴直径一般大于 $100\mu m$。

直流水非常适用于染毒地面、道路、建筑物表面的洗消。开展洗消工作时，在洗消组统一指挥下，集中高压水枪、高压清洗泵，将染毒区域分成若干条和块，一次或反复冲洗。不论对何种对象的表面实施洗消，都必须达到消毒的标准。

开花水比较适合于染毒人员的洗消，一般在对人员进行洗消时可以在洗消帐篷内进行喷淋冲洗，直至检测合格后再疏散或送至医院处理。

中国人民武装警察部队学院的贾宁副教授对利用水喷淋消除防护服沾染生物剂进行深入研究。防护服的洗消一般采用煮沸法、日晒法、药物浸泡法、擦拭消除法、洗涤消除法、喷淋消除法等。其中利用水喷淋方法可以较好地保护防护服，从而延长防护服的使用寿命。目前，国内消防部队处置生物事故的经验还不足，污染后的防护服也仅仅只是用水枪进行冲洗或者用洗消帐篷进行喷淋洗消，对洗消时间、洗消效果等都没有进行过测试。试验采用大肠杆菌和水稻白叶枯病菌两种菌为测试样菌，研究了喷淋洗消各种参数对洗消效果的影响。结果表明，喷淋时间对于生物剂的消除效果有一定的影响；喷淋水温对生物剂的消除效果影响明显，但水温达到 40℃时人体感到不适；喷淋流速对洗消效果影响最大，且在实际洗消过程中能够较好地实现对流速的控制。因此建议在消除生物剂沾染的过程中，以提高喷淋流速的方式提高洗消效果。

5.2.5.2　喷雾水（雾状水或水喷雾）

通过水泵加压并由喷雾水枪喷出的雾状水流，称为喷雾水。水滴的直径一般在 $100\mu m$ 以下。喷雾水洗消特点有以下两点。

（1）表面积大，汽化速度快　由于表面积的增大，水雾表面积增加使水与污染物的接触面积增加，使水雾的汽化速度大大增加（汽化速度与表面积成正比）。因此，同样体积的水以雾状喷出时，可获得比直流水和开花水大得多的表面积，提高了水的利用率。

（2）冲击乳化作用强　当喷雾水以一定的速度喷向非水溶性污染液体表面时，由于水雾的冲击作用，使污染液体表面形成一层由水粒和非水溶性液体混合组成的乳状物表层。这种乳化物更易在水流的冲击性随水流走。

喷雾水洗消的优点是大量微小的水滴有利于吸附烟尘，促其沉降；表面积大，洗消效率高。但与直流水和开花水相比，喷雾水射程较近，不能远距离使用；对纤维物质渗透性差。喷雾水洗消非常适用泄漏的有毒、可燃性气体物质的洗消。在洗消过程中，以泄漏点为中心，在储罐、容器的四周设置水幕、喷雾水枪，利用其喷射的雾状水围堵、稀释、驱散泄漏物。

5.2.5.3　细水雾

（1）水雾的概念　"细水雾"是相对于"水喷雾"的一个概念。所谓细水雾，是指水经过高压（或中压）泵或气动装置加压后，以高速喷射、机械撞击、超声波震动、静电粉碎等原理，使用特殊喷嘴产生的微粒状水流形式。其定义为在最小设计工作压力下，距喷嘴1m处的平面上，测得最粗部分的水微粒直径不大于 $1000\mu m$ 的水雾。

按水微粒的大小，细水雾可分为3级。1级细水雾的水微粒直径为 $40\sim200\mu m$，是最细的水雾；2级细水雾的水微粒直径为 $200\sim400\mu m$，较1级细水雾更容易产生较大的流量；3级细水雾的水微粒直径大于 $400\mu m$，主要由中压、小孔喷淋头、各种冲击式喷嘴等产生。

（2）细水雾的特点　从水微粒的大小上看，细水雾涵盖了整个喷雾水和小部分开花水的范畴，但由于产生的原理有所不同，细水雾的水微粒比喷雾水和开花水水微粒的运动速度和动能（渗透力）要大得多。

细水雾的洗消原理与喷雾水相似，但洗消效果更好，其特点有洗消速度快，洗消效果佳，控制浓烟能力好，用水需求量低，无分解物产生，符合环保要求，无毒性、无腐蚀性，设备的损坏程度低。

（3）组合式细水雾洗消喷头　中国科学技术大学火灾科学国家重点实验室研究设计了组合式细水雾洗消喷头，该细水雾洗消喷头具有雾化效果好、喷射距离远的特点，适用于化学品事故现场洗消。该组合式细水雾洗消喷头包括壳体、通过喷嘴安装环固定于壳体前部的小喷嘴和安装在壳体后部腔体内的旋转分流芯三个部分。壳体中间设有隔板，将壳体内部分为前后两个部分，后部是一腔体，腔体内装有可绕轴线旋转的分流芯。分流芯内部为一中空的内腔，分流芯后部有与洗消剂供给管道相连接的接口，该接口与分流芯内腔相通；隔板之前的壳体上开有内、中、外三个环状水道，隔板上与每个水道相通的位置开有若干个贯穿隔板的导流孔，分流芯前部与隔板上的导流孔相对的位置开有多个导流孔，分流芯上的导流孔前端与隔板相接，后端与分流芯内腔相通；三个喷嘴安装环与壳体通过螺纹连接，固定安装于对应的水道前部，每个喷嘴安装环上都固定安装一组呈环状排列的小喷嘴，中间的小喷嘴喷口方向为正前方，内环的小喷嘴喷口方向与轴线夹角不大于 $30°$向前，外环的小喷嘴喷口方向与轴线夹角为 $50°\sim80°$向前；内环及外环的小喷嘴内部设有雾化芯，雾化芯前端开有若干条斜槽。

使用时，先将洗消喷头的接口与洗消剂供给管道连接，将分流芯旋转至其导流孔与隔板上的导流孔相对应的位置，洗消剂通过导流孔流入壳体前部对应的水道，再经小喷嘴喷出；当分流芯旋转至不同位置时，分流芯上的导流孔与隔板上不同位置的导流孔相通，实现中间、内环与外环的喷嘴单独或组合喷放；内、外环的雾化小喷嘴采用压力旋流雾化方式，水在压力的作用下通过雾化芯上的斜槽，形成高速旋转水流，并经过前部较小的喷嘴口喷出，由于具有较高的出口速度，水流被拉伸撕裂，进而破碎成细小的雾滴。该洗消喷头中间的无雾化芯的小喷嘴喷出射流状的洗消剂，喷射方向为正前方，达到远距离喷射的目的，内环的小喷嘴将洗消剂以细水雾的形式喷出，使洗消剂充分雾化，并在中间小喷嘴喷射出的射流的携带下喷射较远的距离，保证洗消剂与污染物的充分结合，外环的小喷嘴喷射出的雾状洗消剂用于在泄漏区与后方操作人员之间形成隔离带。洗消喷头的结构如图 5.2 所示。

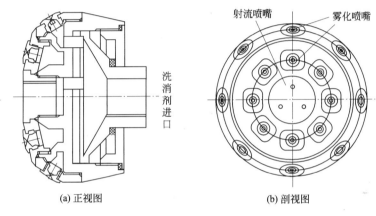

(a) 正视图 (b) 剖视图

图 5.2 组合式细水雾洗消喷头结构图

（4）细水雾应用举例 细水雾系统主要用于保护贵重的生产设备、油浸电力变压器室、柴油发电机房及其储油间及燃油、燃气锅炉房等。高压及双流介质细水雾系统可用于重要的高、低压配电室、重要的电子通信设备机房、电厂的控制室及燃气涡轮机等。

① 含不同添加剂的细水雾洗消氯气 中国科学技术大学火灾科学国家重点实验室倪小敏教授采用小尺度模拟实验，对含有 $NaOH$、$Ca(OH)_2$、Na_2CO_3、$FeCl_2$ 等不同添加剂的细水雾和纯细水雾进行氯气洗消对比实验，系统比较了各种浓度的添加剂对洗消效率的影响。研究发现，在相同摩尔浓度的条件下，不同种添加剂，对提高细水雾洗消效率的高低次序为 $Na_2CO_3 > FeCl_2 > NaOH$，含添加剂的细水雾克服了纯细水雾对氯气洗消效率不高、洗消不彻底等不足，可以在较大程度上减少洗消剂用量和洗消时间。但由于添加剂浓度增大，细水雾表面张力增大，相应的雾通量减小，降低了洗消效率，从而导致了洗消率的增加与添加剂浓度之间并不呈现线性增长的关系。因此，需要根据实际的氯气泄漏情况，选择合适的洗消添加剂。细水雾洗消氯气模拟实验的装置如图 5.3 所示。

② 含添加剂细水雾洗消氨气 中国人民武装警察部队学院科研部卢林刚教授设计了细水雾氨气洗消实验装置，研究了盐酸、磷酸、柠檬酸三种质子酸和氯化铝、氯化铁、氯化镁三种无机氯化物的细水雾对氨的洗消效果。结果表明，盐酸、磷酸、柠檬酸三种质子酸均能增强细水雾洗消氨气效果，浓度小于 $0.4 mol \cdot L^{-1}$ 时质子酸对细水雾洗消氨气促进作用从大到小依次为柠檬酸、磷酸、盐酸；从洗消效果、腐蚀性、性价比等各方面综合考虑，磷酸要优于盐酸和柠檬酸。洗消液浓度对氨气的洗消有显著影响。氯化铝、氯化铁、氯化镁三种

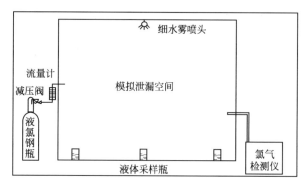

图 5.3　细水雾洗消氯气模拟实验装置

无机氯化物的细水雾能提高氨气的洗消效果；但含氯化镁细水雾洗消氨气的速率比含氯化铁、氯化铝细水雾洗消氨气的速率小。氯化铝、氯化铁能改善含盐酸细水雾洗消氨气的效果；但对含磷酸细水雾洗消氨气起抑制作用；氯化铁对含盐酸细水雾的增强作用强于氯化铝。因此，在实际应用过程中，应根据具体情况进行选择。细水雾洗消氨气模拟实验的装置如图 5.4 所示。

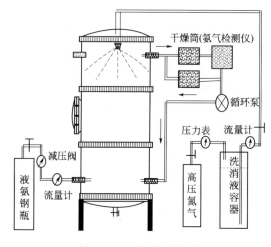

图 5.4　细水雾洗消氨气
模拟实验的装置

5.2.5.4　高温水蒸气

应用水作洗消剂时，为了提高洗消的效果，采用高温水蒸气是新一代洗消装备特征之一。一般要求水温 80℃、蒸汽温度 140～200℃、燃气温度 500℃ 以上。研究表明，高温水蒸气能加速污染物的溶解和分散作用，较快的冲淡染毒区污染物的浓度，提高洗消的效率。

5.3　常用的非水溶剂洗消剂

非水溶剂种类繁多，分类标准也有多种。本书主要从烃类溶剂、卤代烃类溶剂、醇类溶剂、醚类溶剂、酮类溶剂、酯类溶剂、酚类溶剂、混合溶剂等几大类中介绍一些有代表的非水溶剂。

5.3.1　烃类溶剂

5.3.1.1　分类

烃又称碳氢化合物，是只含有碳和氢两种元素的有机化合物，其种类很多，具有丰富的天然资源。按结构和性质分，烃可以分为 2 类。一类为脂肪烃（开链烃），包括饱和链烃（即烷烃）、不饱和链烃（烯烃和炔烃）。另一类为环烃（闭链烃），有环烃包括环烷烃和环烯烃，芳香烃即含有苯环结构的烃类。根据芳香烃的结构，又可分为单环芳烃、多环芳烃和稠环芳烃。各种烃的性质因其结构不同而不同。按来源分，烃包括溶剂油和纯溶剂。其中由石油馏分得到的烃类混合物溶剂称为石油溶剂油，简称溶剂油；由化工原料合成或精制所得的，其成分单一的烃类溶剂，是烃的纯溶剂，简称纯溶剂。纯溶剂因价格较高，一般只在特殊场合中使用。常用的烃类溶剂主要有石油溶剂油和纯溶剂，此外还有由植物中提取的烃类溶剂。因此，工业上广义的溶剂油是包括多种馏程的烃类混合物和苯、甲苯、二甲苯、己烷、柠檬油、松节油等纯烃类的溶剂。烃类依环境的不同，有气态、液态、固态3种不同的存在形式。这里所关注的是作为溶剂使用的烃类，即只包括那些在常温（20℃）、常压（1atm，即101.3kPa）下以液态形式存在的烃类化合物。

5.3.1.2 石油溶剂油

石油是多种烃的混合物。根据它们不同的沸点，经过分馏，可把石油分馏为石油醚、汽油、煤油、柴油、润滑油、石蜡和沥青。可作为溶剂使用的是沸点在30～90℃之间的石油醚，其主要成分是戊烷和己烷；还有沸点在40～200℃之间的汽油，烃分子的碳原子数在4～12之间。它们有很好的溶解性，在工业上统称为溶剂油或溶剂汽油。

现在，相当于煤油和轻柴油馏分的，也可作为高沸点的溶剂油使用，因而使个别油的范围更宽。其中，煤油是沸点175～325℃的馏分，馏程较长，所含烃类复杂，有时也作为溶剂使用。

（1）石油溶剂油的化学组成　它是各种烃类的混合物，烷烃、环烷烃和芳香烃为其主要成分。

（2）石油溶剂油的分类　按其馏程分类如下。

① 低馏程溶剂油　沸点在100℃以下的溶剂油为低沸点溶剂油，其中沸点60～90℃的就是工业上的6号抽提溶剂油。6号抽提溶剂油、120号橡胶溶剂油与200号油漆溶剂油等低馏程溶剂油的主要成分是烷烃（包括直链烷烃和支链烷烃）和环烷烃。

② 中馏程溶剂油　沸点在100～150℃的溶剂油，如橡胶油，其沸点在80～120℃。

③ 高馏程溶剂油　沸点在150℃以上的溶剂油。如油漆溶剂油的沸点在140～200℃之间。按其馏程的高低，可以看出溶剂油大多是汽油馏分。

（3）石油溶剂油的溶解能力　其主要成分不同，溶解性能各异。各种烃类的溶解能力大小顺序为芳烃＞环烷烃＞链烷烃。

以支链烷烃为主要成分的溶剂油称为异构烷烃溶剂油，其溶解能力明显大于直链烷烃溶剂油。由于高沸点的溶剂油含有较大量的芳烃，溶解性较好，被称为芳烃类溶剂油。在同馏程的溶剂油中，含芳烃溶剂油的溶解能力比不含芳烃的溶剂油强。

纯芳烃溶剂油的溶解能力虽然比较强，但毒性更大，因此在工业上，常用低芳香烃溶剂油和高芳烃溶剂油代替苯、甲苯和二甲苯等纯芳烃溶剂油，既可以降低毒性，又可以降低成本。为了减少污染，应该力求减少溶剂油中芳香烃的含量，比如使油漆溶剂油中的芳香烃含量＜15％。

5.3.1.3 溶剂汽油

（1）组成　溶剂汽油主要是各种烃类的混合物，馏分范围相当宽，分别包含于汽油或煤油馏分中，因此常有汽油型溶剂油或煤油型溶剂油之分。但就具体的溶剂油而言，有时馏分又很窄，这是与汽油、柴油、煤油的重要区别之一。我国生产溶剂油的原料主要有催化重整抽余油、油田稳定轻烃和直馏汽油3种。普通溶剂油产品主要有6号、120号、200号溶剂油等。GB 1922—88列有常见牌号为香花溶剂油、90号石油醚、190号洗消油、260号特种煤油型溶剂、农用灭蝗溶剂油等的产品标准。6号抽提溶剂油执行GB 16629—1996标准。橡胶工业用溶剂油、涂料工业用溶剂油、航空洗涤汽油采用石化行业标准SH 0004—1990、SH 0005—1990、SH 0114—1992。除此以外，我国还生产多种油墨型溶剂油、特种煤油型溶剂油、黏结剂型溶剂油、异构烷烃溶剂油等多种牌号的溶剂油，其规格采用企业自定标准，其中大部分企业标准来源于用户要求。

（2）理化性质 溶剂汽油为无色或淡黄色液体，易燃、易爆，具有特殊味道，不溶于水，易溶于苯、脂肪等，凝点－60℃，沸点40～200℃，自燃点415～530℃，蒸气与空气混合物的爆炸极限为1.3%～6.0%。溶于醇类、醚类、氯仿和芳香烃中。溶解性能与相应的烷烃溶剂类似。

（3）用途 在橡胶工业中用作溶剂；油漆工业中用作溶剂和稀释剂；油脂、香料、制药等工业中用作提取溶剂；毛纺织工业中用作洗净剂。此外，也可用作衣服等织物的去油污渍剂等。对甲基硅树脂预聚物有良好的溶解作用。

5.3.1.4 溶剂煤油

（1）性状 溶剂煤油是以脂肪烃为主的各种烃类混合物，常温下为液体，无色或淡黄色，略具臭味。

（2）物理性质（表5.3）

表5.3 溶剂煤油常见的物理性质

项　目	参　数
沸点(101.3kPa)/℃	110～350
相对密度(15℃/4℃)	0.78～0.80
介电常数(20℃)	2.0～2.2
黏度(20℃)/mPa·s	2
表面张力(20℃)/mN·m^{-1}	23～32
闪点/℃	65～85
燃点/℃	400～500
热导率(0～34℃)/cal·cm^{-1}·℃$^{-1}$·s^{-1}	403×10^{-5}
爆炸极限(体积分数,下限)/%	1.2
爆炸极限(体积分数,上限)/%	6.0

注：1cal=4.1868J。

（3）化学性质 因品种不同，碳原子数为10～16，含有烷烃28%～48%、芳烃20%～50%、不饱和烃1%～6%、环烃17%～44%，此外还有少量的杂质，如硫化物（硫醇）、胶质等。不同用途的煤油，其化学成分不同。同一种煤油因制取方法和产地不同，其理化性质也有差异。各种煤油的质量依次降低，即航空、动力、溶剂、灯用、燃料、洗涤煤油。一般沸点为110～350℃。

（4）溶解性能 不溶于水，易溶于醇和其他有机溶剂。可与石油系溶剂相混溶。含芳香烃煤油对水的溶解度比含脂肪烃煤油大。能溶解无水乙醇，但在低温下会分层。

（5）用途 除主要用作燃料外，由于挥发性较低，有时会用在涂料、清漆生产中，以期改善涂刷性和流平性，如用作慢干性涂料、底漆、瓷漆、醇酸树脂清漆和沥青漆的溶剂或稀释剂等。

5.3.2 卤代烃类溶剂

5.3.2.1 分类

烃分子中的一个或多个氢原子被卤素原子取代（置换）的衍生物即为卤代烃。单卤代烃的通式是R—X，其中R代表烃基，X代表卤素原子。

根据卤素原子的数量，可以分为一卤代物（如氯甲烷CH_3Cl）、二卤代物（如二氯甲烷CH_2Cl_2）、多卤代物（如四氯化碳CCl_4）。根据烃基的类型，可以分为卤代烷烃（如氯甲烷CH_3Cl）、卤代烯烃（如氯乙烯$CH_2 = CHCl$）、卤代芳烃（如氯苯C_6H_5Cl）。

卤代烃可直接或间接地由烃经过卤代反应制得。通常所使用的卤代烃是由甲烷、乙烷、乙烯等小分子烃，经过卤代制得的。如甲烷可以制得二氯甲烷、氯仿、四氯化碳、一氟二氯甲烷、一氟三氯甲烷；由乙烷可以制得 1，1，1-三氯乙烷；由乙烯可以制得三氯乙烯和四氯乙烯等。

许多卤代烃中的卤素原子的活性很大，容易被其他原子或原子团所取代，而用在有机合成反应中。许多卤代烃可直接作为溶剂用于洗消，如氯代烃及氟氯代烃溶剂；有的作为冷冻剂，如氟利昂；有的用于农药，如滴滴涕、六六六等；也有的作为合成橡胶和树脂的单体，如氯乙烯。

5.3.2.2　卤代烃的共同特点

密度较小，沸点低，易挥发，便于蒸馏回收，不容易燃烧，难溶于水，对油污的溶解力很强，其脱脂能力是石油溶剂油的 10 倍左右。

5.3.2.3　常用的卤代烃溶剂

主要有氯代烃溶剂和氟氯烃溶剂两大类。氯代烃溶剂是烃分子小的全部或部分氢原子被氯所取代后的产物。如二氯甲烷、三氯乙烷、氯仿、四氯化碳、三氯乙烯、四氯乙烯等。氟氯烃溶剂，俗名氟利昂（freon），是烷烃的含氟、氯的衍生物。下面主要介绍三氯甲烷、四氯化碳、三氟三氯乙烷。

（1）三氯甲烷　三氯甲烷（$CHCl_3$）（氯仿），是无色透明液体，容易挥发，不易燃烧。三氯甲烷是油胎的良好溶剂，但毒性大。因为在光的照射下，容易被氧氧化成光气和氯化氢。如果加入 1%～2% 的乙醇，使其所生成的光气与之作用，转变成碳酸乙酯，可以减小其毒性。

三氯甲烷化学性质稳定性较差，在光照下可被空气氧化为有剧毒的光气。为防止分解，一般加入 0.5%～1% 的无水乙醇作为稳定剂。在无氧条件下不与水发生反应，但长时间在高温下（225℃）会发生水解。水解产物中有甲醇。如果温度升高到 1000℃ 以上，还会发生裂解反应。可以在酒精中用锌粉作催化剂还原生成二氯甲烷、氯甲烷和甲烷。可以在不同条件下同各种卤素或卤化剂反应，生成四氯化碳、氯溴甲烷等。

三氯甲烷不溶于水，几乎可与所有的有机溶剂互溶。可溶解各种卤代烃，溶解能力较强。是一种良好的不燃溶剂，能溶解油脂、蜡以及有机玻璃和橡胶等。用于萃取和精制青霉素，在有机合成上也有广泛应用。

（2）四氯化碳　四氯化碳（CCl_4），无色液体，不燃烧，相对密度 1.515，有良好的脱脂性。但它对人体有毒，在空气中的最大允许浓度是 25mg·kg^{-1}。

四氯化碳外观为无色有特殊臭味的透明液体，极易挥发。

干燥的本品在常温常压下稳定，对常用的金属材料也不腐蚀。但有湿气存在时会逐渐分解，放出光气和氯化氢，因此也会对金属造成腐蚀。与活泼金属如钾、钠、锂等接触会发生爆炸反应。

四氯化碳不溶于水，几乎可与所有的有机溶剂互溶。可溶解各种卤代烃，溶解能力较强。是一种良好的不燃溶剂，能溶解各种油脂、蜡、醇酸树脂，但对环氧树脂、酚醛树脂等几乎不溶解。也可和其他溶剂组成混合溶剂，以提高对纤维素类的溶解性。

（3）氟氯烷烃　氟氯烷烃的化学性质不活泼，比其他卤代烃的化学稳定性好，在干燥的条件下，不和金属作用，不与氧化剂及酸作用，在有水的条件下，可以和碱缓慢作用；常用作冷冻剂，如氟利昂-11，氟利昂-12。但由于它对大气臭氧层也有破坏作用，应用受到限制。

在工业洗消中，常用的是以三氟三氯乙烷（分子式 $C_2Cl_3F_3$）为主体的洗消剂，又称氟碳洗消剂，如 CFC-133，F-133 或 R-133。1，2，2-三氟-1，2，2-三氯乙烷，分子式 CCl_2F—

$CClF_2$。沸点 $4757℃$，黏度（$25℃$）$6.8×10^{-4}\,Pa·s$，液体的相对密度 1.565，比热容 $9kJ·kg^{-1}·℃^{-1}$，表面张力 $19mN·m^{-1}$。难溶于水，不与水形成共沸混合物。对水、化学试剂、润滑油和热很稳定，在常温下可长期保存不变质。其 KB 值为 31，比卤代烃低。它的 KB 值和表面张力与脂肪族链烃的相近，因此对矿物油的溶解性能好。

由于以三氟三氯乙烷为主体的洗消剂的表面张力与黏度较小，渗透力强，蒸发速度又快，所以使用它洗消过的工件通常不必要再经过擦拭或烘干，即能自己干燥。这个特点有利于采用机械化洗消。它对于塑料、橡胶等材料的溶胀作用较小，不但可以有效地清除油垢，而且不会损伤高分子材料的表面。它不腐蚀金属材料。除硅橡胶、聚苯乙烯和金属锌外，对大多数金属和塑料、橡胶、涂层、导线的绝缘层都没有不良的作用，不发生溶解或溶胀的现象。它具有不燃性、无毒、使用安全等优点。在空气中的最高允许含量可达 $1000mg·L^{-1}$。CFC-113 对油污的溶解能力比三氯乙烯还强。

由此可见，三氟三氯乙烷用于污染物的洗消有显著的优点，因此广泛应用在金属材料和精密零件的洗消中。在电子工业中，它可有效地洗消松香等焊剂的污染物。由于它不损伤对其他有机溶剂敏感的电子元件，因此用于卫星及航空设备中的陀螺仪、计算机磁盘驱动器、微型轴承、通信设备、光学仪器的洗消。

氟利昂-113 的外观为无色液体或气体，有醚味。对水和碱溶液稳定。溶于乙醇、乙醚及其他有机溶剂，几乎不溶于水。对水溶性树脂和合成树脂的溶解性较差。对无机酸、无机盐的溶解性也较差。对金属和聚合物无腐蚀性。常用作精密仪器的洗消剂成分。

5.3.3 醇类溶剂

醇是羟基与烃基连接的化合物。但是羟基与芳烃核直接连接的化合物是酚类，不属于醇。醇的通式 ROH，其中 R 是烃基。

5.3.3.1 按烃基的不同分类

（1）脂肪醇 由羟基和脂肪烃基连接而成，如乙醇。

（2）芳香醇 由羟基和芳香烃支链连接而成，如苯甲醇或苄醇 $C_6H_5·CH_2OH$。

（3）环醇 由羟基和环烃基连接而成，例如，环己醇 $CH_2(CH_2)_4CHOH$。

5.3.3.2 按与烃基连接的碳原子的性质分类

（1）伯醇 分子中有和一个烃基连接的一价基—CH_2OH，能被氧化成相应的醛，其通式是 R—CH_2OH，例如丙醇 CH_3CH_2OH。

（2）仲醇 分子中有和两个烃基连接的二价基 —$CHOH$ ，能被氧化成相应的醛，其通式是 R—$CHOH$，例如仲丙醇 $(CH_3)_2CHOH$。

（3）叔醇 分子中有和三个烃基连接的三价基。氧化时分子分裂成几个较小的分子的混合物，主要是羧酸。通式是 R'—COH，例如叔丁醇 $(CH_3)_3COH$。

5.3.3.3 按分子中所含醇基的数目分类

（1）一元醇 分子中含一个羟基的醇，例如乙醇（CH_3CH_2OH）。

分子中所含碳原子在 11 个以下的一元醇是液体，在 11 个以上的是固体。

按其水溶性的大小，可分为水溶性一元醇溶剂和低水溶性一元醇溶剂。

① 水溶性一元醇 是强亲水性的一元醇，如甲醇、乙醇、异丙醇等。

水溶性一元醇和水有很强的亲和力，可以和水以任何比例混溶，可用于把水从它湿润的表面置换下来；能和水生成恒沸混合物，因此，不能用蒸馏法由其水溶液回收无水醇；可燃；高浓度的水溶液对油脂有较好的溶解能力；对某些表面活性剂也有较强的溶解能力，可用于清除被洗消表面的表面活性剂残留物，这是水溶性一元醇的特殊用途；有很强的杀菌能力，常用于消毒。

② 低水溶性一元醇　分子中含碳原子较多的一元醇，亲水性降低，亲油性增加。如正丁醇、环己醇、苯甲醇等，常用于洗消和溶解油污。

低水溶性一元醇含碳原子较多，水溶性差；表面张力很低，因为在醇分子中引入了氟原子；不可燃烧，可以安全使用；对金属的腐蚀性较强；价格较高。

其中，丁醇既有一定的亲水性，又有一定的亲油性，对油污的亲和力大于乙醇，可单独作为溶剂，也可以根据不同的洗消要求，与亲水性溶剂或亲油性溶剂一起混合使用。

环己烷也是既有亲水性，又有亲油性，亲油性比丁醇更强，以溶解多种极性的有机物，也可和水混合使用。

苯甲醇难溶于水，对极性有机化合物有优良的溶解性。

乙醇又称酒精，是无色、透明、易挥发和易燃的液体。有酒的气味和刺激性辛辣滋味。制法有发酵法，以淀粉或糖质为原料进行发酵制得；工业上用乙烯直接或间接与水结合制得。主要用作染料、涂料、医药、合成橡胶等有机化工原料，75%乙醇用作消毒剂，也可用作溶剂等。

乙醇分子式 C_2H_6O，相对分子质量 46.07，熔点 $-117.3℃$，沸点 78.4℃，饱和蒸气压 5.33kPa（19℃），闪点 12℃，自燃温度 363℃，相对密度（水＝1）0.79，相对密度（空气＝1）1.59，与水混溶，可混溶于甲醇、醚、氯仿、甘油等多数有机溶剂，有吸湿性。

其蒸气与空气形成爆炸性混合物，遇明火、高温能引起燃烧爆炸。爆炸极限为 3.5%～18.0%，燃烧热 1365.5kJ·mol^{-1}。与氧化剂能发生强烈反应。其蒸气比空气重，能在较低处扩散到很远的地方，遇火源引着回燃。若遇高温，容器内压增大，有开裂和爆炸的危险。燃烧时发出紫色火焰，生成一氧化碳、二氧化碳。

(2) 二元醇与多元醇　二元醇是分子中含两个羟基的醇，例如乙二醇（CH_2OH·CH_2OH）。

多元醇是分子中含三个或三个以上羟基的醇，例如甘油（CH_2OH·$CHOH$·CH_2OH）。分子中亲水的羟基所占的比例越大，其亲水性越强。

多元醇溶剂的溶解能力与一元醇相近。多元醇溶剂中最重要的代表是乙二醇，它是一种无色黏稠的液体，可以和水以任何比例混溶，略带有甜味，是一种优良的溶剂。在多元醇中，丙二醇与乙二醇比较，在分子中羟基所占的比例下降，亲水性减小，亲油性增强。它毒性极小，常用于清除航空煤油。

5.3.4　醚类溶剂

醚是两个一价烃基和一个氧原子连接的化合物。

5.3.4.1　醚的分类

根据烃基的结构，醚分为以下几类。

(1) 脂肪醚　其两个一价烃基是脂肪烃基，通式是 R—O—R′。

(2) 芳香醚　其两个一价烃基是芳香烃基，通式是 Ar—O—Ar′，Ar 和 Ar′代表芳香烃基。

两个烃基相同的醚称为简单醚。例如二乙醚和二苯醚等。

5.3.4.2　醚的性质

除甲醚和苯甲醚是气体以外，其他醚多数是液体；醚比水轻，与水稍能互溶，但不能和水混溶；容易挥发；生化性质比较稳定，和稀酸、碱及水共热时，不起化学反应。

由乙二醇所衍生出的各类醚，如乙二醇单甲醚、乙二醇单乙醚和乙二醇单正丁醚，都是很好的有机溶剂，具有很好的脱脂性能，在污染物洗消中常常使用，有的对高分子树脂有很强的溶解能力。这些醚除了作为一般的洗消溶剂之外，常作为涂料剥离剂的主要原料。但是，它们毒性较强，应注意安全使用。

乙二醇单乙醚俗称溶纤剂。乙二醇单乙醚（HOCH$_2$CH$_2$—O—CH$_2$CH$_3$），由环氧乙烷和乙醇作用制得。是无色液体，几乎无臭味，相对密度 0.9297，沸点 135.1℃，常用作为涂层、塑料等树脂及纤维素的良好溶剂，喷漆的原料和稀释剂，也用作去漆剂。

乙二醇单丁醚 HOCH$_2$CH$_2$—O—(CH$_2$)$_3$CH$_3$，被称为丁基溶纤剂，由环氧乙烷和正丁醇作用制得，是无色液体，相对密度 0.9027，沸点 171.1℃。常用作为药物萃取剂、树脂及硝酸纤维素的溶剂等。

乙二醇单甲醚（HOCH$_2$CH$_2$—O—CH$_3$）由环氧乙烷和甲醇作用制得，被称为甲基溶纤剂，是无色液体，有使人愉快的气味，相对密度 0.9647，沸点 124.6℃，可溶于水、乙醇、丙酮、乙二醇等，性能较稳定，也用作为树脂、硝酸纤维素的溶剂和增塑剂以及农药的分散剂等。

5.3.5　酮类溶剂

酮是羰基的两个单键分别与两个烃基连接的产物。

5.3.5.1　酮类溶剂的分类

根据其结构可分为以下几类。

（1）脂肪酮　分子内含两个脂肪烃基的酮。

（2）芳香酮　分子内含两个芳香烃基的酮。

分子中的两个烃基相同的酮称为简单酮，如丙酮 [(CH$_3$)C═O] 和二苯甲酮 [(C$_6$H$_5$)$_2$C═O]。

两个烃基不相同的酮称为混合酮。如甲基乙基甲酮（CH$_3$COC$_2$H$_5$），又称为甲乙酮和2-丁酮。此外，还有环状结构的环酮，如环己酮，是无色油状的液体，相对密度 0.9478，沸点 155.7℃，凝固点 −16.4℃；微溶解于水，较易溶解于乙醇和乙醚。

5.3.5.2　酮类溶剂的性质

酮大多数是液体，化学性质活泼，能和氢、氨、亚硫酸氢钠等起加成反应；但活泼性不及醛，不能被弱氧化剂所氧化。

5.3.6　酯类溶剂

酸分子中可电离的氢原子被烃基取代生成的化合物为酯。酯可由醇和酸反应并失水而制得。

5.3.6.1　酯类溶剂的分类

（1）根据酸的种类分

① 无机酸酯　由醇和无机酸反应并失水制得。许多酯是容易挥发的液体，如硫酸氢甲酯 CH$_3$O·SO$_3$H。

② 有机酸酯　由醇和有机酸反应并失水制得。通式是 R′COOR，R 是醇分子中的烃基，R′ 是酸分子中的烃基，如醋酸乙酯 CH$_3$COO·CH$_2$CH$_3$。

（2）根据烃系的种类分

① 脂肪酯　由脂肪酸和醇反应而得，如乙酸乙酯。

② 芳香酯　由芳香酸和醇反应而得，如乙酸苯酯 $CH_3COO \cdot C_6H_5$。

③ 环酯　由环酸和醇反应而得，如糠酸甲酯 $C_4H_3O \cdot COO \cdot CH_3$。

5.3.6.2 酯类溶剂的性能特点

酯属于中性物质，会水解生成对应的酸和醇。含碳量少的酯通常为液体，具有香味，可作为溶剂或香料。含碳量多的脂肪酯是不溶于水的液体或固体。

酯类的特点是毒性较小，有芳香气味，不溶解于水，而可以溶解伯酯类，因此可用作油脂的溶剂。常用于油污洗消的酯类溶剂有甲酯、醋酸乙酯、醋酸正丙酯等。

5.3.7　酚类溶剂

芳烃（苯环或稠苯环）和羟基直接连接的化合物为酚，其通式是 ArOH，Ar 代表芳烃。

5.3.7.1 酚类溶剂的分类

根据分子中所含羟基的数目分。

（1）一元酚　分子中含有一个羟基的酚，如苯酚 C_6H_5OH。

（2）二元酚　分子中含有两个羟基的酚，如苯二酚 $C_6H_4(OH)_2$。

（3）多元酚　分子中含有三个或三个以上羟基的酚，如苯三酚 $C_6H_3(OH)_3$ 和苯六酚 $C_6(OH)_6$。

5.3.7.2 酚类溶剂的性质

酚类大多数是无色晶体，难溶于水，易溶于乙醇和乙醚。与醇相比，酚有显著的酸性，能与碱直接作用，生成酚盐，如苯酚钠 C_6H_5ONa。大多数酚能与三氯化铁溶液作用，利用其产生的特殊颜色可作出鉴别。

5.3.7.3 洗消用的酚类溶剂

主要有苯酚和苯甲酚等，其熔点较高，呈微酸性，有较强的毒性，可作为杀虫剂和消毒剂。

（1）苯酚　俗称石炭酸，是无色或白色晶体，在空气中变粉红色。有特殊气味，有腐蚀性，有毒。相对密度 1.071，熔点 42～43℃，沸点 182℃。室温时稍溶于水，水也稍溶于苯酚，在 >65℃ 时，可和水混溶。几乎不溶于石油醚，但是易溶于乙醚、乙醇、氯仿、甘油和二硫化碳等溶剂。三氯化铁与其水溶液作用呈紫色。

（2）苯甲酚　有三种同分异构体，邻苯甲酚、间苯甲酚和对苯甲酚，作为清洗剂的苯甲酚是其混合物。邻苯甲酚是无色晶体，有强烈的苯酚气味，相对密度 1.0465，熔点 30℃，沸点 191℃。溶于水、乙醇、乙醚与碱溶液。

5.3.8　混合溶剂

混合溶剂是把两种或两种以上的溶剂按一定的规律混合在一起。把两种溶解性能和使用范围不同的溶剂（包括水）混合所得到的溶液，由于它们互相影响，较大程度地改善了其溶解能力，使各溶剂的优点得到充分发挥，以便更有效地溶解、清除各种污垢。根据两种溶剂混合所形成的溶液的不同情况，可分为以下几种使用方法。

5.3.8.1 相溶溶剂法

相溶溶剂法是指把两种可以相互溶解的溶剂混合，得到一种均匀的单相溶剂体系的方法。例如，将水与乙醇按适当比例混合所形成的单相混合溶剂。这种混合溶剂可以更好地发挥水和乙醇的溶解特性，使原来在水中难以溶解的色素等污垢易于被溶解，也使原来在乙醇中难以溶解的食盐等电解质也易于被溶解。

5.3.8.2　乳化溶剂法

乳化溶剂法是指两种溶剂相互混合时，一种溶剂被乳化分散到另一种溶剂中所得的分散体系的方法。乳化溶剂法根据其配制方法不同，可分为乳化液型和乳化性溶剂型两种。

（1）乳化液型　这种方法是在水和亲油性溶剂的混合液中加入少量表面活性剂形成稳定的乳化液的方法。乳化液分为把油分散到水中的水包油型（O/W）乳化液和把水分散到油中的油包水型（W/O）乳化液。在工业清洗领域所使用的乳化液主要是水包油型的。

这种乳化液的优点是可以把水溶性污垢和油溶性污垢同时清除。在把挥发性强的可燃有机溶剂分散到水中形成乳化液以后，既可使清洗过程的安全性得到保证，又可节省价格较高的亲油性溶剂，还可在洗消工艺之后的冲洗过程中用水作为冲洗剂，使成本降低。

需要注意的是，水包油型乳化液会在污垢表面形成一层水膜，这样亲油性溶剂对污垢的清洗作用就不能充分发挥；而使用油包水型乳化液时，在污垢表面又会形成一层油性溶剂膜，而妨碍水对污垢的清除作用。

研究结果表明，使用上述的两相溶剂法在清除油脂类污垢时，比使用油包水型乳化液更便宜，清除效果也更好。

（2）乳化性溶剂型　把少量表面活性剂加到亲油性溶剂中，得到一种透明的亲油性溶剂，称为"可溶油"。在洗涤过程中，被洗消表面上的亲油性污垢，在可溶油的作用下被溶解清除。

(a) 用三氯乙烯与表面活性　　　(b) 用水洗　　　　　(c) 冲洗并干燥
剂混合液洗涤

图 5.5　乳化性溶剂型清除污垢过程
●亲油性污垢；○亲水性污垢

图 5.5 说明乳化性溶剂型清除污垢的过程。由图中可以看出，在待洗表面上原来含有亲水性和亲油性两种污垢。在洗涤过程中，在三氯乙烯溶剂和表面活性剂组成了可溶性油之后，加到被清洗对象的表面，表面上的油性污垢溶解在可溶性油之中；在后续用水冲洗的过程中，可溶性油和油性污垢被乳化分散到水中，被清洗表面的水溶性污垢也被溶解于水而清除；再经烘干，得到洁净的表面。这种方法适用于难于被干燥的溶剂。使用这种方法可以很容易在清洗之后，用水把被清洗表面上的亲油性溶剂置换下来。

乳化液溶剂与乳化性溶剂外观上的区别在于前者是不透明的而后者是透明的。

5.3.8.3　两相溶剂法

煤油和水是两种互不相溶的液体，在没有加入乳化剂的情况下，两者之间是不能形成稳定的乳化液的。把这两种液体混合后，静置，由煤油和水组成的体系将分成油和水两相，并有明显的分界面。在用很强的外力对混合体系加以搅拌以后，也只能暂时使它们变成乳化状态。因此，在用煤油和水的混合溶剂进行洗消时，对待清洗表面的作用，在本质上仍然是两种溶剂各自分别起作用。

在利用煤油这种价格便宜的石油溶剂作为清洗溶剂时，有时在其中加入一定量的水，这样一方面可以利用水对极性污垢的清洗作用，同时也克服煤油可燃性的缺点，并且还可降低溶剂的成本，以提高经济效益。这是一个两相溶剂法应用的实例。

5.3.8.4　乳化液与加溶混合液的区别

乳化液与加溶混合液都是由水、亲油性有机溶剂和表面活性剂三种成分所组成。它们的不同点表现在以下几个方面。

（1）乳化液或乳状液是一种不稳定的多相不连续体系，而加溶混合液是稳定的透明的连续体系。

（2）乳化液三种成分之间的相互影响，有时反而会使洗消效果变差；而在加溶混合液中，三种成分之间的相互作用，往往起到促进洗消能力提高的作用。

（3）在加溶混合液中，应注意到乳化液中所使用的表面活性剂的量比，即表面活性剂的用量不能比被增溶的溶剂量少，一般至少要和被增溶溶剂的用量相等，才能形成加溶溶剂的混合液。

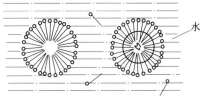

图 5.6　O/W 型增溶剂的模型

（4）被加溶混合液与表面活性剂的性能之间有一定关系，要进行适当的选择。

在染毒衣物的干洗中所使用变性皂掺水干洗法，就是在使用卤代烃合成溶剂和石油干洗溶剂时，加入质量分数大约为 1% 的水及大于水量的表面活性剂，形成水包油型的加溶溶剂混合液。使用这种方法，对于织物上的水溶性污垢有很好的清除作用。

在以脱脂为主要目的的精密工业洗消领域里，经常用水、表面活性剂和有机溶剂组成水包油型加溶溶剂混合液（见图 5.6）。煤油和正己烷等非极性有机溶剂，在表面活性剂中的加溶量比较小。而卤代烷、芳香烃溶剂和松香类溶剂等带有一定极性的有机溶剂，在表面活性剂中的加溶量比较大，所以后者所形成的水包油型加溶溶剂混合液的脱脂效果更好。

5.4　非水溶剂型洗消剂的应用

5.4.1　非水溶剂溶解能力的判断指标

非水溶剂对高聚物、油垢等的溶解，包括使被溶解的物质转变成分子状态和溶胀并分散为更小颗粒状态两个过程。其溶解能力有多种方法和指标判断，常用的有极性相似相溶原则、苯胺点、KB 值——贝壳松脂丁醇值和溶解度系数等。

5.4.1.1　极性相似相溶原则

极性小的物质易溶解于极性小的溶剂；极性大的物质易溶解于极性大的溶剂。

属于非极性的常用溶剂有苯、甲苯、汽油等，可以用其溶解天然橡胶，尤其是未经硫化的橡胶、无定形聚苯乙烯和硅树脂等。

属于中等极性的常用溶剂有酯、酮、卤代烃等，可以溶解环氧树脂、不饱和聚酯树脂、氯丁烯橡胶、聚氯乙烯和聚氨基甲酸酯等。

属于极性的常用溶剂有醇、酚以及水等，可以溶解或溶胀聚醚、聚乙烯醇、聚酰胺、聚乙烯醇缩醛等。

当高聚物分子中含有不同极性的基团时，宜采用由含有不同极性的溶剂组成的混合溶剂。例如，由强极性的乙醇和非极性的苯的混合溶剂，可以溶解和清除含二醋酸纤维素的聚合物垢，因为二醋酸纤维素分子中既含有极性较小的醋酸酯基，又含有强极性的羟基，所以采用单一溶剂不易被溶解。

当溶解处于晶态的高聚物时，先是破坏结晶，然后再被分散、溶解。前者是一个吸热过程，因此，加热有利于其完成。非极性的晶态高聚物被加热到熔点附近时，比较容易被溶解。极性的晶态高聚物进入极性溶剂后，分子中的无定形部分可以和溶剂分子相互作用，在分子间形成极性键，并放出热，补偿破坏晶格所需要的能量。因此，在常温下，极性高聚物可以溶解于极性溶剂中。例如，极性的聚酰胺能溶解于极性的甲酚中。

5.4.1.2　溶解度参数 δ 相似原则

溶解度参数 δ 又称为溶解度系数，是指将单位体积（$1cm^3$ 或 $1m^3$）的物质分子分散所需的能量。它代表物质分子间相互作用力的大小，和分子的极性有关。溶解度参数大的物质，其分子的极性强，分子间的作用力大。溶剂和溶质的溶解度参数越相近，越易于相互溶解，完全符合相似相溶的规律。

高聚物也有一定的溶解度参数。例如，聚苯乙烯的溶解度参数为 9.1，醋酸乙酯 9.1、苯 9.2、甲苯 9.0、二甲苯 9.2、氯仿 9.2 和甲乙酮 9.3。

如果在现有的溶剂中找不到溶解度参数相近者，可以采用混合溶剂。

混合溶剂的溶解度参数（$δ_总$）是单一溶剂的溶解度参数（$δ$）与相应溶剂在混合溶剂中的体积分数（$φ$）的乘积之和。

$$δ_总 = φ_1δ_1 + φ_2δ_2$$

例如，溶解度参数为 11 的硝化纤维素，不溶解于溶解度参数为 7.4 的乙醚、溶解度参数为 14.1 的甲醇或溶解度参数为 12.7 的乙醇等，但是，可溶解于按一定比例组成的，使溶解度参数接近于 11 的任何两种溶剂的混合物中。混合溶剂的溶解能力往往比单一溶剂的强。

溶解度参数可由不同的方法测算出，例如，高聚物的溶解度参数是由表面张力法、渗透压法与溶胀法等测出的；而溶剂的溶解度参数一般是由摩尔蒸发能求出的。

用溶剂溶解高聚物的能力大小，除了考虑溶解度参数是否相近以外，还应该考察与溶解有关的其他因素。例如，高聚物的结晶度、是否有氢键存在等。在结晶度比较低的高聚物中，无定形结构的比例大，分子链之间的间隙大，溶剂分子的渗透比较容易，有利于高聚物的溶解。结晶度较高的高聚物则反之。溶解度参数相近相溶的规律，仅适用于非极性体系，不适用于极性高聚物以及能生成氢键的体系。

5.4.1.3　KB 值——贝壳松脂丁醇值

KB 值是评价溶剂溶解能力的另一个指标，主要用于涂料工业中评价涂料及相关产品在溶剂中的溶解能力。溶剂的 KB 值越高，表明其溶解极性有机化合物的能力越强。

在测定贝壳松脂丁醇值中，要使用贝壳松脂丁醇溶液。

贝壳松脂丁醇溶液的配制方法是，取 400g 贝壳松脂树脂，研磨，置于 3L 的烧瓶中，边剧烈搅拌，边加入 2kg 正丁醇（沸点 116～118℃），搅拌至树脂全部溶解；也可以在 55℃ 左右的水浴中搅拌 48h 使之溶解，或者在回流装置中，用蒸气加热以后，静置 48h，用布氏漏斗过滤，除去不溶物。所得滤液即为贝壳松脂丁醇溶液。

贝壳松脂丁醇值的测定方法是，在 25℃ 的条件下，取贝壳松脂丁醇溶液（$20±0.1$）cm^3 置于 $250cm^3$ 三角烧瓶中，用标准甲苯溶剂滴定；当溶液开始变混浊时为滴定终点；记录所用标准甲苯溶剂的体积 $A(cm^3)$；再用甲苯∶正庚烷的体积比为 25∶75 的混合溶剂，对 $20cm^3$ 贝壳松脂丁醇溶液进行滴定，至溶液变混浊为终点；记录所用甲苯-正庚烷混合溶剂的体积 $B(cm^3)$；然后采用与上述相同的方法，用待测溶剂滴定 $20cm^3$ 贝壳松脂丁醇溶液，记录所用待测溶剂的体积 $C(cm^3)$。

$$被测溶剂的 KB 值 = \frac{65(C-B)}{A-B} - 40 \tag{5.1}$$

式中，A 为所加标准甲苯溶剂的体积，cm^3；B 为所加甲苯-正庚烷混合溶剂的体积，cm^3；C 为待测溶剂的体积，cm^3。

当溶液的温度偏离 25℃ 时，应对溶液的体积量进行校正。

5.4.1.4 苯胺点（AP）

把苯胺与待测定溶解能力的溶剂等体积均匀混合，逐渐降低温度，该体系即将发生混浊的最低温度，即为该溶剂的苯胺点（℃）。

由于苯胺是极性有机化合物，因此苯胺点的高低，表征溶剂溶解极性有机化合物的能力大小。苯胺点越低，表明该溶剂对苯胺的溶解能力越强。

饱和脂肪链烃溶剂的苯胺点（70℃左右）＞脂环族饱和烃溶剂的苯胺点（50℃左右）＞芳香烃溶剂的苯胺点（10℃左右）。这一顺序表明三者对极性有机化合物的溶解能力依次增强。

对于苯胺点很低的溶剂，由于在常温下很难测到其苯胺点，必须以混合苯胺点表示。

混合苯胺点是把待测溶剂、苯胺和一定纯度的正庚烷以1:2:1的体积比均匀混合，测定其即将混浊的最低温度。加入正庚烷可使苯胺在低温下的溶解性增大，把苯胺点提高到室温以上，便于测定。

$$混合苯胺点＝［苯胺点＋正庚烷的苯胺点(69)］/2$$

在测出混合苯胺点以后，即可应用上式计算出相应的苯胺点。苯胺点主要用在石油工业中，评价各种溶剂的溶解能力。

在工业应用中，石油烃类溶剂油一般是脂肪烷烃、环烷烃和芳香烃的混合物，因此，由其苯胺点的高低可以判断该溶剂的大致组成。显然，苯胺点高的溶剂油，所含脂肪烷烃的比例比较大；相反，苯胺点较低的溶剂油，所含的芳香烃比例较大。

溶剂的贝壳松脂丁醇值越大，其溶解能力越强；相反，溶剂的苯胺点越高，其对极性有机化合物的溶解能力越弱。

KB值和苯胺点的定量关系如下。

$$KB值＝(84.3～0.37)×苯胺点 \tag{5.2}$$

$$苯胺点＝(228～2.7)×KB值 \tag{5.3}$$

一般而言，非极性溶剂的KB值小，苯胺点高；极性溶剂的KB值大，苯胺点低。因此，清除极性污染物，如动植物油脂的污染物，宜选择苯胺点低、KB值高的溶剂；清除非极性污染物，如矿物油垢，应选择苯胺点高、KB值低的溶剂。

5.4.2 非水溶剂型洗消剂的局限性

非水溶剂具有毒性、可燃性、易爆炸性和污染工作环境等问题。因此，在洗消时，有其明显的局限性，应力求做到安全使用。

5.4.2.1 非水溶剂的毒性

（1）非水溶剂对人体的毒害　非水溶剂的毒性主要表现在其蒸气被人体吸入，或制剂被人体接触后，引起人体的局部刺激和麻醉作用，进而使人体器官的某些功能受到损害。根据人体中毒的程度及持续性，可分为急性中毒和慢性中毒。其中，急性中毒是人体暴露在较大剂量的制剂或高浓度的溶剂蒸气中，在短时间内所发生的。慢性中毒是人体暴露在较大剂量的制剂或高浓度的溶剂蒸气中，在较长的时间内，毒性物质侵入人体后所发生的积累性中毒。两者对人体健康都不利。急性中毒往往表现出全身性的症状，由于症状明显，易于辨认和得到及时的治疗，除了造成严重的致命危害外，一般比慢性中毒更容易治愈。

当皮肤接触易于溶解动物脂肪的非水溶剂，如烃类、脂类、醚类、酮类等溶剂时，都会引起脱脂反应。因此在使用这些溶剂时，应涂敷保护性油脂和穿戴防护用品。一旦与非水溶剂接触，对皮肤造成损害，出现症状，应及时治疗。

非水溶剂对人体危害的另一条途径是经过鼻腔吸入体内。在短时间内，人体吸入大量溶剂的蒸气时会引起急性中毒。为了防止非水溶剂蒸气通过呼吸途径进入人体，在洗消过程中所使用的设备最好是密闭式的，并且有良好的通风条件，以降低空气中有毒溶剂蒸气的浓度。现场人员应戴防护口罩或面罩。

通过口腔进入人体，即误服非水溶剂时，应尽快采取催吐、洗胃及其他必要的措施。

（2）非水溶剂毒性的分类

① 按非水溶剂对人体生理作用的毒害性，可分为损害神经系统的溶剂（除甲醇以外的伯醇、醛类、酮类、醚类及部分酯类溶剂等）、引起肝脏中毒及新陈代谢障碍的溶剂（有卤代烃类等）、引起肾中毒的溶剂（有四氯乙烷、乙二醇类等）、引起肺中毒的溶剂（有羟酸甲酯、甲酸酯等）、引起血液中毒的溶剂（有乙二醇类、苯及其衍生物等）。

② 按溶剂对人体健康的毒害程度可分为三类。

第一类是无毒害溶剂和基本上无毒害的溶剂（如戊烷、己烷、庚烷、氯乙烷、轻质汽油、乙醇、乙酸、乙酸乙酯、油醚），以及略有毒性但挥发性低，在一般条件下使用基本安全的（如乙二醇、丁二醇、邻苯二甲酸二丁酯等）。

第二类是有一定毒性的溶剂，但是，在短时间内，即使在最大允许浓度下，也无重大的毒害作用，如甲苯、二甲苯、环己烷、环庚烷、环氧乙烷、乙酸丙酯、异丙苯、戊醇、乙酸戊酯、丁醇、三氯乙烯、四氯乙烯、氢化芳烃、四氢化萘、硝基乙烷等。

第三类即使在短时间内接触也有毒害作用的溶剂，如苯、二硫化碳、四氯化碳、甲醇、四氯乙烷、五氯乙烷、乙醛、苯酚、硝基苯、硫酸二甲酯等。

③ 按在现场使用条件下的毒害程度可分为三类。

第一类弱毒性溶剂，如 200 号溶剂汽油、乙醇、丙醇、丁醇、戊醇、环己烷、甲基环己烷、丙酮、四氢化萘、松节油、溶纤剂、乙酸乙酯、乙酸丙酯、乙酸丁酯、乙酸戊酯、糠醛、糠醇等。

第二类中等毒性溶剂，如甲醇、甲苯、二氯甲烷、三氯乙烯、四氯乙烯等。

第三类强毒性溶剂，如苯、二硫化碳、四氯化碳、氯仿、二氯乙烯、四氯乙烷、五氯乙烷、二氯乙醚、2-氯乙醇等。

在洗消过程中应特别引起注意的毒性溶剂有苯、卤代烃、甲醇、乙醚等。

5.4.2.2　溶剂的可燃性

许多非水溶剂都是易燃的，因此，在使用中，都应采取严格的防范措施，防止火灾的发生。

表征物质可燃性的主要指标有闪点、燃点（即着火点）和自燃点。

（1）闪点　又称闪燃点，是液体表面的蒸气和空气的混合物与火接触，而初次发生蓝色火焰的瞬间闪光时的最低温度。它是表示可燃性液体的性能指标之一，与溶剂的气化性能密切相关，表示着火的危险程度。

闪点表示在大气压力（101.3kPa）下，一种液体表面上方释放出的可燃蒸气与空气完成混合后，可以被火焰或火花点燃的最低温度。闪点越低的液体，越容易燃烧、爆炸。闪点低于 45℃ 的物质为易燃物。闪点比着火点低一些。

（2）燃点　又称着火点。燃点是指溶剂表面的蒸气与空气的混合物，与火焰接触时发生火焰，并且持续燃烧不少于 5s 的温度。通常的燃点比闪点高出 5～10℃。可在测定闪点之后，在同一仪器中继续测定燃点。

（3）自燃点　自燃点是指物质在无火焰接近时自行燃烧的温度，它是与燃点完全不同的概念。自燃是物质自发燃烧的现象，通常是迟缓的氧化作用所引起的。自燃点不受物质熔点、沸点、挥发性等物理性质的影响，主要取决于物质的化学性质。闪点或燃点越低的溶剂，自燃点反而越高。例如，苯的闪点为－11℃，而自燃点为562℃；甲苯的闪点为4℃，自燃点为552℃。

通常，用闪点与燃点两项指标来判断物质的可燃性。在一般的情况下，闪点低的溶剂，着火的危险性大。闪点仅仅表示液面上蒸气的可燃性。但是，要不断地燃烧，必须有蒸气连续产生，而燃点才是燃烧可持续发生的温度。因此，闪点和燃点都低的溶剂，更加容易燃烧。

5.4.2.3　溶剂的可爆性

（1）爆炸极限　又称为燃烧极限，是指一种可燃性气体或蒸气与空气的混合物，能发生爆炸的浓度范围。在一定的温度和压力下，易燃溶剂的蒸气与空气或氧组成的混合物会燃烧或爆炸。但混合物的组成存在一定的范围，在这个组成的范围之外，供给它的能量再大，也不发生燃烧或爆炸。这种能发生着火、爆炸的组成范围，称为燃烧范围或爆炸范围，其组成的极限就是燃烧极限。

发生燃烧或爆炸时溶剂的最低浓度是燃烧或爆炸的下限；发生燃烧或爆炸时溶剂的最高浓度是燃烧或爆炸的上限。溶剂的浓度高于或低于上、下限浓度都不会发生爆炸。一般用可燃性气体或蒸气在混合物中的体积分数（％）表示，有时也用每立方米或每升混合物中含可燃性气体或蒸气的质量（g）表示。

（2）防止非水溶剂燃烧和爆炸的措施　由于易燃性溶剂有着火、燃烧和爆炸的危险，因此，在使用时，必须采取必要的预防措施。

① 必须用密闭式容器储存易燃溶剂，并避免日光直接照射和接近火源。

② 由于溶剂蒸气大多比空气重，在低处更容易到达其爆炸极限，因此在低处操作时，更应注意避开火源。

③ 操作场所应有良好的通风条件，配置必要消防器材。

④ 由于溶剂流动时可能产生静电积累，所以与其接触的装置应该接地，以及时消除静电。

⑤ 在条件许可时，尽量选用较不容易燃烧和爆炸的溶剂作为洗消剂。

5.4.3　非水溶剂型洗消的基本要求

（1）溶解能力强　选用非水溶剂作为洗消剂，其溶解能力要强，可以少量的溶剂溶解和清除大量的污染物。

（2）溶解范围宽　同一组洗消用的溶剂，可以清除多种组分的混合污染物。因为，洗消所面对的污染物的组分是很复杂的，可能有有机组分，又有无机组分；有亲水的，有亲油的；有易溶于水的，有难溶于水的。如果，所选用的溶剂组成有较宽的溶解范围，可得以节省工时和原材料，降低成本。一般混合溶剂比单一溶剂的溶解范围更宽。

（3）不损伤或少损伤洗消的设备或材料表面　选用的非水溶剂型洗消剂对被清洗表面所造成的溶解、溶胀、腐蚀、失光、开裂或起泡等损伤，应控制在许可的程度内。

（4）有适宜于洗消作业的物理性能　低的发泡性，不至于洗消时外溢；熔点不太高，在常温下为液态，便于操作；适当的沸点，沸点过高，洗消后的表面不容易干燥，沸点过低，溶剂的蒸气压太高，挥发快，既增加洗消成本，又容易引起燃烧，造成环境污染，毒害现场的工作人员等；使工作人员难以接受的气味尽量小。

（5）尽量小的可燃性、爆炸性和毒性。

5.4.4　非水溶剂的应用

非水溶剂型洗消剂的主要洗消对象是有机污垢——动植物和矿物油污、有机聚合物等。

例如，清洗金属材料及其设备表面上的机械工作油、润滑油、防锈油等，常用汽油、煤油、松节油、酒精、丙酮、甲苯、二甲苯、四氯化碳、二氯乙烷、三氯乙烷等。通常采用浸渍法、蒸气喷射法、超声波清洗法，溶解污垢比碱液法和表面活性剂法快。

此外，在日常生活中，衣物沾有油污，也可用非水溶剂，主要有汽油、苯等烃类溶剂和三氯乙烯、四氯乙烯、四氯化碳等卤代烃溶剂。其中衣物机洗用的干洗剂主要是四氯乙烯，还有三氟三氯乙烷等氟碳系溶剂。

◆ 参考文献 ◆

[1] 解一军. 溶剂应用手册 [M]. 北京: 化学工业出版社, 2009.

[2] 陈旭俊. 工业清洗剂及清洗技术 [M]. 北京: 化学工业出版社, 2005.

[3] 公安部消防局. 危险化学品事故处置研究指南 [M]. 武汉: 湖北科学技术出版社, 2010.

[4] 李进兴, 毕赢等. 消防技术装备 [M]. 北京: 中国人民公安大学出版社, 2006.

[5] 江棍, 张晓梅等. 工科化学 [M]. 北京: 化学工业出版社, 2006.

[6] 刘立文, 李向欣. 化学灾害事故抢险救灾. 廊坊: 中国人民武装警察部队学院, 2007.

[7] 李建华, 黄郑华. 事故现场应急施救 [M]. 北京: 化学工业出版社, 2010.

[8] 倪小敏, 金翔等. 对含不同添加剂的细水雾洗消氯气的实验研究 [J]. 污染防治技术, 2008, 21(6): 50-53.

[9] 倪小敏, 蔡昕等. 含酸性添加剂的细水雾洗消氨气的性能研究 [J]. 环境科学与管理, 2008, 33(12): 98-101.

[10] 韩晓宁, 伍昱等. 氯气洗消剂小尺度实验研究 [J]. 消防科学与技术, 2011, 30(1): 65-68.

[11] 倪小敏, 肖修昆等. 一种多元复合型液氨洗消剂的实验研究 [J]. 中国安全科学学报, 2008, 18(8): 97-102.

[12] 伍昱, 宋磊等. 添加剂对细水雾氯气洗消效率的影响研究 [J]. 安全与环境学报, 2009, 9(1): 54-57.

[13] 贾宁, 许可. 水喷淋消除防护服沾染生物剂的研究 [J]. 消防科学与技术, 2009, 28(1): 9-12.

[14] 蔡昕, 倪小敏. 组合式细水雾洗消喷头的设计与研究 [J]. 消防科学与技术, 2009, 28(1): 50-52.

[15] 黄金印. 公安消防部队在化学事故处置中的应急洗消 [J]. 消防科学与技术, 2002, (2): 64-67.

[16] 吴文娟, 张文昌, 牛福等. 化学毒剂侦检 防护与洗消装备的现状与发展 [J]. 国际药学研究杂志, 2011, 38(6): 414-427.

[17] 和丽秋, 李纲. 危险化学品灾害事故中的洗消 [J]. 云南消防, 2003, (12): 54-55.

[18] 王峰, 徐海云, 贾立峰. 洗消剂的消毒机理及研究发展状况 [J]. 舰船防化, 2003, 4: 1-6.

[19] 韩磊. 几种消毒剂的消毒机理及比较 [J]. 河北化工, 2003(3): 19-20.

第**6**章

洗涤型洗消剂

洗涤型洗消剂能将浸在某种介质（一般为水）中的固体表面的污染物去除。在消防洗消过程中，广泛应用于人员的衣物、器材装备、染毒物品等的洗消。洗消剂的主要成分是表面活性剂，表面活性剂具有良好的湿润性、渗透性、乳化性、增溶性、洗涤性等性能，能够有效地去除附着在物体表面的污染物液滴或微小颗粒。目前，广泛使用的有肥皂水、洗衣粉、洗消液等，它们容易获得、应用性广、经济，是很好的洗消剂。但洗涤型洗消剂是一种复杂的混合物，除了表面活性剂外，还添加有其他的洗消助剂，洗消体系是复杂的多项分散体系，分散介质种类繁多，体系中涉及的表（界）面和污染物的种类及性质各异，因此，洗涤过程相当复杂。此外，由于洗消剂和污染物本身的特殊性质，在洗消过程中产生大量的洗消废液具有一定的毒害性，如果处理不当会使毒剂发生渗透和扩散，造成更大范围的污染。因此，在归纳总结现有经验的基础上，应进一步梳理洗涤型洗消剂洗消的基本规律，以期提高其在洗消过程的利用率和洗消效率。

6.1 洗消机理

洗涤型洗消剂的洗消是将浸在某种介质（一般为水）中的固体表面的污染物去除的过程。在洗消过程中，加入洗涤型洗消剂以减弱污染物与固体表面的黏附作用并施以机械力搅动，借助于介质（水）的冲力将污染物与固体表面分离而悬浮于介质中，最后将污染物冲洗干净。洗涤型洗消剂的洗消过程是非常复杂的，这是因为该类型的洗消剂的主要成分是表面活性剂，同时添加有其他的洗消助剂，它们在洗消过程中发挥着特殊的作用。

6.1.1 污染物的作用机制

消防部队灭火和应急救援的环境不同，染毒对象不同，污染物的种类、成分和数量也不同。消防人员参加火灾和各类灾害事故的应急救援的任务不同，所以消防人员衣服上沾染的污染物的种类是不同的。同时，污染物一旦与物体表面接触，往往很难去除。这里重点介绍洗涤型洗消剂对污染物的作用机制。

6.1.1.1 污染物的分类

按照污染物存在的状态不同，通常可以将污染物分为两大类。

（1）液体污染物　液体污染物按照溶解性的不同，可进一步分为油质污染物和水溶性污染物。其中，油质污染物的主要成分多为液体或半固体，主要包括矿物油（原油、燃烧油、润滑油、煤焦油等）、动植物油、皮脂。其特征是不溶于水，而能溶于有机溶剂。水溶性污染物大都来自人体分泌物或食物，如果汁、糖、无机盐、血等，可溶于水中，或与水混合形成胶态溶液。

液体污染物在洗消过程中被清除的难易程度，取决于洗消剂存在时液体污染物与基物的接触角，接触角越大越易清除。

（2）固体污染物　固体污染物属不溶性污垢，如尘埃、石灰、黏土、煤灰、砂、铁锈、炭黑等。这些固体颗粒表面有时带正电、有时带负电。固体污染物通常以范德华力黏附在基物表面。它们虽不溶于水和有机溶剂中，但可被洗涤型洗消剂分子吸附而分散，悬浮在水中。

对于任意染毒对象而言，液体污染物和固体污染物经常出现在一起，构成混合污染物，往往是液体污染物包围固体污染物黏附在物品表面。混合污染物与物品表面的黏附性质同液体油类污染物基本相似。

6.1.1.2　污染物的黏附作用

由于污染物与物品之间存在着某种结合力，即污染物与其他物品的黏附使得污染物与物品表面接触之后不再分开。一般情况下，污染物与物品的结合力主要有机械力、静电引力、化学力、分子间相互引力等，下面作一简单介绍。

（1）机械力结合　机械力结合主要表现在固体尘土的黏附现象上。例如，衣料的粗细程度、纹状及纤维特性不同，结合力有所不同。机械力是一种比较弱的结合力，这种污染物几乎可以用单纯的搅动和振动力将其除去。但当污染物的粒子小于 $0.1\mu m$ 时，就很难去掉。夹在纤维中间或凹处的污染物有时也很难去除。

（2）静电引力结合　在水介质中，静电引力一般要弱得多。但在有些特殊条件下污染物也可通过静电引力而黏附。例如，纤维素纤维或蛋白质的表面在中性或碱性溶液中带负电，见表 6.1。

表 6.1　纤维在水中的带电

纤维	ξ/mV	纤维	ξ/mV
羊毛	-48	醋酯纤维	-36
棉	-38	丝	-1

而有些固体污染物的粒子在一定条件下带有正电荷，如炭黑、氧化铁之类的污染物。带有负电荷的纤维对于这类污染物粒子就表现出极强的静电引力。另外，水中含有的 Ca^{2+}、Mg^{2+}、Fe^{3+}、Al^{3+} 等多价阳离子在带负电的纤维和带负电的污染物粒子之间，可以形成所谓多价阳离子桥，如图 6.1 所示。有时，多价阳离子桥可能成为纤维上附着污染物的主要原因。

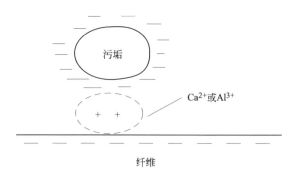

图 6.1　氧离子的桥梁作用

静电结合力比机械结合力强，所以带正电荷的炭黑、氧化铁之类的污染物附着在带负电荷的纤维上时，很难将此类污染物去除洗消掉。

（3）化学力结合　污染物通过化学吸附产生的化学结合力与固体表面的黏附，如金属表面的锈就是通过化学键黏附于金属表面。

（4）分子间力黏附　染毒对象和污染物以分子间范德华力（包括氢键）结合，例如，油污在各种非极性高分子板材上的黏附，油污的疏水基通过与板材间的范德华相吸力将油污吸附于高分子板材的表面上，污染物与染毒对象表面一般无氢键形成，但若形成，则污斑难以去除。天然纤维织品如棉、麻和丝织品与血渍的黏附，棉麻织物中的纤维上有大量羟基存在，丝织物的主要成分是蛋白质，含有大量的多肽，血渍可以通过氢键与织物黏附，这是很难除去的。

（5）油性结合　在塑料制品上的油性污染物，具有把污染物和塑料本身黏附在一起的作用，这种黏附作用可以认为是油性结合。污染物形成一种固溶体而渗透到非极性纤维（如聚酯纤维）内部，使污染物不易洗涤，油性结合是一种重要的黏附形式。

不同性质的染毒对象表面与不同性质的污染物，有不同的黏附强度。在水为介质的洗涤过程中，非极性污染物（炭黑、石油等）比极性污染物（如黏土、粉尘、脂肪等）不容易洗涤。疏水表面（如聚酯、聚丙烯）上的非极性污染物比亲水表面（如棉花、玻璃）上的非极性污染物更不容易去除，而在亲水表面上的极性污染物则比疏水表面上的极性污染物不易洗涤，如果从纯粹机械作用考虑，固体污染物在纤维性物品表面上，较光滑表面上易黏附，固体污染物质点越小则越不易去除。

6.1.2　洗涤型洗消剂的洗消过程及作用

6.1.2.1　洗涤型洗消剂的洗消过程

洗涤型洗消剂从固体表面清除能溶于水的、不溶于水的固体和液体污染物的基本步骤是，首先对染毒对象固体表面的润湿，从染毒对象的基底上去除污染物；再利用洗消剂的分散作用，使污染物稳定地分散于溶液中。这两步的效果，均取决于染毒对象的材料和污染物间界面的性质。

为了进一步说明洗涤型洗消剂的洗消作用的基本过程，以纤维织物为例，去除纤维上污染物的过程大致有以下几个过程。

（1）洗消剂对油污及纤维表面吸附作用　洗消剂分子或离子在污染物及纤维的界面上定向吸附。

（2）污染物的润湿和渗透　由于洗消剂的定向吸附和表（界）面张力的降低，使污染物与纤维润湿，从而使洗消剂渗透到污染物和纤维之间，因而减弱了污染物在纤维上的附着力。

（3）污染物的脱落　洗消剂提高了纤维和污染物的负性电荷（阴离子表面活性剂），使其产生静电排斥，加上机械作用，促使污染物从纤维上脱落下来。

（4）污染物的乳化分散　由于洗消剂的定向吸附中胶体性质使脱离纤维表面的污染物分散在洗液中，并形成稳定的分散体系，已经乳化分散的污染物就不再附着于纤维。此时，也有的污染物能够进入到洗消剂的胶团中，从而发生增溶。洗涤型洗消剂洗消基本过程如图6.2所示。

Mcbain对肥皂洗消机理提出污染物反应式以表示洗涤型洗消剂的洗涤作用。洗涤过程可表示为：

$$物品·污染物＋洗消剂 \xleftrightarrow{\text{介质中}} 物品＋污染物·洗消剂$$

由上式看出，在洗涤型洗消剂洗涤过程中，洗消剂是不可缺少的。洗消剂在洗消过程中具有以下作用，一是除去固体表面的污染物；二是使已经从固体表面脱离下来的污染物很好

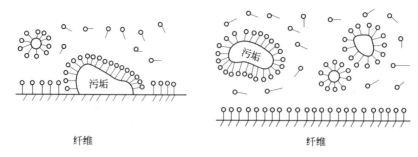

图 6.2　洗涤型洗消剂洗消基本过程

地分散和悬浮在洗消介质中，分散、悬浮于介质中的污染物经漂洗（用水清洗）后，随水一起除去，从而得到清洁的物品，这是洗涤型洗消剂洗涤的主过程。洗涤过程是一个可逆过程，分散和悬浮于介质中的污染物也有可能从介质中重新沉积于固体表面（使染毒对象变脏），这叫作污染物在物体表面的再沉积。因此，一种优良的洗涤型洗消剂应具有两种基本作用，一是降低污染物与物体表面的结合力，具有使污染物脱离物体表面的能力；二是具有防止污染物再沉积的能力。洗涤过程使用的介质，通常是水。

6.1.2.2　洗涤型洗消剂的作用

（1）降低水的表面张力，改善水对洗涤物表面的润湿性　洗涤型洗消剂对染毒物品的润湿是洗涤过程的第一步，洗消剂对染毒物品必须具备较好润湿性，否则洗消剂的洗涤作用不易发挥。

水在一般天然纤维上的润湿性较好（如棉、毛纤维），但对于再生纤维（如聚丙烯、聚酯、聚丙烯腈等）和未经脱脂的天然纤维等因其具有的临界表面张力 γ_c 低于水的表面张力，因而水在其上的润湿性较差。加入了洗消剂后一般都能使水的表面张力降至 $30\text{mN}\cdot\text{m}^{-1}$ 以下。因此，除聚四氟乙烯外，洗消剂的水溶液在染毒物品的表面都会有很好的润湿性，促使污染物脱离染毒物品表面，而产生洗涤效果。上述情况表明，在一般条件中，表面活性剂水溶液的表面张力可以低于一般纤维材料的润湿界面张力，所以纤维的润湿在洗涤型洗消剂的洗涤过程中不是什么严重的问题。

（2）洗涤型洗消剂能增强污染物的分散和悬浮能力　洗消剂具有乳化能力，能将从物品表面脱落下来的液体油污乳化成小油滴而分散悬浮于水中，若是阴离子型洗涤型洗消剂还能使油-水界面带电而阻止油珠的并聚，增加其在水中的稳定性。对于已进入水相中的固体污染物，也可使固体污染物表面带电，因污染物表面存在同种电荷，当其靠近时产生静电斥力而提高固体污染物在水中的分散稳定性。对于非离子型洗涤型洗消剂，可以通过较长的水化聚氧乙烯链产生空间位阻来使得油污和固体污染物分散稳定于水中。因此，洗涤型洗消剂可起到阻止污染物再沉积于物品表面的作用。

6.1.3　不同类型污染物的洗消机理

6.1.3.1　液体污染物的洗消

液体污染物的洗消是通过卷缩机理来实现的，即洗涤型洗消剂优先润湿固体表面，使污染物卷缩起来。首先是洗涤型洗消剂溶液润湿染毒对象表面，即使染毒对象表面已被液体污染物完全覆盖；其次是已润湿的染毒对象表面的洗消剂溶液，把液体污染物置换下来，因为洗消剂中的表面活性剂的润湿，使液体污染物"卷缩"起来，油污等液体污染物由原来平铺于染毒对象表面，卷缩成小球状，并逐渐被冲洗离开表面。洗消中的机械作用越强烈，清除越快；最后是脱离染毒对象表面的液体污染物进入洗消剂溶液中，在表面活性剂和机械力的作用下，分散于溶液中，被乳化成 O/W 型的乳液。由于染毒对象表面也吸附了洗消剂溶液，液体污染物一般不再返回黏附于表面。液体污染物随废液的排放而清除。

以液体油污为例，说明液体污染物的洗消机理。液体油污是以一平铺的油膜存在于表面的，在洗消剂对染毒物体表面的优先润湿作用下，油膜逐渐卷缩成油珠，最后被冲洗而离开固体表面，如图 6.3 所示。

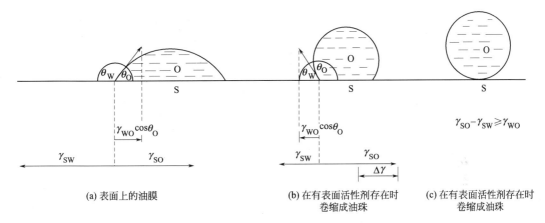

(a) 表面上的油膜　　　　　(b) 在有表面活性剂存在时　　(c) 在有表面活性剂存在时
　　　　　　　　　　　　　　卷缩成油珠　　　　　　　　卷缩成油珠

图 6.3　液体油污的卷缩过程

在染毒对象表面上的油膜有一接触角 θ，油-水、固-水、固-油的界面张力分别为 γ_{WO}、γ_{SW}、γ_{SO}，于是平衡时有下列关系：

$$\gamma_{SO} = \gamma_{WO} \cos\theta + \gamma_{SW} \tag{6.1}$$

若在水中加入表面活性剂组分，由于表面活性剂易在固-水界面和油-水界面吸附，故 γ_{SW} 和 γ_{WO} 降低。在固-油界面上由于水溶性洗消剂不溶于油而不能吸附于固-液界面，因此，γ_{SO} 不变。为了维持新的平衡，$\cos\theta$ 值须变大，θ 值变小，即接触角 θ 从图 6.3(a) 中的大于 90°变为图 6.3(b) 中的小于 90°，甚至在条件适宜时，接触角 θ 接近于零，即洗消剂完全润湿固体表面，而油膜卷缩成油珠自表面除去。

无论油污通过何种"缩卷"被去除，但去除的程度决定于接触角的大小。若如90°<θ<180°时，则污染物不能自发地脱离表面，但可被液流的水力冲走，如图 6.4 所示。而当 θ<90°时，即使在较强的运动液流的冲击，也仍然有小部分油污留于染毒对象表面，如图 6.5 所示。要除去此残留油污，需要做更多的机械功，或是通过较浓的表面活性剂溶液（浓度>CMC）的增溶作用来实现。液体油污卷缩去除过程如图 6.6 所示。

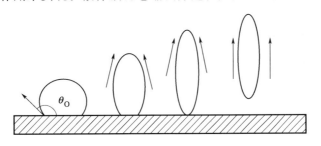

图 6.4　油滴（θ>90°）

6.1.3.2　固体污染物的洗消

对于固体污染物的洗消，洗消机理与液体污染物的洗消机理不同，其间的差异主要源于

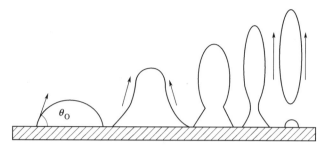

图 6.5　较大油滴（$\theta < 90°$）

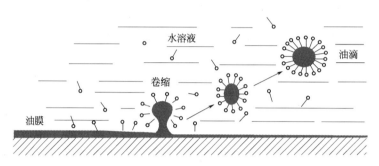

图 6.6　液体油污卷缩去除过程

两种污染物与固体表面的黏附性质不同。对于液体污染物，黏附强度可以用固-液界面的黏附自由能来表示。固体污染物在固体表面的黏附情况要复杂得多，在固体表面上固体污染物的黏附很少像液体一样扩散成一片，通常在一些点上与染毒对象表面接触和黏附，黏附作用主要来自范德华引力，其他力（如静电引力）则次要得多。静电引力可加速空气中灰尘在固体表面的黏附，但并不增加黏附强度。

质点与固体表面的黏附强度，一般随接触时间增加而增强；在潮湿空气中的黏附强度高于在干燥空气中；在水中的黏附力要比空气中的大为减弱。对于固体污染物的洗消主要是表面活性剂在固体污染物及在染毒物品表面上的吸附。由于表面活性剂在界面的吸附作用，降低了固体污染物与染毒对象表面的黏附强度，从而使污染物易于去除。固体污染物的洗消过程，主要是以表面活性剂在各种界面上的非特异吸附为基础的，并与在某些固体污染物颗粒上多价螯合物的特性吸附有关。表面活性剂和多价金属离子借助螯合物的这种特性吸附，导致污染物和被洗消表面负电荷的增加，污染物的质点和团体表面带相同电荷。相互排斥力增强，黏附强度下降。除此以外，在污染物和被洗消表面之间的吸附层内的铺展压增大、以促进污染物和被洗消表面上两价金属离子，使污染物松散——表面活性剂的吸附，可使污染物产生从被洗消表面卷离，进而引起界面张力降低的作用。总之，洗消剂组分的吸附，导致污染物和被洗消表面的界面性质发生改变，使污染物质点容易脱落。

固体污染物的洗消机理可依据兰格（Lange）的分段洗消过程来表示，如图 6.7 所示。

Ⅰ段为固体污染物 P 直接黏附于固体表面 S 的状态。此时体系的黏附能为：

$$W_{SP} = \gamma_S + \gamma_P + \gamma_{SP} \tag{6.2}$$

式中，W_{SP} 为固体与固体污染物间的黏附能；γ_S 为固体的表面能；γ_P 为固体污染物的表面能；γ_{SP} 为固体与固体污染物间的表面能。

Ⅱ段为洗消液 L 在固体表面 S 与固体污染物 P 的固-固界面 SP 上的铺展，洗消液能否润湿质点或表面，可以从洗消液是否在固体表面上铺展或浸泡来考虑。铺展系数及浸渍功为：

$$S_{W/S} = \gamma_S - \gamma_{SW} - \gamma_W \tag{6.3}$$
$$W_i = \gamma_S - \gamma_{SW} \tag{6.4}$$

若 $S_{W/S} > 0$，则洗消液能在污染物点及染毒对象表面铺展，也能浸湿。或 $W_i > 0$，则能浸湿，但不一定能铺展，故只要考虑铺展系数（$S_{W/S}$）即已足够。

这个过程更确切地说可看作是洗消液在固体表面 S 和固体污染物 P 的固-固界面中存在的微缝隙（即毛细管）中的渗透过程。

附加压力（毛管力）：

$$\Delta p = \frac{\gamma_L \cos\theta_L}{r} \tag{6.5}$$

式中，Δp 为附加压力（毛管力）。

当 $\Delta p > 0$，洗消剂就可渗入固体污染物 P 和固体表面 S 的固-固界面中的微缝隙中。若洗消液在固体表面和固体污染物表面上的接触角 θ_L 均等于零，洗消液就能在其固-固界面上铺展形成一层水膜，使固体污染物脱离固体表面进入洗消液中。

固体污染物分段洗消过程中体系能量的变化可用 DLVO 理论的势能曲线作定性描述，具体如图 6.8 所示。在洗消过程中，使污垢粒子离开纤维表面距离 H 的动力，依据长程范德华相吸能 V_A、双电层相斥能 V_R 和博恩相斥能 V_B 的总和势能模型来描述。A 表示固体污染物黏附于固体表面的状态，C 表示固体污染物完全脱离的状态，B 表示过渡状态的最大能垒，固体污染物的完全去除必须越过 $V_{max} + V_{min}$ 这一能垒。为防止再附着，V_{max} 应该尽量高，若 $V_{max}/(V_{max} + V_{min})$ 大，则污染物就容易脱离，而且可阻止再附着，对洗消有利。

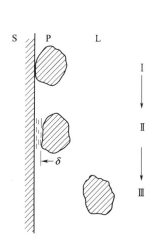

图 6.7　污垢粒子 P 从固体表面
S 到洗消剂 L 的分段去除

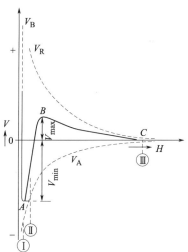

图 6.8　固体污染物分段洗消
过程中体系的能量

表面活性剂作为洗消剂在固体污染物洗消过程中的作用主要体现在分段洗消过程中的Ⅱ段中，即洗消液 L 在固体表面 S 与固体污染物 P 固-固界面上铺展过程中。若以普通的水作为洗消液，由于水的表面张力 γ 较高会使 $\Delta p = \dfrac{\gamma_L \cos\theta_L}{r}$ 中的 θ_L，即在固体表面和固体污染物表面上的接触角有较大值而不利于渗透过程进行。当水中加入水溶性表面活性剂后，由于表面活性剂在水-固界面上的定向吸附使 γ 大幅度降低，会使接触角 θ_L 减小，毛细管力 Δp 增大有利于洗消液在微缝隙中的渗透。当溶有表面活性剂的洗消液渗入微缝隙后，表面活性剂将以疏水基分别吸附于固体和固体污染物的表面上，其亲水基伸入洗消液中，形成单分子吸附膜，如图 6.9 所示。

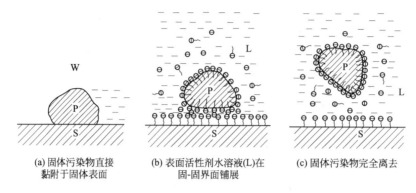

(a) 固体污染物直接　　(b) 表面活性剂水溶液(L)在　　(c) 固体污染物完全离去
　　黏附于固体表面　　　　固-固界面铺展

图 6.9　表面活性剂在固体污染物洗消中的润湿作用

把固体和污染物的表面变成亲水性强的表面，与洗消液有很好的相溶性从而使 γ_{SL} 和 γ_{PL} 大幅度降低，导致洗消液在固体表面与固体污染物间的固-固界面上的铺展系数 $S_{L/P/S} > 0$，最终洗消液铺展于固体污染物和固体表面间的固-固界面上，形成一层水膜使固体污染物与固体表面间的固-固界面变成了两个新的固-液界面，即固体表面与洗消液和固体污染物与洗消液间的固-液界面。

表面活性剂在固体污染物和固体的固-固界面上的吸附可有效地提高固体污染物与固体的势能，使其能垒超过 $V_{max} + V_{min}$ 这一能垒使固体污染物完全去除。

6.1.4　影响洗消效果的主要因素

洗涤型洗消体系复杂多样，影响洗消效率的因素几乎涉及各个方面。此外对洗涤型洗消剂洗消机理的了解还不够深入，要对影响洗消效率的因素作全面、系统的分析还有困难。这里对影响洗消效率的主要因素进行分析，主要包括洗消液的性质、污染物的性质、染毒对象与污染物的相互作用、洗消条件和技术等。

6.1.4.1　洗消液的性质

洗消液的性质主要包括表面活性剂的性质及其助洗剂的性质。

(1) 表面活性剂的性质　表面活性剂结构不同，其性质也不同。一般而言，有下述规律。

① 疏水基的链增长，表面活性剂的吸附性和对油污的洗消效果增大。

② 烷基中没有支链的表面活性剂的润湿性较差，但是洗消性能较好；多支链的表面活性剂有较好的润湿性，而洗消性欠佳。

③ 烷基中的碳数相同的表面活性剂，当疏水基移向碳链的中心时，其吸附性和洗消性明显降低，润湿性显著增加。

④ 链长对离子型表面活性剂的洗消性、吸附性和润湿性的影响，远大于对非离子型表面活性剂的影响。

⑤ 具有较高表面活性和较低表面张力的洗消剂溶液，对油污有较强的增溶、乳化作用，有利于油污的清除。

(2) 助洗剂的性质　中性电解质的加入可以减小洗消体系的表面张力，提高表面活性，增加吸附量，降低 CMC，从而改善洗消性能，尤其对离子型表面活性剂的影响更大；能形成络合物的电解质，有利于通过界面，穿透脂肪酸，使液-液界面张力降低，激活表面活性剂。硫酸钠自身对油污就有 25% 的清除率,它的加入显然有助于洗消率的提高。两价金属离子的螯合剂的存在,可减小硬水对表面活性剂作用的影响。当污染物与染毒对象表面形成化学键合力时,要通过化学反应才能清除。

(3)洗消液在洗消过程中的变化 在洗消过程中,各种污染物以不同的形式(悬浮、乳化、增溶)进入洗消液中,洗消剂成分被染毒对象、污染物等吸附以及洗消液中的组分与污染物发生的化学反应等,这些可能使得洗消液的组成和性质发生的变化。

6.1.4.2 污染物的性质

污染物的性质对洗消效果有很大影响。经验表明,污垢质点越大,越容易从表面除去。小于 $0.1\mu m$ 的质点很难去除。对于固体污染物,即使有表面活性剂存在,如果不加机械作用也很难除去,这是因为固体的污垢质点不是流体,由于污染物与被洗物表面的黏附,洗消液很难渗入污垢质点与染毒对象固体表面之间,所以必须加机械作用来帮助洗消液渗透,从而减弱表面与污染物之间的结合力,使污染物易于脱离。污垢质点越大,在洗消过程中承受水溶液的冲击力越大,如图 6.10 所示,越靠近固体表面,液流的速率越小,在固体表面处,液体流量为零,而离开表面的距离(d)越大,则流速(u)越大。因此大的质点不仅因截面积大而承受较大的冲击力,而且因离表面较远处的液流速率高,冲击力更大一些,而容易洗掉。纺织品上黏附 $0.1\mu m$ 以下的固体污染物很难洗掉。

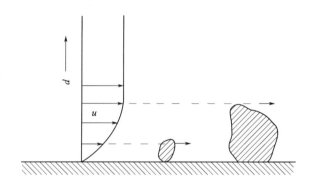

图 6.10 液流中表面上不同大小质点受力的情况

6.1.4.3 染毒对象与污染物的相互作用

染毒对象表面的粗糙度越大,洗消的难度越大。与染毒对象表面发生机械黏附的污染物颗粒越小,越难以清除,尤其是嵌在狭窄缝隙中且直径小于 $0.1\mu m$ 的微小污染物更难于洗消。当污染物和染毒对象表面带相反的电荷时,污染物对染毒对象表面分子间力的黏附更强烈,更难于洗消。

6.1.4.4 洗消技术和条件

洗消过程的强化措施,例如机械力、加热、超声波等的应用,都有利于改善洗消效果。

洗消条件,如洗消温度、洗消时间、洗消方式、洗消溶液 pH 值以及洗消系统中污染物、染毒对象和洗消液之间的相对数量等。

6.2 表面活性剂及洗消助剂的作用

对于洗涤型洗消剂,在洗消过程中发挥重要作用的是表面活性剂,其次是各种不同的洗消助剂,主要包括助洗剂、填充剂或辅助剂等,在这里仅就表面活性剂和洗消助剂在洗消过程中发挥的作用做一般的定性讨论。

6.2.1 表面活性剂的概述

6.2.1.1 表面活性剂的组成

（1）基本组成　表面活性剂又称界面活性剂，是具有在两种物质的界面上聚集，且能显著改变液体表面张力和两相间的界面性质的一类物质。任何一种表面活性剂都是由非极性的亲油（疏水）的碳氢链基团和极性的亲水（疏油）基团所组成的，而且两部分分处两端，形成不对称结构，如图6.11所示。

表面活性剂分子是一种两亲分子，具有既亲油又亲水的两亲性质。亲油基团是容易在油脂中溶化或被油脂湿润的原子团，和油一样有排斥水的性质。但是，疏水基不一定就是亲油基，亲油基只是疏水基中的一部分。亲水基是由容易溶于水或被水湿润的原子团所组成的。许多表面活性剂的亲水基因都是无机性质的，但也有有机物，例如非离子表面活性剂的亲水基。这种分子就会在水溶液体系中，相对于水介质而采取独特的定向排列，并形成一定的结构，如图6.12所示。它表现出两种重要的基本性质，即溶液表面的吸附与在溶液内部形成胶团。

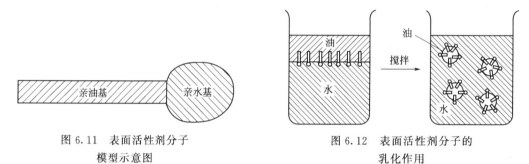

图6.11　表面活性剂分子　　　　　图6.12　表面活性剂分子的
　　　　模型示意图　　　　　　　　　　　　　乳化作用

（2）表面活性剂的非极性亲油基团　亲油基团是具有易于在油中溶化的性质的原子集合体。亲油基和油一样具有排斥水的性质，因此又称为疏水基。常见的亲油基主要有$C_8 \sim C_{20}$直链烷基；$C_8 \sim C_{20}$带支链烷基；烷基碳原子数为8～26的烷基苯基；烷基萘基，烷基碳原子数>3，一般为双烷基；松香衍生物；高分子量的聚氧丙烯基；长链全氟或高氟代烷基；低分子量的全氟聚氧丙烯基；聚硅氧烷基。

（3）表面活性剂的极性亲水基团　它是由易溶解于水的或易被水湿润的原子团所组成的，有的是无机物，有的是有机物，它们都具有无机性质。在工业上常用的表面活性剂的极性亲水基团很多，主要包括以下几类。

① 阴离子表面活性剂中的极性亲水基团　羧基$—COO^-$、磺酸根$—SO_3^-$、硫酸根$—OSO_3^-$、磷酸根$—OPO_3^{2-}$。

② 阳离子表面活性剂中的极性亲水基团　伯氨基、叔氨基$—(CH_3)N \cdot H^+$、仲氨基$—CH_3H \cdot H^+$、季铵基$—(CH_3)N^+$等。

③ 两性表面活性剂中的极性亲水基团　氨基羧基$—N^+H^+(CH_2)COO^-$、内氨基羧基$—N^+(CH_3)_2CH_2COO^-$等。

④ 非离子型表面活性剂中的极性亲水基团　聚乙二醇型中的醚基$—O—$和羟基$—OH$、多元醇型中的羟基$—OH$等。

6.2.1.2 表面活性剂的分类

表面活性剂种类很多，性能千差万别。其性能取决于亲油基的大小和结构，以及亲水基团的种类和性能。

亲水基团对表面活性剂性质的影响远比亲油基团的影响大。因此，一般是按照亲水基的电离状况及其离子的带电性质对表面活性剂进行分类。表面活性剂分为离子型（又包括阴离子型、阳离子型及两性离子型表面活性剂）和非离子型，前者在水溶液中可以电离；后者在水溶液中不电离。有些新型的表面活性剂，则是按其所含亲油基的特殊性能分类的。

按表面活性剂的组成和结构其主要分类如图 6.13 所示。

除图 6.13 中所示的各种表面活性剂以外，还有一些特殊的表面活性剂，如含氟表面活性剂、含硅表面活性剂、冠醚类大环化合物表面活性剂等。

6.2.1.3　表面活性剂的性能参数

（1）表面活性剂的临界胶束浓度（CMC）　在表面活性剂的表面活性与其浓度的对数关系线上有一个拐点，这个拐点称为表面活性剂的临界胶束浓度（CMC）。CMC 的存在表明其表面活性的变化和其溶液的内部性质的变化有关。图 6.14 为表面活性剂水溶液的浓度对其性质的影响。

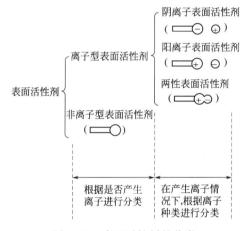

图 6.13　表面活性剂的分类

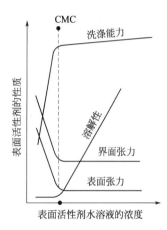

图 6.14　表面活性剂水溶液的浓度对其性质的影响

胶束是表面活性剂分子顺向排列的单分子膜。CMC 是表面活性剂形成胶束的最低浓度，它实际上是一个浓度范围，也可称为临界胶束浓度范围。在 CMC 以上，一直以低分子状态存在的表面活性剂分子急剧变成大的基团，并作为一个大的整体在溶液中运动，因此，它产生了大分子——水溶性高分子的效果。此时，表面活性剂才开始真正显示出其重要表面活性。表面活性剂水溶液以其 CMC 为转折点，许多物理性质发生急剧变化，包括表面张力、界面张力、洗消能力、冰点、蒸气压、密度、颜色变化等。反之，通过测定这些性质的骤生点，也能测定临界胶束浓度。

CMC 数值越低，形成胶束所需的浓度越小，表面活性剂的表面活性越强，即表面张力和界面张力越低，洗消能力和可溶性越强。

不同表面活性剂的 CMC 不同。CMC 与表面活性剂的碳氢链长度有关，它随着其憎水性的增加而下降；与碳氢链中支链的位置及极性有关；与碳氢链中的亲水基和其他取代基有关。例如，当憎水基团相同时，离子表面活性剂的 CMC 大约是以聚氧乙烯基为亲水基的非离子表面活性剂的 100 倍，而在离子表面活性剂中，亲水基团的变化对其 CMC 的影响不大。

各种表面活性剂的临界胶束浓度都较低，一般在 $0.001\sim0.002\text{mol}\cdot\text{L}^{-1}$，即 $0.02\%\sim0.4\%$（质量分数）。在使用表面活性剂时，一般应使其浓度在临界胶束浓度以上。

（2）表面活性剂的 HLB　影响表面活性剂活性的主要因素有亲水基种类、亲油基种类、总分子量、分子结构以及亲油基和亲水基的相对质量大小等。为了表示表面活性剂的亲油基团和亲水基团的定量的数据关系，Griffin 提出用表面活性剂的亲水亲油平衡值，HLB 表示表面活性剂的亲水性。HLB 是英文 Hydrophile Lipophilic Balance 的缩写。

根据表面活性剂的分子组成，可计算其 HLB：

$$HLB = \frac{\text{亲水基部分的分子质量}}{\text{亲水基部分的分子质量} + \text{憎水基部分的分子质量}} \times \frac{100}{5} \tag{6.6}$$

上述 HLB 的计算式，只适用于非离子型表面活性剂。根据非离子表面活性剂的类型，HLB 的计算式适当进行变形，便于实际应用。

对于聚乙二醇型非离子表面活性剂：

$$HLB = \frac{E}{5} \tag{6.7}$$

式中，E 为表面活性剂分子中亲水基——聚乙二醇的质量分数，%。

对于多元醇型非离子型表面活性剂：

$$HLB = 20\left(1 - \frac{S}{A}\right) \tag{6.8}$$

式中，S 为多元醇酯的皂化值；A 为所用原料脂肪酸的酸值。

酸值 A 是表示有机物酸度的一种指标，通常用中和 1g 有机物质中酸性成分所需要的氢氧化钾的质量（mg）来表示。主要用来测定油脂和蜡的样品中游离酸（主要是游离脂肪酸）的含量。

皂化值 S 原本是使 1g 油脂完全皂化时所需的氢氧化钾的质量（mg）。表示在 1g 油脂等物质中，游离的化合在酯内的脂肪酸的含量。用它可以估计酯类化合物中所含化合的脂肪酸以及所含游离的脂肪酸的数量。

一般而言，在酯类化合物中，化合的脂肪酸的分子量较小，或游离的脂肪酸的数量较大，则皂化值较大。

离子型表面活性剂的 HLB 不能使用上式计算，至今也未有计算方法。因为一般的阴离子表面活性剂和阳离子表面活性剂的亲水基的亲水性，比非离子表面活性剂的亲水基的亲水性大得多，加上其亲水基的种类比非离子表面活性剂复杂得多。因此，每单位重量的亲水基，在不同表面活性剂中的亲水性各不相同。所以，HLB 的计算式不能用于离子型表面活性剂。

离子型表面活性剂的 HLB 是根据它们的乳化性能的不同，通过对标准油的乳化实验以测定其 HLB。

表面活性剂的混合物的 HLB 具有加和性，等于化合物中各表面活性剂的 HLB 与相应质量分数的总和。

例如，70% 山梨糖醇酐硬脂酸单酯（HLB=4.7）与 30% 山梨糖醇酐硬脂酸单酯环氧乙烷加成物（HLB=14.9）混合物的 HLB 的计算方法：

$$混合物的 HLB = 0.70 \times 4.7 + 0.30 \times 14.9 = 7.76 \tag{6.9}$$

表面活性剂的 HLB 越大，其亲水性越强，在水中的溶解度越大。表 6.2 列出了表面活性剂在水中的溶解度与其 HLB 的大致关系。

图 6.15 是不同 HLB 的表面活性剂的主要用途或应用范围。

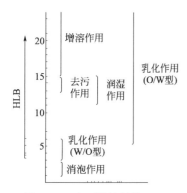

图 6.15　表面活性剂的 HLB 与性质及用途的关系

表6.2　表面活性剂的水溶性与 HLB 的关系

HLB	表面活性剂的水溶性	HLB	表面活性剂的水溶性
1～4	在水中几乎不分散	8～10	稳定分散
3～6	在水中不完全分散	10～13	有透明感的分散～透明
6～8	搅拌则分散	13～	透明溶液

6.2.2　表面活性剂的作用

　　表面活性剂的分子中同时存在亲水基和非亲水基，这就使其具有在界面上的吸附作用和在溶液中的胶团化作用，这也是表面活性剂具有清除污染物作用的根本原因。表面活性剂具有的被吸附于染毒对象和污染物的交界面和在洗消液中形成胶团的能力，使洗消液与染毒对象之间形成了有效的洗消体系，提供了润湿、污垢取代、尘土去除、污染物悬浮以及污染物溶解等作用。

6.2.2.1　表面张力

　　表面张力是表面活性剂水溶液的一种重要的物理化学性质，而表面活性剂是洗涤型洗消剂的必要组分，实现了洗涤型洗消剂的去污作用，故表面张力与洗涤作用必然有内在的联系。大多优良的洗涤剂溶液均具有较低的表面张力与界面张力。在洗消过程中，表面活性剂能使洗消液具有较低的表面张力，从而使得洗消液的润湿性能好。洗涤过程的第一步是润湿，有利于润湿，才有可能进一步起到洗涤作用。在液体污染物的洗消过程中，较低的表面张力和界面张力有利于油污的乳化、增溶等作用，有利于液体油污的去除，因而有利于洗消。在固体污染物的洗消过程中，具有低的表面张力和界面张力的洗消液能更好地深入固体污染物与固体的固-固界面中，有利于洗消液在固-固界面的铺展，使固体污染物容易去除。阳离子表面活性剂虽然有比较低的表面张力，表面活性也比较好，但在多数情况下易吸附于固体表面，使固体表面疏水，不易润湿，易黏附油污，具有反洗消作用，故阳离子表面活性剂通常不宜作洗涤型洗消剂组分。

6.2.2.2　表面活性剂的吸附作用

　　表面活性剂自洗消液中在污染物和染毒对象表面吸附，对洗涤作用有重要影响。表面活性剂的吸附作用，使表面或界面的各种性质（如机械性质、化学性质）均发生变化。

　　(1) 表面活性剂在油-水界面的吸附　表面活性剂在油-水界面上的吸附导致界面张力降低，利于清洗油污。界面张力的降低，也有利于分散度较大的乳状液的形成；同时由于界面吸附形成了较大强度的界面膜，使得形成的乳状液具有较高的稳定性，不易再沉积于染毒对象表面。表面活性剂的界面吸附有利于液体污染物的洗涤作用。

　　(2) 表面活性剂在气-液界面的吸附　在水中，表面活性剂的疏水基受到水的排挤，逐渐向气-液界面移动，亲水基朝水里。因此，气-液界面上的表面活性剂浓度大于溶液内的。表面活性剂在界面富集的性质称为表面活性剂的吸附性。当气-液界面表面活性剂的吸附量达到最大值时，液面上覆盖一层碳氢链构成的表面层，改变了水的表面性质，表面张力降低，湿润性提高，有利于污染物洗消。

　　(3) 表面活性剂在固体表面的吸附　表面活性剂能以单个离子或分子在固体表面吸附。非离子表面活性剂疏水基相同时，聚氧乙烯链越短，亲水性越小，在固体表面的吸附作用越强。疏水基链越长的表面活性剂对固体的吸附力也越大。表面活性剂以亲水基靠近固体表面，极性基靠近水侧。当表面活性剂的浓度达到临界胶束浓度时，吸附量达到最大值，固体污染物的分散性及其稳定性增大。表面活性剂的吸附，对于污染物的溶胶还具有抗阻聚的作用，从而起到保护溶胶的作用，因而使污染物的胶体稳定分散，有利于洗消。

表面活性剂在固体污垢质点上的吸附比较复杂，它与质点表面的性质和表面活性剂的类型、结构有密切关系。因为一般的固体表面带负电，所以不容易吸附阴离子表面活性剂。例如，污染物中的炭黑和石蜡，以范德华力与阴离子表面活性剂的疏水基发生吸附，表面负电荷增加，污染物颗粒之间以及污染物和染毒对象表面之间的排斥力增加，有利于洗消。非离子表面活性剂以其非极性部分和污染物的颗粒接触，亲水基伸向水中，在污染物颗粒的表面形成水化层，增加了污染物的分散稳定性，使污染物不易再互相接近而沉积。对于油污的洗消，非离子表面活性剂的效果比阴离子表面活性剂好。

在带负电荷的固体表面，阳离子表面活性剂只能发生静电吸附，形成电中性的疏水层。只有更多的阳离子表面活性剂在疏水层的表面形成第二吸附层，才能使固体表面变成亲水性。但是，当进入漂洗工序时，表面的阳离子表面活性剂浓度降低，电荷反转过去。可见阳离子表面活性剂不宜作为洗消剂。

6.2.2.3　表面活性剂的胶束化作用

当溶液中的表面活性剂达到临界胶束浓度（CMC）时，表面活性剂形成胶束，任何油性污染物会不同程度地被增溶而溶解，表面活性剂胶束及增溶作用如图 6.16 所示。这就是胶束的一个重要作用——增溶。当表面活性剂的浓度高于 CMC，不溶于水的液体溶解于表面活性剂的胶束中，表现溶解度明显高于在纯水中的溶解度。这种增溶液不是真溶液，增溶量一般不大，溶液的性质也未发生变化，不同于混合溶剂的增溶作用使溶液的性质发生的变化。增溶的方式见图 6.17，增溶量的大小依次是（d）＞（b）＞（a）＞（c）。

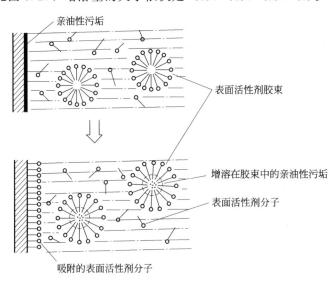

图 6.16　表面活性剂胶束及增溶作用

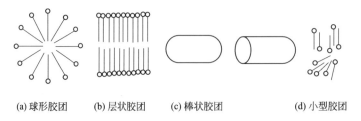

图 6.17　胶束增溶的几种方式

在洗消中，如果表面活性剂的浓度达不到 CMC，表面活性剂是以独立的分子或离子起作用的，洗消性随表面活性剂浓度的增加而增强；当表面活性剂达到 CMC 时，洗消性最强，但是当浓度再加大，洗消性不会有大的变化。

许多实验表明，在洗消过程中，使用临界胶团浓度较大的阴离子表面活性剂作洗消剂时，表面活性剂胶团的增溶作用往往不是影响液体油污去除的主要因素。当使用临界胶团浓度较小的非离子表面活性剂作洗消剂时，增溶作用可能是影响液体油污去除的重要因素。

6.2.2.4　乳化作用

在洗消过程中，乳化作用占有重要的地位。表面活性高的表面活性剂可以最大限度地降低油-水界面张力，而且只要很小的略做搅动即可乳化。降低界面张力的同时，发生界面吸附，有利于乳状液的稳定，油污质点不再沉积于固体表面。因此，最好选用阴离子表面活性剂作洗消剂，表面活性剂在界面的吸附，可以使界面带电，有助于通过电性斥力阻止油污液体再吸附于固体表面。需要注意的是，仅仅是油污质点的乳化和分散不足以有效地完成洗消过程，洗消过程必须着眼于降低污染物与染毒对象之间的结合力，乳化和增溶仅在防止污染物再沉积方面起作用。乳化作用与洗消液的浓度、温度、洗消时间和机械力有关。

6.2.2.5　液晶形成机理

水合后的表面活性剂在洗消过程中能渗入脂肪醇类和高级醇类极性油污内，形成三组分液晶，从而使油污很容易被洗消液溶解而除去。形成的这种液晶是黏度相当大的透明状物体，为了顺利除去油污，应施以一定的机械力。表面活性剂与极性油污形成的液晶可看作低共熔物，其低共熔点 T_D 远低于洗消温度。T_D 主要与表面活性剂的极性基团的类型和性质有关，而与浓度关系不大。

6.2.2.6　结晶聚合体破坏机理

黏附于衣服上的烃和甘油形成结晶集合体不能与表面活性剂水溶液形成液晶，但表面活性剂水溶液可渗入这种结晶集合体内，并将其破坏，导致污染物分散而被除去。

6.2.2.7　化学反应去污机理

黏附在衣服上的脂肪酸类油污在碱性洗消液中能发生皂化反应，生成水溶性脂肪酸盐，从衣服上脱落下来溶入洗消液而被除去，并且还可以乳化、增溶、形成液晶等作用，从衣服上带走与脂肪酸共存的其他油性污染物。

6.2.2.8　泡沫作用

许多经验和研究结果表明，泡沫作用与洗消作用没有直接关系。但在某些场合下，泡沫还是有助于去除污染物的，例如手洗餐具时洗消液的泡沫可以把洗下来的油滴携带走，擦洗地毯时，地毯香波的泡沫有助于带走尘土等固体粒子样的污染物，泡沫起到携带污染物的作用。另外，泡沫有时可以作为洗消液是否有效的一个标志，因为脂肪性油污对洗消液的起泡力有抑制作用，当脂肪性油污过多而洗消剂的加入量不够时，洗消液就不会生成泡沫，并使原有的泡沫消失，这标志洗消液中的洗消剂量不够，应添加或另外配制洗消液。泡沫对各种洗涤型洗消剂是重要的，在洗消过程中产生细腻的泡沫使人感到滑润舒适，令人感到愉快。虽然泡沫与洗消过程没有直接关系，但是泡沫在洗涤型洗消剂的使用中经常是不可缺少的。

6.2.2.9　表面活性剂疏水基链长

表面活性剂的疏水链的长度对洗消效果有一定的影响。一般说来，碳氢链越长，洗消性能越好。链过长，溶解度变差，洗涤性能也降低。因此，为达到良好的洗消作用，表面活性剂亲水基与亲油基应达到适当的平衡。

6.2.2.10　洗消剂的浓度

洗消剂的浓度是影响洗消效果的一个重要因素。浓度过低，将影响洗消过程中织物的润湿，污垢的取代、分散和乳化增溶，从而降低洗消效果。但洗消剂的浓度也不是越高越好，因为过高的浓度不但造成浪费，而且洗消效果还不如适当浓度的好。

6.2.3 助洗剂的作用

洗涤型洗消剂是由多种组分复配而成的混合物。在合成洗涤型洗消剂的配方中，除了作为重要成分的表面活性剂外，还含有大量的无机盐、少量的有机添加剂。这些物质在洗消过程中各有其特殊作用，但均有提高洗消效果的作用，故统称为助洗剂。

在合成洗涤型洗消剂中表面活性剂占 $10\%\sim35\%$，助洗剂占 $15\%\sim80\%$。一般液体洗消剂中，助洗剂的用量较少。助洗剂中，主要有无机助洗剂（如磷酸钠类、碳酸钠、硫酸钠及硅酸钠等）及少量有机助洗剂。通常洗消助剂具有的功能是，与高价阳离子能起螯合作用，软化洗消硬水；对固体污染物有抗絮凝作用或分散作用；起碱性缓冲作用；防止污染物再沉积。此外还有增稠、抑菌、漂白、增白等作用。

6.2.3.1 无机助洗剂及作用

（1）三聚磷酸钠 三聚磷酸钠（$Na_5P_3O_{10}$），俗称五钠，是重垢洗涤型洗消剂中常用的助剂。在洗消过程中，发挥的作用主要体现在以下几个方面。

① 对污染物有乳化、增溶和分散作用 三聚磷酸钠对油脂有一定的乳化作用，对固体污染物有分散作用，对污染物中的蛋白质有膨胀和增溶作用。

② 对重金属离子有良好的整合作用 在洗消过程中，水中的重金属离子会与某些洗消剂分子结合为不溶性的金属盐，使洗消能力降低甚至完全失去。因此，必须使水中所含的重金属离子变成无害的物质。三聚磷酸钠对重金属离子有强烈的整合作用，可将其封闭，消除其对洗消的不利影响。此外，在洗消过程中，它能捕捉污染物中的各种金属成分，使污染物解离。

③ 防止固体洗消剂结块的作用 三聚磷酸钠能保持洗消剂呈分散状态，防止因吸水而结块，既保持良好的外观，也便于使用。

④ 起碱性缓冲作用 由于三聚磷酸钠的水溶液呈碱性，特别有利于去除酸性污染物。三聚磷酸钠能使洗消液的 pH 值保持在适宜洗消范围内，从而维持洗消液有良好的去污洗消能力。

⑤ 对表面活性剂起增效和协同作用 洗消液与其他电解质一样，在洗消过程中，能和表面活性剂起增效作用和协同效应。

⑥ 提高气泡和稳泡作用 三聚磷酸钠有提高洗消剂溶液的起泡和稳定泡沫的能力。

⑦ 洗消作用及质点悬浮作用 三聚磷酸钠由于自身有一定碱性，带有多个磷酸根，负电荷数较多，本身就有一定的洗消作用及质点悬浮作用，即使无表面活性剂存在时，也有助于洗消过程进行。三聚磷酸钠容易吸附于质点及染毒物表面，大大增加其表面电荷从而有利于质点悬浮，防止质点发生再沉积，故对于洗消有利。

（2）碳酸钠 碳酸钠也叫纯碱，价格低廉，较多适用于粉状洗消剂。通常有重型和轻型两种物理状态，前者为粉剂无水碳酸钠，相对密度2.532；后者的堆密度为 $600\sim700g\cdot L^{-1}$，称为轻纯碱，它的表面会吸收大量的液体物料，但仍能保持手感干燥和自由流动的性质，可以用于非喷雾干燥法制备的干燥产品，此时还可作为吸附剂和中和剂。

由于碳酸钠的碱性较强，用作助剂，能使洗消剂溶液的 pH 值保持在 9 以上，又可将水中的钙、镁及其他金属离子转化为难溶的碳酸盐沉淀下来而使水软化，故可取代三聚磷酸钠。但由于它缺乏螯合和分散能力，故其作用不如三聚磷酸钠，操作中对人体皮肤和眼睛有刺激性。

（3）**硫酸钠** 硫酸钠是中性助剂，在洗消剂中出现往往是由于生产工艺的结果。适量硫酸钠的存在有利于洗消。它有降低表面活性剂的 CMC 值和提高洗消剂的表面活性的作用，即能降低洗消液的表面张力和油/水之间的界面张力，改善洗消液的增溶作用，进而防止沉积，提高洗涤效率。若浓度过高则往往适得其反。此外硫酸钠的存在会使粉末型洗消剂的粉末变得松散，流动性好。也可使产品的价格下降，并保持组分的平衡。

（4）**硅酸钠** 硅酸钠又称水玻璃或泡花碱，由不同比例的 Na_2O 和 SiO_2 结合而成，化学式可表示为 $mNa_2O \cdot nSiO_2$，而 SiO_2 和 Na_2O 之比即 n/m 称为模数。模数增大时，溶解性减小，碱性变弱。洗消剂配方中常用的硅酸钠模数有 2.4 和 3.3 等，前者是碱性的，后者为中性的。硅酸钠在水中有水解作用：

$$Na_2O \cdot SiO_2 + 2H_2O \Longleftrightarrow 2Na^+ + 2OH^- + H_2SiO_3 \qquad (6.10)$$

水解产生的氢氧根离子只有在需要的时候才释放出来，在硅酸钠消耗完以前对溶液的 pH 值始终有缓冲作用，其缓冲能力较强的硅酸钠用作助剂也可与钙、镁等金属离子形成不溶性盐沉淀而对水起软化作用，这些沉淀物容易漂除；硅酸盐还可以使脱离固体表面的污染物悬浮于洗消剂溶液中，防止悬浮的污染物再沉积于污染物表面；硅酸钠具有很好的润湿和乳化性能，具有提高洗消液发泡能力的作用；对粉状产品，为使洗衣粉成品保持疏松、防止结块，可以使成品在较高的水分下保存；硅酸钠还具有抗腐蚀性，能防止其他无机盐（如硫酸盐、磺酸盐、磷酸盐等）对金属的腐蚀。硅酸钠主要用于重垢型洗消中。

（5）**硼砂** 硼砂用作助剂可在低 pH 值下操作，减少洗消剂对皮肤的刺激；对酸碱能起缓冲作用；可软化硬水；与洗消剂中的表面活性剂等起协同作用；硼砂还可改善粉状洗消剂的自由流动性，起防结块作用。

（6）**氯化钠（食盐）** 氯化钠为中性助剂，与硫酸钠有相近的作用，有增大洗消剂溶液的黏度的作用。以往很少用它作为粉状洗消剂的助剂，一则因为氯化钠不仅会吸潮，使粉剂发黏结块，再则因为氯化钠会加速金属的局部腐蚀。

（7）**沸石** 又称泡沸石和分子筛，是许多含水的钠、钙、钾、锶、钡的铝硅酸盐矿物的总称。沸石的种类很多，但在洗消剂助剂领域只有 A 型、P 型、X 型等少数几种。当 A 型沸石硅（铝）氧骨架上的负电荷用 Na^+ 中和时，称为 NaA 型，其八元环窗口直径约为 4Å（$1\text{Å} = 1 \times 10^{-10}\,\text{m}$），故称为 4A 沸石。4A 沸石在所有沸石中与 Ca^{2+} 结合能力最高，它通过离子交换来除去水中的 Ca^{2+}、Mg^{2+}，同时它还对一些低分子色素有一定的吸附作用，避免了这些色素在被洗织物上的沉积。使用高吸湿性沸石避免采用传统的塔式喷雾干燥方法，降低生产总成本，不造成环境污染，其最大缺点是不溶于水。

（8）**膨润土** 又称斑脱岩，是一种含有络合硅酸盐的天然瓷土，主要成分是蒙脱石族矿物——硅铝酸盐，还有一些铁和镁的硅酸盐。膨润土比一般黏土更能吸附水，吸附水后，其体积膨胀至干体积的 15 倍。它加水成凝胶溶液后，几乎可永远成为悬浮状态。烘干后，加水可再膨胀，往复处理，性能不变，它的分子中含有少量碱金属离子，能通过离子交换软化硬水。

（9）**其他** 碳酸氢三钠和酸性硫酸钠是用于调节酸碱度的助剂。氢氧化铝、钛白粉和石英砂用作助剂，主要起分散和防止结块的作用，还能提高洗消剂产品的白度。常用的无机助剂及作用见表 6.3。

6.2.3.2 有机助剂及作用

在洗涤型洗消剂的配方中，加入有机助剂，虽然用量较无机助剂少得多，但所起的作用并不亚于无机助剂。按照有机助剂在洗消剂和洗消过程中所起的作用，可分为增溶剂、螯合剂、泡沫调节剂、抗再沉积剂、增稠剂等。

表 6.3 常用的无机助剂及作用

助 剂	作 用
三聚磷酸钠	硬水软化、金属离子螯合、提高洗消能力
碳酸钠	碱性缓冲作用、提高洗消能力
硅酸钠	乳化、增大黏度、防锈、防止结块
硼砂	缓冲、防止结块
碳酸氢三钠（$Na_2CO_3 \cdot NaHCO_3 \cdot 2H_2O$）	pH 值调节
膨润土	乳化、分散
硫酸钠	降低表面张力、油水界面张力、提高增溶能力
氯化钠（食盐）	降低表面张力、油水界面张力、提高增溶能力
沸石	与金属离子交换、抗污染物再沉积
氢氧化铝、钛白粉、石英砂	分散、防止结块、提高白度
酸性硫酸钠	中和调节

（1）增溶剂　在生产液体洗消剂时，加入增溶剂可使全部原料都处于溶解均一状态。常用的增溶剂有尿素、甲苯、二甲苯、对异丙基苯的磺酸钠或磺酸钾等。磷酸酯类表面活性剂也有增溶的效果。在生产粉状洗消剂时，增溶剂可增加粉体的流动性和起到抗结块的作用。

（2）螯合剂　可与金属离子发生螯合作用的有机化合物主要有次氮基三乙酸（NTA）、羟氨基羧酸类中的羟基乙基二胺三乙酸（HEDTA）、二羟乙基甘氨酸等和羧基酸类的草酸、酒石酸、柠檬酸和葡萄糖酸等。在洗消剂中通常采用它们的盐作为助剂。在洗消过程中，利用其自身的酸性和所带活性基团优异的螯合能力，再加上表面活性剂、缓冲剂、渗透剂的作用，将附着在金属表面的氧化层、盐垢剥离、浸润、分散、螯合至洗消液中，以达到洗消的目的。

（3）泡沫调节剂　泡沫调节剂包括发泡剂、泡沫稳定剂（稳泡剂）、消泡剂等。一般把发泡性强的一类制剂，如表面活性剂等统称为发泡剂。像十二烷基苯磺酸钠、月桂基硫酸酯钠、月桂基醚硫酸酯钠及肥皂等阴离子表面活性剂，比较适宜作发泡剂。稳泡剂是指能较长时间保持泡沫的表面活性剂及其他添加剂。像高碳醇、氧化胺、烷基二甲基氧化胺、甜菜碱、磺基甜菜碱是常用的稳泡剂。良好的稳泡剂不只是单纯维持泡沫的存在时间，还应该在污染物进入洗消液后，继续维持发泡能力。消泡剂又称抗泡剂、防沫剂，它可以分为破泡剂和抑泡剂两大类。破泡剂能破除已生成的泡沫，在和泡沫接触到的一瞬间有极好的破泡效果，但是当它被溶解后，就失去作用，不能抑制泡沫的再生，故是暂时性消泡剂。抑泡剂则能抑制泡沫的生成，是持续性的消泡剂。消泡剂的种类有很多，广泛应用的有醇类、矿物油系消泡剂、脂肪酸及其酯、有机硅树脂系化合物。此外，还有氯化烃、氟化烃、多氟化烃等卤化有机化合物；棕榈酸和硬脂酸的钙、镁、铝的金属皂等也可用作消泡剂。

最具有代表性的泡沫调节剂是烷基醇酰胺和脂肪族氧化叔胺。烷基醇酰胺除了具有调节泡沫的作用以外，还有良好的渗透性能和除去重油污的作用，一般添加量是主表面活性剂的10%，即可显著改善洗消剂的性能。脂肪族叔胺具有使皮肤柔润和抗静电性能，在洗消中显示出极好的起泡性，同时有保护皮肤的功能。

（4）抗再沉积（再污染）剂　在洗消过程中，黏附于被洗消表面上的污染物脱落下以后，可重新附着上。在洗消剂中加入抗再沉积剂，就能防止这种现象的发生。常见抗再沉积剂的有机化合物有羧甲基纤维素（CMC）或羧甲基纤维素钠、聚乙烯基吡咯烷酮（PVP）、低分子量的 N-烷基丙烯酰与乙烯醇的共聚物等。

① 羧甲基纤维素（钠）是水溶性的阴离子型高分子化合物。关于羧甲基纤维素钠防止污染物再沉积的机理有两种论点，一种认为 CMC 是吸附于被洗消表面上而起作用的；另一

种认为 CMC 是吸附于污染物上，以防止污染物的再沉积。其实在这个过程中，这两种作用都是重要的。CMC 对棉织物的抗污染物再沉积的效果最好，对合成纤维织物和毛织品的效果较差。

② 聚乙烯基吡咯烷酮对合成纤维织物和经过树脂处理的棉织物，都有较好的抗再沉积作用。

③ 由低分子量的 N-烷基丙烯酰胺与乙烯醇形成的共聚物，以及聚乙烯醇，对于各类纤维都有良好的抗再沉积作用。

④ 聚乙二醇既可以防止再沉积，又有防止固体洗消剂结块的作用。

（5）增稠剂 为了提高膏状洗消剂的黏度，可以使用增稠剂。常用的增稠剂有甲基羟丙基纤维素、羟乙基纤维素、羧甲基纤维素（钠）、羧乙烯聚合物（以氢氧化钠中和）和乙基烃乙基纤维素等。

（6）酶制剂 在洗消剂中，加入不同功能的酶制剂可以生成各种加酶洗消剂制品。根据污染物的组成不同，可以加入蛋白酶、淀粉酶、脂肪酶及纤维酶。酶是存在于生物体中的一种生物催化剂。酶是一种具有特殊催化性质的蛋白质，只有具有高级结构的酶才有催化功能。在酶催化反应中，被酶作用的反应物，通常称为底物，与酶分子结合形成络合物中间体酶-底物复合物。在发生化学反应后，底物分子转化为最终产物，而同时与酶脱离。酶又开始进行下一个循环。每一种酶的蛋白质都有一个特殊的区域，底物分子恰恰和这个区域相吻合。酶的催化作用具有高效性和专一性，有的酶只与一种底物作用。例如蛋白酶能去除如皮肤衍生蛋白质、粪便排泄物、奶汁中的蛋白质、食物残留物中的蛋白质及其被包裹物。其作用是使细菌在蛋白质基质上生长，使其水解成为低聚肽（氨基酸）。脂肪酶能将含有甘油三脂肪酸酯的污染物分解成甘油和脂肪酸，分解后的甘油易溶于水，而脂肪酸易被洗涤液通过油污的"卷缩"过程而被除去。淀粉酶能使淀粉分解成易溶于水的糖类而除去。纤维素酶却能将棉纤维表面上出现的微细纤维进行分解而提高洗消效果和改善变硬的棉纤维的手感。

（7）漂白剂 若染毒对象，尤其是衣物形成的污渍无法通过洗消剂的洗涤彻底除去，可以采用化学漂白来实现。化学漂白是漂白剂通过氧化或还原降解，破坏了发色系统或者对助色基团产生改性作用，使之降解成较小的水溶性单元而易于从污染织物上除去。

常用的漂白剂有过硼酸钠、过碳酸钠以及过氧羧酸等。

① 过硼酸钠四水合物 过硼酸钠分子式为 $Na_2[(B_2O_2)_2(OH)]_4 \cdot 6H_2O$，在溶液中能水解成过氧化氢，是应用最广泛的漂白剂。过硼酸钠的漂白作用由下式表示：

$$NaBO_3 \cdot 4H_2O \longrightarrow H_2O_2 + Na^+ + BO_2^- + 3H_2O$$

过硼酸钠在水中生成过氧化氢，在氢氧根负离子的作用下生成过羟离子然后游离出活性氧而起到漂白作用。

② 过碳酸钠 过碳酸钠分子式为 $2Na_2CO_3 \cdot 3H_2O_2$，过碳酸钠也是在水溶液中产生过氧化氢而起漂白作用的。

（8）荧光增白剂 尤其对染毒的衣物洗涤型洗消剂，荧光增白剂是重要组分之一，用量虽小（一般为 0.1%～0.3%），但效果明显。荧光增白剂是一种有机染料，它几乎不吸收可见光而吸收紫外线，发出青蓝色荧光。用加有荧光增白剂的洗消剂洗完染毒衣服后，荧光增白剂被吸附在织物上，对白色衣服有增白效果，对花色衣服可使色泽更加鲜艳。

由于荧光增白剂是吸附于织物纤维上而产生增白效果的，因此其对各种纤维的上染性就显得很重要。荧光增白剂一般都是阳离子型的，它的溶解度、稳定性与表面活性剂以及其他洗消助剂之间的配伍性等，都是选用时要考虑的因素。此外，还应注意洗消温度、洗消时间、机洗还是手洗等洗消习惯。荧光增白剂的种类很多，其中以二苯乙烯类最重要。洗涤用荧光增白剂属直染型，能直接增白织物。

6.2.4 添加剂及作用

在洗涤型洗消剂配方中，还要不同程度的添加一些其他助剂，例如抗结块剂、柔和剂、柔软剂、香精等。

6.2.4.1 抗结块剂

将甲苯磺酸钠配入粉状洗消剂中，可增加含水量，同时对流动性、手感、抗结块性能等均有良好的效果。

6.2.4.2 柔和剂

柔和剂是改善洗涤型洗消剂对皮肤的刺激，使之温和的助剂。洗消剂对皮肤刺激，主要是由于有些化学药剂通常不刺激皮肤，但与洗消剂结合后能渗入皮肤，对皮肤的角蛋白层有变性影响，引起刺激。用作柔和剂的表面活性剂主要是两性表面活性剂。

6.2.4.3 柔软剂

柔软剂是改善洗消对象的手感，使之柔软，手感舒适的辅助剂。用作柔软剂的主要是阳离子型表面活性剂。柔软剂在洗涤漂洗后再加入。

柔软剂的作用机理是，柔软剂分子吸附在污染织物纤维的表面上形成一层脂质膜，使纤维的表面结构变得光滑平整，减小了纤维之间摩擦系数，使污染织物的手感变好。这层脂质膜除使织物具有良好的柔软性外，还有良好的抗静电和抗水性能，从而使污染织物有抗灰尘沾污和洗涤后易晾干的特性。污染织物的表面一般都带有负电荷，所以用作柔软剂的物质以带正电荷的化合物为佳，阳离子表面活性剂满足这种条件，所以目前使用的优良柔软剂大都是阳离子表面活性剂和阳离子表面活性剂与其他组分的复配品。用作柔软剂的阳离子表面活性剂以季铵盐类最具有代表性，如二烷基二甲基季铵盐、二酰氨基聚氧乙烯基甲基季铵盐和咪唑啉化合物。

6.2.4.4 香精

香料是能散发香味的一类原材料，将香料按照适当比例调配成为一定香气类型的产品称为香精。合成洗涤型洗消剂为多组分体系，其中某些组分可能带有令人不愉快的或不良的气味，为掩盖或遮盖这种不良气味，使消费者在接触或使用洗涤剂过程中能嗅到舒适、愉快的香气，通常对洗消剂要进行加香。在加香时选择香精，首先考虑的是香型，其次还需要考虑香精要与洗消剂各组分在物理性质和化学性质上相适应；与加香工艺条件相适应；香精对人的皮肤、黏膜和头发安全，对染毒对象无不良影响，香气浓且有良好的扩散性，香气持久，洗消后的衣物上留有余香。

洗涤型洗消剂所用香料的香型主要有茉莉、玫瑰、麝香、紫丁香、栀子花、香石竹、合欢花、薰衣草、紫罗兰、水仙花、素心蓝、玫瑰麝香、檀香玫瑰、香木复方和果香等型。

6.3 典型的洗涤型洗消剂

洗涤型洗消剂种类很多，分类标准不同，具体类别也不同。由于洗涤型洗消剂的主要成分是表面活性剂，因此，本书以表面活性剂的分类标准进行介绍。有离子型洗消剂、非离子型洗消剂等。其中，离子型洗消剂是指洗涤型洗消剂在水溶液中，能解离成离子的洗消剂；而非离子型洗消剂是指洗涤型洗消剂在水溶液中，不能解离成离子的洗消剂。对于离子型洗消剂，按照表面活性剂在水中产生表面活性离子种类的不同，可将其分为阴离子型表面活性剂、阳离子型表面活性剂和两性离子表面活性剂3大类。每一大类按其亲水基结构不同又可分为若干小类。此外，还有一些特殊类型的表面活性剂。阴离子型表面活性剂是人们最早使用的一类表面活性剂，因为价格便宜，是人们使用最广泛的一种，目前的需求量在 50% 以上。在今后一段时间内，阴离子表面活性剂仍将占据主导地位。其次是非离子型洗消剂，使用较广。两性洗涤剂用量最小。阳离子型洗消剂由于对纤维吸附作用大，洗消性能不好，价格昂贵，所以实际上没有使用。

6.3.1 阴离子型表面活性剂

阴离子型表面活性剂是指具有阴离子亲水基团的表面活性剂。其分子一般由长链烃基（$C_{10} \sim C_{20}$）及亲水基羧酸基、磺酸基、硫酸基或磷酸基团组成，能在水溶液中发生电离，其表面活性部分带有负电荷，另外，有一带正电荷的金属或有机离子与其平衡。因此，在阴离子型表面活性剂分子结构中，亲水基主要有钠盐、钾盐、乙醇胺盐等水溶性盐类；憎水基（亲伯基）主要是烷基、异烷基、烷基、苯；也有的结构中具有酰胺和酯键，它们是由非离子表面活性剂进一步衍生产生的。阴离子表面活性剂通常按其亲水基的不同，可分为羧酸盐、硫酸酯盐、磺酸盐和磷酸酯盐等。其中，产量最大、应用最广的阴离子型表面活性剂是磺酸盐，其次是硫酸酯盐。

阴离子表面活性剂的溶解度随温度的变化存在明显的转折，即在较低温度的一段范围内随温度上升非常缓慢，当温度上升到某一定值时其溶解度随温度上升迅速增大，该转折温度称为表面活性剂的克拉夫特（Krafft）点，大多数离子型表面活性剂都有 Krafft 点。阴离子型表面活性剂的主要特点是洗消效果随温度升高而改善；加碱有利于增加洗消力。因此，阴离子型表面活性剂作为洗消剂，具有良好的去污性能。

6.3.1.1 羧酸盐

羧酸盐是以羧基（—COO—）为亲水基的一类表面活性剂。羧酸盐一般是由油脂与碱在加热条件下皂化制得的。由于油脂中脂肪酸的碳原子数不同和选择的碱不同，可以制成性质有很大区别的肥皂，也可用脂肪酸与碱进行皂化。随着脂肪酸碳链的加长，其皂的凝固点增高，硬度加大。钠皂比钾皂硬，铵皂则较柔软。钠皂和钾皂在软水中具有丰富的泡沫和较高的去污力。但其水溶液的碱性很高，约为 pH＝10。而铵皂可在 pH＝8 左右时使用，因而有其特殊优点。羧酸盐最大的缺点是它们在水溶液中遇到二价和三价的金属离子如 Ca^{2+}、Mg^{2+}、Fe^{3+} 等，会生成溶解度很低的钙皂或镁皂，从而丧失肥皂应有的清洗特定，肥皂在 pH 值为 7 以下的介质条件下会生成几乎不溶于水的游离脂肪酸，从而大大降低了洗消效果。

依据亲油基与羧基的连接方式的不同可分为两种类型，一类是高级脂肪酸的盐类——皂类；另一类是亲油基通过中间键如酰胺键、酯键、醚键等与亲水基连接，可认为是改良型皂类。

（1）高级脂肪酸盐 高级脂肪酸的钠盐、钾盐、铵盐、有机铵盐、锌盐、钙盐和铝盐等统称为高级脂肪酸盐，也称为皂，化学通式为 RCOOM，其中 R 为 $C_7 \sim C_{19}$ 的烷基，M 为 K^+、Na^+、$HN^+(CH_2CH_2OH)_3$、NH_4^+、Ca^{2+} 等。皂类表面活性剂可分为碱金属皂、碱土金属及高价金属皂和有机碱皂，碱金属皂主要作为家用洗涤制品，如脂肪酸钠是香皂和肥皂的主要成分，脂肪酸钾是液体皂的主要成分。金属皂和有机碱皂主要作工业表面活性剂。下面简要介绍几种高级脂肪酸盐。

① 硬脂酸钠 $C_{17}H_{35}COONa$ 是由硬化油等固体油脂制得的肥皂，为乳黄色膏状或片状固体，亲水性不足，可溶于热水和热酒精中，但是在冷水和冷酒精中溶解较慢。因此，在低温下的清洗力不好。其钾盐和铵盐可作液体皂类洗消剂，具有低刺激性和温和的清洗效果。

② 月桂酸钾 $C_{11}H_{23}COOK$ 由椰子油制成的肥皂为主要成分，碳的数目都是 12，疏水基较短，易溶于水，有良好的清洗能力，又有丰富的泡沫，可作为乳化剂，是液体皂和香波的主要成分。

③ 油酸钠皂 $C_{17}H_{33}COONa$ 是从橄榄油等制成的肥皂的主要成分，也是牛脂皂的大部分成分。其碳数和硬脂肪酸一样为 18，但是由于其分子中含有双键，因此，二者的性质很不相同。油酸钠既可溶于水，也有很强的清洗力。

用作清洗成分的高级脂肪酸皂都是不同碳链长度的油脂经皂化制成的，以便得到所需要的去污力、泡沫力和溶解性。肥皂的水溶液是碱性的，如果变为中性的就失去清洗作用，因为在中性或酸性的条件下，脂肪酸会游离出来。

$$RCOONa + HCl \Longrightarrow RCOOH + NaCl \tag{6.11}$$

用硬水时，钠皂变成钙皂，也影响清洗效果。

$$2RCOONa + Ca^{2+} \Longrightarrow (RCOO)_2Ca + 2Na^+ \tag{6.12}$$

高级脂肪酸盐表面活性剂有其特殊性，主要表现在水溶性、表面张力、发泡性与乳化性能、洗消去污能力等几个方面。下面简要分析。

① 水溶性 高级脂肪酸盐表面活性剂在水中的溶解度大小与它的化学成分有关。碱金属皂能溶于水和热酒精中，而不溶于乙醚、汽油、丙酮和类似的有机溶剂，在食盐、氢氧化钠等电解质水溶液中也不溶解。各类皂在水中的溶解情况大致为：铵皂＞钾皂＞钠皂，不饱和酸皂比饱和酸皂易溶；低分子皂类较高分子皂类易溶；环烷酸皂及树脂酸皂也易溶于水；而重金属皂与碱土金属皂则不溶于水。总之，肥皂的水溶液是一种既含有皂离子、皂分子和酸性皂，又含有皂胶团和微细结晶的体系。

② 低表面张力 碱金属皂类的表面活性起始于 C_8 的脂肪酸盐，随着脂肪酸盐的碳链增长，降低表面张力的能力逐渐增强，超过 C_{18} 者能力下降；而不饱和酸盐的表面活性一般比饱和酸盐的大。同时，降低表面张力的能力受其反离子的影响很大。实验证明，反离子对其降低表面张力的影响，按 $Na^+ < K^+ < NH_4^+ < N^+H(C_2H_4OH)_3 < N^+H_3(C_2H_4OH)$ 的顺序增强。另外，皂类的临界胶团浓度（CMC）也随着烷链长度的增长而减小。

③ 发泡性能与乳化性能 一般而言，碱金属皂的泡沫性能较好。就肥皂而言，其碳链短些的、泡沫易于形成，如 $C_{10} \sim C_{12}$ 的脂肪酸皂的泡沫粗大，但不稳定；而碳链较长的脂肪酸皂，形成的泡沫细小持久，但不易生成；不饱和酸皂如油酸钠起泡性能差，且泡沫不持久，松香酸皂的起泡性也差，但加入碳酸钠后，起泡性大为增加；低分子环烷酸皂，泡沫大，且不持久；高分子环烷酸皂泡沫小而持久。然而，金属皂（如铝皂）常用作消泡剂。

关于皂类的乳化性能，一般碱金属皂易将油-水乳化为 O/W 型乳状液；而碱土金属皂（包括重金属皂）易形成 W/O 型乳状液。

④ 洗消去污能力 肥皂的去污力与肥皂的种类有关，$C_{16} \sim C_{18}$ 的饱和酸皂在 $80 \sim 90 ℃$ 时的去污性能最好；不饱和酸皂如油酸皂在 $20 \sim 50 ℃$ 时的去污力最大。肥皂在软水中与其他表面活性剂几乎有相同的去污力，水的硬度增大，去污力变差。

肥皂在硬水中去污力下降的主要原因，是由于它与硬水中的 Ca^{2+}、Mg^{2+} 反应生成不溶于水、且失去洗涤能力的钙、镁皂。此外，肥皂适于在碱性、中性环境中使用，不宜在酸性环境中使用。这是因为肥皂在酸性溶液中易使其脂肪酸游离析出，结果使肥皂失去表面活性。但是，肥皂的生物降解性是非常好的。

(2) 疏水基通过中间键与羧基连接的表面活性剂 皂类洗涤型洗消剂不耐硬水，在硬水中生成钙皂和镁皂。通过增加皂类表面活性剂分子中亲水基的总数，可以提高羧酸盐类表面活性剂的抗硬水性能。增加此类表面活性剂分子亲水性的最有实际意义的方法，就是在亲油基与羧基之间通过极性的中间键连接。目前最重要的商品为梅迪兰（Medialan）和雷米帮（Lamepon）。其中，N-月桂酰肌氨酸钠，其商品名为梅迪兰，具有洗消、分散、乳化、渗透、增溶等特性，广泛应用于洗涤型洗消剂的制备中。用油酰氯与水解蛋白（多肽）缩合所得产品的商品名为雷米帮A，又名613洗涤剂。该表面活性剂在碱性和中性溶液中稳定，pH＜5时则有沉淀析出。在碱性介质中有优良的去污力和良好的钙分散力。雷米帮A具有良好的乳化能力，每22份雷米帮A可乳化10000份植物油，是良好的乳化剂。可用于金属表面的去油剂。雷米帮A的吸湿性强，不适合制成粉状产品，通常是黄褐色的黏稠液体，活性物含量为32%～40%。

6.3.1.2 硫酸酯盐

硫酸酯盐类主要是由脂肪醇或脂肪醇及烷基酚的乙氧基化物等羟基化合物与硫酸化试剂发生硫酸化作用，再经中和得到的一类阴离子表面活性剂。硫酸酯盐类的通式可表示为$ROSO_3M$，其中R可以是烷基、烯烃、酚醚、醇醚等。硫酸酯盐与磺酸盐的区别是，硫酸酯盐亲水基是通过氧原子即C—O—S键与亲油基连接，而磺酸盐则是通过C—S键直接连接，氧的存在使溶解性增大，C—O—S键比C—S键更易水解，尤其是在酸性介质中。

硫酸酯盐具有良好的发泡力和去污力，耐水性能好，水溶液为中性或微碱性，主要用于洗涤型洗消剂的制备中。

（1）烷基硫酸酯盐（AS）　烷基硫酸酯盐也可称为脂肪醇硫酸酯盐，是目前应用最广泛的硫酸酯盐，其通式分子中的M为Na、K或有机铵盐如二乙醇胺$NH(CR_2CH_2OH)_2$或三乙醇胺$N(CR_2CH_2OH)_3$等，是由含长短烷基的高级醇经过（用硫酸、发烟硫酸、氯磺酸）硫酸酯化而制成的阴离子表面活性剂。高级醇的碳数一般为12～18，包括从动植物油脂或蜡制造的天然醇和通过石油化学方法由石油制造的合成醇。其通式分子中的R为C_{12}～C_{18}的烷基，C_{12}～C_{14}的醇最理想。

天然醇中的一种是烃链完全饱和的饱和醇，另一种是含有不饱和键的不饱和醇。

这是一类非常重要的液体洗消剂用表面活性剂，其中最重要的成分是月桂醇硫酸钠（亦简称K_{12}）和月桂醇聚氧乙烯醚硫酸钠。这类表面活性剂具有良好的发泡性和清洗性，在硬水中性质稳定，溶液呈中性或微碱性，是液体洗消剂的主要原料。

烷基硫酸酯盐的制备方法是将相应的憎水基原料（如月桂醇）经过硫酸化后再以碱中和。

$$ROH \xrightarrow{\text{硫酸化}} ROSO_3H \xrightarrow{\text{中和}} ROSO_3M$$

月桂醇硫酸钠$C_{12}H_{25}OSO_3Na$可制成白色粉末，溶于水。

（2）脂肪醇聚氧乙烯醚硫酸钠　脂肪醇聚氧乙烯醚硫酸钠（AES），与脂肪醇硫酸盐（AS）相似，起泡力好，但润湿力差。化学式为$RO(CH_2CHO)_nSO_3Na$，分子中有聚乙二醇链，溶解性和起泡力均有提高，对水的硬度不灵敏，性能也较温和，低温下较稳定，主要用于生产洗涤型洗消剂。

6.3.1.3 磺酸盐

凡分子中具有—C—SO_3M基团的阴离子表面活性剂，通称为磺酸盐型表面活性剂。磺酸盐化学通式为R—SO_3M，R中碳数在8～20之间，M为Na、K、$N(CH_2CH_2OH)_3$等。这是最重要的一类阴离子表面活性剂，主要包括烷基苯磺酸盐、木质素磺酸盐、烯基磺酸盐、烷基磺酸盐、琥珀酸酯磺酸盐、高级脂肪酸α-磺酸盐、脂肪酰胺烷基磺酸盐等。磺酸盐相对于烷基硫酸酯盐，化学稳定性更好，不能加水分解，加热也难以分解，甚至可以在酸中使用。表面活性更强，成为各种合成洗消剂的主要活性物。另外，不同烷基链长或不同亲油基结构的产品，表现出不同的表面活性，分别作为润湿剂、渗透剂、乳化剂、发泡剂、消泡剂等使用，因此，各种磺酸盐广泛地用于各种液体洗消剂。常用的品种介绍如下。

（1）烷基苯磺酸盐（ABS，LAS） 烷基苯磺酸盐是最具代表性的阴离子表面活性剂。按烷基的结构可将其分为支链和直链烷基苯磺酸盐，支链的为硬性型，直链的为软性型。一般将硬性型的称为 ABS；软性型称为 LAS，由于 LAS 具有高效的洗涤性、优良的泡沫性和生物降解性，20 世纪 60 年代起逐渐替代了 ABS。

其分子式 $C_nH_{2n-1}C_6H_4SO_3Na$，从结构上看，它是由亲油基烷基苯和亲水基磺酸钠组成了两亲分子。通常烷基苯磺酸钠不是单一的化合物，是多种异构体的混合物，由于烷基碳原子数、烷基链支化度、苯环在烷基链上的位置和磺酸基在苯环上的位置等的不同，还会使得产物比较复杂，不同结构的烷基苯环酸钠其性能不同。市售的烷基苯磺酸钠的工业品含有效成分 60%，为淡黄色糊状物。还有加入硫酸钠后，经喷雾干燥制成的小颗粒状产品，烷基苯磺酸钠除了水溶性的以外，还有油溶性的产品，其疏水基大，极容易溶解于石油产品、有机溶剂中。其特点是油溶性好，且亲水性也很强。可作为干洗剂和切削油的原料。

典型产品是直链十二烷基苯环酸钠，是磺酸盐型表面活性剂中最有名的，是合成洗消剂使用最多的原料。直链十二烷基苯环酸钠分子式为 $C_{12}H_{25}SO_3Na$，为白色粉末，易溶解于水，具有良好的去污力、渗透力和发泡力，综合清洗性能优越。

（2）烷基磺酸盐（SAS） 烷基磺酸盐的通式为 RSO_3M，式中 R 为烷基，R 为 $C_8 \sim C_{20}$，烷基链长平均碳数以 $C_{15} \sim C_{16}$ 为宜，碳链过短，去污能力差而润湿能力强，碳链过长则去污力也差。以支链为佳，支链的质量较差。其中 M 为碱金属或碱土金属，作为合成洗涤型洗消剂，金属离子均为 Na^+。

从洗涤性能角度来讲，烷基磺酸盐（SAS）最类似于 LAS 的发泡性和洗涤效能，且水溶性好，大多数情况下它可以代替 LAS。与烷基硫酸盐不同，它即使在高碱性下对水解仍然不敏感，这是由于分子中碳-硫键稳定之故。其缺点是用它作为主要组分的洗衣粉易发黏、不松散。所以大多用于液体洗涤型洗消剂的配方中。以烷基磺酸钠为例，它的 1% 水溶液 pH 值为 9～11。在碱性、中性、弱酸性溶液中稳定，由于—SO_3—比肥皂中的—COO—亲水能力强，生成钙、镁盐的溶解度也较大，在硬水中不会产生沉淀。在硬水中有良好的润湿、乳化、分散、发泡和去污能力。缺点是去污力、携污力较肥皂差一些，但添加助洗剂后可以得到改进。

（3）α-烯基磺酸盐（AOS） α-烯基磺酸盐是由 α-烯烃与强磺化剂直接反应得到的阴离子表面活性剂，它是一种混合物，主要包括链烯基磺酸盐 [R—CH＝CH—(CH₂)ₙ—SO_3Na]、羟基链烷磺酸盐 [RCHOH—(CH₂)ₙ—SO_3Na] 和少量的二磺化物及二磺酸盐。其通式为 R′—SO_3Na，其中 R′是 α-烯烃基，碳原子数可以在 10～16 范围内，R 为 C_{12} 以上均具有较好的去污力。AOS 随水的硬度增加仍有较好的去污力和起泡力。当 R 为 C_{13} 时起泡力及润湿力极佳。α-烯基磺酸盐易溶、耐热，具有优良的洗净、起泡和乳化能力，在硬水中去污力强、其生物降解性能良好。在主要的阴离子表面活性剂中，是毒性小、对皮肤刺激也小的品种。在洗涤型洗消剂中，α-烯基磺酸盐是合成洗消剂生产中最有前途的阴离子活性剂，特别适用于生产各种液体洗消剂，如洗手液、香波、泡沫浴等。它与各种表面活性剂的配伍性能良好，又具有优越的清洗性能。

6.3.1.4 烷基磷酸酯盐

烷基磷酸酯盐是一类非常重要的阴离子表面活性剂，因为其亲水基的特点，使产品具有乳化作用、消泡作用、抗静电作用。不同疏水基产品和磷酸单酯盐、双酯盐含量不同时，产品性能有较大差别。

烷基磷酸酯盐由单酯盐和双酯盐组成，可以通过疏水原料（如高级脂肪醇）与五氧化二磷直接酯化，然后中和制得。

实际上产品中除单酯外，还有双酯、聚磷酸酯及少量三酯的盐类，还有一部分未反应的醇。十二烷基磷酸酯盐主要作抗静电剂，用于具有调理作用的产品中。

聚氧乙烯十二烷基磷酸酯盐是一种黏度很高，去油污力很强，适用于餐具洗消剂的重要原料。一些清洗垂直表面的硬表面洗消剂也希望使用高黏度、能在表面上滞留较长时间的原料。由于这种阴离子表面活性剂是由非离子表面活性剂衍生出来的，兼有非离子表面活性剂的一些特点，因此其综合性能和配伍性能俱佳。

以多元醇酶类非离子表面活性剂衍生的磷酸酯盐，如单月桂酸甘油酯磷酸酯盐，也是综合性能较好的阴离子表面活性剂，用作餐具清洗、硬表面洗消剂和食品乳化剂等。

6.3.1.5　脂肪酰-肽缩合物钠盐

这是以氨基酸为原料合成的阴离子表面活性剂，其化学式通式为 RCON—HR′COONa，其中 R 为 $C_8 \sim C_{18}$，R′为氨基酸的脂肪基。

脂肪酰-肽缩合物钠盐一般制备工艺是以脂肪酸酰氯和蛋白质水解物进行缩合，然后再用碱中和。这种表面活性剂在弱酸性介质中（pH＝6～7）稳定，其碱金属盐有较好的去污力，对硬水稳定。另外，产品对皮肤温和，不脱脂，接近中性。常用的有月桂酰肌氨酸钠、油酰甘氨替甘氨酸钠等品种。

6.3.2　阳离子表面活性剂

阳离子表面活性剂能在水溶液中发生电离，表面活性部分带有正电荷。阳离子表面活性剂的共同特点是溶于水时，憎水基一侧分解成阳离子，形式上与阴离子表面活性剂相反，如图 6.18 所示。由于阳离子型表面活性剂所带电荷正好与阴离子型所带电荷相反，因此常称为阳性皂或逆性肥皂，阴离子表面活性剂则称为阴性皂。

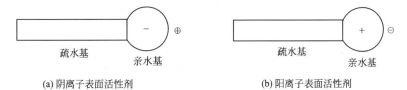

(a) 阴离子表面活性剂　　　　　　　　(b) 阳离子表面活性剂

图 6.18　阴、阳离子表面活性剂的结构模型

阳离子表面活性剂主要是含氮的有机胺衍生物，由于分子中的氮原子含有孤对电子，故能以氢键结合酸分子中的氢，使氨基带正电荷。因此，阳离子表面活性剂在酸性介质中才具有良好的表面活性，而在碱性介质中容易析出而失去表面活性。除含氮阳离子表面活性剂，还有一小部分含硫、磷、砷等元素的阳离子表面活性剂。

6.3.2.1　阳离子表面活性剂特性

阳离子表面活性剂除具有一般表面活性剂的基本性质外，还表现出一些特殊性能，如具有良好的杀菌、杀藻、防霉能力，而且抗菌谱广、用量少；良好的柔软、抗静电、调理性能等。阳离子表面活性剂的典型应用包括柔软剂、杀菌剂、匀染剂、乳化剂、抗静电剂、金属缓蚀剂、调理剂、絮凝剂和浮选剂等。

阳离子表面活性剂带有正电荷，而纺织品、金属、玻璃、塑料、矿物、动物或人体组织等通常带有负电荷，因此，在固体表面上的吸附与阴离子及非离子表面活性剂的情况不同。阳离子表面活性剂的极性基团由于静电引力靠向固体表面，疏水基靠向水相，使固体表面呈"疏水状态"，不适用于洗涤和清洗。

阳离子表面活性剂强的吸附能力，使其易吸附在基质表面上形成亲油性膜。亲油性膜具有憎水作用，可显著降低纤维表面的静摩擦系数，因而具有良好的防水性和柔软平滑性。由于静摩擦系数的降低，使固体表面不易产生静电；同时由于其产生正电性，在固体表面形成易吸湿气的膜，增加导电性，因而具有良好的抗静电作用。由于阳离子表面活性剂所带的正电荷吸附于细菌的细胞壁，并透过细胞壁与蛋白质作用而杀死细菌，因而具有杀菌作用。

通常认为，阳离子表面活性剂和阴离子表面活性剂在水溶液中不能混合，否则将相互作用产生沉淀，从而失去表面活性。事实并非如此，在混合表面活性剂体系中，由于阴、阳表面活性离子间强烈的静电作用，混合物具有比单一组分较低的临界胶束浓度和表面张力。这是由于阴、阳离子间的强吸引力，使溶液内部的表面活性分子更易聚集形成胶束，表面吸附层中的表面活性分子的排列更为紧密，表面能更低所致。虽然阴、阳离子混合物具有高的表面活性，但往往在其临界胶束浓度以上发生相分离，溶液变混浊或出现珠光，甚至产生沉淀，这对应用非常不利；且这种因静电作用而形成的离子化合物，会使阳离子表面活性剂失去对织物的柔软和抗静电作用。因此在实际使用过程中，用阴离子表面活性剂洗过的织物，必须冲洗干净，才能使用以阳离子表面活性剂为主的柔软处理液处理，否则将失去柔软和抗静电效能。阳离子表面活性剂除少数情况外很少直接用于洗涤去污，但在一些洗涤液中加入少量游离脂肪胺（如甲基双硬脂酰胺）可作为洗涤增强剂。

6.3.2.2　阳离子表面活性剂的分类

几乎所有的阳离子表面活性剂都是含氮化合物，也就是有机胺的衍生物。按氮原子在分子结构中的位置可分为胺盐、季铵盐、杂环类阳离子表面活性剂。

对于胺盐表面活性剂，可用酸来中和高级烷基胺类制成。不论强的无机酸，还是像甲酸、乙酸等弱酸性的低级脂肪酸，都可以用以中和胺类，制成胺盐型的阳离子表面活性剂。

$$NH_3 + HCl \Longrightarrow NH_3 \cdot HCl \qquad NH_4^+ \cdot Cl^-$$
氨　　　　　　　　氨的盐酸盐　　　　　氯化铵

$$RNH_2 + HCl \Longrightarrow RNH_2 \cdot HCl \qquad RNH_3^+ \cdot Cl^-$$
伯胺　　　　　　　伯胺盐酸盐　　　　　单烷基氯化铵

$$R_2NH + HCl \Longrightarrow R_2NH \cdot HCl \qquad R_2NH_2^+ \cdot Cl^-$$
伯胺　　　　　　　仲胺盐酸盐　　　　　二烷基氯化铵

$$R_3N + HCl \Longrightarrow R_3N \cdot HCl \qquad RNH^+ \cdot Cl^-$$
叔胺　　　　　　　叔胺盐酸盐　　　　　三烷基氯化铵

例如，月桂基胺 $C_{12}H_{15}NH_2$ 是不溶于水的白色蜡状物，加热到 $60 \sim 70℃$，熔融成液体，边搅拌，边加入化学计算量的醋酸，发生中和反应，伴随放热，生成易溶于水的阳离子表面活性剂月桂基胺醋酸盐。

$$C_{12}H_{25}NH_2 + CH_3COOH \Longrightarrow C_{12}H_{25}NH_2 \cdot CH_3COOH \qquad (6.13)$$

如果用难溶于水的高级脂肪酸中和高级烷基胺，则所生成的胺盐也不溶于水。

制备季铵盐则必须用叔胺和烷基氯反应。

$$R_3N + RCl \Longrightarrow R_4N^+ \cdot Cl^- + 热 \qquad (6.14)$$
叔胺　烷基氯　　季铵盐酸盐

一般应使用高级叔胺制备季铵盐。

6.3.2.3　常用的阳离子表面活性剂

（1）季铵盐　是可用 $(R_4N)^+ X^-$ 表示的一类含氮有机化合物。R 是四个相同的或不同的烃基，X 是卤素原子或酸根。分子结构与无机铵盐相似。

阳离子表面活性剂中最常用的、数量最大的一类是季铵盐。在工业生产中，主要生产方法有两种，一是由脂肪伯胺与烷基卤反应生成季铵盐；另一种是由脂肪醇用卤代烷法直接制备季铵盐，称为脂肪醇一步法工艺。

常用的季铵盐阳离子表面活性剂有十二烷基二甲基苄基氯化铵、十六烷基三甲基溴化铵、双十八烷基二甲基氯化铵、十八烷基三甲基氯化铵、十八烷基三甲基溴化铵、十六烷基三甲基氯化铵、十二烷基三甲基氯化铵等多种产品。其中，十二烷基二甲基苄基氯化铵是无毒无臭的液体，对皮肤无刺激，对金属不腐蚀，在沸水中稳定和不挥发，对革兰氏阳性及阴性细菌有杀灭作用。季铵盐阳离子表面活性剂主要用作柔软剂、抗静电剂、杀菌剂、破乳剂等。

（2）吡啶卤化物　实际上也属于季铵盐，是咪唑啉化合物以外的一种环胺化合物。例如，十二烷基吡啶氯化铵，具有很强的杀菌能力，能杀灭金黄色葡萄球菌和伤寒杆菌。尤其适用染毒场所如食品加工、游泳池等处作为清洗消毒剂。

6.3.2.4 适用性分析

由于在水中大多数污染物都带有负电荷，故在洗消剂中加入阳离子表面活性剂对去污不利。在这种情况下，表面活性剂的吸附通常由离子基团之间的特定静电相互作用来实现，阳离子表面活性剂的吸附使体系界面负电荷减少，污染物分散效果不好，甚至会发生再沉积。当表面活性剂浓度很高时，由于形成了多层吸附，使污染物和基质表面均带正电荷，才能起到洗涤去污作用。此外，阳离子表面活性剂不能与阴离子表面活性剂复配使用，两者复配会发生减效作用。因此，阳离子表面活性剂一般不作为洗涤型洗消剂的主剂。阳离子表面活性剂主要用作杀菌剂，也被用于纤维柔软剂、破乳剂、脱脂剂、分散剂、漂浮及抗静电剂等。其总用量比阴离子表面活性剂少得多。一般的阳离子表面活性剂不具备去污力。它在洗消剂中有两种应用形式，一是与非离子表面活性剂复配；二是在衣物洗涤后的漂洗过程中单独使用。复配使用时，被油性污垢污染的织物纤维所带的负电荷先被吸附在其上的阳离子表面活性剂所中和，更有利于非离子表面活性剂的吸附，使去油效果较佳。此外，还可使洗涤剂具有杀菌活性。单独使用时，所选品种是双十八烷基二甲基氯化铵，利用其在清洁衣物上的吸附所形成的"油膜"，提高衣物表面的抗静电性和柔软性，它是用量最大的衣物柔软剂。

6.3.3 两性表面活性剂

通常所说的两性表面活性剂是指由阴、阳两种离子所组成的表面活性剂。这种表面活性剂结构上同时存在性质相反的离子，在水中同时带有正、负电荷，在酸性溶液中呈阳离子表面活性，在碱性溶液中呈阴离子表面活性，在中性溶液中呈非离子表面活性。

6.3.3.1 两性表面活性剂的特性

两性表面活性剂的一个分子是在非极性基团上连接一个带正电荷的基团与一个带负电荷的基团所构成的。非极性基为烷基或带芳基的有机基团。带正电荷的基团一般为含氮基团，或由磷和硫取代的基团。带负电荷的基团一般是磺酸基或羧基。因此，两性表面活性剂既有表面活性剂的一般共性，又具有特殊性。虽然两性表面活性剂的化学结构各有不同，但具有共同性能，即耐硬水，耐高浓度电解质；可与阴、阳、非离子表面活性剂混配；与阴离子表面活性剂混合时与皮肤相容性好；低毒性，低刺激性；抗菌性和抑霉性；生物降解性；对硬表面及织物有良好的润湿性和去污性；抗静电及织物柔软平滑性能；乳化性和分散性。两性表面活性剂既有阴离子表面活性剂的洗消作用，又具有阳离子表面活性剂对织物的柔软作用。两性离子表面活性剂可以用作配置洗涤型洗消剂，但一般不作为主剂，而主要是利用它兼有洗涤和抗静电、柔软作用来改善洗消后手感。

6.3.3.2 两性表面活性剂的分类

主要可分为以下四类。

（1）**羧酸盐型表面活性剂**　是最为熟知的一类，又分为以下两类。

① **氨基酸型两性表面活性剂**　如 $R—NH—CH_2CH_2COOH$。

② **内胺盐型表面活性剂**　是既含季铵盐型的阳离子部分，又含羧酸盐型的阴离子部分的两性表面活性剂。

（2）**硫酸酯盐型两性表面活性剂**。

（3）**磺酸盐型两性表面活性剂**。

（4）**磷酸酯盐型两性表面活性剂**。

6.3.3.3　两性表面活性剂的共同特点

有良好的表面活性、去污、湿润、乳化、分散性能，同时具有杀菌、抗静电、柔软等特性。性能温和，刺激性小，对皮肤还有滋润作用。相容配伍性好，易于降解。易溶于水、耐硬水、发泡性强。

两性表面活性剂的性质取决于本身的结构和溶液的酸碱性。在酸性溶液中，它显示出阳离子性；在碱性溶液中，它显示出阴离子性。在两性表面活性剂溶液中的阴离子性和阳离子性平衡呈现中性状态——等电点的 pH 值时，它显示出非离子性的性质。这个 pH 值不恒等于 7，随两性表面活性剂分子中阴、阳离子的相对强弱而改变。但是，两性表面活性剂的价格较高，清洗能力也不及非离子表面活性剂和阴离子表面活性剂，因此，只有在特殊的情况下使用，常与其他表面活性剂复配，以产生协同作用。

6.3.3.4　常用的两性表面活性剂

（1）**两性咪唑啉衍生物**　其特点是刺激性低、具有抗硬水的能力、耐电解质、对酸碱稳定、生物降解性能好。可以做成磺酸型、乙酸钠型及阳离子型的。主要用于生产对眼睛刺激性小的浴液、香波、化妆品、制造硬表面的清洗剂，餐具、水果和精细纺织品的清洗剂，还可作柔软剂、抗静电剂、消毒杀菌剂、调理剂等。此外，在金属加工的防锈液、清洗液中，加入咪唑啉型的两性表面活性剂，可有效提高金属对氢氟酸、硫酸、盐酸和氨基磺酸的耐腐蚀能力。

（2）**甜菜碱衍生物**　最早是从甜菜中得来。它是一类很有用的两性表面活性剂，其通式是 $R_3N^+CH_2COO^-$。易溶于水，可在很宽的 pH 值范围内使用；对人体的刺激小；耐硬水，可在硬水中使用；可与各类表面活性剂复配使用；有良好的杀菌性和清洗性；在碱性条件下，表现为阴离子表面活性剂的特性；在酸性条件下表现为阳离子表面活性剂的特性；在中性条件下，呈现非离子表面活性剂的性质。

例如，十二烷基甜菜碱是无色透明的黏稠液体，等电点的 pH 值为 6～8，易降解，刺激性小，有较强的杀菌能力、抗静电性能、增泡与稳泡性，对酸、碱和硬水稳定，是低毒安全性的表面活性剂。和各类表面活性剂配伍，有良好的协同效应，广泛应用于高级洗消剂和香波生产中。

（3）**氨基酸型两性表面活性剂**　是同时有羧基和氨基的两性化合物，当氨基上的氢原子被长链烷基取代后，即成为氨基酸型表面活性剂。把其阳离子部分由胺盐构成的产物称为氨基酸型两性表面活性剂。

把 1mol C_{12}～C_{18} 的高级烷基胺，比如 $C_{12}H_{25}NH_2$，加热到 60～70℃使之熔融，边搅拌边滴加 1mol 丙烯酸甲酯 $CH_2=CHCOOCH_3$，发生放热反应，生成月桂氨基丙酸甲酯 $C_{12}H_{25}NHCH_2CH_2COOCH_3$。月桂氨基丙酸钠易溶于水，呈透明溶液，发泡性和洗涤能力很强，可以制作特殊的清洗剂。

氨基酸型两性表面活性剂在碱性条件下的行为和阴离子表面活性剂相同，在酸性条件下的行为和阳离子表面活性剂相似。当其阴离子性和阳离子性正好平衡时，亲水性变小，有产生沉淀的性质。

氨基酸型两性表面活性剂应用于香波、杀菌剂、去臭剂、除锈剂、防锈剂等配方中。

此外，还有卵磷脂等含磷的两性表面活性剂，以淀粉、蛋白质等天然产品为基础的两性表面活性剂等。

6.3.4　非离子表面活性剂

非离子表面活性剂在水中不会离解成带电的阴离子或阳离子，而是以中性非离子分子或胶束状态存在的一种表面活性剂。在非离子表面活性剂分子结构中的亲油基团与离子型表面活性剂大致相同，但亲水基一般是含有羟基的化合物或含有醚键的化合物组成的含氧基团。由于羟基和醚键的亲水性较弱，因此，分子中必须含有多个这类基团，才能表现出一定的亲水性。而离子型表面活性剂只有一个亲水基团，却已表现出较强的亲水性。

6.3.4.1　非离子表面活性剂的主要特点

非离子表面活性剂在水溶液中不电离。正是由于这一结构特点，非离子表面活性剂较离子型表面活性剂有一系列的优点。非离子表面活性剂清洗性较强；临界胶束浓度 CMC 较低，也就具有低浓度下的强清洗性能，可低浓度使用；发泡性较小；多数是液体或浆状、膏状，便于制成液体洗消剂，这与离子型表面活性剂不同。在水溶液中不呈离子状态，所以稳定性高，对酸、碱和硬水稳定；与其他表面活性剂的相容性较好，便于和其他表面活性剂复配使用；在水和有机溶剂中皆有较好的溶解性能，但是清洗物的手感较差。

6.3.4.2　非离子表面活性剂的分类

按其亲水基分为聚乙二醇型和多元醇型两大类，见图 6.19。

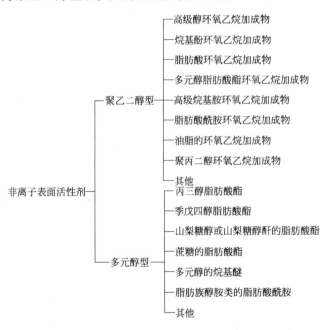

图 6.19　非离子表面活性剂的分类

6.3.4.3　常用的非离子表面活性剂

（1）聚乙二醇型非离子表面活性剂　又称为聚氧乙烯型表面活性剂。聚乙二醇型非离子表面活性剂是在含有极易参加反应的氢原子的疏水基上，加成环氧乙烷作为亲水基制成的。极易反应的氢原子是指羟基（—OH）、羧基（—COOH）、氨基（—NH$_2$）或酰氨基（—CONH$_2$）中的氢原子，在这些原子团中的氢原子的结合较松散，容易移动和发生反应。

在聚乙二醇型非离子表面活性剂中含有醚基（—O—）和羟基（—OH）两种亲水基。但是，由于在分子的末端只有一个羟基，故其亲水性小，主要的亲水性是由醚基所贡献的，所以，和一个憎水基连接的亲水基——环氧乙烷的物质的量越多，醚键数（—O—）也越多，亲水性就越强，越容易溶解于水。含有容易反应的氢原子的常用的疏水基原料有烷基酚（如壬酚）、脂肪酸（如油酸）、高级醇（如月桂醇）、高级脂肪胺（如硬脂基胺）、脂肪酸酰胺（如油酰胺）等，以高级醇和烷基酚为重要。

聚乙二醇型非离子表面活性剂，都是由疏水基置换了聚乙二醇分子端部的羟基—OH 或羟基中的氢而形成的，因此，它们被称为聚乙二醇型或环氧乙烷系列的非离子表面活性剂。

聚乙二醇型表面活性剂在水中不电离，所以有特殊的性质。例如，对其亲水基与疏水基部分的可调节性，可通过逐步增加氧化乙烯基的数量以增大其亲水性和溶解度；对于已确定疏水基的聚乙二醇型的表面活性剂，可调节乙氧基的数目以适应对各类污染物的最佳清洗性。因为当乙氧基增加时，清洗力先增大，但是，乙氧基再加大，清洗力又会下降。含有两个离子型亲水基的表面活性剂，其疏水基的碳数在 20 以上才有较好的清洗力。

如果疏水基的原料相同，随环氧乙烷的加成物质的量增加，表面活性剂的浊点上升。使亲水基中羟基的数量不同和聚氧乙烯链的长度不同，可以合成仅微溶于水到亲水性的多种系列非离子表面活性剂。由于这一差异，HLB 值不同，其溶解、湿润、浸透、乳化、增溶等特性也就不同。

电解质的加入，例如，加入盐尤其是氢氧化钠等碱类物质，可使单纯非离子表面活性剂的浊点大大降低，不同的表面活性剂，其降低的幅度不一样。少量的离子型表面活性剂的存在，可使非离子表面活性剂的浊点大幅度的升高或降低。

聚乙二醇型表面活性剂在水中有不规则的溶解性和浊点。随着温度的升高，聚乙二醇型非离子表面活性剂在水中的溶解度下降，水溶液变混浊。表面活性剂在水中变成细小液滴析出的温度称为浊点。在浊点以下的温度下溶解于水，在浊点以上的温度下，不溶解于水。因此，可以用非离子表面活性剂的浊点表示其亲水性。分子中乙氧基数增加时，聚乙二醇型表面活性剂的浊点升高。在实际应用中，浊点低于使用温度的非离子表面活性剂的清洗能力，比浊点较高的表面活性剂好。当使用温度接近于浊点时，其清洗能力最好。

由于这些表面活性剂有较低的临界胶束浓度和抗污染物的再沉积能力，因而具有高清洗活性、优良的低温清洗性能以及由此而带来的低能耗，因此深受欢迎，用量不断增加。此外，这类表面活性剂不存在静电作用。

（2）多元醇型　多元醇型非离子表面活性剂是在丙三醇或季戊四醇等多元醇的分子上，连接上高级脂肪酸等亲水基的产物，构成了疏水基上连接许多羟基（—OH）的形式。能透明地溶解于水的多元醇型非离子表面活性剂较少，大多数不溶于水，在水中呈乳状液。在性质上和聚乙二醇型的非离子表面活性剂有很大的不同，用途也不同。除了羟基以外，带有—NH₂或者＞NH 的氨基醇类、带有—CHO 的糖类（例如葡萄糖）等，和疏水基连接所构成的非离子表面活性剂与多元醇型很相似，也分属于多元醇型非离子表面活性剂。

6.3.5　特殊类型的表面活性剂

含有 C、H、O、N、S、Cl、Br、I 8 种元素的表面活性剂称为一般表面活性剂，含有非金属元素 F、Si、P、B、Se、Te 6 种元素的表面活性剂称为特殊表面活性剂。

特殊类型表面活性剂的洗消去污性能远不及它的其他性能，通常不用于配制合成洗消剂，但为了制造各种专用洗消剂，也可适用不同性能的特殊表面活性剂。例如，石油工业中使用的油罐，常用加有生物表面活性剂的洗消剂进行清洗，生物表面活性剂对油罐的污垢具有良好的去除效果。这里主要介绍高分子表面活性剂、生物表面活性剂、含硅与含氟的表面活性剂等。

6.3.5.1　高分子表面活性剂

一般的表面活性剂中亲油基的碳数在 10～18，相对分子质量在 300 左右，可以称为低分子表面活性剂。一般把分子量大到某种程度以上（相对分子质量达 2000 或 3000 以上，甚至几百万），具有表面活性的化合物称为高分子表面活性剂。例如，聚丙烯酰胺、聚乙烯醇、淀粉衍生物、聚乙烯吡咯烷酮等。

（1）高分子表面活性剂的特性　高分子表面活性剂一般具有以下特征。

① 降低表面张力的能力较小，多数不形成胶团。

② 由于相对分子质量高，故渗透力弱。

③ 起泡性差，但形成的泡沫稳定。

④ 乳化力好。

⑤ 分散力或凝聚力优良。

⑥ 多数低毒。

由于大分子分子内或分子间缠绕复杂，随相对分子质量增加，大分子链易卷曲，疏水链段易被亲水链段覆盖。大多数高分子表面活性剂降低水的表面张力的能力较差，有些高分子表面活性剂由于分子链极长，单个分子链即能够卷曲成线团，疏水链段缔合形成脱水状态的单分子胶团，或者大分子间相互缠结缔合成多分子胶团。但也有很多高分子表面活性剂具有很高的降低表（界）面张力的能力，其降低表面张力的能力可与低分子表面活性剂相媲美。

（2）高分子表面活性剂的特性的分类　目前高分子表面活性剂尚没有明确的标准分类法。按其在水中的离子性质来分类，高分子表面活性剂也可以分成阴离子、阳离子、非离子和两性离子型等。按其来源则可分为天然型、半合成型和合成型三大类。此外还可以根据表面活性剂在溶液中是否形成胶束，分为聚皂及传统高分子表面活性剂等。高分子表面活性剂的特性的分类见表 6.4。

表 6.4　高分子表面活性剂的特性的分类

类型	天然型	半合成型	合成型
阴离子型	藻酸钠 果胶酸钠	羧甲基纤维素（CMC） 羧甲基淀粉（CMS） 甲基丙烯酸接枝淀粉	甲基丙烯酸共聚物 马来酸共聚物
阳离子型	壳聚糖	阳离子淀粉	乙烯吡啶共聚物 聚乙烯吡咯烷酮 聚乙烯亚胺
非离子型	各种淀粉	甲基纤维素（MC） 乙基纤维素（EC） 羟基纤维素（HEC）	聚氧乙烯-聚氧丙烯 聚乙烯醇（PVA） 聚乙烯醚 聚丙烯酰胺 烷基酚-甲醛缩合物的环氧乙烷加成物

① 聚丙烯酰胺　是一类水溶性高分子化合物，也属于聚合型阳离子表面活性剂。可作为抗再沉淀剂、增稠剂、胶体保护剂。

② 聚乙烯醇　是由醋酸乙烯加水分解而成。它是具有乳化作用和凝聚作用的水溶性高分子表面活性剂。它可以制成高、中、低黏度的产品（相对分子质量分别为 17 万～20 万、12 万～13.5 万和 3 万～3.5 万），是植物油、矿物油和蜡等的重要非离子乳化剂。以高黏度和中黏度的较好，即使单独使用也有良好的乳化效果，但是，一般还是和其他表面活性剂配合使用，效果更好。聚乙烯醇没有增溶能力。

6.3.5.2 生物表面活性剂

生物表面活性剂是指由细菌、酵母和真菌等多种微生物构成的具有表面活性剂特征的化合物。它是能够生物降解，对生态无害的，具有重要生理功能和表面活性剂特征的一类化合物，包括许多微生物的代谢产物。

根据亲水基的类别可分为糖脂系生物表面活性剂、酰基缩氨酸系生物表面活性剂、脂肪酸系生物表面活性剂、磷脂系生物表面活性剂和高分子生物表面活性剂。

高分子表面活性剂分子结构的多样性决定了它功能的多样性。生物表面活性剂的分子结构中既有极性基团，又具有非极性基团。因此，它们能在两相界面定向排列形成单分子层，降低表面张力，多数生物表面活性剂可将表面张力减少至 $30mN \cdot m^{-1}$。

生物表面活性剂的主要特征如下。

① 表面性能优良，具有乳化、渗透、润湿、增溶、洗涤去污、发泡、消泡等一系列表面性能。

② 分子结构类型多样化，一些结构复杂的大分子化合物是难以用传统的化学方法合成的。

③ 生物表面活性剂具有良好的热及化学稳定性。

④ 生物表面活性剂的合成原料多是在自然界中广泛存在、无毒副作用的物质，如甘油三酯、脂肪酸、磷脂、氨基酸等，原料来源方便，价格便宜。

⑤ 一些表面活性剂还具有抗菌、抗病毒、抗肿瘤等药理作用。

⑥ 最重要的特点是，生物表面活性剂产品本身无毒，并且能够在自然界完全、快速地被微生物降解，不会对环境造成污染和破坏，与化学合成表面活性剂相比，这是一类对环境友好的物质。

大多数生物表面活性剂具有脂质般的结构，疏水组分是由脂肪酸或烃类组成的，亲水组分较多种，有糖、多糖、多元醇和肽等。通过微生物制备途径以获得结构独特、具有新的性能和高表面活性的表面活性剂。能形成生物表面活性剂的微生物及其表面活性剂制品，常用于海洋及海滩油类污染的清除，也开发了清洗油管、油罐和储槽的生物表面活性剂。利用不动杆菌发酵生成的"乳聚糖"是特别有效的乳化稳定剂，曾用于 $10000m^3$ 储槽的清洗，回收了 $530m^3$ 的油，它们比烷基苯磺酸钠有更好的表面活性。

6.3.5.3 含硅和含氟的表面活性剂

（1）含硅表面活性剂　含硅表面活性剂是指含有硅原子的表面活性剂，是 20 世纪 60 年代问世的一种新型特殊表面活性剂。此类表面活性剂的分子也是由亲水基和亲油基两部分构成，与传统碳氢表面活性剂不同的是其亲油基部分含有硅烷基链或硅氧烷基链。例如聚硅氧烷化合物（如硅橡胶、硅油等）具有很强憎水性的特性，以其作为亲油基制成含硅表面活性剂。此类表面活性剂的表面活性高，有良好的抗静电性能，可制造抗静电、低毒、高表面活性的清洗剂。

与传统的表面活性剂类似，含硅表面活性剂按亲水基的结构可以分为阴离子型、阳离子型、两性型和非离子型等四类。如果按疏水基的结构分类，则可分为硅烷基型和硅氧基型两类。

（2）含氟表面活性剂　含氟表面活性剂是指表面活性剂的疏水基团的碳氢链上的部分或全部氢原子被氟取代的产物。这类表面活性性能特殊，具有憎水、憎油的双重特性，表面活性比不含氟的有很大提高，热稳定性和化学稳定性有很大改善。

含氟表面活性剂和碳氢表面活性剂的极性基是相同的，所以依据极性基的结构不同可将含氟表面活性剂分为离子型和非离子型两大类。离子型表面活性剂又可分为阴离子含氟表面活性剂、阳离子含氟表面活性剂和两性含氟表面活性剂。阴离子含氟表面活性剂按其极性基（或亲水基）的结构不同又可分为羧酸盐、磺酸盐、硫酸盐、磷酸盐4类。阳离子含氟表面活性剂几乎都是含氮的化合物，也就是有机胺的衍生物，氟碳非极性基直接或间接与季铵基团、质子化氨基或杂环碱相联结，有些阳离子含氟表面活性剂含有季铵基和仲氨基及碳酰胺键或磺酰胺键。两性含氟表面活性剂分子中同时存在酸性基和碱性基，分子中至少有一个阴离子基，容易形成内盐。两性含氟表面活性剂可作为阴离子表面活性剂也可作为阳离子表面活性剂，这将取决于介质不同的pH。非离子含氟表面活性剂在水溶液中不电离，其极性基通常由一定数量的含氧醚键和/或羟基构成。含氧醚键通常为聚氧乙烯基链或聚氧乙烯基片段或聚氧丙烯基片段组成。

含氟表面活性剂疏水基主要由碳、氟两种元素组成。含氟表面活性剂的特性主要决定于疏水基的碳氟链。与氢及卤素原子相比，氟原子的电负性较大，故 C—F 链具有较大的键能，使碳氟链化学稳定性和热稳定性都比碳氢链高。与碳氢链相比，碳氟链具有如下性质。

① 含氟表面活性剂有很高的热稳定性，很高的耐强酸、高浓度碱和强氧化剂等化学稳定性，而在这些介质中非含氟表面活性剂是无法使用的。

② 由于氟碳链既疏水又疏油和氟碳链之间很弱的相互作用使含氟表面活性剂在水中呈现极高的表面活性，其水溶液的表面张力可低至 20mN·m^{-1} 以下（有的甚至可低到12mN·m^{-1}），提高了水溶液的润湿性和渗透性，这是其他类型表面活性剂所远远不及的。

③ 含氟表面活性剂可与很多非氟表面活性剂复合使用，由于协同效应，不仅增强使用效果，还可使总浓度降低。

④ 含氟表面活性剂的疏水基不但有疏水性也有疏油性（这里的油是指非极性碳氢化合物液体），表现为含氟表面活性剂不但能降低水的表面张力，而且也能降低液态碳氢化合物的表面张力。

含氟表面活性剂的极性基为亲水基时，在水中显示表面活性；而极性基为亲油基时，在有机溶剂中也能显示表面活性。因此，在应用过程中可根据不同用途选择不同的表面活性剂。但一般的清洗作业中较少使用。

6.3.5.4 羊毛脂衍生物

羊毛脂是从粗羊毛的梳理中回收的高分子化合物，蜡状。再由精制羊毛脂制成非离子型表面活性剂——聚氧乙烯羊毛脂。其特点是低刺激性，携污性好。

6.4 洗涤型洗消剂的应用

洗涤型洗消剂种类繁多，包括洗衣粉、香皂、香波、浴液以及各类的金属清洗剂、管道清洗剂等。洗涤型洗消剂应用广泛。消防部队在应用过程中，可以根据染毒对象的不同，对染毒人员、染毒衣物、染毒设备以及染毒场所等开展洗消工作。

6.4.1 洗涤型洗消剂的选择依据

6.4.1.1 根据不同表面活性剂的种类与特性选择使用

参考表面活性剂的HLB值所对应的性质和用途，按污染物的组成和性质选择表面活性剂。亲油性最强的表面活性剂的 HLB 值为0，亲水性最强的表面活性剂的 HLB 值为20。由于 HLB 值是由固定的相当粗糙的方法求得的，而且表面活性剂的性质也不是完全由 HLB 值所决定的，因此，只有在对使用何种表面活性剂完全没有把握时，考虑 HLB 值才有价值。在仔细选择最佳表面活性剂时，单根据 HLB 值的大小，意义不大，不如把重点放在考虑

HLB 值以外的应用效果上。

6.4.1.2 表面的吸着残留

在洗消过程中,表面活性剂取代污染物被吸附于染毒对象表面,形成大约 0.1nm 厚的膜,用水冲洗难以完全除去。表面活性剂的残留有许多不良的影响。为了清除表面活性剂的残留,可用清水多次反复冲洗;提高洗消用水的温度;采用表面活性剂的溶剂,如乙醇、异丙醇等浸泡;用亲水性更强的表面活性剂的水溶液,洗消脱脂性强的表面活性剂,再用水冲洗。

6.4.1.3 安全性

许多表面活性剂难以被生物降解,如有支链的烷基苯磺酸钠,会造成对环境的污染,应尽量避免选用。可用直链的烷基苯磺酸钠代替之。烷基酚聚氧乙烯醚系列的非离子表面活性剂的生物降解性也不好,也应尽量避免或减少使用。尽量使用天然来源的物质及其结构相似物,它们的生物降解性较好。例如,使用以高碳醇、脂肪酸、葡萄糖等为原料的表面活性剂。含生物降解性不好的表面活性剂的废水,应该经过活性污泥处理后才可排放。在使用助洗剂时,也应考虑环境污染的问题,例如,磷酸盐存在使水域富营养化的问题。

6.4.1.4 使用浓度

只有当表面活性剂的浓度大于其临界胶束浓度,才表现出表面活性剂的特性,以充分发挥表面活性剂的洗消作用。因此,在使用表面活性剂时,一般应使其浓度在 CMC 以上,避免在 CMC 以下使用。需要注意的是,当表面活性剂的浓度超过 CMC 以后,其洗消能力不再随其浓度的增大而增加,应综合考虑清洗的效果和经济的合理性。

对于污染物量较少的表面,如果采用喷洗法可在短时间内清除,一般可使用 0.2%(质量分数)的表面活性剂水溶液;如果污染物量较大,要较长时间才能清除,一般可使用 0.5%~1%(质量分数)的表面活性剂水溶液;对于污染物太多的表面,必要时应及时更换清洗液,才能完成全部清洗。

6.4.1.5 溶解性

为了改善表面活性剂的溶解性,可使用增溶剂。配置液体洗消剂时加增溶剂,如甲苯、二甲苯、对异丙基苯的磺酸盐、磷酸酯和尿素等,可使洗消剂产品处于完全溶解状态。在配制粉状洗消剂时,增溶剂可改善粉体的流动性,防止结块。

6.4.1.6 发泡性

在选择表面活性剂时应考虑洗消工艺对发泡性的要求,根据各类表面活性剂的发泡性选料。表面活性剂发泡性大小顺序为阴离子表面活性剂>聚乙二醇醚型表面活性剂>脂肪酸酯型非离子型表面活性剂。

要求高泡稳泡时,可再加发泡剂、稳泡剂;要求低泡无泡时,再添加抑泡剂和消泡剂。也可以适当改变洗消工艺条件和设备形式以满足要求。

6.4.1.7 使用温度和浊点

温度越高,具有离子性的表面活性剂越容易溶解于水,而聚乙二醇型的非离子型表面活性剂的溶解度,却随温度上升面降低,即在某一湿度以上会很快变得不溶于水,此温度称为浊点。当非离子表面活性剂作为乳化剂制成产品,在乳化时,随乳化温度的不同,乳化液的稳定性不同。在浊点温度下,乳化往往乳化不好。

6.4.1.8 对硬水的稳定性

应考虑洗消现场水的硬度,当水的硬度较大时,应选择在硬水中稳定的表面活性剂。

6.4.1.9　正确选择不同原料的配伍

应避免因配伍不当产生对洗消过程不利的反应。例如，在使用阴离子表面活性剂时，大多不同时使用阳离子表面活性剂，由于二者混合会产生沉淀。

6.4.1.10　经济性

应考虑洗消成本，在保证洗消质量、洗消效率和安全性的同时，首先立足于国内的原材料，选用最廉价的表面活性剂及助剂。

6.4.2　粉状洗涤型洗消剂的应用

根据不同的用途，粉状洗涤型洗消剂主要包括衣用洗涤型洗消剂、房间用洗涤型洗消剂、金属洗涤型洗消剂、玻璃洗涤型洗消剂、管道洗涤型洗消剂等。最常用的粉状洗涤型洗消剂是人们经常使用的洗衣粉。

6.4.2.1　洗衣粉概述

洗衣粉是粉状或粒状的衣用合成洗涤剂，其品种繁多，但它们的主要成分所差无几。各种洗衣粉性能上的差异，主要是配方中表面活性剂的搭配及助剂选择不同而产生的。在洗衣粉中起主导作用的成分是表面活性剂，如烷基苯磺酸钠、烷基磺酸钠、烯基磺酸钠、脂肪醇聚氧乙烯醚等。配方中采用多种表面活性剂复配，可改进产品的性能，脂肪醇聚氧乙烯醚和直链烷基苯磺酸钠复配使用，在去污力方面具有协同效应，可提高产品的去污力和控制产品的泡沫。

洗衣粉中使用的助剂分为有机助剂和无机助剂。根据其对清洗作用的影响又可分为助洗剂和添加剂。助洗剂能通过各种途径提高表面活性剂的清洗效果。例如，从洗涤液、污垢和纤维上与钙、镁等金属离子通过螯合作用形成一个可溶性络合物，或通过离子交换生成一个不溶性物质，进而除去钙、镁等金属离子；洗涤剂中大量使用的助洗剂，如三聚磷酸钠能吸附在污垢和纤维表面，阻止洗涤过程中某些污垢的再沉积；助洗剂能保持洗涤液呈碱性状态。洗涤剂中使用的助洗剂主要有碱性物质，如碳酸钠、硅酸钠；螯合剂，如三聚磷酸钠；离子交换剂，如4A型沸石等。助洗剂必须满足以下几方面要求。

① 能除去水、织物和污垢中的碱土金属离子。

② 一次洗涤性能要好，去除各种污垢的能力强。

③ 多次洗涤性能要好。

④ 工艺方面要适宜。

⑤ 对人体安全、无毒。

⑥ 环境要安全。

⑦ 经济性好。

洗涤剂中用量较少、对清洗效果影响不大的一些添加物称为添加剂。如荧光增白剂、腐蚀抑制剂、抗静电剂、颜料、香精和杀菌剂等，它们都能赋予产品某种性能来满足加工工艺或使用要求。助洗剂和添加剂间没有严格界限，如蛋白酶，它在洗涤剂中加入量很少，但能分解蛋白质，提高清洗效果。

传统的高塔喷雾干燥法制得的洗衣粉表观密度在 $0.2 \sim 0.5 \mathrm{g} \cdot \mathrm{mL}^{-1}$ 之间，一般为 $0.25 \sim 0.35 \mathrm{g} \cdot \mathrm{mL}^{-1}$。进入 20 世纪 80 年代后，基于环境保护方面的考虑，要求少用或不用对环境有害的包装材料。于是在洗涤剂工业中发展了附聚成型制造表观密度在 $0.5 \sim 1 \mathrm{g} \cdot \mathrm{mL}^{-1}$，通常为 $0.6 \sim 0.9 \mathrm{g} \cdot \mathrm{mL}^{-1}$ 的高密度浓缩洗衣粉。附聚成型是指液体黏合剂如硅酸盐溶液通过配方中三聚磷酸钠和纯碱等水合组分的作用，失水干燥而将干态物料桥接、黏聚成近似球状颗粒的一个物理化学过程。在洗涤剂附聚成型时，除附聚作用外，同时还有水合物和半固体硅酸盐沉淀产生。

高密度浓缩洗衣粉表观密度高、包装体积小，而且粉状表面活性剂的含量比传统的高塔喷雾干燥法高，非离子表面活性剂的质量分数通常在8％以上。一般认为，活性物质量分数在10％～20％，其中非离子表面活性剂在8％以下的表观密度高的洗衣粉称高密度粉；活性物质量分数在15％～30％，其中非离子表面活性剂在10％～15％（或大于8％）的表观密度高的洗衣粉称浓缩粉；活性物质量分数在25％～50％，其中非离子表面活性剂在15％～25％的表观密度高的洗衣粉称超浓缩粉。

6.4.2.2　衣用洗涤型洗消剂

按照污染的程度，衣用洗涤型洗消剂可分为轻垢型和重垢型两类。轻垢型洗消剂主要用于洗涤外衣和毛衣等不与人体皮肤直接接触，污染物主要是灰尘和少量油污的衣物。轻垢洗消剂中含有12％～20％的表面活性剂，主要是烷基苯磺酸钠和脂肪醇聚氧乙烯醚磺酸酯等阴离子表面活性剂。重垢型洗消剂主要用于洗涤内衣、衬衣、工作服、袜子等污染物较多、难以除去或直接与人体皮肤接触的衣物。重垢型洗衣粉应具有去污力强、使用方便、不损伤衣料和皮肤等特点。其配方通常由表面活性剂、助剂、有机螯合剂、抗再沉积剂、消泡剂、荧光增白剂、防结块剂、酶和香精等构成。

6.4.2.3　房间用洗涤型洗消剂

房间用洗涤型洗消剂主要用于清洗地板、玻璃和金属等硬表面等。对房间内的灰尘、夹杂油污、各类微生物和皂渣等，这类洗消剂的配方构成应以表面活性剂为主，为了获得良好的洗消效果，还应针对具体洗消对象选择特定的助洗剂。

6.4.2.4　金属洗涤型洗消剂

金属洗消既可以用酸性物质，也可用碱性物质。酸处理可以清除铁锈和其他腐蚀产物，以及溶解"结垢"。结垢是一种很宽泛的名称，既包括沉淀在锅炉、水壶壁上的重金属不溶物，也包括在一定加热条件下，在金属表面形成的氧化物层。碱处理可有效地清除金属表面的油污、油脂、油漆等，同时在酸处理金属之前，也需用碱预处理，以清除油膜，因为油膜会影响酸处理过程。酸浸对清除结垢是很有效的，在酸中添加表面活性剂会增加清垢效果。为防止酸对金属的腐蚀，一般还需加入金属缓蚀剂或称腐蚀抑制剂。以非离子表面活性剂、三乙醇胺、亚硝酸钠等复配而成的液体洗涤剂，有很好的乳化、分散、去污作用，低温下去油污性能好，并有良好的软化硬水的性能，对操作人员安全无害，废液排放不会造成污染，对金属不腐蚀，可代替汽油、煤油、柴油及其他有机溶剂清洗金属，如钟表、电子器具、汽车零件等。金属种类很多，性质也各有不同，因此有各种金属的专用洗涤型洗消剂，如黑色金属、钢及钢合金、银、铝、不锈钢、镁、锌等金属的专用洗涤型洗消剂。

6.4.2.5　管道洗涤型洗消剂

排水管道易积存污物，也会堵塞管道而不能正常使用。排水管专用洗涤型洗消剂主要由碱剂、漂白剂、杀菌剂、溶剂、酶等复配而成。氢氧化钠可增加对毛发及油脂类的清除；漂白剂如次氯酸钠、双氧水、过碳酸钠或二氯异氰脲酸钠等杀菌剂起杀菌、除异味等作用；加入溶剂可有助于油性污垢的清除。加入蛋白酶等有助于清除含毛发积垢的污物。

6.4.3　液体洗涤型洗消剂的应用

液体洗涤型洗消剂是仅次于粉状洗涤型洗消剂的第二大类洗涤制品。由于其一般采用间歇式批量化生产工艺，具有生产成本低，适用范围广，调整配方容易，使用方便，生产工艺简单、节能等优点，近年来发展迅速。

液体洗涤型洗消剂与粉状洗涤型洗消剂相比具有如下优点。

① 以水作介质，具有良好的流动性、均匀性和透明度。

② 节约资源和能源。在液体洗涤剂生产过程中不需要加入芒硝，也不需要干燥成型装置，可以节约大量资源和能源，较低生产成本。

③ 配方易于调整。加入各种不同用途的助剂，可以得到不同品种的洗涤型洗消剂制品。如可以增加耐硬水性能好的表面活性剂含量，提高洗涤型洗消剂在硬水中的洗消效果；可以降低洗消剂中磷的含量，从而有利于减少污染。

④ 使用方便，不需事先溶解，并且对冷水洗涤、手洗、机洗都具有较好的适用性。

⑤ 生产工艺较简单，设备投资少，适宜中小型企业生产。

液体洗涤型洗消剂根据其应用不同可分为重垢液体洗消剂、轻垢液体洗消剂、洗发香波、浴液和泡沫洁面乳五大类。液体洗涤型洗消剂主要应用于染毒的衣物以及染毒人员的洗消。

6.4.3.1 重垢液体洗消剂

重垢液体洗消剂在液体洗消剂中用量最大，发展最快。由于美国、日本、欧洲各国公布了限磷法，使粉状洗消剂受到影响，促进了重垢液体洗消剂的发展。近年来美国重垢液体洗消剂占洗消剂市场的 40％，英国占 35％，德国占 21％，法国占 75％，日本较少，只有 6％～7％。

重垢液体洗消剂的洗涤对象是被严重脏污的衣服，选用的表面活性剂应对衣服上的油质污垢、矿质污垢等都有良好的去污效果，还必须满足产品的黏度、溶解性、各组分之间的配伍性、外观均匀稳定性等要求，需要较高的配制技巧。

重垢液体洗消剂的配方一般选用非离子和阴离子表面活性剂作主要成分，其含量一般为 15％～30％，有的含量高达 40％。非离子表面活性剂与阴离子表面活性剂的用量比例为 3∶1，这样便能发挥多种表面活性剂的协同效应，大大提高去污效果。常用的非离子表面活性剂为脂肪醇聚氧乙烯醚，阴离子表面活性剂为二十烷基苯磺酸钠、脂肪醇聚氧乙烯醚硫酸酯和烯基磺酸盐等。

6.4.3.2 轻垢液体洗消剂

轻垢液体洗消剂主要用于洗涤精纺织品，如羊毛、羊绒、丝绸等纤细织物，洗涤剂通常呈中性或弱碱性，不损伤织物，洗涤后织物保持柔软的手感，不发生收缩、起毛、泛黄等现象。在灾害事故现场，对染毒公众的穿着的衣物可以采用轻垢型液体洗消剂消毒。

轻垢型液体洗消剂配方中活性物平均含量在 12％左右，最多不超过 20％。选用的阴离子表面活性剂主要是脂肪醇硫酸酯盐，除少量是钠盐外，大多采用其乙醇胺盐。使用的非离子表面活性剂主要是脂肪醇聚氧乙烯醚，并配以脂肪醇聚氧乙烯醚硫酸酯。另外为了保护纤维并赋予其柔软性，还可增添少量椰油酰二乙醇胺等。

6.4.3.3 洗发香波

洗发香波是以表面活性剂为主要成分制成的液体状制品。用香波洗头不仅能除去头发和头皮上的污垢，而且能对头发、头皮的生理机能起促进作用，还会使头发光亮、美观和顺服，起到美容作用。

洗发香波的品种很多，按照外观形态可以划分为透明液状香波、胶冻状香波、乳状香波、珠光香波和洗发膏等；按照用途可以划分为洗发、护发、去头屑和复合功能型洗发香波等。所谓复合功能型洗发香波是指洗发、护发、去头屑三种功能二合一或三合一型香波。

通常对洗发香波的要求主要包括四方面，即应具有适当的洗净力和柔和的脱脂作用；应能够形成丰富的泡沫，并具有良好的梳理性；洗后的头发应具有光泽和柔软性；应易于冲洗，并适应不同水质等。

洗发香波的主要成分为表面活性剂和添加剂。表面活性剂起去污和发泡作用，添加剂赋予香波各种特殊性能如调理、保湿、去屑、止痒等。

香波中使用的表面活性剂一般为阴离子表面活性剂和非离子表面活性剂，现代香波所用表面活性剂主要有脂肪醇聚氧乙烯醚硫酸盐、脂肪醇聚氧乙烯醚硫酸三乙醇胺盐、脂肪醇聚氧乙烯醚硫酸铵、十二醇硫酸三乙醇胺盐、脂肪醇聚氧乙烯醚磺基琥珀酸酯钠盐、N-酰基谷氨酸盐、脂肪酸二乙醇酰胺。

6.4.3.4　浴液

浴液也称沐浴露，是由各种表面活性剂为主要活性物配制而成的液状洁身、护肤用品。对浴液的要求是泡沫丰富，易于冲洗，温和无刺激，并兼有滋润、护肤等作用。所用表面活性剂主要有单十二烷基（醚）磷酸酯盐、脂肪醇醚琥珀酸酯磺酸盐、N-月桂酰肌氨酸盐、脂肪酸皂、椰油酰胺丙基甜菜碱、磺基甜菜碱、咪唑啉、氧化胺、烷醇酰胺、葡萄糖苷衍生物等。

浴液与液体香波有许多相似之处，外观均为黏稠状液体，其主要成分均为各类表面活性剂；均具有发泡性，对皮肤、头发均有洗净去污能力。但由于使用的对象不同，故有着不同的特性。香波尤其是调理香波中添加了多种对头发有护理作用的调理剂，使头发洗后易梳理、柔顺、亮泽、飘逸等，而浴液中常添加对皮肤有滋润、保湿和清凉止痒等作用的添加剂。浴液与香波相比表面活性剂的含量低，这是由于皮肤比头发易于洗净之故。

6.4.3.5　泡沫洁面乳

泡沫洁面乳与一般洗面奶相同之处都是用于清洁面部，不同之处在于一般洗面奶是乳液型，而泡沫洁面乳是表面活性剂的水溶液。所选表面活性剂应具有良好的发泡性、低刺激性和抗硬水性。常用的表面活性剂有椰油酰基羟乙基磺酸钠与脂肪酸的混合物、月桂酰肌氨酸钠、月桂醇醚琥珀酸酯磺酸钠、椰油酰胺丙基甜菜碱、磺基甜菜碱等。

6.4.4　干洗技术的应用

干洗是染毒对象在有机溶剂中洗消，它是利用溶剂的溶解力和表面活性剂的增溶能力去除染毒物品表面的污染物。采用干洗的方法的优点是防止水洗造成的某些染毒对象不可逆的收缩、变形等问题。洗消用的溶剂一般为轻石油烃或氯化烃等有机溶剂，其中轻石油烃的主要成分是正癸烷为主的脂肪烃。氯化烃有机溶剂有四氯化碳、三氯乙烯、四氯乙烯等。为了洗去水溶性好或亲水性强的极性污染物，需在体系中加入少量水和表面活性剂。表面活性剂能防止溶剂中悬浮的固体污垢质点再沉积。在非水体系中，污垢质点在介质中比较稳定地分散、悬浮，是因为表面活性剂在污垢质点上的吸附。表面活性剂吸附于固体表面时，形成极性头朝向固体表面、非极性头朝向有机溶剂的状态。这样，在固体表面形成了由定向吸附分子组成的保护层，使污垢质点间有较大的空间障碍，彼此不能凝聚，也不易再沉积于染毒对象物品的表面。

少量水的存在，可使质点及染毒对象表面水化，从而易与表面活性剂的极性基发生相互作用，有利于表面（特别是一般极性表面）的吸附。这有利于提高洗消效率。另外，当表面活性剂在有机溶剂中形成反胶团时，少量的水及其水溶性污染物往往同时被增溶于反胶团中了。

用于干洗的表面活性剂应具备以下条件。

① 能溶解于洗消用溶剂中，形成反胶团后，要有足够的增溶水的能力。

② 能很好地分散固体污染物，使污染物在有机溶剂中具有好的悬浮稳定性。

③ 在洗消物品和过滤器上残留吸附量小。

④ 无异味，对洗消物无不良影响，对金属无腐蚀性等。

干洗中所使用的表面活性剂，一般是油溶性，常用的是阴离子表面活性剂和非离子表面活性剂，如石油磺酸盐、亚烷基苯磺酸钠（或胺盐）、琥珀酸磺酸钠、烷基酚、脂肪酰胺、脂肪醇磷酸酯等的聚氧乙烯化物和山梨醇酯。

参考文献

[1]　陈旭俊.工业清洗剂及清洗技术 [M].北京：化学工业出版社，2005.
[2]　国家安全生产应急救援指挥中心.危险化学品事故应急处置技术 [M].北京：煤炭工业出版社，2009.
[3]　公安部消防局.危险化学品事故处置研究指南 [M].武汉：湖北科学技术出版社，2010.
[4]　蒋庆哲，宋昭峥，赵密福，柯明.表面活性剂科学与应用 [M].北京：中国石化出版社，2009.
[5]　李奠础，吕亮.表面活性剂性能及应用 [M].北京：化学工业出版社，2008.
[6]　王世荣，李祥高，刘东志.表面活性剂化学 [M].北京：化学工业出版社，2010.
[7]　王培义，徐宝财，王军.表面活性剂——合成·性能·应用 [M].北京：化学工业出版社，2007.
[8]　王军，杨许召，李刚森.功能性表面活性剂制备与应用 [M].北京：化学工业出版社，2009.
[9]　焦学瞬，张春霞，张宏忠.表面活性剂分析 [M].北京：化学工业出版社，2009.
[10]　刘立文，李向欣.化学灾害事故抢险救灾 [M].廊坊：中国人民武装警察部队学院，2007.
[11]　李建华，黄郑华.事故现场应急施救 [M].北京：化学工业出版社，2010.
[12]　黄金印.公安消防部队在化学事故处置中的应急洗消 [J].消防科学与技术，2002,（2）：64-67.
[13]　韩磊.几种消毒剂的消毒机理及比较 [J].河北化工，2003（3）：19-20.
[14]　王峰，徐海云，贾立峰.洗消剂的消毒机理及研究发展状况 [J].舰船防化，2003,4：1-6.
[15]　汤海荣，杨凤华.危险化学品泄漏后的洗消研究 [A]∥公共安全中的化学问题研究进展，2011：259-263.
[16]　王洪道，史瑞雪，习海玲等.高分子材料在洗消药剂中的应用 [J].现代化工，2007,27：525-526.

第 7 章

催化型洗消剂

催化洗消法是利用催化原理在催化剂的作用下，使有毒化学物质加速生成无毒物或低毒物的化学洗消方法。催化洗消法是一种经济高效、有发展前景的化学洗消方法。在事故的处置过程中，应用催化型洗消剂可以加快反应的速率，提高洗消的效率，大大满足事故现场快速洗消的要求。

7.1 洗消机理

7.1.1 催化剂及催化型洗消剂的分类

7.1.1.1 催化剂的定义

德国化学家 W. Ostwald（1853—1932）最早定义催化剂，他认为"催化剂是一种可以改变一个化学反应速率，而不存在于产物中的物质"。通常用化学反应方程式表示化学反应时，催化剂也不出现在化学方程式中。这似乎表明催化剂是不参与化学反应的物质。近代实验技术检测的结果表明，在催化反应过程中催化剂与反应物不断地相互作用，使反应物转化为产物，同时催化剂又不断被再生循环。在使用过程中催化剂变化很小，且极其缓慢。因此，现代对催化剂的定义是，催化剂是一种能够改变一个化学反应的反应速率，却不改变化学反应热力学平衡位置，本身在化学反应中不被明显地消耗的化学物质。而催化型洗消剂是指具有催化剂的特征，并应用于洗消过程的催化剂。

7.1.1.2 催化型洗消剂的分类

（1）按元素周期律分类 元素周期律把元素分为主族元素（A）和副族元素（B）两大类。用作催化剂的主族元素多以化合物形式存在。主族元素的氧化物、氢氧化物、卤化物、含氧酸及氢化物等由于在反应中容易形成离子键，主要用作酸碱型催化剂。但是，第Ⅳ～Ⅵ主族的部分元素的氧化物也常用作氧化还原型催化剂如铟、锡、锑和铋等。而副族元素中无论是金属单质还是化合物，在反应中容易得失电子，主要用作氧化还原型催化剂。特别是第Ⅷ过渡族金属元素和它的化合物是最主要的金属催化剂、金属氧化物催化剂和络合物催化剂。但是副族元素的一些氧化物、卤化物和盐类也可用作酸碱型催化剂，如 Cr_2O_3、$NiSO_4$、$ZnCl_2$ 和 $FeCl_3$ 等。因此，按照元素周期律，可以将催化型洗消剂分为酸碱催化型洗消剂和氧化还原型洗消剂两种。这种根据元素周期律对催化型洗消剂进行分类的方法，能使人们认识催化型洗消剂的化学本质，便于了解洗消剂的催化作用。

（2）按固体催化剂的导电性及化学形态分类 按固体催化剂本身的导电性及化合形态可将催化型洗消剂分为导体、半导体和绝缘体三类，表 7.1 概括了催化型洗消剂的这种分类方法。

表7.1　按固体催化剂导电性及化学形态分类

类别	化学形态	催化型洗消剂举例	催化反应举例
导体	过渡金属	Fe,Ni,Pd,Pt,Cu	加氢,脱氢,氧化,氢解
半导体	氧化物或硫化物	$V_2O_5,Cr_2O_3,MoS_2,NiO,ZnO,Bi_2O_3$	氧化,脱氢,加氢,氨氧化
绝缘体	氧化物盐	$Al_2O_3,TiO_2,Na_2O,MgO,$分子筛$,NiSO_4,$ $FeCl_3,AlPO_4$	脱水,异构化,聚合,烃基化,酯化,裂解

绝缘体是指在一般温度下没有电子导电,但是在很高温度时它可能具有离子导电性能。这样的分类方法对我们认识多相催化作用中的电子因素对催化作用的影响是有意义的。

7.1.2　催化洗消的原理

根据催化反应的不同特点,对催化洗消的原理可从不同角度进行科学的分类,大致有如下几种方法。

7.1.2.1　按催化反应系统物相的均一性进行分类

按催化反应系统物相的均一性进行分类,可将催化洗消原理分为均相催化、非均相催化和酶催化三种洗消反应。

(1) 均相催化洗消反应　均相催化洗消反应是指污染物和催化型洗消剂居于同一相态中的反应。催化型洗消剂和污染物均为气相的催化反应称为气相均相催化洗消反应;污染物和催化型洗消剂均为液相的催化反应称为液相均相催化洗消反应。

(2) 非均相 (又称多相) 催化洗消反应　非均相催化洗消反应是指污染物和催化型洗消剂居于不同相态的反应。气体污染物与固体催化型洗消剂组成的催化反应体系称为气固相催化洗消反应。液态污染物与固体催化型洗消剂组成的催化反应体系称为液固相催化洗消反应。液态和气态两种污染物与固体催化型洗消剂组成的催化反应体系称为气液固三相催化洗消反应。气态污染物与液相催化型洗消剂组成的催化反应体系称为气液相催化洗消反应。

从反应系统宏观动力学因素和组织工艺过程考虑这种分类方法是有意义的。在均相催化洗消反应中,催化型洗消剂与污染物是分子之间的接触作用,质量传递过程对动力学的影响较小;而在非均相催化洗消反应中,污染物分子必须从气相 (或液相) 向固相催化型洗消剂表面扩散,被表面吸附后才能进行催化反应,要考虑扩散过程对动力学的影响。因此,在非均相催化洗消反应中催化型洗消剂和反应器的设计与均相催化反应不同,它要考虑传质过程的影响。

(3) 酶催化洗消反应　催化型洗消剂酶本身是一种胶体,可以均匀地分散在水溶液中,针对液相污染物可认为是均相催化反应。但是在反应时,污染物却需在酶催化型洗消剂表面上进行积聚,由此可认为是非均相催化洗消反应。因此,酶催化洗消反应同时具有均相和非均相催化洗消反应的性质。

7.1.2.2　按反应类型进行分类

这种分类方法是根据催化洗消反应所进行的化学反应类型分类的。如加氢反应、氧化反应、裂解反应等。这种分类方法不是着眼于催化型洗消剂,而是着眼于化学反应。因为同一类型的化学反应具有一定共性,催化型洗消剂的作用也具有某些相似之处,这就有可能用一种反应的催化型洗消剂来催化同类型的另一反应。按反应类型分类的反应和常用催化型洗消剂见表7.2。这种对类似反应模拟选择催化型洗消剂是开发新催化型洗消剂常用的一种方法。然而,这种分类方法未能涉及催化作用的本质,所以不可能利用此种方法准确地预见催化型洗消剂。

表 7.2　某些重要的反应单元及所用催化型洗消剂

反应类型	常用催化型洗消剂
加氢	$Ni,Pt,Pd,Cu,NiO,MoS_2,WS_2,Co(CN)_6^{3-}$
脱氢	$Cr_2O_3,Fe_2O_3,ZnO,Ni,Pd,Pt$
氧化	$V_2O_5,MoO_3,CuO,Co_3O_4,Ag,Pd,Pt,PdCl_2$
羰基化	$Co_2(CO)_8,Ni(CO)_4,Fe(CO)_5,PdCl(PPh_3)_3,RhCl_2(CO)PPh_3$
聚合	$CrO_3,MoO_2,TiCl_4\text{-}Al(C_2H_5)_3$
卤化	$AlCl_3,FeCl_3,CuCl_2,HgCl_2$
裂解	$SiO_2\text{-}Al_2O_3,SiO_2\text{-}MgO$,沸石分子筛,活性白土
水合	$H_2SO_4,H_3PO_4,HgSO_4$,分子筛,离子交换树脂
烷基化,异构化	$H_3PO_4/$硅藻土,$AlCl_3,BP_3,SiO_2\text{-}Al_2O_3$,沸石分子筛

7.1.2.3　按反应机理进行分类

按催化洗消反应机理分类,可分为酸碱型催化洗消反应和氧化还原型催化洗消反应两种类型。

(1) 酸碱型催化洗消反应　酸碱型催化洗消反应的反应机理可认为是催化型洗消剂与污染物分子之间通过电子对的授受而配位,或者发生强烈极化,形成离子型活性中间物种进行的催化反应。这种机理可以看成质子转移的结果,所以又称为质子型反应或正碳离子型反应。

(2) 氧化还原型催化洗消反应　氧化还原型催化洗消反应机理可认为是催化型洗消剂与污染物分子间通过单个电子转移,形成活性中间物种进行催化反应。

这两种不同催化洗消反应机理归纳见表 7.3。该分类方法反映了催化型洗消剂与污染物分子作用的实质。但是,由于催化作用的复杂性,对有些反应难以将二者截然分开,有些反应又同时兼备两种机理。

表 7.3　酸碱型及氧化还原型催化洗消反应比较

比较项目	酸碱型催化洗消反应	氧化还原型催化洗消反应
催化型洗消剂与污染物之间作用	电子对的授受或电荷密度的分布发生变化	单个电子转移
污染物化学键变化	非均裂或极化	均裂
生成活性中间物种	自旋饱和的物种(离子型物种)	自旋不饱和的物种(自由基型物种)
催化型洗消剂	自旋饱和分子或固体物质	自旋不饱和分子或固体物质
催化型洗消剂举例	酸、碱、盐、氧化物,分子筛	过渡金属、过渡金属氧(硫)化物、过渡金属盐、金属有机络合物
反应举例	裂解、水合、酯化、烷基化、歧化、异构化	加氢、脱氢、氧化、氨氧化

7.1.3　催化作用的特征

催化作用是指催化剂对化学反应所产生的效应。催化作用的特征主要表现在以下几个方面。

7.1.3.1　催化作用不能改变化学平衡

催化剂不能改变化学反应的热力学平衡位置。这是因为对于一个可逆化学反应,反应进行程度,即它的化学平衡位置是由热力学所决定的。根据 $\Delta G^{\ominus}=-RT\ln K_p$,化学平衡常数 K_p 取决于产物与反应物的标准自由能之差 $\Delta G^{\ominus}$ 和反应温度 T。$\Delta G^{\ominus}$ 是状态函数,决定于过程的始态和终态,与过程无关。当反应体系确定,反应物和产物的种类、状态和反应温度一定时,反应的化学平衡位置即被确定,催化剂存在与否不影响 $\Delta G^{\ominus}$ 的数值,即 $\Delta G^{\ominus}_{催}$ 与 $\Delta G^{\ominus}_{非催}$ 相等。因此,催化作用只能加速一个热力学上允许的化学反应达到化学平衡状态。因此,在判定某个反应是否需要采用催化剂时,首先要了解这个反应在热力学上是否允许。如果是可逆反应，就要了解反应进行的方向和深度，确定反应平衡常数的数值以及它与外界条件的关系。只有热力学允许的情况下，平衡常数较大的反应加入适当催化剂才是有意义的。

根据微观可逆原理，假如一个催化反应是按单一步骤进行，则一个加速正反应速率的催化剂也应加速逆反应速率，以保持 $K_平$ 不变（$K_平 = k_正 / k_逆$）。对于多步骤反应，其中一步是速率控制步骤时其他步骤相互处于平衡，同样一个能加速正反应速率控制步骤的催化剂也应该能加速逆反应速率。需要注意的是，对某一催化反应进行正反应和进行逆反应的操作条件（温度、压力、进料组成）往往会有很大差别，这对催化剂可能会产生一些影响；对正反应或逆反应在进行中所引起的副反应也是值得注意的，因为这些副反应会引起催化剂性能变化。

7.1.3.2　催化作用通过改变反应历程而改变反应速率

在化学反应中加入适宜的催化剂通常可使反应速率加快，催化剂加速化学反应是通过改变化学反应历程，降低反应活化能得以实现的。然而，也有少数反应不是通过改变反应活化能加速化学反应的，而是通过改变指前因子加速化学反应。

7.1.3.3　催化剂加速化学反应具有选择性

催化剂并不是对热力学允许的所有化学反应都能起催化作用，而是特别有效地加速平行反应或串联反应中的某一个反应，这种特定催化剂只能催化加速特定的反应，称为催化剂的选择性。

不同催化剂之所以能促使某一反应向特定产物方向进行，原因在于这种催化剂在多个可能同时进行的反应中，降低生成特定产物的反应活化能的程度远远大于其他反应活化能的变化，使反应容易向生成特定产物的方向进行。

催化剂对某一特定反应产物具有选择性的主要原因仍然是由于催化剂可以显著降低主反应的活化能，而副反应活化能的降低则不明显。除此之外，有些反应由于催化剂孔隙结构和颗粒大小不同也会引起扩散控制，导致选择性的变化。

7.1.4　催化剂的反应性能

催化剂的性能可以分为反应性能、化学性能和物理性能。反应性能是指催化剂在反应过程中表现出的性能，如反应活性、选择性和稳定性等；化学性能包括催化活性组分的化学态、酸性、表面组成和化学结构等；物理性能包括比表面积、孔结构、密度和力学性能（如压碎强度和磨耗等）。催化剂的反应性能是评价催化剂好坏的主要指标。

7.1.4.1　催化剂的活性

催化剂的活性是指催化剂对反应加速的程度，可作为衡量催化剂效能的标准，也就是催化反应速率与非催化反应速率之差。二者相比之下非催化反应速率小到可以忽略不计，所以，催化活性实际上就是催化反应的速率，一般用以下几种方法表示。

（1）反应速率表示法　对反应 A＋P 的反应速率有以下三种计算方法。

$$r_m = \frac{-dn_A}{m\,dt} = \frac{dn_P}{m\,dt} \tag{7.1}$$

$$r_V = \frac{-dn_A}{V\,dt} = \frac{dn_P}{V\,dt} \tag{7.2}$$

$$r_S = \frac{-dn_A}{S\,dt} = \frac{dn_P}{S\,dt} \tag{7.3}$$

式中，反应速率 r_m、r_V、r_S 分别为在单位时间内单位质量、单位体积、单位表面积催化剂上反应物的转化量（或产物的生成量），单位分别为 $mol \cdot g^{-1} \cdot h^{-1}$，$mol \cdot L^{-1} \cdot$

h^{-1}，$mol \cdot m^{-2} \cdot h^{-1}$；$m$、$V$ 和 S 分别为固体催化剂的质量、体积和表面积；t 为反应时间（接触时间）；n_A 和 n_P 分别为反应物和产物的物质的量。上述三种反应速率可以相互转换，三者关系为：

$$r_V = \rho r_m = \rho S_g r_S \tag{7.4}$$

式中，ρ 和 S_g 分别为催化剂堆密度和比表面积。用反应速率表示催化活性时要求反应温度、压力及原料气组成相同，便于比较。

工业上常用一个与反应速率相近的时空收率来表示活性。时空收率有平均反应速率的涵义，它表示每小时每升或每千克催化剂所得到的产物量。用它表示活性时除要求温度、压力、原料气组成相同外，还要求接触时间（空速）相同。收率可分为单程收率和总收率。单程收率是指反应物一次通过催化反应床层所得到的产物量。当反应物没有完全反应，再循环回催化床层，直至完全转化，所得到产物总量称为总收率。

（2）反应速率常数表示法　对某一催化反应，如果知道反应速率与反应物浓度（或压力）的函数关系及具体数值，即 $r = kf(c)$ 或 $R = kf(p)$，则可求出反应速率常数 k。用速率常数比较催化剂活性时，只要求反应温度相同，而不要求反应物浓度和催化剂用量相同。这种表示方法在科学研究中采用较多，而实际工作中常常用转化率来表示。

（3）转化率表示法　用转化率表示催化剂活性是工业和实验室中经常采用的方法，转化率（％）表达式为：

$$C_A = \frac{\text{反应物 A 转化掉的量}}{\text{流经催化床层进料中反应物 A 的总量}} \times 100\% \tag{7.5}$$

转化率（％）可用摩尔、质量或体积表示，用转化率比较催化活性时要求反应条件（温度、压力、接触时间、原料气浓度）相同。此外，还可用催化反应的活化能高低、一定转化率下所需反应温度的高低来比较催化剂活性大小。通常，反应活化能越低，或者所需反应温度越低，催化剂活性越高。

通常催化剂活性越高，催化剂的总体使用量越少，催化剂的使用成本越低。但是对于反应快速而且剧烈放热的反应，催化剂不宜活性高，否则反应热难以移除，导致反应温度过高，反应无法控制，催化剂选择性下降，同时容易造成催化剂床层飞温，导致催化剂烧结而失活。

7.1.4.2　催化剂的选择性

催化剂除了可以加速化学反应进行（即活性）外，还可以使反应向生成某一特定产物的方向进行，这就是催化剂的选择性。这里介绍两种催化剂的选择性的表示方法。

（1）选择性 S（％）

$$S = \frac{\text{目标产物的产率}}{\text{转化率}} \times 100\% \tag{7.6}$$

目的产物的产率是指反应物消耗于生成目的产物量与反应物进料总量的百分比。选择性是转化率和反应条件的函数。通常产率、选择性和转化率三者关系为：

$$\text{产率} = \text{选择性} \times \text{转化率} \tag{7.7}$$

催化反应过程中不可避免会伴随副反应的产生，因此选择性总是小于 100％。

产率指反应器在总的运转中，消耗每单位数量的原料（反应物）所生成产物的数量。在总的运转中分离出产物之后，各种反应物可再循环回反应器中进行反应。产率若以摩尔分数表示，其数值小于 100％。但是，若以质量分数表示，产率超过 100％ 是可能的。例如在部分氧化反应中，氧被高选择性地结合到产物分子中，此时每分子产物质量大于每分子原料质量，因此，质量产率可超过 100％。

（2）选择性因素（又称选择度）

$$S = \frac{k_1}{k_2} \tag{7.8}$$

选择性因素 S 是指反应中主、副反应的表观速率常数或真实速率常数之比。这种表示方法在研究中用得较多。

对于一个催化反应，催化剂的活性和选择性是两个最基本的性能。人们在催化剂研究开发过程中发现催化剂的选择性往往比活性更重要，也更难解决。因为一个催化剂尽管活性很高，若选择性不好，会生成多种副产物，这样给产品的分离带来很多麻烦，大大地降低催化过程的效率和经济效益。反之，一个催化剂尽管活性不是很高，但是选择性非常高，仍然可以用于工业生产中。

7.1.4.3 催化剂的稳定性

催化剂的稳定性是指催化剂在使用条件下具有稳定活性的时间。稳定活性时间越长，催化剂的催化稳定性越好。此外，催化剂的稳定性还包括多方面，下面介绍四个方面。

（1）化学稳定性 催化剂在使用过程中保持化学组成和化合状态稳定，活性组分和助催化剂不产生挥发、流失或其他化学变化，这样就有较长的稳定活性时间。

（2）耐热稳定性 在反应和再生条件下，在一定温度变化范围内，催化剂不因受热而破坏物理-化学状态，不产生烧结、微晶长大和晶相变化，从而保持活性的稳定。

（3）抗毒稳定性 反应过程中催化剂不因吸附原料中杂质或毒性产物而中毒失活，这种对杂质毒物的抵抗能力越强，抗毒稳定性就越好。

（4）机械稳定性 固体催化剂颗粒在反应过程中要具有抗摩擦、冲击、重压及温度骤变等引起的种种应力，使催化剂不产生粉碎破裂、不导致反应床层阻力升高或堵塞管道，使反应过程能够平稳进行。

催化剂稳定性通常用催化剂寿命来表示，催化剂的寿命是指催化剂在一定反应条件下，维持一定反应活性和选择性的使用时间。这段反应时间称为催化剂的单程寿命。活性下降后经再生又可恢复活性，继续使用，累计总的反应时间称为总寿命。

7.2 酸碱催化型洗消剂

在洗消过程中，对于催化型洗消剂应用较多的是酸碱催化型洗消剂。这类洗消剂种类多，研究相对成熟，反应机理和动力学规律表征比较清楚。

7.2.1 酸碱催化型洗消剂的分类

可作为酸碱催化型洗消剂的物质种类很多，表7.4列出了各种固体酸碱和液体酸碱催化型洗消剂。

由表7.4可以看出，酸碱催化型洗消剂主要是元素周期表中从ⅠA到ⅦA的主族元素的一些氢氧化物、氧化物、盐和酸，也有一部分是副族元素的氧化物和盐，这些物质的特点是反应中电子转移是成对的，即失去一对电子或获得一对电子。ⅠA、ⅡA族元素电负性小，易与氧生成氧化物并呈碱性；而ⅢA、ⅣA族元素的卤化物和氧化物具有酸性；ⅤA、ⅥA及ⅦA族元素电负性大，生成氧化物呈酸性，水合后为无机酸。由此可见主族元素的化合物可作酸碱催化型洗消剂。

7.2.2 酸碱理论及其性质

7.2.2.1 酸碱理论

（1）酸碱电离理论 19世纪末 S. A. Arrhenius 提出水-离子论即酸碱电离理论。该理论

表 7.4　固体酸碱和液体酸碱催化型洗消剂

催化型洗消剂种类		代表物
固体酸	天然黏土矿物	高岭土、膨润土、蒙脱土、天然沸石
	负载酸	H_2SO_4、H_3PO_4、CH_3COOH 等载于氧化硅、石英砂、氧化铝、硅藻土上阳离子交换树脂
	金属氧化物及硫化物	ZnO、CdO、Al_2O_3、TiO_2、V_2O_5、Cr_2O_5、MoO_3、WO_3、CdS、ZnS 等
	氧化物混合物	SiO_2-Al_2O_3、SiO_2-TiO_2、SiO_2-MgO、Al_2O_3-Fe_2O_3、TiO_2-NiO、ZnO-Fe_2O_3、CoO-Al_2O_3、杂多酸、人工合成分子筛等
	金属盐	$MgSO_4$、$CaSO_4$、$SrSO_4$、$ZnSO_4$、$Al_2(SO_4)_3$、$FeSO_4$、$NiSO_4$、$(NH_4)_2SO_4$、$AlPO_4$、$Zr_3(PO_4)_4$、$SnCl_2$、$TiCl_4$、$AlCl_3$、BF_3、$CuCl$ 等
固体碱	负载碱	$NaOH$、KOH 载于氧化硅或氧化铝上，碱金属及碱土金属分散于氧化硅、氧化铝上，K_2CO_3、Li_2CO_3 载于氧化硅上等
	阴离子交换树脂	OH^-
	金属氧化物	Na_2O、K_2O、MgO、CaO、ZnO、CeO_4 等
	氧化物混合物	SiO_2-MgO、SiO_2-CaO、SiO_2-BaO、SiO_2-ZnO、ZnO-TiO_2、TiO-MgO 等
	金属盐	Na_2CO_3、K_2CO_3、$CaCO_3$、$SrCO_3$、$BaCO_3$、$(NH_4)_2CO_3$、KCN 等
	经碱金属或碱土金属改性的各种沸石分子筛	
液体酸		H_2SO_4、H_3PO_4、HCl 水溶液、醋酸等
液体碱		$NaOH$ 水溶液、KOH 水溶液

认为，能在水溶液中电离出 H^+ 的物质叫酸，电离出 OH^- 的物质叫碱。

（2）酸碱质子理论　20 世纪 20 年代 J. N. Bronsted 提出酸碱质子理论。该理论认为，凡是能提供质子（H^+）的物质称为酸（B 酸），凡是能接受质子的物质称为碱（B 碱）。B 酸、B 碱又叫质子酸碱。根据该理论，B 酸提供质子后剩下部分称为 B 碱，B 碱接受质子后剩下部分称为 B 酸，B 酸和 B 碱之间的转化实质上就是质子的转移。

（3）酸碱电子理论　20 世纪 20 年代 G. N. Lewis 提出酸碱电子理论。该理论认为，凡能够接受电子对的物质称为酸（L 酸），凡能够提供电子对的物质称为碱（L 碱）。L 酸可以是分子、原子团、正碳离子或具有电子层结构未被饱和的原子。L 酸与 L 碱的作用是形成配键络合物。

（4）软硬酸碱理论　该理论是 Pearson 于 1963 年提出的。Pearson 在 Lewis 酸碱理论的基础上提出了酸碱有硬软之分，认为对外层电子抓得紧的酸为硬酸（HA），而对外层电子抓得松的酸为软酸（SA），属于二者之间的酸为交界酸。对于碱来说，电负性大，极化率小，对外层电子抓得紧，难于失去电子对的物质称为硬碱（HB）；极化率大，电负性小，对外层电子抓得松，容易失去电子对的物质称为软碱（SB）；属于二者之间的碱为交界碱。

软硬酸碱理论把金属络合物反应进一步扩展到一般有机化学反应，使酸碱概念具有更加广泛的涵义。软硬酸碱原则（SHAB）是，软酸与软碱易形成稳定的络合物，硬酸与硬碱易形成稳定的络合物。而交界酸碱不论结合对象是软或硬酸碱，都能相互配位，但形成络合物的稳定性差。

以上 4 种酸碱理论是应用比较广泛的 4 种。

7.2.2.2　固体酸的性质

固体酸性质包括 3 方面，即酸碱的类型、酸碱的浓度（酸中心的数目）和酸碱的强度。

（1）酸碱的类型　在催化反应中最常使用的是 B 酸、B 碱和 L 酸、L 碱。这里主要是对固体酸碱的种类进行归属，表明其属于 B 酸还是 L 酸，属于 B 碱还是 L 碱。

（2）酸碱的浓度　酸的浓度也称为酸量、酸度，通常表示为单位质量或单位表面积上酸位的数量（mmol），即 $mmol \cdot kg^{-1}$ 或 $mmol \cdot m^{-2}$。其中，对于稀溶液中的均相酸碱催化作用，液体酸催化剂的酸浓度是指单位体积内所含酸中心数目的多少，它可用 H^+ 毫克当量数每毫升或者 $H^+ mmol \cdot mL^{-1}$ 来表示。对于多相酸碱催化作用，固体酸催化剂的酸浓度是指催化剂单位表面或单位质量所含的酸中心数目的多少，它可用酸中心数每平方米或 H^+ $mmol \cdot g^{-1}$ 来表示。

碱浓度也称为碱量、碱度，通常可用单位质量或单位表面积上碱位的数量（mmol）表示，即 $mmol \cdot kg^{-1}$ 或 $mmol \cdot m^{-2}$。

（3）酸碱的强度　对于稀溶液中的均相酸碱催化剂，酸碱强度用 pH 值表示。广义酸碱的强度则不同，B 酸强度是指给出质子的能力，或者说是将某种 B 酸转化为其共轭酸的能力。给出质子能力越强说明固体酸催化剂酸强度越强；相反给出质子能力越弱，表明固体酸催化剂酸强度越弱。L 酸强度是指接受电子对的能力，或者说是与 L 碱形成酸碱络合物的能力。接受电子对能力越强，表明固体催化剂酸强度越强。对于浓溶液或固体酸催化剂的酸强度时，可以利用 Hammeett 指示剂法进行测定，酸强度通常用 Hammeett 函数 H_0 表示。固体碱的强度，可定义为固体表面转变吸附的酸为共轭碱的能力，也定义为固体表面给出电子对到吸附酸的能力。

此外，在某些反应中，虽由催化剂表面上的酸位所催化，但碱位或多或少地起一定的协同作用。这种酸-碱对协同位的催化剂，有时显示更好的活性，甚至其酸-碱强度比单个酸位或碱位的强度更低。例如，ZrO_2 是一种弱酸和弱碱，但分裂 C—H 键的活性，比更强酸性的 SiO_2-Al_2O_3 高，也比更强碱性的 MgO 高。这种酸位和碱位协同的作用，对于某些特定反应是很有利的，因而具有更高的选择性。这类催化剂叫酸碱双功能催化剂。

7.2.3　酸碱催化洗消机理

均相酸碱催化洗消反应主要为液相催化反应，污染物、产物和催化型洗消剂均为液相，在溶液（主要为水溶液）中催化剂释放出氢离子或氢氧根离子，催化反应进行。而在多相酸碱催化反应中，催化型洗消剂为固体，由它提供酸或碱中心，这里以酸催化为例介绍活性中心的形成。

7.2.3.1　酸中心的形成

（1）无机载体负载酸酸中心的形成　采用浸渍的方法将液体酸直接负载在载体上制成的固体酸催化剂，称为负载酸。载体可用硅藻土、二氧化硅、氧化铝等，酸可用硫酸、磷酸、氢氟酸、硼酸、丙二酸等。负载酸的催化作用原理与液体酸相同，可以直接提供氢离子，但是由于液体酸容易从载体上流失，因此，负载酸催化剂稳定性差。

（2）卤化物酸中心的形成　卤化物（如氯化铝和氟化硼等）作为催化剂时，催化活性中心为 L 酸中心，通常 L 酸中心遇到能够提供质子的化合物（如 HCl、HF 和 H_2O 等）时可转化为 B 酸中心。

7.2.3.2　均相酸碱催化洗消

（1）均相酸碱催化洗消机理　在水溶液中氢离子、氢氧根离子、未解离的酸碱分子、B 酸、B 碱都可以作为催化剂来催化一些反应。其基本过程是反应物分子与酸碱相接触，或吸附在催化剂固体表面一定的酸碱部位上，就会发生酸碱反应，形成活性中间络合物，然后再分解出产物，使催化剂复原。

均相酸碱催化洗消一般以离子型机理进行，即酸碱催化型洗消剂与污染物作用形成正碳离子或负碳离子中间物种，这些中间物种与另一污染物作用（或本身分解），生成产物并释放出催化剂（H⁺或OH⁻），构成酸碱催化循环，其中酸性催化剂在反应物上加上H⁺或夺去H⁻，形成碳正离子；碱性催化性洗消剂在反应物加上H⁻或夺去H⁺，形成碳负离子。这些催化过程包括质子转移步骤为特征，所以一些有质子转移的反应，如水合、脱水、酯化、水解、烷基化和脱烷基等反应，均可使用酸碱催化型洗消剂进行催化反应。质子转移过程是相当快的，因此，当污染物分子含有容易接受质子的原子（如N、O等）或基团时，可形成不稳定的阳离子活性中间物种。对于B碱催化剂，污染物应为易给出质子的化合物，以便形成阴离子的活性中间物种。

碳正离子或碳负离子再进行一系列的反应，其反应机理如下。

在酸性催化反应中：

$$S+HA \xrightarrow{\text{慢}} SH^+ +A^-$$

$$SH^+ +R \xrightarrow{\text{快}} P（产物） \tag{7.9}$$

在碱性催化反应中：

$$SH^+ +B \xrightarrow{\text{慢}} S^- +BH$$

$$S^- +R \xrightarrow{\text{快}} P（产物） \tag{7.10}$$

（2）特殊酸碱催化洗消 通常把在水溶液中只有H⁺和OH⁻起催化作用，其他离子和分子无显著催化作用的过程称为特殊酸碱催化洗消。

$$R+H^+ \longrightarrow P+H^+ \tag{7.11}$$

式中，R为污染物，P为产物，反应速率$v=k_{H^+}[H^+][R]$。

由于在反应过程中不消耗氢离子，故可把它当作常数并入$k_{表}$，$k_{表}$称为假一级速率常数，$k_{表}$与H⁺浓度呈线性关系：

$$k_{表}=k_{H^+}[H^+] \tag{7.12}$$

对上式取对数得：

$$\lg k_{表}=\lg k_{H^+}+\lg[H^+]=\lg k_{H^+}-pH$$

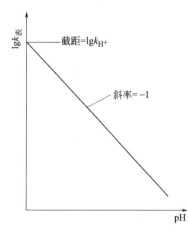

图7.1 特殊酸碱催化洗消的 $\lg k_{表}$ 与pH的关系

将$\lg k_{表}$对pH作图得到一条直线，直线斜率等于1，截距为$\lg k_{H^+}$。因此，可通过在不同pH的溶液中进行酸催化反应，测得相应的$k_{表}$和k_{H^+}。k_{H^+}称为某种催化剂的催化系数，表示这种催化剂催化活性的大小。催化系数主要取决于催化剂自身的性质。k_{H^+}大，酸催化活性大；相反，k_{H^+}小，活性也小。酸催化反应速率与催化剂的酸强度pH和酸浓度[H⁺]也有关，即酸强度越强（pH越小），给出质子能力越强，反应活性越高；酸中心浓度越大，反应活性也越高。特殊酸碱催化洗消的$\lg k_{表}$与pH的关系如图7.1所示。

（3）Bronsted规则 在酸催化反应中，反应第一步是催化型洗消剂将质子转移给反应物。催化型洗消剂给出质子的难易或催化型洗消剂的酸强度大小，将直接影响催化剂反应速率。Bronsted用实验证明，对一个给定的反应，酸的催化系数k_a与其电离常数K_a存在的对应关系如下。

$$k_a=G_a K_a^{\alpha} \tag{7.13}$$

式中，G_a和α为常数，其大小决定于反应种类和反应条件（溶剂种类、温度等）。将式

(7.13) 取对数得:

$$\lg k_a = \lg G_a + \alpha \lg K_a \tag{7.14}$$

以 $\lg k_a$ 对 $\lg K_a$ 作图得到一条直线，直线斜率为 α，其值为 $0 \sim 1$。当 α 值很小时，表示反应对酸强度不敏感，任何一种酸都能起催化作用；当 α 值接近于 1 时，表示反应对酸强度十分敏感，只有强酸才能催化反应。

需要注意的是，有些酸催化型洗消剂在反应过程中可以同时离解出两个或多个质子，此时必须对酸的催化系数 k_a 与其电离常数 K_a 存在的对应关系进行修正。

$$k_a/p = G_a \left(\frac{q}{p} K_a\right)^{\alpha} \tag{7.15}$$

式中，p 为一个酸分子能放出的质子数；q 为一个共轭碱中能接受一个质子的等价位置数目。

同理，碱催化反应的关系表示如下。

$$k_b = G_b K_b^{\beta} \tag{7.16}$$

$$k_b/q = G_b \left(\frac{q}{p} K_b\right)^{\beta} \tag{7.17}$$

式中，k_b 为碱催化系数；K_b 为碱电离常数；G_b、β 为常数；p 为一个酸分子能放出的质子数；q 为一个共轭碱中能接受一个质子的等价位置数目。

由方程(7.15) 和方程(7.17) 关联起来的酸碱催化反应中有关参数之间的变化规律，即为 Bronsted 规则。

Bronsted 规则是从大量均相酸碱催化反应中得出的较普遍的经验规律，对于一个给定的反应，可用少数几个催化剂分别进行试验，测得它的催化系数后，即可得到上述规则，由查到的几个催化剂的电离常数求得 G_a、α 或 G_b、β 常数，得到经验公式。用此公式可从任意催化剂的 K_a 或 K_b 算出催化系数 k_a 或 k_b，预测催化剂的活性，从而为选择酸碱催化剂提供参考。

7.2.3.3　多相酸碱催化洗消

多相酸碱催化反应中有机物生成正离子、负离子中间体，并进一步反应生成产物。烃类酸催化反应多以碳正离子反应为特征。

(1) 碳正离子的形成规律

① 烷烃、环烷烃、烯烃、烷基芳烃与催化剂的 L 酸中心生成碳正离子，其特征是 L 酸夺取烃上的 H—生成正碳离子 C^+。由于用 L 酸中心活化正碳离子需要较高的能量，因此，多采用 B 酸中心活化反应分子。

② 烯烃与芳烃等不饱和烃与催化剂的 B 酸中心作用生成碳正离子，其特征是 H^+ 与双键或三键加成形成正碳离子 C^+。由于 H^+ 与烯烃加成生成正碳离子所需活化能远远小于 L 酸从反应物中夺取 H—所需活化能，因此，烯烃酸催化反应比烷烃快得多。

③ 烷烃、环烷烃、烯烃、烷基芳烃与 R^+ 的氢转移可生成新的碳正离子，其特征是氢转移生成新的 C^+，原来的 C^+ 变为烃。

(2) 碳正离子的反应规律

① 双键异构化。正碳离子通过 1-2 位碳上的氢转移而改变碳正离子的位置；或通过反复加 H^+ 与脱 H^+ 转移碳正离子的位置，最后通过脱 H^+ 生成双键转移的烯烃，即产生双键异构化。

② 顺反异构化。正碳离子中的 $C—C^+$ 键为单键，可以自由旋转，当旋转到两边的 CH_3 基处于相反位置时，再脱去 H^+，进行烯烃的顺反异构化反应。

③ 烯烃骨架异构化。碳正离子中的烷基（主要是甲基）可进行转移，导致烯烃骨架异构化；这种烷基在不同位置碳侧链转移容易，而烷基由侧链转移到主链上，相对较难。

④ 烯烃的聚合。碳正离子可与烯烃进行加成反应生成新的碳正离子，经脱 H^+ 产生二聚体。新的碳正离子可以继续与烯烃进行加成反应，生成更长的碳链，完成烯烃的聚合反应。

⑤ 碳正离子通过烃转移加 H^+ 或脱 H^+ 可异构化，可发生环的扩大或缩小。

⑥ 碳正离子足够大时可发生 β 断裂变成烯烃及更小的碳正离子。

⑦ 碳正离子很不稳定，发生内部氢转移、异构化或与其他分子反应，其速率一般大于碳正离子本身的形成速率，故碳正离子的形成常为反应的控制步骤。

（3）催化型洗消剂的性质与催化活性、选择性的关系　催化型洗消剂的性质与催化活性、选择性有很大关系。其中，不同的酸碱催化反应常常要求不同类型的酸碱催化型洗消剂，如 L 酸中心或 B 酸中心。不同类型的酸碱催化洗消反应对酸碱强度的要求不一样；同时，酸碱的强度也会影响催化活性，对酸催化型洗消剂而言，酸强度增加，反应活性提高。催化型洗消剂的浓度对催化活性也有非常重要的影响。以酸催化剂为例，在一定酸强度范围内，催化剂的酸浓度与催化活性有很好的对应关系。因此，通过调整酸碱催化型洗消剂的强度、浓度，可以调节酸碱催化型洗消剂的活性和选择性。

7.2.3.4　分子筛催化型洗消剂

（1）分子筛的组成　分子筛，又称沸石，是一种水合结晶型的硅铝酸盐，含有大量的结晶水，加热时可汽化除去。它们的化学组成可表示为：

$$M_{2/n}O \cdot [(AlO_2)_x \cdot (SiO_2)_y] \cdot mH_2O \qquad (7.18)$$

式中，M 为金属阳离子；n 为价数；x 为 AlO_2 的分子数；y 为 SiO_2 分子数；m 为水分子数。人工合成的分子筛是金属 Na^+ 阳离子型沸石分子筛，$Na_2O \cdot Al_2O_3 \cdot (SiO_2)_y \cdot mH_2O$。目前，分子筛的类型有很多，最常用的有方钠型沸石，如 A 型分子筛；八面型沸石，如 X 型、Y 型分子筛；高硅型沸石，如 ZSM-5 等。分子筛在各种不同的酸性催化剂中能够提供很高的活性和特殊的选择性，且绝大多数反应是由分子筛的酸性引起，也属于固体酸类。

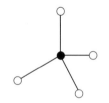

图 7.2　四面体的立体结构图

（2）分子筛的结构特征　分子筛的结构特征分为四个面、三种不同的结构层次。第一个结构层次是最基本的结构单元，硅氧四面体（SiO_4）和铝氧四面体（AlO_4），它们构成分子筛的骨架。图 7.2 表示四面体的立体结构图，中心为金属原子。

相邻的四面体由氧桥连接成环。环是分子筛结构的第二个结构层次，按照成环的氧原子数不同，可划分为四元氧环、五元氧环、六元氧环、八元氧环、十元氧环和十二元氧环等，具体如图 7.3 所示。

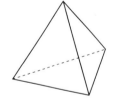

图 7.3　几元环示意图

（——表示 Si—O—Si 或 Al—O—Si，顶点为 Si 或 Al 原子）

环是分子筛的通道，对通过的分子起着筛分作用。氧环通过氧桥相互连接，并形成具有三维空间的多面体。多面体是分子筛结构的第三个结构层次，有中空的笼，笼是分子筛结构的重要特征。笼还分为 α 笼、八面沸石笼、β 笼和 γ 笼等，具体如图 7.4 所示。

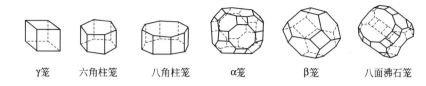

γ笼　六角柱笼　八角柱笼　α笼　β笼　八面沸石笼

图 7.4　多面体中空笼示意图

（3）分子筛催化洗消机理　分子筛具有明确的孔腔分布、极高的比表面积（$600m^2 \cdot g^{-1}$）、良好的热稳定性（$1000℃$）和可调变的酸位中心。分子筛的酸性主要来源于铝原子和铝离子（AlO_2）$^+$。经离子交换得到的分子筛 HY 上的 OH 显酸位中心，骨架外的铝离子会强化酸位，形成 L 酸位中心。诸如 Ca^{2+}、Mg^{2+}、La^{3+} 等多价阳离子经交换后可以显示酸位中心，Cu^{2+}、Ag^+ 等过渡金属离子被还原后也能形成酸位中心。一般来说 Al/Si 越高，OH 的比活性越高。分子筛的酸性的调变可通过稀盐酸直接交换将质子引入。由于这种办法常导致分子筛骨架脱铝，所以 NaY 可先变成 NH_4Y，然后再变成 HY。

① 因为分子筛结构中有均匀的小内孔，所以分子筛具有择形催化的性质。当反应物和产物的分子尺度与晶内的孔径相接近时，催化反应的选择性取决于分子与孔径的相对大小，这种选择性即称为择形催化。导致择形催化的机理有两种，一种是由孔腔中参与反应分子的扩散系数的差别所引起的，称为质量传递选择性；另一种是由催化反应过渡态空间受限制所引起的，称为过渡态选择性。催化有 4 种形式。

a. 反应物的择形催化　当反应物中能反应的分子因太大而不能扩散进入催化剂孔腔内时，只有直径小于内孔径的分子才能进入内孔参与反应，具体如图 7.5 所示。

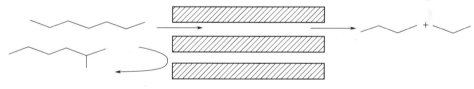

图 7.5　反应物的择形催化示意图

b. 产物的择形催化　当产物混合物中某些分子太大，难以从内孔窗口扩散出来，就形成了产物的择形选择性，具体如图 7.6 所示。

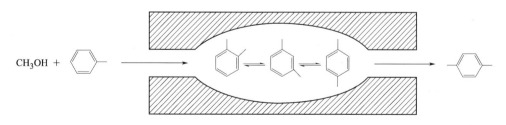

图 7.6　产物的择形催化示意图

c. 过渡态限制的选择性　有些反应的反应物分子和产物分子都不受催化剂窗口孔径的限制，只是需要内孔或笼腔有较大的空间，才能形成相应的过渡态，否则就受到限制使该反应无法进行；相反，有些反应只需要较小空间的过渡态就不受到限制，这就构成了限制过渡态的择形催化。具体如图 7.7 所示。

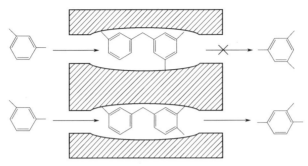

图 7.7　过渡态限制的选择性示意图

　　d. 分子交通控制的择形催化　在具有不同形状、大小和孔道的分子筛中，反应物分子可以很容易地通过孔道参与催化反应，而产物分子则从另一孔道出去，减少逆扩散，增加了反应速率。这种分子交通控制的催化反应，称为分子交通控制择形催化。

　　② 择形选择性的调变　可以通过毒化外表面活性中心，修饰窗孔入口的大小，常用的修饰剂为四乙基原硅酸酯；也可以通过改变晶粒大小等。择形催化最大的实用性在于利用其孔径和孔结构的不同，通过对分子运动和扩散控制，达到提高目的产品的产率。

7.3　生物催化型洗消剂

7.3.1　生物催化剂的概念

　　生物催化剂是天然来源的催化剂，它通常以完整细胞、游离酶或细胞器的形式使用，并且已经有上百年的历史。生物催化剂是由生物合成的具有催化作用的物质总称，广义地讲应包括生物体（动植物、藻类、微生物）、细胞器、酶、抗体酶、模拟酶等。然而，大多数情况下生物催化剂主要指酶，它是活细胞产生的具有催化功能的生物大分子。

　　人类认识和掌握酶经历了漫长的历史过程。1896 年，Buchner 以酵母无细胞抽提液的发酵作用证明了酶的存在；1926 年，Sumner 首次从刀豆中提取脲酶结晶，证明酶的化学本质属于蛋白质。此后 50 多年中，人们普遍接受了 "酶是具有生物催化功能的蛋白质" 的观点；1944 年，Pauling 发展了酶催化的过渡态互补理论；1978 年以后分子生物学的发展，使得酶的分子设计成为可能，酶生物催化进入了新的发展阶段。20 世纪 80 年代发现了由核糖核酸（RNA）组成的酶，主要作用于 RNA 的剪接，称为核酸类酶（R 酶），酶的分子属性进一步扩展；相对应的由蛋白质组成的酶称为蛋白类酶（P 酶），已经发现和应用的酶绝大多数属于 P 酶。

　　酶所催化的化学反应称为酶促反应。在酶促反应中被酶催化的物质叫底物；经酶催化所产生的物质叫产物。酶的催化能力称为 "活力"，如果酶丧失催化能力称为酶失活。酶促反应中底物为非天然有机化合物时通常将生物催化反应称为 "生物转化"。

7.3.2　生物催化型洗消剂的特征

　　作为生物催化型洗消剂的酶是天然催化剂，与化学催化型洗消剂相比，既有其显著优点，也有难以克服的缺点。

7.3.2.1　生物催化型洗消剂的专一性

　　酶的最大优势在于其无与伦比的选择性，这种高度的选择性通常用 "专一性" 来表述，指一种酶在一定条件下只能催化一种或一类结构相似的底物进行某种类型反应的特性。酶的专一性根据严格程度不同分为若干类型。

（1）绝对专一性 一种酶只能催化一种底物且只进行一种反应，这种高度的专一性称为绝对专一性。例如，脲酶只能催化尿素水解生成二氧化碳和氨，而对尿素的类似物却均无作用。具有绝对专一性的酶不但对所作用底物的键有严格要求，而且对底物整个分子的化学基团也有同样严格的要求。

（2）相对专一性 一种酶能够催化一类结构相似的底物进行某种相同类型的反应，这种专一性称为相对专一性，其严格程度较低，但不同的酶对底物结构的识别不同。具体地表现形式如下。

① 键专一性 酶能够作用于具有相同化学键的一类底物，而不辨识键两侧的基团。如酯酶可以催化所有酯类底物水解生成醇和酸。

② 基团专一性 酶作用于底物时不仅识别特定的化学键，而且还识别键基一侧的基团。例如消化道中胃蛋白酶、胰凝乳蛋白酶、弹性蛋白酶、胰蛋白酶水解肽键时的选择性。

③ 区域专一性 指酶对位于同一底物分子中不同位置官能团的选择性。如磷脂酶A2仅水解 3-Sn-磷脂酰胆碱的 2 位酯键，而对 1 位酯键无作用。

（3）立体专一性 立体专一性是指酶只能特异性地作用于所有立体异构体的其中一种的特性，这是酶催化的最重要特征。根据具体情况分为以下几类。

① 对映体专一性 指酶只催化一对对映异构体中的一种对映体反应，如氨基酰化酶只催化 L-N-乙酰氨基酸反应生成 L-氨基酸，而不催化 D-N-乙酰氨基酸反应。

② 几何专一性 酶对具有顺反异构的底物有严格的选择性，如延胡索酸水合酶只能催化延胡索酸水合生成 L-苹果酸，而对马来酸则不起作用。

③ 前手性专一性 酶可催化前手性底物选择性地形成具有一定立体构型的产物，如乌头酸酶催化前手性分子柠檬酸转化成手性分子异柠檬酸。

7.3.2.2 生物催化型洗消剂的优势

除选择性方面的绝对优势外，酶催化与化学催化相比还有以下优点。

（1）催化效率高 催化作用效率通常用转换数表示，即每分子催化剂每分钟催化进行反应的分子数。以过氧化氢酶和铁离子催化过氧化氢水解为水和氧气为例，酶的转换数是铁离子的 10^{10} 倍。一般地，生物催化型洗消剂催化效率比化学催化剂高 $10^7 \sim 10^{13}$ 倍。

（2）易于生物降解 生物催化剂本身是微生物细胞和蛋白质，易于生物降解，是理想的绿色催化剂。

（3）作用条件温和 生物催化反应一般在常温、常压和近于中性条件下进行，因而投资少、能耗低，而且操作安全。

（4）具有彼此相容性 酶催化作用的条件一般相同或相近，又具有专一性。因此，几个生物催化反应可以组成多酶系统在一个反应器中进行，简化反应过程。

（5）对底物和环境适应性好 酶表现出高度的耐受性，可以催化人工非天然底物；同时，根据反应需要也可在非水或有机介质催化反应。

7.3.2.3 生物催化型洗消剂的劣势

（1）不稳定性 这是生物催化剂的最大缺点，酶分子的催化活性建立在一定的构象基础上，构象的微小变化也会引起活性的急剧下降甚至失活。许多条件如温度、pH、界面作用、共价作用等都可能导致酶失活。

（2）对于特定的反应，适应的生物催化剂数量不多 虽然理论上几乎所有反应都能找到对应的酶，但目前发现的 4000 余种生物催化剂仅有百余种可商业获得。

（3）生物催化型洗消剂发现和改进的周期太长 截至目前建立的一些标志性生物催化加

工工艺用了 10~20 年的时间才得以实现，而专利有效期也不过如此。对于应用来说，这个周期太长了。造成这个现象的原因是对生物工程、生物催化的研究不够深入，随着生物技术的进步，这种状况有所改观。

7.3.2.4 生物催化型洗消剂的形式

虽然生物催化作用的本质是酶，但其具体应用形态是多种多样的，常有完整微生物细胞、粗酶、纯酶、固定化酶或微生物等；相应的，生物催化反应亦有以下细微区分。

（1）发酵 利用活细胞的物质代谢功能，由易获得的天然廉价原料如糖、淀粉等生产所需要的物质，可生成更复杂的目标产物。

（2）前体发酵 利用活细胞将特定的前体转化成目标产物。

（3）生物转化 用酶或休止细胞经过若干步骤（有时并不知道具体的步骤）反应，将前体转化成目标产物。

（4）酶作用 利用粗酶或纯酶将底物转化成目标产物，纯化酶减少了副反应。

7.3.3 生物催化洗消原理

作为生物催化型洗消剂的酶产生于活细胞的生命过程，其催化功能与构成它的酶蛋白质的特殊结构密切相关，在适宜的人工环境下可发挥期望的催化功能。

7.3.3.1 酶的分子结构

酶是有催化功能的蛋白质，其分子结构与其他蛋白质相同，具有一级、二级、三级和四级结构。

（1）一级结构 酶与其他蛋白质一样，是由 20 种基本氨基酸按肽键形式共价连接而成的，相对分子质量为 $1.2 \times 10^4 \sim 1.0 \times 10^6$，其分子基础为多肽链，肽链的通式为：

$$H_2N-\underset{R}{CH}-\underset{O}{\overset{O}{C}}{\Big[}NH-\underset{R}{CH}-\underset{O}{\overset{O}{C}}{\Big]}_n NH-\underset{R}{CH}-\underset{O}{\overset{O}{C}}-OH$$

式中，R 为侧链，因氨基酸的种类而异。基本氨基酸的侧链结构有很多，它们均为天然的 L 构型，且除脯氨酸外均为 α-氨基酸；其侧链具有疏水（非极性）、亲水（极性）差别；氨基酸具有酸、碱双重性，在溶液中随 pH 变化可达解离，静电荷为零，即等电点。构成多肽链的氨基酸称为残基，酶蛋白的一级结构指其多肽链中氨基酸残基的顺序。简单的酶蛋白由单一肽链即单亚基构成，而复杂的酶蛋白则由同质或不同质的多个亚基构成。一级结构是酶蛋白构象及催化性能的基础。

（2）二级结构 蛋白质的二、三和四级结构统称为蛋白质的构象。

二级结构产生的机理之一是蛋白质分子中的肽键的偏双键性质。由于 C＝O 双键中的 π 电子云与 N 原子上的未共用电子对发生"电子共振"，使肽键具有部分双键的性质，不能自由旋转；与肽键相连的 6 个原子构成刚性平面结构，称为肽单元或肽平面（图 7.8），这是多肽链固定不变的一面。但是，由于 α-碳原子与其他原子之间均形成单键，故两相邻的肽键平面可以作相对旋转，旋转的角度分别叫做两面角 ϕ、Ψ，这是多肽链可变的一面（图 7.9）。固定不变的肽键和多变的两面角对立统一，达到协调后的状态就是该条肽链的稳定二级结构，即主链骨架弯曲形成的空间排列。二级结构主要有 α-螺旋、β-折叠、β-转角三种。

如图 7.10 所示，α-螺旋为右螺旋结构。螺旋的每圈包括 3.6 个氨基酸残基，沿螺旋长轴方向上升 0.54nm；每个氨基酸残基相对邻接的残基旋转 100°、沿长轴上升 0.15nm。每圈螺旋之间由肽键上的 N—H 和其后第四个残基肽键上的 C＝O 之间形成氢键起着稳定的作用，两面角 ϕ、Ψ 分别为 $-57°$ 和 $-48°$。

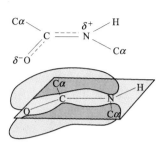

图 7.8　肽平面

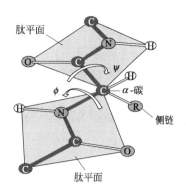

图 7.9　肽平面的两面角

图 7.10　肽链 α-螺旋

● α-碳；⊘ 羧基碳；⊗ 氮

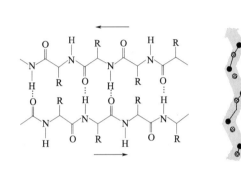

图 7.11　β-折叠反平行排列

● α-碳；⊘ 羧基碳；⊗ 氮

　　氨基酸残基的侧链 R 位于螺旋的外侧，不参与螺旋的形成，但其大小、形状和带电状态却能影响螺旋的形成和稳定。α-螺旋是天然蛋白质最常见的一种二级结构形式。

　　β-折叠是由伸展的多肽链组成的，整体上呈片状，由一条肽链的不同区段回折弯曲或同一蛋白质的不同肽链形成，这些肽链以平行排列或反平行方向排列（肽链走向相反），反平行排列较为稳定且多见。各肽链之间通过肽键上的 N—H 和 C ═O 形成的氢键，氢键方向和长轴方向垂直；平行排列 ϕ、Ψ 为 $-119°$ 和 $113°$；反平行排列 ϕ、Ψ 则为 $-139°$ 和 $135°$。反平行排列结构如图 7.11 所示。

　　多肽链在形成空间构象时肽链走向常会改变，弯曲 $180°$，形成 β-转角，均由 4 个氨基酸残基组成。β-转角也是常见的蛋白质二级结构形式。

　　自然界蛋白质二级结构是形式多样的。除规则排列以外，也有大量无规则排列，或者在同一分子中规则和无规则排列并存；大部分蛋白质有一种或两种规则排列，几乎每一种蛋白质都有转角存在，但有的蛋白质没有 α-螺旋，有些则没有 β-折叠；以 α-螺旋为主的称为 α 类蛋白，以 β-折叠为主的称为 β 类蛋白，自然界分布最广的是介于两者之间的 α/β 类蛋白。

　　（3）三、四级结构　酶的三级结构是指多肽在二级结构的基础上进一步搭配和组装形成的具有一定规律的三维空间结构。三级结构的稳定主要借助各种次级键，包括氢键、疏水键、盐键以及范德瓦耳斯力等。各二级结构之间的组装方式主要有 αα、αβ、ββ，大多数情况下组装仅仅出现在一个酶蛋白的局部，即呈现区域空间结构，在不同蛋白分子呈现的代表性区域空间结构，有时也称为超二级结构。

　　如果酶蛋白分子仅由一条肽链组成，三级结构就是它的最高结构层次。

四级结构是多亚基蛋白质的三维空间结构，是指各亚基肽链之间相互作用所形成更为复杂的寡聚物的结构形式，主要描述亚基之间的相互关系，不涉及亚基内部结构。维持四级结构的作用力主要是疏水键，其他作用力仅起次要作用。

7.3.3.2　酶的结构与催化功能

酶的分子结构是催化功能的物质基础，酶蛋白之所以异于非酶蛋白质，各种酶之所以有催化活性和专一性，都是出于其分子结构的特殊性。

酶蛋白分子上具有与催化有关的特定区域，称之为活性部位或活性中心，它能同底物结合并起催化作用。活性中心一般位于酶分子的表面，是由结合部位和催化部位所组成。前者直接同底物结合，决定酶的专一性，即决定同何种底物结合；后者直接参加催化，决定所催化反应的性质。一个酶的活性中心不是一个点、一条线或一个面，而是一个三维结构。组成活性中心的氨基酸残基或残基组可能位于同一条肽链的不同部位，也可能位于不同的肽链上，即一级结构相距甚远，但通过肽链的卷曲与折叠，在空间结构上都处于十分邻近的位置。酶分子构象的完整性是酶活力所必需的，如果因酶蛋白变性，立体构象被破坏，活性部位即随之破坏，酶就失活。

酶发挥催化作用必需的一些化学基团称为必需基团。酶的活性中心是属于必需基团的一部分，必需基团包括活性中心，但必需基团不一定就是活性中心。例如维持酶分子高级结构所需的基团（如巯基、羟基）属于必需基团，但不是活性中心。

酶蛋白分子活性中心以外的部分亦不可或缺，具有维持完整结构、保护微环境的重要作用。整个分子的电性、电荷分布和活性中心周围的微环境，以及分子的亲水性强弱都由整个酶蛋白分子决定。

有些酶还具有与非底物物质结合的部位，结合后对反应速率具有调节作用，称之为别构部位或调节部位，具有别构部位的酶称别构酶。与别构部位结合的物质称调节剂或别构剂，如激活剂和抑制剂。调节剂与酶别构部位结合后，引起酶构象改变，从而影响酶活性中心，改变催化反应速率。

7.3.3.3　酶的辅助因子

辅助因子是指酶分子中除蛋白质以外的部分，很多酶需要辅助因子存在才能表现活力。根据与酶蛋白结合的牢固程度不同，将辅助因子区分为辅基与辅酶。与酶蛋白结合牢固，一般为共价结合，不能透析除去的称为辅基；而与酶蛋白结合疏松，一般为非共价结合，可透析除去的称为辅酶。酶的辅助因子分为金属离子和小分子有机物两大类。紧密结合的金属离子在维持酶的构象和完成酶的催化过程中起作用，如铁、铜、锌、镁、钙、钾、钠等。小分子有机物通常称为辅酶，大多数辅酶是维生素类物质，在酶反应中主要起传递氢、传递电子或转移化学基团的作用。

7.3.3.4　酶的催化作用机制

一般认为，酶发挥催化作用时活性中心的结合部位与底物分子结合，形成酶-底物复合物，催化部位则与底物分子作用，首先将其转变为过渡态，然后生成产物释放出去。

（1）酶和底物的结合机制　酶和底物选择特异性结合机制的最早解释是 Fischer 提出的锁-钥机理，假设酶和底物分别像锁和钥匙一样机械地匹配，底物比酶要小得多，而且，酶的结构是刚性的（图 7.12）。该机理解释酶专一性相当完满，但不能解释酶为什么能催化比自身大的底物，也无法说明酶催化可逆反应和酶的相对专一性现象。

Koshland 提出的诱导契合机理对锁钥机理的不足进行了修正。他认为酶的活性中心与底物的结构不是刚性互补而是柔性互补；当酶与底物靠近时，底物能够诱导酶的构象发生变化，使其活性中心变得与底物的结构互补（图 7.13）。就好像手与手套的关系一样。酶与底物结合时构象发生变化已得到 X 射线衍射分析等实验证实，同时该机理也很好地解释了酶

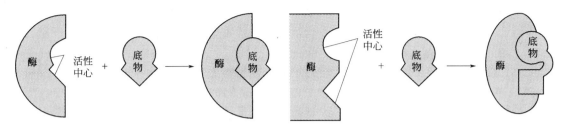

图 7.12 锁-钥机理   图 7.13 诱导契合机理

催化的相对专一性现象。

在锁-钥机理基础上衍生出一个三点附着学说，专门解释酶的立体专一性。该学说认为，立体对应的一对手性底物虽然基团相同，但空间排列不同，这就可能出现底物基团与酶分子表面活性中心的结合能否互补的问题，只有三点都互补匹配的特定对映异构体，酶才能互补地与其结合，并发生催化作用（图 7.14）。

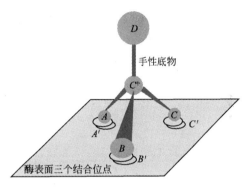

图 7.14 三点附着学说

（2）酶催化洗消的机制 酶活性中心起催化作用的基团，是化学上极为普通的基团，这些极为普通的化学基团为何在普通水溶液中反应效率很低，而在酶分子中却有神奇的催化作用？长期的研究给出各式各样的解释。

① 趋近效应 普通化学基团在水溶液中与底物分子有一定距离，通过扩散才有相互接近并发生碰撞的机会。而在酶分子中由于活性中心结合部位与底物分子结合，形成酶-底物复合物，使催化部位基团与底物可以相互靠近，因此易于发生碰撞而起催化作用。

② 定向效应 在酶分子中，由于底物与酶的紧密结合，活性部位的催化基团总是从一个方向趋近底物，因此易于进行催化。

③ 广义酸碱催化 酸碱催化是化学催化中最常见的类型。但是，由于酶反应的最适 pH 近于中性，故 H^+、OH^- 似乎与酶催化无重要关系。然而，从广义酸碱理论着眼，质子供体和质子受体分别等于酸和碱。因此，酶活性中心的氨基、羧基、巯基、酚羟基和咪唑基等都可作为酸或碱对底物进行催化加快反应速率，尤其是组氨酸残基的咪唑基，不仅在中性溶液中同时以广义酸碱两种形式存在，而且供给和接受质子的速度十分迅速，因此在酶催化中的作用极为重要。

④ 底物形变 酶的诱导契合机理指出了底物诱导酶的构象改变。研究表明，酶和底物的结合是相互诱导契合的动态过程，不仅酶的构象发生改变，底物分子的构象也发生变化。酶使底物中的敏感键发生"张力"甚至"变形"，从而使敏感键更容易断裂，加速反应进行。

⑤ 共价催化 某些酶增强反应速率是通过和底物以共价键形成不稳定的中间物，使能阈降低，反应加快。

上述 5 种关于酶催化洗消机理的解释均说明酶催化的高效性，但对某个具体酶而言则有侧重，不同的酶其催化机理不同，同一种酶也可能有几种不同的催化机理。

7.3.4 酶催化作用动力学

7.3.4.1 米氏方程

酶催化作用动力学表现为反应速率与底物浓度呈双曲线函数形式，一般称为饱和曲线。

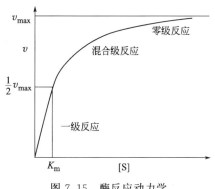

图 7.15 酶反应动力学

如图 7.15 所示，随着底物浓度增加，反应速率与底物浓度的关系先后经过一级反应、混合级反应、零级反应几个阶段。即当底物浓度较低时，酶分子活性中心未被底物饱和，反应速率随底物浓度增加而增加；而当底物浓度增加至较高时，活性中心更多地被底物分子结合直至饱和，就不再有活性中心可以发挥作用了，反应速率几乎不随底物浓度而变化，酶催化作用发挥至极限，对应的底物浓度称为饱和浓度。

1913 年 Michaelis 和 Menton 根据中间络合物理论，提出式(7.19)所示反应机理，并推导出酶催化反应速率与底物之间关系的基本公式，这就是著名的米氏方程式(7.20)，也称 M-M 方程。它是生物催化中最基本、最重要的公式之一，能很好地说明酶催化反应速率的实验数据。

$$E+S \underset{k_{-1}}{\overset{k_1}{\rightleftharpoons}} ES \overset{k_2}{\rightleftharpoons} E+P \qquad (7.19)$$

$$v = \frac{v_{max}[S]}{K_m+[S]} \qquad (7.20)$$

式中，$v_{max}=k_2[E_0]$，称为最大反应速率；$K_m=\dfrac{k_{-1}+k_2}{k_1}$，称为米氏常数。$v_{max}$ 和 K_m 是米氏方程中两个重要的参数，一般通过动力学实验和数据拟合求取。米氏常数 K_m 是酶的特征常数，一般近似地以 $1/K_m$ 来表示酶与底物亲和力。K_m 值为反应速率达最大反应速率 v_{max} 一半时所对应的底物浓度，见图 7.15。酶不同，K_m 值不同；若一种酶能与多种底物作用，则每种底物有一特定的 K_m，其值随 pH、温度、离子强度不同而变化，大体上在 $10^{-5} \sim 10^{-2}\,mol \cdot L^{-1}$ 范围内。

7.3.4.2 影响酶催化反应速率的因素

酶催化反应速率除了受底物浓度影响外，还受到温度、pH 值、激活剂和抑制剂的影响。

(1) 温度 温度对酶催化作用的影响体现在两个方面，一是与一般化学反应相同，在一定温度范围内，酶催化反应速率随着温度的升高而加快；二是温度升高同时加速酶蛋白变性失活。两方面综合作用，在低温时，前者居主导；随着温度升高到一定限度，对酶变性失活的不良影响起主要作用，结果反应速率下降。因此，酶催化作用有最适温度，即在一定条件下，每种酶在某一温度下，其反应速率最快。

(2) pH 值 pH 对催化反应速率的影响主要有以下两方面原因，一是酸碱度影响酶和底物的解离状态，使酶分子活性部位的有关基团及底物分子上的某些基团状态发生变化，影响酶和底物的结合及催化作用；二是过高或过低的 pH 影响酶分子活性中心的构象，甚至改变整个酶分子的结构，使其变性、失活。因此，酶催化作用也有最适 pH，在一定条件下，一种酶在某一 pH 值下，其反应速率最快。每种酶的最适 pH 不同，一般 pH 为 4~8 之间。

(3) 酶的激活剂 酶的激活剂是指一些能提高酶活性即催化反应速率的物质。许多酶的激活剂是一些金属离子或某些阴离子，如 Ca^{2+}、Mg^{2+}、Mn^{2+}、Cl^- 等；有些酶的激活剂为小分子有机物，如半胱氨酸、巯基乙醇、谷胱甘肽和维生素 C 等。

(4) 酶的抑制剂 酶的抑制剂是指能使酶降低或丧失活力的物质。抑制剂对酶的抑制作用分为不可逆抑制作用和可逆抑制作用两类。不可逆抑制时抑制剂与酶发生不可逆反应，以共价键结合到酶活性中心必需基团上，使酶失活；由于抑制剂与酶分子结合牢固，故不能用透析、超滤和凝胶过滤等物理方法去除抑制剂而使酶恢复活力。可逆抑制剂与酶分子以非共价键结合，可用一般物理方法去除抑制剂，具有可逆性。可逆性抑制剂对酶催化反应速率影响的情况复杂，常分为竞争性抑制、非竞争性抑制和反竞争性抑制 3 类。

7.3.4.3 酶的活力表示

酶量是影响催化反应速率的最重要因素，表现为对米氏方程中的 v_{max} 的影响。由于大多数酶制剂并不是纯酶，酶的催化活性在储存过程中又会逐渐失活，而且酶的分子量常常还是未知的，这种种原因使得酶量的准确表示既不能用质量又不能用摩尔浓度，而是用酶的活力单位来表示。酶的活力是指在一定条件下，单位时间内酶催化反应使底物转化的量或产物生成的量。酶量的多少是以酶催化反应的速率来度量。酶的活力单位通常依据以下两种表示方法。

（1）国际单位　1961 年由国际生化学会酶学委员会提出，1 个国际单位（International Unit，IU）是指在特定条件，即最适 pH、25℃、最适底物浓度、最适缓冲液的离子强度，1min 内转化 1μmol 底物所需要的酶量，即 $1IU = 1\mu mol \cdot min^{-1}$。

（2）Katal 单位　1972 年国际酶学委员会推荐，与 SI 单位对应。1 个 Katal 单位是指在最适条件下，1s 转化 1mol 底物所需要的酶量，即 $1Kat = 1mol \cdot s^{-1}$。显然，两者换算关系为 $1Kat = 6 \times 10^7 IU$。

酶活力通常用比活力表示，它是指每毫克酶蛋白含有的酶活力单位数（$IU \cdot mg^{-1}$），比活力与酶的纯度有关。

7.4　光催化型洗消剂

7.4.1　光催化洗消机理

光催化氧化法就是利用氧化物的半导体特性，在光的照射下吸附光子，进行氧化反应，把有害化合物分解为二氧化碳、水和无机盐。光催化法与其他方法相比具有其独特的优势，主要体现在以下三个方面。

① 利用半导体光催化氧化处理污染物不同于以往单纯用物理方法、化学方法和生物方法的处理，它不需要复杂的处理流程，不产生进一步的化学污染，处理速度快。

② 半导体光催化氧化是非选择性氧化过程，可以处理各种无机和有机污染物，并使其矿化，是一种广谱性的氧化处理方法。

③ 半导体光催化氧化过程有可能利用阳光资源，这不仅解决了能源问题，而且可使人们利用最为洁净的自然能源，不产生新的污染。

7.4.2　半导体光催化剂

常用的半导体催化剂大多是过渡金属的硫化物或氧化物，如 CdS、ZnS、WO_3、TiO_2、SnO_2、ZnO、CdO、CdSe、Fe_2O_3 等。这些半导体材料在能量高于禁带值的光照射条件下，其价电子发生带间跃迁，从价带跃迁至导带，从而产生电子和空穴，形成氧化还原体系。电子和空穴可以立即复合恢复至起始状态，也可以被吸附在催化剂表面的水和氧俘获发生反应，产生自由基。显然复合和俘获是相互竞争的。若能延长电子、空穴在半导体表面的寿命，会有利于俘获，也就能提高催化光解的效率。在上述催化剂中，由于 TiO_2 具有较深的价带能级，带隙较宽（3.2eV），光催化活性最好，能使反应在光照射的 TiO_2 微粒表面实现和加速，并且它的化学性能和光化学性能十分稳定，耐强酸强碱，耐光腐蚀，无毒性，因而

常选择 TiO_2 作为光催化剂。

从目前常用的半导体催化剂看，其带隙能相对较高。若要充分利用太阳光能量或长波光能，尚需对半导体材料进行光敏化处理。光敏化处理指将一些光活性化合物，如叶绿酸、玫瑰红、曙红等染料吸附于半导体表面，在可见光照射条件下，这些物质会被激发，其电子注入半导体导带，导致半导体导带电位负移，从而扩大半导体激发波长的范围，提高长波光能的利用率。

为了提高半导体的性能，减少载流子间复合，可以采取提高电子向 O_2 的输送速率，阻止电子与空穴复合；在半导体近表浅层内淀积贵金属，构成电子捕获阱，增加 O_2 被还原的机会或采用在半导体中掺杂金属离子，在半导体晶格中产生缺陷或改变结晶度，产生电子或空穴的阱等方法。需要注意的是，掺杂金属离子的情况比较复杂，往往因掺杂的离子种类不同、浓度不同，产生的效果可能截然相反。

利用两种甚至多种半导体组分性质差异的互补性来提高催化剂的活性，这是催化剂改性研究的又一方面。一般，复合催化剂中二组分居多。这类复合半导体的光活性都比单个半导体的高，这种活性提高的原因在于不同性能的半导体的导带和价带的差异，使得光生电子聚集在一种半导体的导带，而空穴聚集在另一种半导体的价带。光生载流子充分分离，大大提高了光解效率。在研制这类复合半导体催化剂时，除了注意制备方法外，还要注意各种半导体组分的配比。不同组分的配比对光催化剂性能的影响也很大。

7.4.3 光催化反应器

在光催化氧化反应中，如何选择催化反应器也是一个很重要的问题。理想的反应器可使污染物和半导体催化剂有较好的接触，又能充分地利用光源能量。

光催化反应器可分为间歇式反应器和连续式反应器。早期的反应器为悬浮液型反应器，半导体催化剂微粒与待处理污染物，如废水以一定比例组成悬浮液，通过环形或直形石英管，光辐射直接照射反应管。这类反应器结构简单，能处理废水，但处理完成后，水和催化剂的分离回收过程较麻烦。而且，由于悬浮液对光的散射作用，造成能接受光辐射的液层厚度很有限。

另一类反应器为固定床型反应器。在这类反应器中，催化剂被固定在载体上，使待处理废水流经载体表面与催化剂接触，经光辐射发生光解。在实际制作这类反应器时，通常将催化剂烧结、固化在玻璃板上或管道壁上。这种反应器的优点是省去了处理后的液固分离过程。但在使用中发现，由于仅有部分催化剂表面能与废水接触，催化剂实际使用面积较少，使得催化效率降低。为此，在固定床型反应器基础上又提出了在光导纤维上镀载薄薄的催化剂层，并将多根光导纤维组成集束置入一个反应管内。该反应管道类似于一个管式热交换器，大大提高了催化剂与污水的接触面积，充分利用了光能，但价格较昂贵。

目前在试用的反应器还有光电化学催化反应器。在这类反应器中，在导电玻璃上涂上半导体氧化物制成光透电极用作工作电极（正极），同铂电极、甘汞电极构成一个三电极电池。在近紫外线照射电极的情况下，在工作电极上外加直流低电压，就可以将光激发产生的电子通过外电路驱赶到反向电极上，阻止电子和空穴的复合。由于光电催化无需电子捕获剂，所以溶解氧和无机电解质不影响催化效率。载有催化剂的光透电极稳定，反应装置简单。外加电场的光电催化法使氧化反应和还原反应在不同地点进行，且还原反应既可以是溶液中的氧化还原，也可以是析氢反应，故不同于通常的光催化体系。

7.5 催化型洗消剂的应用举例

某些化学污染物本身并不活泼，与洗消剂的反应需要在特定的温度、pH 值等环境因素下进行，导致毒物分解速率较慢、时间较长，不符合快速洗消的要求。因此可以加入相应催化剂，加快水解、氧化、光化的反应速率。其机理主要是，在催化剂存在下，有毒物水解成无毒物或低毒物的化学反应。如化学战剂、一些有毒的农药（包括毒性较大的含磷农药）、洗消废水，可采用催化洗消剂进行洗消。

7.5.1 化学战剂的洗消

化学战剂（CWAs）是一种大规模杀伤性武器，是指能大规模毒害人畜和毁坏植物的化学物质，具有剧烈的毒害性，又称军用毒剂。化学战剂种类很多，最常见的分类方法是按照其毒害作用进行分类，也可按杀伤作用持续时间以及杀伤作用的结果进行分类。例如，按照毒害作用，化学战剂主要有神经性毒剂、糜烂性毒剂、全身中毒性毒剂、失能性毒剂、窒息性毒剂和刺激剂6类，见表7.5。

表 7.5　军事毒剂的分类

化学战剂类别	化学战剂品种
神经性毒剂	沙林、维埃克斯、梭曼、塔崩
糜烂性毒剂	芥子气、路易士气
全身中毒性毒剂	氢氰酸、氯化氰
失能性毒剂	毕兹
窒息性毒剂	光气
刺激剂	西埃斯、西阿尔、苯氯乙酮、亚当氏气、CS、CR

上述化学战剂在第一次世界大战和第二次世界大战中都有使用过，造成大量军队及无辜平民死亡。由于化学战剂具有大规模杀伤潜力，因此通过投毒、布洒和爆炸分散等形式制造的化学战剂事件，其危害往往表现出对人员心理的威胁性、人员伤亡的群体性以及高度的致命性。此外，由于化学战剂性质稳定、不易降解，使用或遗弃后会对人员、土壤、水源等产生持久危害或污染。因此，做好化学战剂的洗消是非常重要的。

7.5.1.1 沙林的洗消

沙林与塔崩、梭曼、VX等毒气一样，是破坏生物中枢神经系统，引起身体痉挛、心脏与呼吸系统衰竭，并且最终造成窒息死亡的神经性毒气。沙林属于一种人工合成的有机磷系化合物，学名甲氟膦酸异丙酯，它与常见的有机磷农药同属磷酸酯类化合物。沙林在0℃就可以挥发，常温下很快转变为气态，主要通过呼吸从口腔、鼻腔进入体内。由于沙林的密度较大，天气状况不同，它可以在空气中悬浮16min～6h。

对于沙林的洗消，洗消的对象包括中毒人员、现场医务人员、抢险人员以及染毒区域和器材装备。目前，比较成熟的洗消方法是焚烧法以及化学降解法。其中，对于染毒人员，首先要脱去染毒服装，皮肤染有液滴时先用消毒手套去除液滴后，用5%碳酸氢钠溶液或10%氨水、10%三合二水溶液冲洗，并用肥皂等清洗皮肤，再应用大量水对染毒人员进行清洗，尽快漱口、洗脸，眼染毒先用生理盐水冲洗后，再用2%碳酸氢钠溶液冲洗。对于染毒的地面和器材装备消毒则选用氢氧化钠溶液、苏打、氨水或漂白粉。由于其洗消产物如二噁英等能对环境会造成二次污染，因此，稀释、洗消过程中产生的污水必须收集，并经检测合格后方可排放，以防造成再次危害。

对于染毒环境的洗消，比较多地使用催化消毒的方法。其中研究金属离子催化消毒剂的应用是比较早的。20世纪50年代，人们就发现二齿胺类配体（用L表示）与金属离子的配位体对沙林等有催化水解作用，其中以2,2′-联吡啶和N,N,N',N'-四甲基乙二胺与金属离子（Cu^{2+}、Co^{3+}）形成的络合物催化活性最高。其催化原理主要是LCu^+（OH）（H_2O）

与磷酸酯反应，如果铜离子与多配体络合，就不能与水分子络合，无法形成 $Cu^+(OH)$，催化活性丧失。20 世纪 80 年代出现了反应活性更好的带功能基的络合物，有代表性的是含肟基的化合物。

$$R \quad R=H, CH_3, NH_2$$

此类化合物与 Zn^{2+} 形成的络合物受金属离子的路易斯酸作用，增大了肟基质子的解离，加上络合物对毒剂的束缚作用，使得这类络合物的催化活性显著提高，对 G 类毒剂的水解率可达到实用要求。

20 世纪 80 年代，发现亚碘酰苯甲酸对沙林毒剂水解具有很高的催化能力。随后又发现 4-二甲氨基吡啶对氟磷酯水解有较强的催化性，而且是一种超亲核试剂，与 G 类毒剂反应后形成的中间体易分解，因而是一个催化剂。此类消毒剂已广泛使用，德国的 C-8 乳液洗消剂采用了超亲核试剂 2-硝基-4-亚碘酸苯甲酸钠或羟基亚乙基二磷酸作为 G 类毒剂的水解催化剂。

近年来，高效、绿色、环保的洗消方法成为研究重点，尤其是半导体催化氧化环保技术在"三废"处理中的研究及应用，将其用于沙林洗消越来越受到重视。这里重点介绍一下负载型催化洗消剂对沙林的洗消。

利用担载型催化剂对沙林进行先吸附后降解，主要是金属氧化物催化剂，由于其具有较高的比表面积，吸附能力强，协同紫外线及加热可使沙林加速降解。原理是金属氧化物表面的酸/碱性位点可以稳定吸附沙林分子，且其具有半导体性质，光照及加热条件下价带电子迁移到导带，留下强氧化性空穴，可有效降解沙林。

实验证实，应用此类洗消剂对沙林蒸气及溶液具有很好的洗消效果，且使用简单、环保，反应基体可再生，但其矿化能力不足，降解产物有可能产生二次污染，且残留于催化剂表面的降解产物容易降低其使用寿命。

（1）采用 SiO_2 基体，应用经 NaOH 浸渍的 SiO_2 降解沙林溶液，$700mg \cdot L^{-1}$ 的沙林溶液可在 15min 内完全洗消，具有很高的活性。

（2）采用 Al_2O_3 基体，应用溶胶-凝胶法制备 γ-Al_2O_3 在自然条件下对沙林战剂进行洗消，具有良好的洗消效果。

（3）采用 TiO_2 基体，应用紫外线协同 TiO_2 基体、在常温下使用 Au/TiO_2 或 Pt/TiO_2 基体对沙林战剂进行洗消，具有良好的洗消效果。此外，有人专门开发的一套 TiO_2 光催化洗消设备，其对沙林溶液的饱和吸附及降解量可达 $1.1g \cdot g^{-1}$（TiO_2），处理效率约为 85.6%。

（4）Y_2O_3 催化剂作为一种良好的吸附剂，也能很好的吸附沙林战剂。

（5）硅铝酸盐催化剂在 200℃ 下可有效降解沙林溶液，并使其降解为低毒性的 CO_2、CO、二甲醚、甲醛等，如果能适当降低降解温度，其可作为一种比较有效的洗消催化剂。

7.5.1.2 芥子气的洗消

纯品芥子气为无色油状液体，有大蒜气味。芥子气熔点 14.45℃，闪点 105℃，沸点 217℃，液体相对密度为 1.274，蒸气相对密度为 5.4。难溶于水，易溶于多种有机溶剂。芥子气在水中水解缓慢，水解产物无毒，加温、加碱都可以加快芥子气的水解速率。

芥子气属于糜烂性毒剂。糜烂性毒剂是使细胞组织变性坏死的毒剂。通过皮肤直接接触和吸入引起中毒。这类毒剂所造成的损害以皮肤糜烂为主，一般不引起人员的死亡。但若是经呼吸道中毒，或是严重的皮肤中毒，毒剂被大量吸收而引起严重的全身中毒时，能够引起死亡。

芥子气主要是以液滴经皮肤吸收杀伤人员，也能以气雾状通过呼吸道吸入或皮肤吸收杀伤人员。可以使地面、空气、物体和水源长时间染毒。正常天气芥子气液滴可维持数天，冬季可维持1个月，持续造成伤害。

芥子气主要引起皮肤红斑、水疱、溃烂，全身吸收中毒对呼吸系统、神经系统、造血系统、生殖系统等均有影响，中毒症状（除皮肤外）类似放射病的临床表现。薄嫩处的皮肤对芥子气十分敏感，易受损害，如眼、腋窝、阴囊等部位。

对于染毒人员，要快速脱下可能粘有芥子气毒液的衣服。对脱下来的被污染衣服要及时密封到专用塑料袋内。人员身上以及衣服上的染毒液滴，应立即用消毒手套对服装及皮肤（包括面部）清除染毒液滴，然后用10%二氯异三聚氰酸钠水溶液、10%二氯胺邻苯二甲酸二甲酯水溶液、18%～25%的一氯胺醇水混合溶液冲洗，或用20%一氯胺乙醇或水溶液1:5漂白粉浆、1:10三合二悬浮液、1:10次氯酸钙悬浮液、漂白粉与滑石粉（1:1）等消毒10min，再用大量水对染毒人员进行清洗，并尽快漱口、洗脸，并用肥皂等清洗皮肤。眼部污染用生理盐水、2%碳酸氢钠溶液冲洗，消化道服入者用2%碳酸氢钠洗胃。地面和器材装备消毒则选用三合二、漂白粉、次氯酸钙水溶液消毒。芥子气液滴可沉于水底，对水源染毒时应特别注意消除。稀释、洗消过程中产生的污水必须收集，并经检测合格后方可排放，以防造成再次危害。

对于环境中的芥子气的洗消，除了比较成熟的燃烧洗消法和化学降解法外，目前研究和报道的比较多是催化洗消法。同沙林担载型催化剂的洗消原理一样，人们陆续开发研究了多种担载型洗消剂。

(1) 金属氧化物催化剂 催化机理是金属氧化物表面的酸/碱性位点可以吸附芥子气分子，光照及加热条件下价带电子迁移到导带，留下强氧化性的空穴，可有效降解芥子气。

① 采用担载 Cu^{2+} 基体 利用金属卟啉金属络合物加速次氯酸盐对芥子气的氧化，利用氯化铜加速硫醚氧化的研究。在后种情况，金属离子对硫原子的孤对电子进行极化，降低硫原子的负电性而加速氧化。

$$R_2S + CuCl_2 \longrightarrow R_2S^{\delta+} \cdots CuCl_2 \xrightarrow{O_2} O = SR_2 \qquad (7.21)$$

② 采用 Al_2O_3 基体 在常温下分别使用哒嗪、经 TCCUA 浸渍的 Al_2O_3 和 KF/Al_2O_3 吸附芥子气溶液，研究表明，在同样质量分数下 KF/Al_2O_3 吸附活性最高，且随担载量减小，活性逐渐提高。需要注意的是，使用该法洗消芥子气时，芥子气降解产物中均含有毒的氯乙烯硫醚，洗消产物仍需进一步处理。

③ 采用担载 Zr^{4+} 基体 利用尿素水解法制备 Fe-Ti-Zr 氧化物，研究表明，常温下其对芥子气的洗消活性强于催化剂质量比为2%时的洗消活性，芥子气64min内可洗消95%，且其未使用紫外线辅助洗消反应，显示出良好的应用前景。

④ 采用 MgO 基体 利用纳米级 MgO 对芥子气的洗消效果明显强于试剂 MgO。

(2) 多孔型催化剂 多孔型催化剂比金属氧化物催化剂具有更大的比表面积（>1000$m^2 \cdot g^{-1}$），理论上应该对芥子气的吸附效果更好，但其不具有半导体性质，降解活性稍差，还需进一步提高。活性炭是一种来源广泛且廉价的吸附剂，利用气相中的水分能促进芥子气在活性炭表面的降解，水/炭为（0.6～5)/1 且温度大于120℃时，芥子气在0.5h内完全降解。此外，在分子筛表面担载金属氧化物，负载 MgO 的介孔分子筛 SBA-15，当负载量5%时，15h内芥子气降解分数可达90%以上，该研究为提高分子筛降解活性提供了一种新方法。

(3) 光催化剂 光催化技术作为一种绿色环保技术，自20世纪90年代开始已被用于化学战剂的洗消研究。与传统洗消法相比，光催化技术洗消化学战剂具有高效和无二次污染等优点，但 TiO_2 的活性较低且易于失活以致难以实际使用。通过采用稀硫酸对 TiO_2 进行表面修饰制备出了 SO_4^{2-}/TiO_2 催化剂，并将其负载在 SiO_2 载体上，提高反应温度至 90℃，并给体系引入较大量的水蒸气，以改善 TiO_2 催化剂的反应活性及其稳定性，在连续流动微分反应器上对芥子气溶液进行洗消，结果表明，洗消效果良好。

7.5.1.3　刺激剂 CS 的洗消

刺激剂 CS，学名邻氯苯亚甲基丙二腈，它是一种对人眼睛、上呼吸道和皮肤有强烈刺激作用的化学物质，主要引起流泪、喷嚏、咳嗽、胸痛和呕吐等。这类毒剂见效快，但轻度中毒人员在脱离染毒地带后症状可自行消失。正是基于刺激剂 CS 的作用迅速且无致命后果，因而作为一种非致命武器在国际上得到广泛使用。但在实际使用过程中，刺激剂 CS 通常以气溶胶或微粉态释放，受环境和风向影响较大；在驱散敌方的同时，释放者自身常会被同样伤害，影响战斗效能的发挥，严重时还会造成非战斗减员。为了能快速缓解不适症状，保证作战任务的顺利完成，急需一种针对 CS 沾染部位，尤其是对眼睛、上呼吸道及皮肤进行应急高效洗消的方法和洗消剂。

通常对 CS 沾染部位进行洗消的方法有高温法、碱性水解法和氧化还原法三种。但是，由于 CS 较为稳定，高温法要求温度＞800℃时才能有效进行，因此无法作用于人体同时也不利于现场环境的洗消。碱性水解法速度太慢，不适合现场快速洗消的需要。对刺激剂 CS 沾染部位进行有效洗消，可以采用氧化还原法。洗消过程是：先配置 CS-丙酮溶液，将溶液均匀地分散到高锰酸钾水溶液中，将洗消混合物加热至一定温度，然后搅拌加入催化剂硼酸进行洗消。当高锰酸钾浓度为 0.015%、反应时间为 10min、反应温度为 30℃、催化剂用量为 2% 时，洗消效果最佳。这一洗消方法利用了高锰酸钾氧化还原洗消刺激剂 CS 的同时，洗消过程中硼酸对该氧化还原反应也具有明显的催化作用。

7.5.1.4　光气的洗消

光气属于窒息性毒剂，它是主要损害呼吸器官，引起肺水肿，导致缺氧，出现窒息症状，严重时能使人迅速死亡的毒剂。光气，学名碳酰氯，分子式为 $COCl_2$，它在常温下为无色气体，其工业品略带黄色，具有特殊的气味，不燃，有剧毒，易液化。光气比空气重3.5 倍，光气在大气中不易自行扩散。

光气是高毒性物质，其毒作用主要表现为对呼吸道系统的损害。光气进入体内，3～8h 内被水解生成盐酸和二氧化碳，引起肺充血、肺水肿等，进而发展成肺炎，造成组织缺氧而心力衰竭。也可引起肺脓肿，出现剧烈咳嗽、褐色痰、呼吸困难、紫绀、脉搏频弱，最终因窒息和心衰而死亡。因此，一旦发生光气染毒应立即进行洗消。

由于光气微溶于水，并逐步发生水解，因此，一旦发生光气泄漏，可选用喷雾水进行稀释处理。发生的水解反应如下。

$$COCl_2 + H_2O \longrightarrow CO_2 + 2HCl \tag{7.22}$$

由于水解缓慢，为了加快反应速率，可选用水、碱水如氨水、氨气作为催化消毒剂。当加入氨气或氨水后可迅速反应生成无毒的产物脲和氯化铵，从而达到消毒的目的。其反应过程如下。

$$4NH_3 + COCl_2 \longrightarrow CO(NH_2)_2 + 2NH_4Cl \tag{7.23}$$

因此，可用浓氨水喷成雾状对光气等酰卤化合物消毒。但是在消毒时，洗消人员应戴防毒面具和着防护服。

7.5.2　农药的催化洗消

近年来我国农药工业发展十分迅速，在 10 年左右的时间里，农药产量几乎翻了一番，品种也成倍增长。但是在农药生产、储存、运输、使用等环节已发生农药泄漏或产生大量的农药废水，泄漏扩散农药是极难降解的。泄漏扩散农药的主要特点有以下几点。

（1）污染物成分十分复杂　农药在生产、使用等环节涉及很多有机化学反应，泄漏扩散的农药中不仅含有原料成分，而且含有很多副产物、中间产物。

（2）有机物的浓度高　泄漏扩散的农药中 COD 有时高达几十万毫克每升以上。

（3）有恶臭及刺激性气味　这些气味对人的呼吸道和黏膜有刺激性，严重时可产生中毒症状，危害身体健康。

（4）毒性大、生物降解难　例如，在毒死蜱生产废水中含有三氯吡啶醇、二乙氨基嘧啶醇等，均难被微生物降解，同时有些废水中除含有农药和中间体外，还含有苯环类、酚、砷、汞等有毒物质，抑制生物降解。

（5）水质、水量不稳定

因此，做好泄漏扩散农药的洗消处理是非常重要的。但是，传统泄漏扩散农药处理的方法，普遍存在耗资大、处理速度慢、净化不彻底、易造成二次污染等问题。从 20 世纪 70 年代起，催化剂便被应用到处理有机废水过程中，利用催化氧化法使有机物得到很好的降解，这里将重点介绍催化剂在光催化法、化学氧化法和湿式氧化法洗消农药中的应用。

7.5.2.1　光催化法

光催化反应具有处理效率高、工艺设备简单、操作条件易控制、非选择性地完全降解大多数难降解物质、无二次污染等优点，且具有可直接利用太阳能的潜力。

以 TiO_2 为例，纳米光催化原理是，当纳米 TiO_2 吸收的光能高于其禁带宽度的能量时，价带上的电子跃迁到导带，激发电离出高活性电子，产生正电性的空穴，形成电子-空穴对，并与吸附在粒子表面的溶解氧和水分子作用产生 HO·。HO·具有较强的氧化性，能氧化水体中大部分的有机污染物和无机污染物，将其最终分解为 CO_2、H_2O 等无害物。而且 HO·自由基反应物几乎无选择性，因而在光催化氧化过程中起着决定性作用。而 TiO_2 表面高活性的电子则具有很强的还原能力，可以还原去除水体中的某些金属离子。

光催化剂多为金属氧化物或硫化物，如 TiO_2、ZnO、SnO_2、CdS、$\alpha\text{-}Fe_2O_3$、ZnS 和 PbS 等。其中 TiO_2 的化学稳定性好，紫外线照射下活性高等优点在降解农药原药咪蚜胺、敌杀死、敌敌畏、甲拌磷等有很好的催化作用。

7.5.2.2　化学氧化法

此法常用于农药洗消，特别适宜处理难以生物降解的有机物，如大部分农药、酚、氰化物以及引起色度、臭味的物质。化学氧化法一般是采用氯气、次氯酸钠、二氧化氯（ClO_2）、O_3、H_2O_2 等强氧化剂，使水中有机污染物因氧化而被降解。根据氧化电势判断，臭氧是自然界中仅次于氟的强氧化剂，但由于成本等原因，臭氧氧化法目前较少使用。采用催化剂可使水中臭氧迅速分解，产生具有极强氧化能力的中间体（自由基），提高了对水中农药的氧化分解效率。

7.5.2.3　湿法氧化法

20 世纪 50 年代，湿式氧化法发展成为一种处理有毒、有害、高浓度有机废水的有效方法。它需要在高温、高压下操作，具有以下特点。

① 经处理可除去废水中的 COD，达到排放标准，生成 CO_2、H_2O，不生成有机淤泥。

② 设备占地面积小，运行费用低。

③ 可用移热反应器直接处理高浓度有机废水，同时产生蒸汽，回收热能。

④ 催化剂寿命长，过程自动化程度高，运转安全。

⑤ 只需在有机物氧化时供给必需的氧，生成气体中不含硫化物或氮化物。但是湿式氧

化法能耗高，设备材料要求耐高温高压并耐腐蚀，操作复杂，一次性投资大。因此，加入催化剂可以有效地降低反应条件、降低成本。目前，用于催化湿式氧化反应的催化剂有两类，一是贵金属类催化剂，二是过渡金属氧化物催化剂。前者成本太高，后者又存在溶出问题，不仅使催化剂流失，而且造成二次污染，使湿式催化氧化技术的应用受到限制。

7.5.3 污染水的洗消

水是人类生活和工农业生产不可缺少的自然资源。随着人口的增长和工农业生产的发展，水污染问题日益突出。同时，在洗消处理过程中，洗消废水的不合理排放也会造成二次污染。因此，如何做好污染水的洗消处理工作是急需解决的一个重要问题。目前，生物酶催化降解、光催化氧化法在化工污染水的处理中得到了广泛应用。1976 年 S. N. Frank 等开展了半导体催化光解水中污染物的试验，利用半导体光催化氧化水中污染物的工作日益为人们所重视。对于生物酶难以降解的化合物，光催化氧化法具有独特的优势，是处理污染水的一个重要方法。

目前对于水中有机污染物，采用光催化处理的催化剂多数是一些过渡金属氧化物和硫化物，这类物质都具有半导体特性。当能量高于带隙能的光辐射照射半导体时，就可使处于价带上的电子激发到导带上，从而造成价带上产生空穴（h^+），即在半导体表面产生高度活性的空穴（h^+）和电子（e^-）。半导体表面的空穴和电子构成一个具有强氧化还原特性的氧化还原体系，吸附在半导体表面的 H_2O 和溶解氧 O_2 则与空穴和电子发生作用，产生高度活性的氢氧自由基 $OH\cdot$。以 TiO_2 为例：

$$TiO_2 \xrightarrow{h\nu} h^+ + e^-$$
$$h^+ + H_2O \longrightarrow OH\cdot + H^+$$
$$e^- + O_2 \longrightarrow \cdot O_2^-$$
$$\cdot O_2^- + H^+ \longrightarrow HO_2\cdot$$
$$2HO_2\cdot \longrightarrow O_2 + H_2O_2$$
$$H_2O_2 + \cdot O_2^- \longrightarrow HO\cdot + OH^- + O_2 \tag{7.24}$$

半导体表面产生的大量氢氧自由基 $OH\cdot$ 作为强氧化剂，与有机物反应并使之氧化，实现了光能与化学能的转化，起到了光解水中有机污染物的作用。Hashimot 等经研究把脂肪烃的光解反应归纳为如下步骤。

$$R-CH_2-CH_3 + 2OH\cdot \longrightarrow R-CH_2-CH_2-OH + H_2O$$
$$R-CH_2-CH_2-OH \longrightarrow R-CH_2-CHO + H_2$$
$$R-CH_2-CH_2-CHO + H_2O \longrightarrow R-CH_2-COOH + H_2$$
$$R-CH_2-COOH \longrightarrow R-CH_3 + CO_2 \tag{7.25}$$

每生成一个 CO_2，脂肪烃即减少一个碳链，直至转化完全。

◀ 参考文献 ▶

[1] 陈旭俊. 工业清洗剂及清洗技术 [M]. 北京：化学工业出版社，2005.

[2] 国家安全生产应急救援指挥中心. 危险化学品事故应急处置技术 [M]. 北京：煤炭工业出版社，2009.

[3] 公安部消防局. 危险化学品事故处置研究指南 [M]. 武汉：湖北科学技术出版社，2010.

[4] 季生福，张谦温，赵彬侠. 催化剂基础及应用 [M]. 北京：化学工业出版社，2008.

[5] 王桂茹. 催化剂与催化作用 [M]. 大连：大连理工大学出版社，2007.

[6] 中华人民共和国公安部消防局. 中国消防手册. 上海：上海科学技术出版社，2008.

[7] 魏竹波，周继维. 金属清洗技术 [M]. 北京：化学工业出版社，2007.

[8]　姜桂兰，张培萍. 膨润土加工与应用 [M]. 北京：化学工业出版社，2005.

[9]　李建华，黄郑华. 事故现场应急施救 [M]. 北京：化学工业出版社，2010.

[10]　曲荣君. 金属离子吸附材料——制备·结构·性能 [M]. 北京：化学工业出版社，2009.

[11]　刘立文，李向欣. 化学灾害事故抢险救灾. 廊坊：中国人民武装警察部队学院，2007.

[12]　陈永铎，闫克平. 化学战剂绿色洗消技术 [J]. 化工进展，2012，6(31)：2313-2318.

[13]　韩世同，习海玲，王须须，付贤智. 气相中芥子气模拟剂 2-CEES 在 SO_4^{2-}/TiO_2 上的光催化消除 [J]. 环境科学，2005，3(26)：131-134.

[14]　崔晓萍. 刺激剂 CS 的氧化还原洗消法研究 [J]. 科学技术与工程，2012，10(12)：7391-7407.

[15]　徐泽刚，王月梅，丁秀丽. 催化剂在农药废水处理中应用的研究进展 [J]. 工业水处理，2019，12(29)：8-11.

第 **8** 章

络合型洗消剂

络合剂是指 2 个及 2 个以上含有孤对电子的分子或离子与具有空的价电子层轨道的中心离子相结合的单元结构的物质，同时具有一个成盐基团的中心离子和络合基团与金属阳离子作用，除了有成盐作用之外还有络合作用的环状化合物称为螯合剂。具有这种特点的洗消剂为络合型洗消剂。络合型洗消剂适用于具有较强络合能力的物质的洗消。在洗消过程中，金属离子螯合剂是用到的一类非常重要的化合物，它可以对重金属泄漏污染的洗消处理，以减轻其对人类健康或环境的危害。

8.1 洗消机理

8.1.1 络合物的基本概念

由一个简单正离子（称为中心离子）和几个中性分子或离子（称为配位体）结合而成的复杂离子叫配离子（又称络离子），含有络离子的化合物叫络合物，也称为配合物。中心离子与配位体构成了络合物的内配位层或称内界，通常把它们放在方括号内；与之对应的称为外配位层或称为外界。在络合物中，中心离子通过配位键结合。配位键是一种特殊的共价键，由一个原子提供电子对，另一个原子提供空轨形成。如果配位体中只有一个配位原子，则中心离子与配位体之间只能形成一个配位键。例如，$Cu^{2+} + :NH_3 \longrightarrow Cu^{2+} : NH_3$。内外界之间是离子键，在水中全部解离。按照配体中所含配位原子的数目可以将配体分为单齿配体和多齿配体。其中，一个配体中只含有一个配位原子称为单齿配体，一个

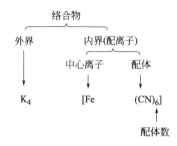

图 8.1 络合物的组成

配体中含有两个或两个以上的配位原子称为多齿配体。以络合物 $K_4[Fe(CN)_6]$ 为例，络合物各组成之间的关系如图 8.1 所示。

8.1.2 螯合剂及其结构特点

8.1.2.1 螯合剂的定义

有些配位体分子中含有两个以上的配位原子，而且这两个配位原子之间相隔 2～3 个其他非配位体原子时，这个配位体就可与中心离子（或原子）同时形成两个以上的配位键，并形成一个包括两个配位键的五元或六元环的特殊结构，把这种具有环状结构的络合物叫作螯合物。把能够形成螯合物的配位体称为螯合剂。

金属离子螯合剂是螯合剂中一类重要的化合物。螯合剂与金属离子通过配位键牢牢结合，形成在水中很稳定、不易解离的物质。配位键是一种特殊的共价键，通常共价键是由两

个原子分别提供一个电子形成共用电子对的，而配位键是由一个原子提供一对电子，另一原子只提供形成共价键的空间位置（又称空轨道）而形成的共价键。

8.1.2.2 螯合剂的分类

依据不同的标准，螯合剂可以从不同角度进行分类。

按照其能提供配位原子的数目分为二齿、三齿、四齿等，已发现的螯合剂最多达十四齿。螯合剂中的配位原子以 O 和 N 为最常见，其次是 S，此外还有 P、As 等。具体可分为以下五大类。

① 配位原子为 O 的螯合剂。

② 配位原子为 N 的螯合剂。

③ 配位原子既有 O 又有 N 的螯合剂。

④ 配位原子为 S、P 等的螯合剂。

⑤ 大环多元醚。

其中，氨羧类螯合剂（配位原子既有 O 又有 N 的螯合剂）应用最为广泛。螯合剂中以 O、N、S 等元素作为配位原子，以 O、N、S 为配位原子的各种配位基列于表 8.1。

表 8.1 三种主要配位原子及其配位基

配位原子	配位基
O	—O—（醚，冠醚），—OH（醇，酚），$\big>C{=}O$（醛，酮，醌），—COOH，—COOR，—NO，—NO$_2$，—SO$_3$HO—PHO(OH)，—PO(OH)$_2$，—AsO(OH)$_2$
N	—NH$_2$，—NH—，$\big>$N，$\big>C{=}NH$（亚胺），C$=$N—（席夫碱）
S	—SH（硫醇，硫酚），—S—（硫醚），$\big>C{=}S$（硫醛，硫酮），—COSH（硫代羧酸），—CSSH（二硫代羧酸），—CSNH$_2$，SCN

按来源分，目前常用的螯合剂主要有两种类型，一类是人工合成的螯合剂，如乙二胺四乙酸（EDTA）、乙二醇（b-氨基比林）四乙酸（EGTA）、二亚乙基三胺五乙酸（DTPA）、1,2-环己二胺四乙酸（CDTA）；另一类是天然的螯合剂，主要是一些低分子有机酸，如柠檬酸、酒石酸、草酸等。其中人工合成的螯合剂因具有较强的活化能力而被广泛应用。

按螯合物在水中的溶解度又可以把螯合剂分为两类，一类在矿物表面形成稳定的、疏水性的、在水中不溶的或者溶解度很小的金属螯合物，也被称为螯合捕收剂；另一类与金属离子形成稳定的、亲水性强的、易溶于水的螯合物，也被称为螯合抑制剂。如氨基二硫代甲酸型螯合树脂（DTCR）、EP110 等就属于捕收型螯合剂，EDTA、DTPA 等属于抑制型螯合剂。

8.1.2.3 螯合剂的结构特点

螯是螃蟹钳子的意思。螯合剂能从含有金属离子的溶液中有选择的捕集、分离特定金属离子。当一种金属离子与电子给予体结合时，生成物即为络合物。如果与金属相结合的物质（分子或离子）含有两个或更多的给电子基团，以至于形成具有环状结构的络合物时，生成物不论是中性的分子或是带有电荷的离子均为螯合物或内络合物，这种类型的成环作用称为螯合作用，而电子给予体则成为螯合剂。能提供电子对的原子，通常是氧、氮、硫原子，而两个碳原子之间形成共价键可表示为 C·+C $\longrightarrow$ C∶C(C—C)；而氮原子与金属钙离子形成的配位键表示为 N∶+Ca^{2+} $\longrightarrow$ N∶Ca^{2+}（N→Ca^{2+}）。周期表中几乎所有金属都能形成络合物和螯合物。金属离子螯合剂可分为无机的金属离子螯合剂和有机的金属离子螯合剂。虽然已知的螯合剂和络合剂为数很多，但与金属结合的给电子原子有第五、第六和第七族的非金属性强的元素。其中普通常见的只有 N、O、S 和 P。因此，形成螯合物的条件是：配位体一个分子或离子中必须含有两个或更多能给予电子对的原子（主要是氮、氧、硫等原子）；每两个能给予电子对的原子要相间两个或三个其他原子。只有满足这两个条件，才能形成五原子或六原子的环状稳定结构。这种环形结构的中心通常为金属离子，它与一定的最大数目的其他原子、分子或基团结合形成螯合物。在一个螯合物内，金属离子与各给电子之间，由于键与键的极性大小不同，分为"基本上离子型"与"基本上共价型"两种，这主要取决于金属与给电子原子的类型。由于共价键比离子键的强度要强，所以当中心金属离子与配位体键共价性强时，形成的螯合物比较稳定。当生成的螯环是五元环或六元环时，螯合效应是最大的。而生成的螯环数目越多，则螯合物越稳定。螯合物比一般的络合物更稳定。

影响螯合物稳定性的主要因素有，金属离子作为螯合物形成体的能力的强弱；螯合剂的碱性强弱及键合原子的性质；螯合物的结构对稳定性的影响。

8.1.3　络合作用机理

络合洗消法是利用络合剂快速与有毒物发生络合反应，将有毒分子化学吸附在含有络合洗消剂的载体上，而使其丧失毒性的方法。例如，可利用硝酸银试剂、含氰化银的活性炭等络合剂能快速与有毒物质起络合作用，因而，就能将有毒物吸附在含有络合剂的洗消剂（或载体）上面起洗消作用。消防上常用防毒面罩就是利用这一原理来洗消的。采用络合洗消法进行洗消时，需要用到络合剂。按照络合剂的性质分类，络合剂可分为有机络合剂和无机络合剂。

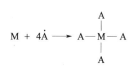

(a) 金属络合作用

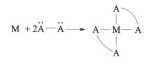

(b) 金属螯合作用

图 8.2　络合作用和螯合作用示意图

M——一个金属离子；Ä—络合剂；Ä—Ä—螯合剂

螯合型洗消剂是利用其自身的酸性和所带活性基团优异的螯合能力，再加上表面活性剂、缓蚀剂、渗透剂的作用，将附着在金属表面的氧化层、盐垢剥离、浸润、分散、螯合至洗消液中，以达到对金属洗消的目的。

当一种金属离子与电子给予体结合时，生成物便称为配位化合物或络合物。如果与金属结合的物质包含有两个或更多的给电子基团，以至于形成了一个或更多的环，则生成物称为螯合物（或金属螯合物），而电子给予体则被称为螯合剂。络合作用和螯合作用的简单例子如图 8.2所示。

因为螯合物通常比其他络合物稳定，一般来说，螯合作用在使金属离子"钝化"上比络合作用更有效。

8.2　常用的无机类络合洗消剂

8.2.1　氨

氨的分子式 NH_3，相对分子质量 17.04，气态氨的相对密度（空气＝1）0.59，比空气轻，发生泄漏时，向上飘浮。液氨相对密度（水＝1）0.7067（25℃），略轻于水。氨为无色气体，有强烈的刺激性气味。易溶于水、乙醇和乙醚。氨的熔点－77.7℃，沸点－33.5℃，自燃点 651.11℃，爆炸极限 16％～25％；氨的饱和蒸气压 882kPa（200℃），一般储存液氨的压力容器，设计压力较高。临界温度 132.5℃，临界压力 11.2MPa。在常温和适当压力下，容易液化成液氨，同时放出大量热；当压力降低时，则汽化而逸出，同时吸收周围大量的热，因此，可用作气态的制冷剂。氨易溶于水形成氨水，氨水是氨的水溶液，工业品为无色液体，含 $10\%\sim25\%$ 的氨。

在化学洗消中，氨主要用作水冲洗时的防锈剂、脱脂清洗时的 pH 值调整剂、酸洗时的络合剂以及中和剂等。对于有特殊要求的洗消对象，可使用氨水作防锈剂。此外，由于氨对铜离子具有良好的络合性能，铜离子与氨生成稳定的络合物，且产物都是易溶的，因此，它是可以作为含有重金属铜的洗消剂。在水中铜离子与氨发生如下反应。

$$Cu^{2+} + 4NH_3 \Longrightarrow [Cu(NH_3)_4]^{2+}$$

$$\lg\beta[Cu(NH_3)_4]^{2+} = 13.32 \tag{8.1}$$

当用柠檬酸洗消时，洗消过程中容易形成柠檬酸铁沉淀而影响洗消效果，因此常采用加氨柠檬酸，使铁离子与柠檬酸-铵盐生成溶解度很大的柠檬酸铁铵螯合物。

8.2.2 聚合磷酸盐

常用的聚合磷酸盐包括三聚磷酸钠、六偏磷酸钠。

8.2.2.1 三聚磷酸钠

三聚磷酸钠 $Na_5P_3O_{10}$ 为白色结晶粉末。表观相对密度 $0.35\sim0.90$，熔点 $622℃$，易溶于水，$25℃$ 时 1% 水溶液的 pH 值为 $9.7\sim9.8$。三聚磷酸钠在水中的溶解度见表 8.2。其分子结构如图 8.3(a) 所示。

表 8.2　三聚磷酸钠在水中的溶解度

温度/℃	10	20	30	40	50	60	70	80
$Na_5P_3O_{10}/g \cdot (100gH_2O)^{-1}$	14.5	14.6	15	15.7	16.6	18.2	20.6	23.7
饱和溶液的质量分数/%	12.6	12.7	13	13.6	14.2	15.4	17.1	19.2

8.2.2.2 六偏磷酸钠

六偏磷酸钠，多用 $(NaPO_3)_6$ 表示，其分子结构如图 8.3(b) 所示。它为 Na_2O/P_2O_5 摩尔比约等于 1 的玻璃状聚合磷酸盐。六偏磷酸钠的商品为透明的玻璃状粉末或鳞片状固体，相对密度 2.484，熔点（也是分解温度）$616℃$。在空气中易潮解，吸收水分后变成黏胶状物。易溶于水，但溶解速度较慢。在水中几乎可与所有金属离子生成水溶性螯合物，尤其对钙离子的螯合能力最强。其水溶液呈酸性，1% 水溶液的 pH 值为 $5.5\sim6.5$。不溶于其他有机溶剂。六偏磷酸钠在水中的溶解度，$20℃$ 时每升水溶解 973.2g，$80℃$ 时每升水溶解 1744g。

聚合磷酸盐有磷氧键的基本结构，其分子结构如图 8.3(c) 所示。由于它们的分子中含有多个配位原子氧，又符合形成五元环螯合结构的条件，所以可与多种二价金属离子结合成螯合物。

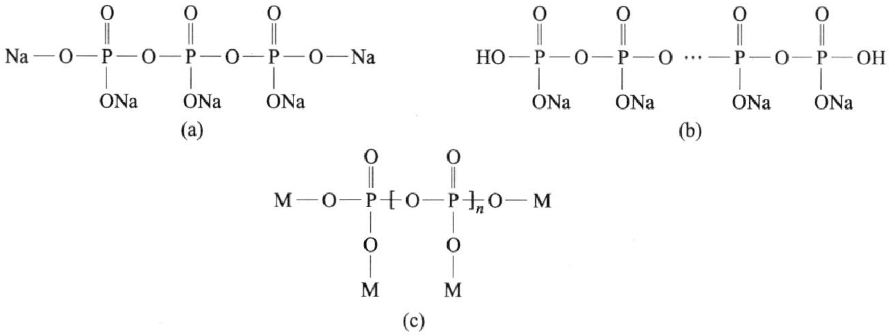

图 8.3　聚合磷酸盐分子结构示意图

三聚磷酸钠、六偏磷酸钠对钙、镁、铁的螯合能力见表8.3。

表8.3 聚磷酸钠对钙、镁、铁的螯合能力　　单位：g·(100g)$^{-1}$

磷酸盐名称	钙离子	镁离子	铁离子
三聚磷酸钠	13.4	6.4	0.184
六偏磷酸钠	19.5	2.9	0.031

聚磷酸盐对钙、镁等碱土族金属离子有较好的螯合能力，但对重金属离子，特别是铁离子的螯合能力较差。用于洗消剂时，三聚磷酸钠具有效果好、价格便宜等特点，是洗消剂的首选品种。但随着水体富营养化的加剧，环保对磷的排放越来越严格，人们不得不寻求其他洗消剂。

磷酸盐螯合剂的缺点是在高温下会发生水解，使螯合能力减弱或丧失。聚磷酸盐的螯合能力受 pH 影响较大，一般只适合在碱性条件下作螯合剂。

8.3　常用的有机类络合洗消剂

能与金属离子起螯合作用的有机化合物很多，可分为羧酸类、有机多元膦酸类、聚羧酸类。其中羧酸类的有机螯合剂按其特征基团划分，又可分为羟基羧酸类，其配位原子是 O，其代表性的螯合剂有柠檬酸（CA）、酒石酸（TA）、葡萄糖酸（GA）、单宁；氨基羧酸类，其配位原子既有 O 又有 N，代表性的螯合剂有乙二胺四乙酸（EDTA）、次氮基三乙酸（NTA）；羟氨基羧酸类，其配位原子是 O，代表性的螯合剂有羟乙基乙二胺三乙酸（HED-TA）和二羟乙基甘氨酸（DEG）；有机多元膦酸类，其配位原子有 O 和 N，主要是 O，代表性的螯合剂有羟基亚乙基二膦酸（HEDP）。聚羧酸类代表性的螯合剂有聚丙烯酸（PAA）、聚甲基丙烯酸（PMAA）、水解聚马来酸酐（PMA）等。常用的几种有机螯合剂的螯合能力见表8.4。

表8.4　三种常用有机螯合剂的螯合能力

螯合剂	相对分子质量	螯合剂金属离子量/mg		
		Ca^{2+}	Mg^{2+}	Fe^{3+}
柠檬酸（CA）	192	208	127	291
乙二胺四乙酸（EDTA）	372	108	65	150
次氮基三乙酸（NTA）	191	210	127	292

8.3.1　柠檬酸

柠檬酸的分子式为 $C_6H_8O_7·H_2O$，分子结构示意图如图8.4所示，是较强有机酸。从冷的水溶液中结晶的柠檬酸含一分子结晶水。一水合物是无色、无臭、斜方晶系的三棱晶体，熔点约 100℃。一水合物通常是稳定的，但在干燥空气中易失去结晶水。在和缓加热时，一水合物在 70～75℃ 软化失水，最后在 135～152℃ 柠檬酸完全熔融。

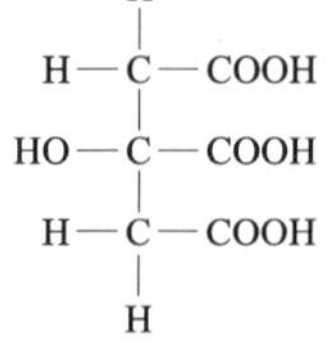

$$
\begin{array}{c}
H \\
| \\
H-C-COOH \\
| \\
HO-C-COOH \\
| \\
H-C-COOH \\
| \\
H
\end{array}
$$

图8.4　柠檬酸分子结构示意图

柠檬酸易溶于水、乙醇和乙醚。柠檬酸在水中的溶解见表8.5。

表 8.5 无水柠檬酸在水中的溶解度

温度/℃	10	20	30	36.6	40	50	60	70	80	90	100
溶解度/%	54	59.2	64.3	67.3	68.6	70.9	73.5	76.2	78.8	81.4	84.0

柠檬酸是有三个羧基团的有机酸，通过 COOH 和—OH 中的氧原子与二价或三价金属离子螯合，生成具有环状结构的螯合物，是工业上使用最广泛的羟基羧酸螯合剂。常用于洗消含有重金属铁的氧化铁垢。柠檬酸与铁离子形成的螯合物的溶解度低，在水中会形成沉淀。为了增加其溶解度，加入适量的氨以形成柠檬酸单铵，与 Fe^{3+}、Fe^{2+} 螯合，分别形成溶解度较大的柠檬酸亚铁铵和柠檬酸铁铵，则不会在洗消除锈时出现沉淀。柠檬酸与铁的螯合物以柠檬酸单铵形式螯合最为稳定。

$$Fe_3O_4 + 3NH_4H_2C_6H_5O_7 \longrightarrow FeNH_4C_6H_5O_7 + 2FeC_6H_5O_7 + 2NH_4OH + 2H_2O$$

柠檬酸有不含结晶水的和含一分子结晶水的。用于洗消的是柠檬酸的一水铵盐（柠檬酸单铵）。其配制方法是向柠檬酸溶液中加氨水，使溶液的 pH 值达到 3.2～3.6 即可。柠檬酸单铵和蔗糖一样，在水中很容易溶解，常用作各种饮料的酸味剂，是无毒的洗消剂。

在适当 pH 值的水溶液中，柠檬酸的羟基和羧基能与许多金属离子形成螯合物。这种螯合反应，广泛用于洗消金属表面轧制铁鳞、腐蚀产物。柠檬酸对碳钢的腐蚀作用较小，残留物容易消除，洗消废液易处理。此外，当仪器设备构造复杂、洗消液难以彻底排放，或者在结构材料中含有某些因残留氯离子可能引起应力腐蚀开裂的材质时，不能使用无机酸清洗。上述情形下，可以采用柠檬酸清洗。

柠檬酸在化学洗消中的另一大用途是作为中和预处理剂或者漂洗剂。酸洗结束之后，在转入水洗和中和程序时，随着洗消液 pH 值的上升，在酸洗阶段处于溶解状态的铁盐变成氢氧化铁而沉积在金属表面上，发生二次生锈，影响清洗效果。为防止金属表面二次生锈，在进入中和程序前，往往需要加入对铁有螯合能力的药剂，比如柠檬酸正好满足这种要求。柠檬酸与氢氧化铁反应的速度快，螯合力强，即使 pH 值在碱性范围内，也不会生成氢氧化铁沉淀，所以在化学洗消时，特别是在洗消大型设备中，广泛采用柠檬酸作漂洗剂。

与盐酸等无机酸比较，柠檬酸在常温下对氧化铁的溶解能力太弱，在洗消时，常把洗消液加热至 80～90℃使用。采用柠檬酸洗消时，最忌生成难溶的柠檬酸铁沉淀，它呈鲜亮的红色晶状，非常牢固地附着在金属表面。还必须注意的是，用来调节 pH 值的氨水中必须不含硫离子和其他能使铁沉淀的物质。

8.3.2 乙二胺四乙酸（EDTA）

乙二胺四乙酸（Ethylene Diamine Tetraacetic Acid）是最常用的一种有机螯合剂，其分子式为 $C_{10}H_{16}O_8N_2$，为白色、无味、无臭的结晶性粉末，其分子结构如图 8.5 所示。其游离态酸及其金属化合物对热非常稳定（在 240℃时融化变质）。几乎不溶于水、乙醇、乙醚及其他溶剂，能溶于 5% 以上的无机酸。用苛性碱中和，可生成一、二、三、四碱金属盐。EDTA 的盐在水中有不同的溶解度，具体见表 8.6。

表 8.6 EDTA 及其钠盐的溶解度

项目	游离酸	一钠盐	二钠盐	三钠盐	四钠盐
相对分子质量	292.24	314.23	336.20	358.19	380.17
溶解度(22℃)/g·cm⁻³	0.2	1.4	10.8	46.5	60
溶解度(80℃)/g·cm⁻³	0.5	2.1	23.6	46.5	61
pH 值	2.2	3.5	4.0～5.0	7.0～8.0	10.5～11.5

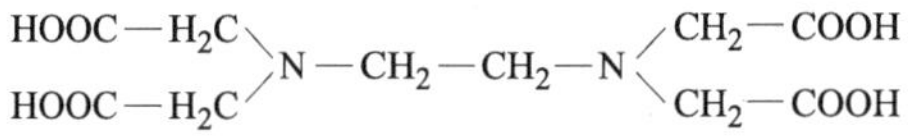

$$\text{HOOC—H}_2\text{C} \diagdown \atop \text{HOOC—H}_2\text{C} \diagup \text{N—CH}_2\text{—CH}_2\text{—N} {\diagup \text{CH}_2\text{—COOH} \atop \diagdown \text{CH}_2\text{—COOH}}$$

图 8.5　EDTA 分子结构示意图

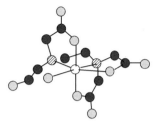

图 8.6　EDTA-Mn 螯合剂
的立体结构
○ Mn; ◨ O; ● C; ◉ N

EDTA 是螯合剂的代表性物质。其分子中含有 2 个氮原子和 4 个氧原子，可提供形成配位键的电子对，与钙、镁等金属离子形成含 6 个配位键的五元环螯合物，因此，形成的螯合物在水中很稳定，不易解离。例如，EDTA-Mn 螯合剂的立体结构如图 8.6 所示。它能与碱金属、稀土金属和过渡金属等几十种金属元素形成极稳定的水溶性络合物。在水溶液中，不与一般配位体形成络合物的金属离子如 Li^+、Na^+、Ca^{2+}、Mg^{2+} 等，也能与 EDTA 形成较稳定的螯合物。但是 EDTA 难溶于水，化学洗消时，常用 EDTA 的钠盐。在化学洗消中，若向洗消剂中加入 EDTA，能防止钙、镁的磷酸盐、碳酸盐、硅酸盐在金属表面沉积。例如，采用 NaH_2Y_2 作为螯合剂，也称为 EDTA，与二价金属离子 Ca^{2+} 形成螯合物的过程可表示为：

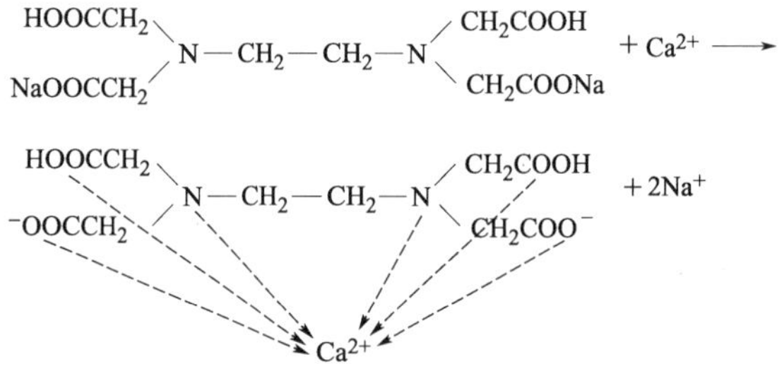

$$\text{HOOCCH}_2 \diagdown \atop \text{NaOOCCH}_2 \diagup \text{N—CH}_2\text{—CH}_2\text{—N} {\diagup \text{CH}_2\text{COOH} \atop \diagdown \text{CH}_2\text{COONa}} + \text{Ca}^{2+} \longrightarrow$$

$$\text{HOOCCH}_2 \diagdown \atop {}^-\text{OOCCH}_2 \diagup \text{N—CH}_2\text{—CH}_2\text{—N} {\diagup \text{CH}_2\text{COOH} \atop \diagdown \text{CH}_2\text{COO}^-} + 2\text{Na}^+$$

$$\text{Ca}^{2+}$$

EDTA 是四元酸，在不同 pH 值下有不同的存在形式。以乙二胺四乙酸代表的氨基酸类螯合剂的螯合能力受 pH 值影响较大。在 pH<1 时是难溶于水的 H_4EDTA，对于化学洗消不起作用。在氢氧化钠与氢氧化铵中发生溶解，并随 pH 值升高改变其存在形式，螯合反应也随之改变。以钠盐为例，pH 值为 2.7 时，NaH_3EDTA 与 Na_2H_2EDTA 各半，能对二价金属离子进行螯合；pH 值为 4 时，主要以 Na_2H_2EDTA 形存在，可与二价铁、钙、镁、铜、锌等离子螯合；pH 值为 6.2 时，Na_2H_2EDTA 和 Na_3HEDTA 各半，能与三价铁离子、铝离子螯合。由于氢氧化铁的溶度积常数为 10^{-38}，氢氧化铝呈两性反应，因此，EDTA 洗消的 pH 值不宜超过 8.5。pH 值超过 9，三价铁将以氧化铁形式沉淀出来，铝可以氢氧化铝形式沉淀或以铝盐形式解离。在 pH=12 以上的碱性条件下 EDTA 的螯合作用则完全丧失，因此，使用时要控制好溶液的 pH 值。表 8.7 列出了常见金属离子与 EDTA 的钠盐螯合时所形成的螯合物的不稳定常数。

表 8.7　EDTA 钠盐与常见金属形成螯合物的不稳定常数

金属	螯合物形式与不稳定常数			氢氧化物形式与不稳定常数		
	螯合物	$K_{不稳}$	$pK_{不稳}$	氢氧化物	K_{sp}	pK_{sp}
镁	MgH_2EDTA	2×10^{-9}	8.69	$Mg(OH)_2$	1.8×10^{-11}	10.74
钙	CaH_2EDTA	2.58×10^{-11}	10.59	$CaCO_3$	1.8×10^{-9}	8.54
二价铁	FeH_2EDTA	3.54×10^{-15}	14.45	$Fe(OH)_2$	8×10^{-16}	15.11
锌	ZnH_2EDTA	2.63×10^{-17}	16.58	$Zn(OH)_2$	1.2×10^{-17}	16.9
铜	CuH_2EDTA	1.38×10^{-19}	18.86	$Cu(OH)_2$	5.6×10^{-20}	19.26
三价铁	$FeHEDTA$	8×10^{-26}	25.1	$Fe(OH)_3$	4×10^{-38}	37.4

采用 EDTA 进行化学洗消时，也可以用 EDTA 铵盐。EDTA 可用于核工业、电力、石油化工、轻工等工业仪器设备的洗消。当采用循环法洗消时，可采用 3%～6% 的 EDTA 铵盐在系统内循环，由于 EDTA 在高于 150℃时会分解，因此洗消温度通常控制在 135℃以下，循环清洗大约 6h 后，金属表面的氧化铁及腐蚀产物即可被除去。

EDTA 钠盐对金属离子按式量螯合。采用 EDTA 进行洗消时，为避免 EDTA 浪费，应使剩余浓度为 1%左右，过低影响洗消效果，过高增加洗消成本。

选择 EDTA 洗消的 pH 值时，既要保证附着物被清洗干净，又要防止其腐蚀设备。pH 值较低时（例如 pH 值为 3 以下），污染物成分容易以离子状态溶出，可加快洗消，但是在 135℃的温度下，钢铁难以缓蚀。如果 pH 值过高（例如 6 以上），虽然钢铁的腐蚀速率较低，但是不利于洗消反应，因为 EDTA 钠盐的螯合反应是利用污染物中溶出的金属离子与 EDTA 钠盐反应，溶液的 pH 值越高，污染物中氢氧化物（碳酸盐）越稳定，洗消时间将延长，洗消效果也差。在 EDTA 钠盐的螯合洗消中，随着污染物成分的溶解，螯合反应产生的氢氧化钠与碳酸钠使溶液的 pH 值升高，钢铁的腐蚀程度减小，其反应如下。

$$CaCO_3 + Na_2H_2EDTA \longrightarrow CaH_2EDTA + Na_2CO_3$$
$$Mg(OH)_2 + Na_2H_2EDTA \longrightarrow MgH_2EDTA + 2NaOH$$
$$Fe(OH)_2 Na_2H_2EDTA \longrightarrow FeH_2EDTA + 2NaOH$$
$$Cu(OH)_2 + Na_2H_2EDTA \longrightarrow CuH_2EDTA + 2NaOH$$
$$Ca_{10}(OH)_2(PO_4)_6 + 10Na_2H_2EDTA \longrightarrow 10CaH_2EDTA + 2NaOH + 6Na_3PO_4$$
$$3MgO \cdot SiO_2 \cdot H_2O + 3Na_2H_2EDTA \longrightarrow 3MgH_2EDTA + 6NaOH + 3SiO_2$$
$$SiO_2 + 2NaOH \longrightarrow Na_2SiO_3 + H_2O$$
$$Fe(OH)_3 + Na_3HEDTA \longrightarrow FeHEDTA + 3NaOH$$

在 pH 值为 8.5 以下，上述反应均能向右方进行，这是由于溶液中氢氧根浓度较低，而 EDTA 浓度较高。为了防止洗消液中高价铁的沉淀，可向溶液中加入联氨，将三价铁还原为二价铁。如果污染物中钙的含量很低，也可加亚硫酸钠作还原剂。

8.3.3 次氮基三乙酸（NTA）

次氮基三乙酸（Nitrilo Triacetic Acid），也称为氮川乙酸、氨基三乙酸、特里隆 A，分子式为 $C_6H_9NO_6$，其为斜方晶系，其分子结构如图 8.7 所示。熔点 230～235℃，且于此温度下分解。在 1L 水中可溶解 1.28g 本品。本品的饱和水溶液的 pH 值为 2.3。

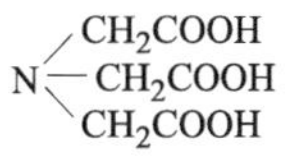

$$N \begin{cases} CH_2COOH \\ CH_2COOH \\ CH_2COOH \end{cases}$$

图 8.7 NTA 分子结构示意图

次氮基三乙酸能为金属离子提供四个配位键，而且它的分子又较小，因而它具有非常强的络合能力，能与各种金属离子形成稳定的螯合物。当作为洗消剂时，NTA 可用来代替 EDTA。与 EDTA 相比，NTA 对金属的螯合能力稍差，但由于相对分子质量小，相同质量的 NTA 可以螯合更多质量的金属离子。NTA 的价格也比 EDTA 便宜。次氮基三乙酸拥有很强的生物降解性，细菌作用分解试验其最终产物为二氧化碳和氨气，本品作为螯合剂使用，具有生物可分解的能力强、成本较低的特点。

8.3.4 羟基亚乙基二膦酸

羟基亚乙基二膦酸（Hydroxyethylidenediphosphonic Acid），$C_2H_8O_7P_2$，又名羟基乙叉二膦酸，纯羟基亚乙基二膦酸为白色粉末，用作洗消剂的市售品一般为 50%～60% 的水溶液，其分子结构如图 8.8 所示。本品对水中多价金属离子具有螯合能力。在 25℃ 时测得其与几种常见的多价金属离子螯合物的稳定常数分别为 $K_{Ca^{2+}} = 6.04$、$K_{Hg^{2+}} = 6.55$、$K_{Fe^{3+}} = 16.21$。

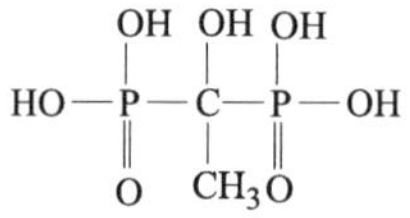

$$HO-\overset{\overset{\displaystyle OH}{|}}{\underset{\underset{\displaystyle O}{||}}{P}}-\overset{\overset{\displaystyle OH}{|}}{\underset{\underset{\displaystyle CH_3}{|}}{C}}-\overset{\overset{\displaystyle OH}{|}}{\underset{\underset{\displaystyle O}{||}}{P}}-OH$$

图 8.8 羟基亚乙基二膦酸分子结构示意图

羟基亚乙基二膦酸在水溶液中能解离成氢离子和酸根离子，酸根离子能和铁等许多金属离子形成稳定的螯合物，反应过程如下。

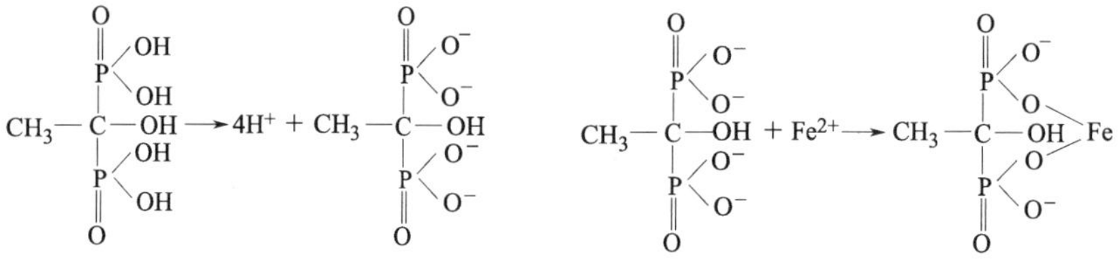

$$CH_3-C \longrightarrow 4H^+ + CH_3-C \qquad + Fe^{2+} \longrightarrow CH_3-C-Fe$$

羟基亚乙基二膦酸有优异的螯合性能及一定的缓蚀能力。它不但对钙、镁、铁等金属离子有很强的螯合能力，而且对这些金属的无机盐类如硫酸钙、硅酸镁等也有好的洗消作用。当羟基亚乙基二膦酸的质量分数在 1%～5% 时，其除锈效果可以和盐酸相媲美。羟基亚乙基二膦酸也是工业循环冷却水中最常用的阻垢缓蚀剂。循环水系统的洗消常采用羟基亚乙基二膦酸与其他药剂复配进行。

8.3.5 聚丙烯酸

聚丙烯酸 $(C_3H_4O_2)_x$，其分子结构如图 8.9 所示，为白色固体，易吸潮，溶于水、甲醇、乙醇等溶剂。市售品为线型聚合物，无色到琥珀色的清澈或微浑液体。由于聚丙烯酸的碱金属盐类在水中的溶解度较高，储存稳定性更好，故常将其中和成盐类备用。聚丙烯酸是工业循环冷却水中最常用的阻垢剂。循环水系统的不停车洗消常采用聚丙烯酸与其他药剂复配进行。

$$\begin{array}{c} +CH_2-CH+_x \\ | \\ COOH \end{array}$$

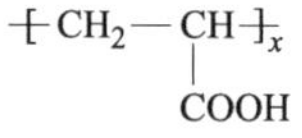

图 8.9 聚丙烯酸分子结构示意图

其他的有机螯合剂还有氨基三亚甲基膦酸（ATMP）、乙二胺四亚甲基膦酸（EDTMP）。它们具有良好的化学稳定性，不易水解，能耐较高的温度。对许多金属离子如钙、镁、铜、锌等都有优异的螯合能力，也是常用的洗消剂。另外还有聚羧酸类，例如聚甲基丙烯酸、水解聚马来酸酐、富马酸（反丁烯二酸）-丙烯磺酸共聚体等。它们也都是优良的金属离子螯合剂，也广泛用作洗消剂。

8.4　含氰化合物的洗消

络合洗消剂能够与有毒物质快速发生络合反应，将有毒分子化学吸附在络合载体上使其丧失毒性。消防络合洗消剂主要用于含氰化合物（如氰化氢、氢氰酸、氰化盐等）、氯化物（如氯化氢）、氨等污染物的洗消。

8.4.1 含氰化合物概述

氰化物是含有氰基（—CN）的一类化合物的总称，分简单氰化物、氰络合物和有机氰化物三种。氰化物在民用工业中用途十分广泛，是赤血盐和黄血盐染料的原料，且大量用于贵重金属的提纯筛选、电镀和农药制造等。氰化物是高毒物质，通常所说的氰化物一般指的是简单氰化物，如氰化氢、氰化钠和氰化钾，它们均易溶于水，进入人体后易解离出氰基，对人体有剧毒。一旦发生泄漏事故，就会造成严重的后果。

常见的含氰化合物有氰化氢、氢氰酸、各种氰化盐，如氰化钠、氰化钾等，在水溶液中仅以 HCN、CN^- 两种形式存在。

常见的氰化盐有氰化钾、氰化钠、氰化锌、氰化铜等，氰化物均为剧毒品。

8.4.1.1 氰化氢

氰化氢是一种非金属氰化物，常温常压下为气体，气体能溶于水、醇和醚，水溶液呈酸性，称为氢氰酸，但不稳定易挥发。氢氰酸为无色液体，氰化氢为无色气体，均伴有轻微的苦杏仁气味。氰化氢易燃，闪点 $-17.8℃$；自燃点 $537.8℃$，爆炸极限 $5.6\%\sim40\%$；最大爆炸压力 0.92MPa。氢氰酸为无色透明液体，有苦杏仁味，能与水任意互溶，加热后在水中的溶解度降低。氢氰酸的沸点 $26.5℃$，相对密度 0.6876（20℃ 时），其自燃点为 $573.8℃$，爆炸极限为 $5.6\%\sim40\%$。

8.4.1.2 氢氰酸

氢氰酸是一种极弱的酸，其酸性比碳酸还弱，可与氢氧化钾、氢氧化钠、氢氧化钙、碳酸钠、碳酸氢钠、磷酸二氢钠等碱溶液迅速发生中和反应。由于氢氰酸与碱反应生成的盐是不具挥发性的，故中和反应对 HCN 的防护、洗消都具有一定的实用意义。氢氰酸与 CuO、Ag_2O 金属氧化物的反应，反应生成的氰化铜、氰化银仍有毒性，但为不挥发固体，且性质稳定，其络盐则是无毒产物。氢氰酸防毒面具中的活性炭表面就涂有铜、银等金属的氧化物，对氢氰酸起化学吸着作用。

氢氰酸对人体的慢性影响表现为神经衰弱综合征，并伴有眼和上呼吸道刺激症状。氢氰酸的毒理作用是，人口服的最小致死量为 $0.3\sim3.5mg \cdot kg^{-1}$。是剧毒类，毒作用迅速；致死的主要原因是呼吸和循环麻痹。CN^- 在体内与细胞色素氧化酶中的 Fe^{3+} 结合，生成氰化高铁血红素，失去传递电子的能力，呼吸链中断，抑制该酶活性，使组织不能利用氧。

8.4.1.3 氰化钠

氰化钠为金属氰化物，俗名山奈。氰化钠为无色或灰色立方晶体。完全干燥时无味；在空气中潮解，有轻微的氰化氢味道。氰化钠易溶于水，微溶于乙醇，水溶液呈强碱性；在空气存在的条件下能溶解金和银，对铝有腐蚀性，自身不燃。氰化钠与酸、酸雾、水、水蒸气接触时能产生有毒和易燃的氢氰酸，空气中的二氧化碳足以使其生成氢氰酸，它与亚硝酸盐或氯酸盐一起加热至450℃可发生爆炸。

氰化钠的毒理作用与氢氰酸相同，人口服的致死剂量为 $1\sim2mg \cdot kg^{-1}$。按照国家饮用水标准，水中氰化钠含量应低于 $0.05mg \cdot L^{-1}$，否则人畜就不得饮用。

总之，氰化物属高毒类物质，中毒作用主要通过 CN^- 发生。氰化物可经呼吸道、皮肤和眼睛接触、食入等方式侵入人体。由于氰化氢为气体，更容易吸入或皮肤接触，因此，处置氰化氢事故时，应加强个人防护。所有可吸入的氰化物均可经肺吸收。氰化物经皮肤、黏膜、眼结膜吸收后，会引起刺激，并出现中毒症状。大部分氰化物可立即经过胃肠道吸收。氰化物进入人体内后解离为氢氰酸根离子（CN^-），CN^- 可抑制 42 种酶的活性，能与氧化型细胞色素氧化酶的铁元素结合，阻止氧化酶中三价铁的还原，使细胞色素失去传递电子的能力，呼吸链中断，引起组织缺氧而致中毒。

对于含氰化合物的洗消处理在整个事故的处置过程中占有非常重要的地位。对于酸性含氰化合物可采用酸碱中和的方法进行洗消处理；水中的氰根离子可以采用碱性氯化法、臭氧氧化、电解氧化法等方法洗消处理。由于氰根离子有很强的络合性，这里只介绍应用络合型洗消剂洗消含氰化合物的方法。

8.4.2　氰化氢过滤罐

HCN 与金属氧化物 CuO、Ag_2O 发生反应，生成氰化铜、氰化银等重金属氰化物，其生成物虽然仍有毒性，但为不挥发固体，且性质稳定。氰化氢过滤罐就是利用这种消毒原理的。氰化氢过滤罐反应的基本原理是，在过滤罐内的吸附剂为氰化银或氰化铜的活性炭，其中氰化铜是络合剂，活性炭是载体，当其表面附着的氰化银或氰化铜遇到氰化氢后，能迅速进行络合反应，将氰化氢化学吸附在含有氰化铜的活性炭上，生成无毒的银氰络合物或铜氰络合物，这样就对染毒空气起到过滤的作用。当空气中氢氰酸浓度为 $3600\text{mg} \cdot \text{m}^{-3}$ 时，使用过滤式防毒面具呼吸，在 30min 内不会对人员构成生命威胁。

$$CuO + 2HCN \longrightarrow Cu(CN)_2 + H_2O$$
$$Cu(CN)_2 + 2CN^- \longrightarrow [Cu(CN)_4]^{2-}$$
$$CuO + [Cu(CN)_4]^{2-} \longrightarrow CuO[Cu(CN)_4]^{2-}$$
$$Ag_2O + 2HCN \longrightarrow 2AgCN + H_2O$$
$$AgCN + CN^- \longrightarrow [Ag(CN)_2]^-$$
$$Ag_2O + [Ag(CN)_2]^- \longrightarrow Ag_2O[Ag(CN)_2]^-$$

氰化氢过滤罐中填充物 CuO、Ag_2O 之所以能与 HCN 发生反应，一方面是因为这些金属氧化物是碱性氧化物，能与 HCN 发生中和反应，使 HCN 变成氢氰酸盐；另一方面，氢氰根与金属正离子络合成 $[Cu(CN)_4]^{2-}$、$[Ag(CN)_2]^-$ 络离子，这些络离子再与金属正离子结合成络盐 $CuO[Cu(CN)_4]^{2-}$、$Ag_2O[Ag(CN)_2]^-$。

8.4.3　铁盐实施洗消

8.4.3.1　铁盐对氰化物的洗消

（1）铁盐对氢氰酸的洗消　对氢氰酸的消毒处理最好选用亚铁盐的碱溶液实施洗消，如硫酸亚铁（$FeSO_4$）的氢氧化钠（NaOH）或氢氧化钾（KOH）溶液，因为该洗消剂能有效地控制氢氰酸的挥发和扩散。反应首先是氢氰酸与亚铁盐发生化学反应，形成稳定的氰铁络合物。

$$6HCN + FeSO_4 + 6KOH \longrightarrow K_4[Fe(CN)_6] + K_2SO_4 + 6H_2O \tag{8.2}$$

在反应中，氢氰根与亚铁离子作用，生成亚铁氰根络离子，络合物亚铁氰化钠是无毒的。在碱性溶液中，亚铁氰根离子能与三价铁盐发生化学反应，生成深蓝色的无毒的普鲁士蓝沉淀。

$$3K_4[Fe(CN)_6] + 4FeCl_3 \longrightarrow Fe_4[Fe(CN)_6]_3 \downarrow + 12KCl \tag{8.3}$$

（2）铁盐对氰化物的洗消　以氰化钠为例。氰化钠能与亚铁盐发生化学反应，生成稳定的络合物，反应如下。

$$6NaCN + FeSO_4 \longrightarrow Na_4[Fe(CN)_6] + Na_2SO_4 \tag{8.4}$$

在反应中，氢氰根与亚铁离子作用，生成亚铁氰根络离子，络合物亚铁氰化钠是无毒的。在碱性溶液中，亚铁氰根离子能与三价铁盐发生化学反应，生成深蓝色的无毒的普鲁士蓝沉淀。

$$3[Fe(CN)_6]^{4-}+4Fe^{3+} \longrightarrow Fe_4[Fe(CN)_6]_3 \downarrow \qquad (8.5)$$

此反应不仅可用于氰化物的消毒，还可用于氰化物的检验和含量的分析。

8.4.3.2　洗消剂的理论估算

洗消剂耗量的理论计算是现场指挥人员实施科学决策和指挥的重要依据，它关系到洗消剂运输车辆的安排、洗消力量的部署，是化学品事故应急处置过程中的关键性环节。

（1）铁盐对氢氰酸的洗消　选用亚铁盐的碱溶液实施洗消，如硫酸亚铁（$FeSO_4$）的氢氧化钠（NaOH）或氢氧化钾（KOH）溶液，其化学反应式如下。

$$6HCN+FeSO_4+6KOH \longrightarrow K_4[Fe(CN)_6]+K_2SO_4+6H_2O \qquad (8.6)$$

由上式可知，$HCN:FeSO_4:KOH=6:1:6$（摩尔比），$HCN:FeSO_4:KOH \approx 1:1:2.2$（质量比）。若采用硫酸亚铁的氢氧化钠溶液对氢氰酸实施消毒，则$HCN:FeSO_4:NaOH \approx 1:1:1.65$（质量比）。

若用三氯化铁（$FeCl_3$）将生成的亚铁络合物生成深蓝色的普鲁士蓝沉淀：

$$3K_4[Fe(CN)_6]+4FeCl_3 \longrightarrow Fe_4[Fe(CN)_6]_3 \downarrow +12KCl$$

由反应式可知存在的当量关系为$18HCN \longrightarrow 3K_4[Fe(CN)_6] \longrightarrow 4FeCl_3$。因此，$HCN:FeCl_3=9:2$（摩尔比），质量比为$1:1.333$。为便于估算，氢氰酸与三氯化铁的质量比可取$1:1.40$。

综上所述，若要对1t泄漏的氢氰酸彻底消毒，需要硫酸亚铁1t，氢氧化钾2.2t或氢氧化钠1.65t；若将生成的亚铁盐络合物全部生成普鲁士蓝沉淀，还需要三氯化铁1.4t。

（2）铁盐对氰化钠的洗消　用硫酸亚铁洗消泄漏氰化钠的化学反应式为：

$$6NaCN+FeSO_4 \longrightarrow Na_4[Fe(CN)_6]+Na_2SO_4$$

$NaCN:FeSO_4$的质量比为$1:0.513$，即要用硫酸亚铁对1t氰化钠实施消毒，需硫酸亚铁0.513t（可近似取0.52t）。

三氯化铁（$FeCl_3$）与亚铁络合物反应生成普鲁士蓝沉淀的反应式为：

$$3Na_4[Fe(CN)_6]+4FeCl_3 \longrightarrow Fe_4[Fe(CN)_6]_3 \downarrow +12NaCl \qquad (8.7)$$

由反应式得到的当量关系式为$18NaCN \longrightarrow 3Na_4[Fe(CN)_6] \longrightarrow 4FeCl_3$，所以$NaCN$与$FeCl_3$的质量比为$1:0.737$。即要使1t氰化钠的亚铁盐络合物完全生成普鲁士蓝沉淀，需三氯化铁0.737t（可近似为0.74t）。

综上所述，对泄漏的1t氰化钠彻底消毒，需硫酸亚铁0.52t，若将生成的亚铁氰化钠络合物全部形成普鲁士蓝沉淀，还需要三氯化铁0.74t。

以上是铁盐对氰化物实施洗消时，所需洗消剂的理论估算。如果洗消剂含有一定的杂质，还需要进一步的换算。对氰化物具体实施洗消时，由于洗消现场的地理环境和洗消剂的喷洒释放条件不同，洗消剂的调运量应为理论估算量的1.2～2.0倍。

8.5　重金属危险废物的洗消

危险废物是指除了放射性以外的具有化学反应性、易爆性、毒性、腐蚀性等能引起或可能引起对人类健康或环境危害的废弃物。在各类危险废物中，重金属废物占有很大的比重。重金属通常具有急性或慢性毒性，有时会以更复杂的方式毒害人体，如致癌或非直接地引发某些疾病。淡水或海洋中的水生生物对水体中的重金属非常敏感，即使很低的浓度也会对它们构成威胁。

8.5.1　重金属危险废物洗消处理现状

在重金属废物的洗消处理中，除了其中一部分可回收利用外，其余大部分都需进行稳定化处理，以达到无害化的目的。目前常用的方法主要包括水泥固化、石灰固化、塑性材料固化、有机聚合物固化、自胶结固化、熔融固化（玻璃固化）和陶瓷固化。其中，水泥和石灰固化/稳定化技术比较经济有效。

常规重金属稳定化技术种类很多，但在重金属废物的洗消处理时都有局限性，特别是这些技术受 pH 值变化的影响，当 pH 值较低时，重金属离子会再溶出，没有达到重金属废物长期稳定化的目的，在废物的最终处置中，将会对环境造成二次污染。为了提高稳定性和降低浸出率，需要更多的凝结剂，处理费用和固化后的体积都增加。

8.5.2 重金属螯合剂在危险废物中的洗消机理

重金属螯合剂可以采用不同种类的多胺或聚乙烯亚胺与二硫化碳反应得到。重金属螯合剂与重金属离子反应，生成高分子螯合物，反应方程式如下（以 Pb^{2+} 为例）。

$$\left\{ CH_2-NH-CH \right\}_n + \frac{n}{2}Pb^{2+} \longrightarrow \left\{ CH_2NHCHCH_2NHCH \right\}_{n/2}$$

二硫代羧基的 S 原子上有 3 对孤对电子，其中 2 对可以占用 Pb^{2+} 的空 d 轨道，形成配位键，根据配位场理论，d 轨道全空的情况下，易形成四面体型的结构。这样各电子对之间的互相排斥的力量小，而 S 原子的外层 4 对电子也形成互斥力最小的正四面体构型，形成稳定的交联网状的螯合物。不同的重金属离子与重金属螯合剂所形成的螯合结构是不相同的，但最终的结果都是形成高分子重金属离子螯合物，达到重金属废物稳定化的目的。

8.5.3 应用举例

重金属螯合剂由于其捕集重金属离子的高效稳定性，将会在重金属危险废物中的处理和处置中发挥重要作用。重金属螯合剂是利用其高分子长链上的二硫代羧基官能团以离子键和共价键的形式捕集废物中的重金属离子，生成的稳定化产物是一种空间网状的高分子螯合物。

清华大学蒋建国等成功地合成了多胺类和聚乙烯亚胺类重金属螯合剂，实验已证明该重金属螯合剂在处理重金属废物时具有捕集重金属离子的效率高和种类多，处理重金属废物的类型广泛，并且稳定化产物不受废物 pH 变化的影响等优点。多胺类和聚乙烯亚胺类重金属螯合剂洗消处置废物的工艺流程如图 8.10 所示。

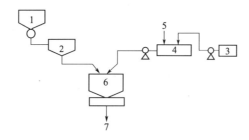

图 8.10　重金属螯合剂洗消处置废物的工艺流程

1—废物储槽；2—废物计量；3—重金属螯合剂储槽；4—重金属螯合剂稀释槽；

5—稀释水；6—机械搅拌设备；7—稳定化产物

重金属螯合剂对重金属废物洗消处理效果明显优于无机稳定化药剂 Na_2S 和石灰，在相同的投加量情况下，其对重要污染重金属 Pb、Cd、Zn 和 Cr 的捕集效果不仅高于 Na_2S 和石灰，并且其处理后重金属废物较少。因此，用重金属螯合剂洗消危险废物，可以在实现废物无害化的同时，达到废物少增容或不增容，从而提高危险废物洗消处置系统的总体效率和经济合理性。同时，还可通过改进螯合剂等的结构和性能，使其与废物中的危险成分之间的化学螯合作用得到强化，进而提高稳定化产物的长期稳定性，减少最终处置过程中稳定化产物对环境的影响。

◆ 参考文献 ◆

[1] 陈旭俊. 工业清洗剂及清洗技术 [M]. 北京：化学工业出版社，2005.

[2] 刘立文，李向欣. 化学灾害事故抢险救灾. 廊坊：中国人民武装警察部队学院，2007.

[3] 公安部消防局. 危险化学品事故处置研究指南 [M]. 武汉：湖北科学技术出版社，2010.

[4] 国家安全生产应急救援指挥中心. 危险化学品事故应急处置技术 [M]. 北京：煤炭工业出版社，2009.

[5] 李建华，黄郑华. 事故现场应急施救 [M]. 北京：化学工业出版社，2010.

[6] 王锐刚，韩怀芬. 重金属螯合剂处理危险废物的研究进展 [J]. 环境技术，2003，2：35-37.

[7] 钟玉凤，吴少林，戴玉芬，张婷，朱振兴. 有机螯合剂在环境保护中的应用 [J]. 江西科学，2007，25(3)：351-354.

[8] 徐科，吴立，陈德珍等. 采用螯合剂稳定垃圾焚烧飞灰中的重金属 [J]. 能源研究与信息，2005，21(2)：82-89.

[9] 丛鑫，丁建生，华卫琦，黎源，谢增勇. 螯合剂的生产工艺研究进展 [J]. 山东化工，2012，41(7)：38-43.

[10] 黄金印. 氰化物泄漏事故洗消剂的选择与应急救援对策 [J]. 消防科学与技术，2004，23(2)：191-195.

[11] 仲崇波，王成功，陈炳辰. 氰化物的危害及其处理方法综述 [J]. 金属矿山，2001，299(5)：44-47.

第 **9** 章

新型洗消技术

洗消技术的发展大致经历了以下三个阶段。

（1）常温常压喷洒洗消阶段　20世纪40年代以来，传统的洗消技术是以水基、常温常压喷洒技术为主。常温是指洗消装备中除人员、洗消车外无加热元件，洗消液接近自然界水温度；常压是指工作压力较低，一般为0.2~0.3MPa；喷洒是指洗消装备的冲洗力量小，洗消液流量大。这种洗消技术的缺点是效率较低，洗消液用量大，而且低温会导致洗消液严重冻结，影响装备效能的发挥。

（2）高温、高压、射流洗消阶段　20世纪80年代，高温、高压、射流技术开始在洗消领域广泛应用，极大地提高了洗消装备水平。高温是指水温80℃、蒸汽温度140~200℃、燃气温度500℃以上；高压是指工作压力6~7MPa、燃气流速高达400m·s^{-1}；射流包括液体射流、气体射流和光射流。由于高温、高压、射流技术利用高温和高压形成的射流洗消，产生物理和化学双重洗消效能，因此具有洗消效率高、省时、省力、省洗消剂甚至不用洗消剂等特点，是洗消技术的发展趋势。

（3）非水洗消阶段　在化学品事故应急救援中，事故现场可能存在精密仪器、设备，与此同时，随着科学技术的发展，各类洗消装备中应用的电子、光学精密仪器及敏感材料也逐渐增多，它们一般受温度、湿度影响较大，且不耐腐蚀，在受污染的情况下，不能用水基和具有腐蚀性的洗消剂，只能采用热空气、有机溶剂和吸附剂进行洗消。因此，开发新型免水洗消方法、研制免水洗消装备是新时期的研究课题。

化学品事故现场洗消的目的是最大限度地降低或消除染毒体表面的污染水平，其洗消效率的高低很大程度上依赖于洗消技术的发展，而洗消技术的发展不仅仅是洗消剂和洗消装备的更新和改进，更要充分运用化学、电子学、光学、微波等先进的技术和原理，使洗消手段有长足的发展。目前，比较有发展前途的新型洗消技术主要包括酶洗消技术、微胶囊洗消技术、等离子体洗消技术等。

9.1　酶洗消技术

虽然人类利用酶的催化作用的实践可以追溯到几千年以前，但是真正认识到酶的存在和作用却始于19世纪。第一个被发现的酶是淀粉酶，1833年法国科学家Anselme Payen和Jean Persoz从麦芽的水抽提物中，用乙醇沉淀得到一种对热不稳定的活性物质，可以促使淀粉水解成可溶性的糖，他们将这种活性物质称为淀粉酶。1836年细胞学说奠基人之一德国动物学家Theodor Schwann从胃壁抽提物中成功分离得到了第一种动物来源的酶——胃蛋白酶。19世纪中叶，法国微生物学家Louis Pasteur等人指出酵母中存在一些使葡萄糖转化为酒精的物质，1878年德国科学家Wilhelm Kuhne首先把这种物质称为酶，这个词来自希腊文，意思是"在酵母中"。直到 19 世纪末，德国化学家 Eduard Buchner 利用不含完整细胞的酵母细胞抽提液证明了酶在发酵中的作用，酶学研究开始迅速发展起来。随着酶学理论和应用研究的不断深入和发展，以及各种相关理论和技术的出现和发展，酶的应用领域日益广泛。

9.1.1　酶的命名与分类

酶是由活细胞产生的、在机体内行使催化功能的生物催化剂，其化学本质主要是蛋白质，少数是核糖核酸。酶的种类繁多，结构各异，仅在生物体内发现的酶就达八千多种，而且还不断有新的酶被发现和合成。为了便于研究，防止混乱，有必要对酶进行科学的分类和命名。

9.1.1.1　酶的命名

目前，在酶的命名方面有习惯命名法和系统命名法两种方法。

（1）习惯命名法　习惯命名法一般采用"底物＋催化反应类型＋酶"，如蛋白水解酶、乳酸脱氢酶、磷酸己糖异构酶等。对于水解酶类，只要底物名称即可，如淀粉酶、蛋白酶、纤维素酶等。有时还在底物名称前冠以酶的来源，如胰蛋白水解酶、唾液淀粉酶等。习惯命名法简单、直观，使用方便，但缺乏系统性，常常出现一酶数名或一名数酶的情况，给科学研究和交流带来很大的不便。为此，国际生物化学协会酶学委员会于 1961 年提出了一个新的系统命名和系统分类原则。

（2）系统命名法　国际生物化学协会酶学委员会规定，每一个酶除了有一个特定的编号外，还要有一个系统名称。该名称要体现出酶的底物和催化反应的性质，因此由底物和催化反应类型两部分组成，如葡萄糖异构酶。如果有两个或两个以上的底物，则需要标明所有底物名称，不同底物名称之间用"："隔开，如乳酸：NAD^+ 脱氢酶。如果底物之一是水，则通常可将水略去不写，如乙酰胆碱：水乙酰水解酶通常写作乙酰胆碱乙酰水解酶。这种系统命名原则很严谨，一种酶只能有一个名称。

国际生物化学协会酶学委员会规定，在以酶为主要论题的文章中，首先要将酶的编号、系统命名和来源标示清楚，然后可以按照个人习惯，使用习惯名或系统名。

9.1.1.2　酶的分类和编号

国际生物化学协会酶学委员会根据酶所催化的反应类型将酶分为六大类，分别用数字 1~6 表示（表 9.1）。

表 9.1　酶的国际系统分类

分类序号	酶的类型	催化反应的性质	举　例
1	氧化还原酶类	$AH_2+B \rightleftharpoons A+BH_2$	脱氢酶、氧化酶、过氧化物酶、加氧酶
2	转移酶类	$AR+B \rightleftharpoons A+BR$	谷丙转氨酶、己糖激酶
3	水解酶类	$AB+H_2O \rightleftharpoons AOH+BH$	酯酶、蛋白酶、淀粉酶
4	裂解酶类	$A \rightleftharpoons B+C$	醛缩酶、水合酶、脱氨酶、脱羧酶
5	异构酶类	$A \rightleftharpoons A'$	差向异构酶、顺反异构酶、酮醛异构酶
6	合成酶类(连接酶类)	$A+B+ATP \rightleftharpoons AB+ADP+Pi$	羧化酶、氨酰-tRNA 合成酶、天冬酰胺合成酶

在每一个酶的大类中，再根据底物中被作用的基团或键的特点分为若干亚类，如第一大类氧化还原酶类中又依次分为作用于 CH—OH 基团的第一亚类、作用于醛基或酮基的第二亚类等二十几个亚类，也依次用阿拉伯数字表示；每一个亚类中再按照反应的特点分为若干亚亚类，如第一大类氧化还原酶类中作用于 CH—OH 基团的第一亚类根据接受电子的受体

不同分为以 NAD^+ 或 $NADP^+$ 为受体的第一亚亚类、以细胞色素为受体的第二亚亚类等五个亚亚类，同样依次用阿拉伯数字表示；每一种酶根据其催化反应的性质和反应的特征归入各亚亚类中，依次排序，也用阿拉伯数字表示其在亚亚类中的顺序号。这样根据系统分类法，每一种酶都在这个分类表中有一个确定的位置，属于特定的类、亚类、亚亚类中的特定排序，如果用四个阿拉伯数字分别表示该酶所属的类、亚类、亚亚类以及在亚亚类中的特定排序，则每一种酶都可以获得一组独有的、由四位阿拉伯数字组成的编号，编号前加上 EC 表示酶学委员会（Enzyme Commission）的缩写，构成酶的特征编号，如甘油脱氢酶的编号是 EC1.1.1.6，表示该酶属于氧化还原酶类、作用于底物的 CH—OH 基团、以 NAD^+ 或 $NADP^+$ 为电子受体、在这一亚亚类中排在第 6 个。

酶的这种系统分类的原则是相当严格的，一种酶只能有一个编号，新发现的酶也可以按照这一分类系统得到适当的编号。从酶的编号也可以了解酶催化反应的性质和作用特点，因此得到了科学界的普遍认可。

9.1.2　酶的催化作用机理与特性

9.1.2.1　酶的催化作用机理

酶是一种存在于有机体内的有机化合物，是能加速反应的生物催化剂。

由酶催化的反应过程中，反应物又称为底物（S），被酶（E）作用并结合到酶分子上，生成酶-底物复合物（ES），是络合物中间体。此时，发生化学反应，底物分子（S）转变为最终产物（P），并和酶脱离开，脱离开的酶再和另一个底物分子结合，如此不断地进行下去。这个过程可以表示为：

$$E+S \Longleftrightarrow ES（可逆）$$
$$ES \longrightarrow E+P$$

9.1.2.2　酶的催化特性

酶作为一种生物催化剂，既具有一般化学催化剂的共性，也具有生物催化剂的特性。

（1）酶作为一般催化剂所具有的特性

① 能降低反应的活化自由能　酶和一般的化学催化剂一样，其作用在于降低化学反应所需的活化自由能，但是其效率更高。因此，只要很少的能量即可使反应物变成"活化态"，活化的分子数量增加，从而使反应速率加快。

② 用量少　作为催化剂，酶在化学反应过程中本身不发生变化，在参加一次反应后，立即恢复原有状态，再参加下一次反应。因此，用少量的酶即可在短时间内催化大量的底物发生反应。

③ 不改变反应的平衡点　正如一般的催化剂一样，酶不能改变任何反应的热力学情况，不能使本不可能发生反应的过程发生，只能使在热力学上可能反应而在动力学上速率很慢的反应加快。

（2）酶作为生物催化剂所具有的特性

① 催化作用的专一性很强　酶对催化反应和参与反应的底物有严格的选择性，即一种酶只能催化一种或一类反应，作用于一种或结构相似的一类底物。催化作用的专一性是酶最重要的特性之一，也是酶与一般催化剂最主要的区别。

a. 绝对专一性　有的酶专门作用于某一种底物的性质，称为绝对专一性。例如，麦芽糖酶只作用于麦芽糖，使麦芽糖分解成葡萄糖；琥珀酸脱氢酶仅作用于琥珀酸，催化琥珀酸，使之脱氢，转变为反丁烯二酸，而不产生顺丁烯二酸；脲酶仅能分解尿素等。

b. 反应专一性　有的酶专门催化某种类型的反应，称为反应专一性。例如，蛋白酶专门催化动物蛋白酶和植物蛋白酶的水解反应；蔗糖酶专门催化蔗糖和棉子糖的水解反应；脂肪水解酶专门催化有机酸酯类的水解等。

c. 立体异构专一性　有的酶仅作用于立体异构，称为立体专一性。多数和糖及氨基酸发生作用的酶有立体专一性，如胰蛋白酶仅可作用于 L-氨基酸的肽及酯键。

② 高效性　酶的催化作用效率很高，是一般无机催化剂的 $10^6 \sim 10^{13}$ 倍，而且它所要求的条件温和，不要求一般催化剂所需的高温、高压、强酸性、强碱性等条件。只要很少量的酶，在常温常压下即可以使所催化的生物体内的化学反应非常迅速地完成。

③ 酶活性的可调节性　可以采用多种形式，对酶的催化作用进行调节、控制和激活。

9.1.3　影响酶作用效果的因素

酶是具有催化活性的蛋白质，外界因素对其催化性能和生物活性有很大的影响，主要影响因素如下。

9.1.3.1　激活剂的影响

凡是能够提高酶活性的物质都称为酶的激活剂，包括无机离子、简单的有机化合物以及蛋白质类的大分子。激活剂是能加快酶的催化反应速率的物质，多数是无机离子或简单的有机化合物。

9.1.3.2　抑制剂的影响

抑制剂是在不使酶变性的情况下，使其结构发生改变，对酶的催化活性起抑制作用的外界物质。抑制剂的种类很多，一些对生物有剧毒的物质大多是酶的抑制剂。例如，氰化物可以抑制细胞色素氧化酶，有机磷农药可以抑制胆碱酯酶等；某些动物组织如胰、肺，某些植物种子如大豆、绿豆、蚕豆等都能产生胰蛋白酶抑制剂；一些肠道寄生虫如蛔虫，可以产生胃蛋白酶和胰蛋白酶的抑制剂，以避免在动物体内被蛋白酶消化。

9.1.3.3　重金属离子的影响

Cu^{2+}、Hg^{2+}、Ag^+、Pb^{2+} 等重金属离子可使镁失去催化活性，发生不可逆的变性。

9.1.3.4　pH 值的影响

pH 值对大多数酶的活性是有影响的。酶反应的最适宜 pH 值是酶的催化反应具有最快速率的 pH 值条件。高于或低于此 pH 值，酶的催化反应速率都会降低。酶反应最适宜的pH 值可通过实验测定，并随反应底物的浓度、温度及其他条件的变化而改变。pH 值可使酶的催化反应速率发生显著变化。一般的酶的适宜 pH 值范围在 7 左右。但是，也有的要求酸性或碱性条件。

根据酶的最适宜 pH 值，可以把它分为酸性、中性和碱性几类，如胃蛋白酶是酸性蛋白酶，在盐酸的环境中具有良好的活性；应用于清洗剂中的蛋白酶则在弱碱性介质中活性最强；脂肪酶在 pH 值高于 10 的环境中也能适应，是耐强碱性的酶。

9.1.3.5　温度的影响

随温度的升高，酶催化反应的速率加快。与一般的化学反应相似，在较低的一定温度范围内，温度每升高 10℃，反应速率增加 1～2 倍。温度超过 65℃，酶蛋白质会逐渐失去生物活性，酶的催化效率反而降低。

一般清洗用酶最好在 50℃ 左右使用。但是，不同种类的酶的最适宜温度条件不同。脂肪酶的最适宜清洗使用温度是 35℃。SA（Savinase8.0）和 ES（Esperase8.0）蛋白酶是 20世纪 70～80 年代用于工业生产中的碱性蛋白酶，SA 的最适宜 pH 值为 9～10.5、温度范围为 20～65℃；ES 的最适宜 pH 值为 10～11.5、温度范围为 40～75℃。

9.1.3.6 应用环境中其他化学制剂的影响

用于清洗剂中的酶应考虑其配伍性。表面活性剂及其他助剂对不同酶的活性有影响。例如，酶的结构为氨基酸，强的氧化还原剂会与其发生反应；氯会破坏酶的活力，在和含氯、过硼酸盐等漂白剂混合使用时，应先加入酶，再加入漂白剂；脂肪酶在非离子表面活性剂中所起的作用优于阴离子表面活性剂。

酶在水中的稳定性较差。酶所在的体系含水量过高，如果碱性又强，酶会发生降解。因此，长期储存的加酶洗涤剂中水的含量应控制在 40% 以下，pH 值在 7~9.5 之间。pH 值过高，酶会失去活性；pH 值过低，清洗性能不好。

9.1.4 酶技术在洗消中的应用

有机磷水解酶是广泛存在于多种生物体内的一类酶，能够水解大多数的含磷毒剂，并且是众多有机磷降解酶中能对含 P-S 毒剂起作用的酶。有机磷水解酶作为一种降解含磷有机物的高效催化剂，近年来国内一些学者将其应用于沙林、VX 等含磷化学战剂的洗消研究，取得了良好的效果。例如，军事医学科学院毒物药物研究所的张宪成就有机磷降解酶对沙林和梭曼的降解程度进行了实验研究，结果显示，有机磷降解酶对沙林和梭曼有一定的降解作用，并且随着酶量的增加，降解速率加快，在第 20min 时，沙林和梭曼的降解率分别达到 50.8% 和 29.7%；中国人民解放军防化指挥工程学院的齐秀丽等人就有机磷化合物水解酶对 VX 的催化水解作用也进行了深入研究。与此同时，国外也出现将有机磷降解酶用于洗消研究的报道。但由于酶具有高选择性，且矿化效果不佳，易造成二次污染，将其应用于大批量化学战剂处理还不成熟。

目前，配备到消防部队的比亚有机磷降解酶是我国"863"高技术研究发展计划重大生物工程成果，它能利用降解酶的生物活性快速、高效地将高毒的农药大分子降解为无毒的可以溶于水的小分子，可用于有机磷农药泄漏现场的洗消降毒。据有关资料统计，比亚降解酶对甲胺磷和氧乐果的降解效果最好，降解率均可达到 100%。

9.2 微胶囊洗消技术

微胶囊技术的研究始于 20 世纪 30 年代，20 世纪 50 年代取得重大成果，美国利用含油明胶微胶囊研制出第一代无碳复写纸，20 世纪 80 年代后微胶囊技术取得更大的进展，不仅申请了许多微胶囊合成技术新专利，而且开发出纳米级微胶囊。与此同时，微胶囊的应用领域也从最初的药物包覆和无碳复写纸迅速扩展到医药、食品、农药、化妆品、纺织等行业。

9.2.1 微胶囊技术的基本概念

微胶囊技术是一种微包装技术，它是利用成膜材料把具有分散性的固体、液体或气体包覆形成"核-壳"结构微小粒子的技术。通过该技术得到的微小粒子称为微胶囊，包覆在微胶囊内部的物质称为芯材（或囊芯），成膜材料形成的包覆膜称为壁材（或囊壁），微胶囊的结构如图 9.1 所示。

早期使用的微胶囊壁材一般是明胶等天然高分子材料，随着高分子化学研究的逐步深入，运用高分子聚合方法得到的合成高分子越来越多地应用于微胶囊的制备。目前，常用的高分子材料主要有聚脲、脲甲醛树脂、聚乙烯醇、明胶、阿拉伯胶、纤维素等。此外，无机材料也可用作微胶囊壁材，如铜、镍、银、铝、硅酸盐、玻璃、陶瓷等。

根据合成微胶囊所用芯材与壁材原料的性能、微胶囊的合成方法以及使用目的，合成出的微胶囊大小、外部与内部形态各异。微胶囊的粒径通常为 0.1~1000μm，随着现代仪器

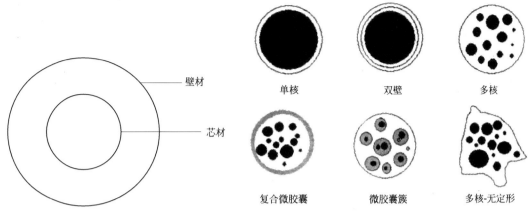

图 9.1　微胶囊结构示意图　　　　图 9.2　微胶囊的形态结构示意图

设备的开发与微胶囊技术的发展，目前已经可以制备粒径在 1～1000nm 的纳米级微胶囊。微胶囊的外部形态各异，一般情况下，芯材为固体的微胶囊，其形状由固体颗粒的形状所决定；芯材为液体或气体芯材的微胶囊，其形状多为球形。微胶囊的内部结构也呈多种形态，从芯材来看，有单核与多核之分，有微胶囊簇和复合微胶囊；从壁材上看，有单层、双层和多层结构。微胶囊的形态结构如图 9.2 所示。

9.2.2　微胶囊的制备方法

微胶囊的制备首先是将液体、固体或气体囊芯物质（芯材）分细，然后以这些微滴（粒）为核心，使聚合物成膜材料（壁材）在其上沉积、涂层，形成一层薄膜，将囊芯微滴（粒）包覆，这个过程也称为微胶囊化。

20 世纪 40 年代末，美国人 D. E. Wurster 发明了合成固体微粒微胶囊的空气悬浮法，并成功地应用于药物包衣方面，成为利用物理机械方法合成微胶囊的先驱。20 世纪 50 年代，美国现金出纳公司（NCR）的 B. K. Green 利用相分离复合凝聚法合成了含油明胶微胶囊，并利用该技术研制出第一代无碳复写纸，这是首次将液体材料进行微胶囊化，开创了物理化学方法合成微胶囊的新领域。后来，人们将高分子化学中的高分子化合物聚合方法应用于微胶囊的合成，产生了界面聚合法、原位聚合法等新的微胶囊制备方法。随着新材料、新设备的不断出现，目前微胶囊的制备方法已接近 200 种。

根据囊壁形成的机理和成囊条件，通常将微胶囊制备方法分为三大类，即物理法、化学法和物理化学法。在每一类方法范围内，根据制备原理的不同又可进一步细化为多种具体的制备工艺和方法，而各种制备工艺和方法又具有各自的特点和适用范围。物理法是利用物理的和机械的方法制备微胶囊的方法，主要有空气悬浮法、喷雾干燥法、挤压法等。化学法主要是利用单体小分子发生聚合反应生成高分子成膜材料并将囊芯物质包覆而形成微胶囊的方法，常用的有界面聚合法、原位聚合法和锐孔法。物理化学法是通过改变条件（如温度、pH 值、加入电解质等）使溶解状态的成膜材料从溶液中聚沉出来并将囊芯物质包覆形成微胶囊的方法，主要有水相分离法、油相分离法、干燥浴法、熔化分散冷凝法等。在这三大类方法中，物理法具有设备简单、成本低、易于推广、有利于大规模连续生产等特点；化学法和物理化学法合成微胶囊一般通过反应釜即可进行，因此这两类方法应用较多，其中又以界面聚合法、原位聚合法、水相分离法应用最广。

不同制备方法所得到的微胶囊囊壁的性能有很大差异。一般来说，界面反应合成的微胶囊囊壁致密性较好；以喷雾干燥法合成的微胶囊产品致密性较差，且颗粒直径相对较大；而以水相分离法合成的以明胶作囊壁材料的微胶囊机械强度较差，有一定的缓释性。合成微胶囊时，应根据粒子的平均粒径、壁材和芯材的物理化学特性、应用场合、控制释放的机理、工业生产的规模及成本选择合适的微胶囊制备方法。

随着微胶囊研究的深入和应用领域的延伸，新的微胶囊技术不断地被创造和开发。目前，最新的微胶囊技术有多流体复合电喷技术、超临界流体快速膨胀技术、自组装技术及多种微胶囊方法复合技术等，微胶囊技术正朝着包覆率高、功能多样、结构与性能可方便调控、制备成本低等方向发展。

9.2.3　微胶囊释放方式

微胶囊囊芯物质的释放按膜层破裂、扩散和囊膜降解三种方式进行。膜层破裂是外壳因摩擦、挤压而破坏，如口香糖中的甜味剂和香精。微胶囊的芯材可在水或其他溶剂中因囊壁的溶解而释放，这是最简单的释放方法，如喷雾干燥法制造的粉末油脂和粉末香精；也有因温度的升高致使囊壁融化。扩散是通过选择合适的壁材、控制合成条件，可使囊壁膜具有渗透作用。芯材随液体（如水、体液等）的渗入而逐渐溶解，并向外扩散，直至囊膜内外的浓度达到平衡。囊膜降解是囊膜受热、溶剂、酶、微生物等影响而破坏，释放所包覆的物质。

9.2.4　微胶囊技术在洗消中的应用

微胶囊技术是一种有效的物质固定化技术，应用优势在于其具有的特殊核-壳结构可以将芯材与外界环境隔离开来，从而改善芯材的物理性质，提高芯材的稳定性，同时保留芯材原有的化学性质，起到保护、控制释放及屏蔽毒性等功能。使用时，在加压、升温、摩擦或辐射等特定条件下可释放出芯材，或在不破坏壁材的条件下，通过加热、溶解、萃取、光催化或酶催化等作用，使芯材透过壁材向外扩散，从而起到控制释放芯材的功能。随着科学技术的不断发展，目前这一技术在洗消领域也得到了较广泛的应用。

为了提高消毒剂的使用效率和解决消毒剂腐蚀性强的问题，国内外技术人员开展了微胶囊消毒剂的研究，目的在于研制出一种能对皮肤、服装和装备消毒的多效消毒剂。据报道，美国对微胶囊腔内填料和胶壁材料的选择、微胶囊的制备和评价进行了深入研究，从研制的40多种样品中筛选出7种用于伤员消毒试验，结果表明，其消毒效果良好，不仅能明显地降低芥子气、沙林和梭曼在皮肤上的渗透作用，而且还能提取已渗入皮肤的梭曼。20世纪70年代末，美国南方研究院率先采用乙酸丁基纤维素、氯化橡胶、聚乙烯醇缩丁醛和聚偏二乙烯等高分子材料对次氯酸钙和氯胺类（如二氯三聚异氰酸钠等）进行了微胶囊化研究，制备了相应的微胶囊。其中，这些高分子膜材料在消毒体系中主要起稳定消毒剂活性成分、降低腐蚀性的作用。1980年美国4201822号专利公开了一种微胶囊吸附消毒材料。该胶囊材料为乙基纤维素，制备的微胶囊对毒剂有选择性吸附作用。其芯材有2种，即 Z,Z-二甲氨基吡啶、10% ZnO 和消毒剂 90% 对称双（N-氯-2,4,6 三氯苯基）尿素 [sym-bis（N-chloro-2,4,6-trichloro-phenyl）urea]，这两种微胶囊都获得了较好的消毒效果。我国在20世纪90年代初开始研究微胶囊消毒剂，以乙酸丁酸纤维素、氯化橡胶等作为胶壁材料，以次氯酸钙为腔内填料，对微胶囊消毒剂的制备工艺、消毒效果进行了研究。研究结果表明，微胶囊消毒剂是一种有发展前途的消毒剂。

9.3　等离子体洗消技术

9.3.1　等离子体概述

当不带电的普通气体受到外界高能作用（如对气体施加高能粒子轰击、强激光照射、气体放电、热致电离等)后,部分原子中电子吸收的能量超过原子电离能后脱离原子核的束缚而成为自由电子,同时原子因失去电子而成为带正电的离子,这样原中性气体因电离而转变成由大量自由电子、正电离子和部分中性原子组成的、与原气体具有不同性质的物质称为等离子体。等离子体中带正电的离子与带负电的电子密度近似相等,整体上呈电中性,它被称为除固体、液体和气体之外的第四种物质存在形态。

等离子体通常可以分为高温等离子体和低温等离子体。根据电子与离子、中性原子的热平衡状态,低温等离子体又可分为平衡态等离子体(也称热等离子体)和非平衡态等离子体(也称冷等离子体)。在热等离子体中,各种粒子的温度几乎相等,可达 $5000 \sim 20000\text{K}$,在如此高的温度下,几乎可以将所有的有害固、液废弃物彻底分解或玻璃体化,因此成为化学武器销毁的一种可替代技术。在冷等离子体中,各种粒子的温度并不相同,电子的温度高达 $10^4 \sim 10^5\text{K}$,而离子、中性原子的温度不过几百度甚至接近室温,电子的温度远远大于离子、中性原子的温度,系统处于热力学非平衡状态,宏观上体系温度较低。冷等离子体可以通过常压下气体放电产生,在脱硫脱硝、挥发性有机物降解(VOCs)、有毒气体净化等废气治理及核生化洗消领域受到了广泛关注。

9.3.2　等离子体的洗消机理

9.3.2.1　消除放射性沾染的机理

低温等离子体用于放射性沾染消除的主要机理是通过加入少量添加剂,在等离子体中产生大量的活性物质,高反应活性的等离子体与放射性物质迅速发生化学反应,生成易于清除的固体粉末或挥发性强的物质,即固化和气化,可将不易于转移的放射性元素通过化学反应而实现快速、安全转移。

9.3.2.2　消除化学污染的机理

低温等离子体中存在大量的电子、离子、活性自由基和激发态原子等有极高化学活性的粒子,使很多需要很高活化能的化学反应能够发生,使常规方法难以去除的化学污染物得以转化或分解。数万度的高能电子轰击化学污染物分子,与化学污染物分子发生非弹性碰撞,将能量转换成基态原子的内能,发生激发、离解、电离等一系列过程,使有毒有害物质转变成无毒无害或低毒低害的物质,从而达到消除化学污染的目的。

与传统洗消方法相比,等离子体洗消技术属于干法洗消,对敏感装备没有腐蚀性,因此受到国内外研究者的关注。

9.3.3　等离子体的发生装置

低温等离子体主要是由气体放电产生的,放电方式可分为辉光放电、电晕放电、介质阻挡放电、射频放电及微波放电等。目前,在化学毒剂洗消领域研究过的等离子体发生装置主要有大气压等离子体喷射器(Atmospheric Pressure Plasma Jet,APPJ)和常压冷等离子体反应器(如线-筒式反应器、针-板式反应器、填充床式反应器等)。其中,APPJ 主要利用高速气流将产生的等离子体喷射到受毒剂沾染的表面实施洗消,因其应用范围广(可用于核生化洗消),且喷出的等离子体活性粒子流可用于各种表面洗消而受到国内外研究者的广泛关注。各种冷等离子体反应器主要用来处理染毒气体,可用于密闭工事中空气的消毒。

9.3.3.1　大气压等离子体喷射器

1997 年 11 月,美国洛斯·阿拉莫斯国家实验室采用射频技术成功研制出 APPJ。APPJ以 He/O_2 或 Ar/O_2 为工作气体,通过气体放电产生大量的高能电子、原子氧、亚稳态氧等活性等离子体流,可以与受染表面的化学毒剂快速反应而达到洗消的目的,因而受到世界各国研究机构的重视。

APPJ包括射频电源（13.56MHz）、供气源、电极、等离子体放电区间和喷口等，如图9.3所示。

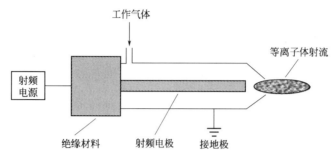

图9.3 大气压等离子体喷射器结构示意图

常压等离子体喷射器由一个圆柱体的金属射频电极和圆筒状的金属地电极构成，在圆柱体电极和圆筒地电极之间有一个圆筒状的放电缝隙，在电极的一端用绝缘材料密封，另一端设有一个喷口，工作气体在电极之间的缝隙间高速流动，射频功率源加速自由电子，使自由电子获得较高的能量。这些高能电子与工作气体发生非弹性碰撞，产生大量的高能电子、原子氧、亚稳态氧等活性等离子体流。在压力推动下，等离子体从喷口高速喷出，撞击到受污染的表面，与受污染表面的核生化战剂快速反应而达到洗消目的。

9.3.3.2 介质阻挡放电装置

1985年，Siemens发明了介质阻挡放电。介质阻挡放电是在放电空间插入绝缘介质的

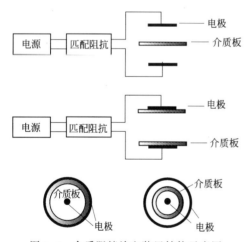

图9.4 介质阻挡放电装置结构示意图

一种气体放电方式，当在放电电极上施加一定频率（50～500kHz）的足够高的交流电压时，电极间的气体就会被击穿而形成低温等离子体。介质阻挡放电能够在大气压下产生大体积、高能量密度的低温等离子体。介质阻挡放电装置可以设计成各式各样，电极形状有平板式和圆筒式两种；从介质的数量看，有单层介质和双层介质两种；介质位置可以覆盖在电极上，也可以悬挂在放电空间里，如图9.4所示。

9.3.3.3 电晕放电装置

电晕放电是使用曲率半径很小的电极（如针状电极或细线状电极），并在电极上加高电压。由于电极的曲率半径很小，而靠近电极区域的电场又特别强，从而电子逸出阳极，发生非均匀放电，称为电晕放电。电晕放电装置由电源、针状电极板和平板电极组成，如图9.5所示。

当针状电极与电源的负极相连，而平板电极与电源正极相连时，射向样品的以电子流为主，称为负电晕。反之，则以正离子流为主，称为正电晕。

9.3.4 等离子技术在洗消中的应用

等离子体中含有大量的高能电子、激发态分子或原子、自由基等活性粒子，具有足够的能量破坏毒剂分子的化学键，引发化学反应，理论上可以快速、高效地消除污染，达到消毒目的，因而成为防化洗消领域关注的热点。

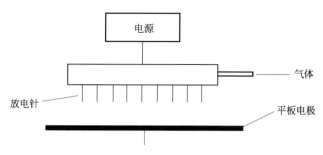

图 9.5　电晕放电装置结构示意图

9.3.4.1　表面沾染的洗消

自 1998 年开始，Heremann 等人在 APPJ 对表面沾染的洗消领域做了大量研究工作，他们先后在美国 Dugway 陆军试验场和 Edgewood 生化中心进行了实毒试验，结果表明，APPJ 可以对表面沾染的芥子气、梭曼、VX 等化学毒剂实施有效洗消。此外，通过对电极的活性冷却，可以使等离子体射流在 75℃ 下仍然能获得较好的洗消效果，从而使对敏感设备和人员的洗消也成为可能。Birmingham 对等离子体放电处理受染皮肤也进行了研究报道。我国学者王守国采用 APPJ 技术，在输入功率为 50W、Ar 流量为 15L・min^{-1}、N$_2$ 流量为 100mL・min^{-1} 的条件下，将等离子体束流直接喷射到人体上对皮肤进行消毒。

APPJ 自问世以来，短短几年时间内就以其洗消效果好、适用面广、操作简单而受到防化洗消研究者的广泛关注，取得了快速发展。但是，这些研究都需要消耗大量的惰性气体以产生均匀稳定的等离子体射流，无疑增加了成本。O'Hair E 等人探索了氮气等离子体和空气等离子体射流对化学毒剂污染的表面洗消效果，但其产生的等离子体属于热等离子体，射流温度太高，限制了其应用范围。因此，今后的工作需要致力于在不增加射流温度的前提下，减少惰性气体的消耗和延长等离子体射流的距离，以适合战时装备洗消的需要。

此外，美国 InnovaTek 公司利用非平衡电晕放电等离子体对铝表面的沙林模拟剂甲基膦酸二甲酯（dimethylmethylphosphonate，DMMP）进行处理，发现降解产物中不含有毒物质，适于表面洗消。我国学者陈永铎、王晓晨等人采用针-板曝气式高电压脉冲放电等离子体反应器（图 9.6），对 500mg・L^{-1} 的 DMMP 水溶液进行了洗消实验。结果表明，等离子体的平均功率为 12.5W，处理液体为 200mL，氧化时间为 100min 时，DMMP 的降解和矿化率分别为 90% 和 68%。

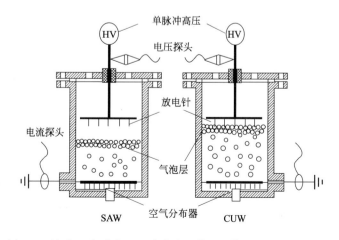

图 9.6　针-板曝气式高电压脉冲放电等离子体反应器结构示意图

9.3.4.2 污染空气的洗消

早在 1975 年 Bailin 等人就采用微波放电等离子体对 DMMP 蒸气的降解进行了研究报道，1985 年 Fraser 等人采用交流电容耦合放电对 DMMP 的降解产物和机理进行了分析研究。但是他们当时的研究需要消耗成本较高的惰性气体氩气来产生等离子体。20 世纪 80 年代，日本东京大学 S. Masuda 教授提出的高压脉冲电晕放电法可以在常温常压下直接对空气放电而产生非平衡等离子体，使得非平衡等离子体在废气治理领域得到了快速发展。

Korzekwa 等人采用线-筒式脉冲电晕放电反应器（图 9.7）对有害气体进行消除研究，

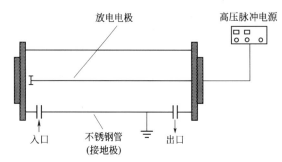

图 9.7 线-筒式脉冲电晕放电反应器

之后他们又设计了一个由 10 根线-筒式不锈钢放电管并联组成的脉冲电晕反应器，对有害气态污染物进行了降解研究。何鹰等人采用无声放电详细研究了不同气体介质（氧气、空气和氮气）、放电功率、浓度、停留时间以及催化剂（氧化铝、氧化钴、氧化钼）等对 DMMP 降解效果的影响。李战国、闫学锋等人采用同一个脉冲电晕放电反应器分别对 DMMP 和芥子气模拟剂 2-氯乙基硫醚（2-chloroethyl ethyl sulfide，CEES）进行了降解研究，发现脉冲电晕放电洗消含硫毒剂模拟剂 CEES 时，气体流量在 1100mL·min^{-1} 的条件下，残余浓度低于 4mg·m^{-3}，洗消率达 99.6%；而对 DMMP 气体流量仅 400mL·min^{-1} 的条件下，最高降解率虽然可达 95.4%，但由于 DMMP 是神经性毒剂沙林的模拟剂，沙林的安全允许浓度要求低于 0.001mg·m^{-3}，因此该反应器一次处理很难达到安全要求，对含磷类毒剂染毒空气的洗消还需做进一步研究。此外，李颖、李战国等人采用常压介质阻挡放电等离子体喷射器对铝表面的 CEES 进行洗消实验研究，探索放电功率、洗消时间、洗消距离及工作气体（Ar/O$_2$）流量等对洗消率的影响。结果发现，在放电功率 200W、洗消时间 2.5min、洗消距离 2.0cm、工作气体流量 10L·min^{-1}，APPJ 对铝表面染毒密度为 6.8mg·cm^{-2} 时洗消率最高，达 95.8%。

目前人们对等离子体-催化法联合处理 VOCs 已经做了较多的研究工作，探索了各种催化剂与等离子体的协同作用，发现两者同时存在时的处理效果优于任何一种单独作用的效果。因此，对含磷毒剂的洗消可选择合适的催化剂，建立等离子体-催化法联合处理系统提高洗消效果。

9.3.5 等离子体洗消技术存在的问题与发展趋势

等离子体洗消技术是一项新型的环境污染治理技术，在化学毒剂洗消领域的应用研究虽然取得了阶段性的成果，在实验条件下具有较好的洗消效果，但总体上还处于探索性研究阶段，要使其发展成为新一代洗消装备，还有许多技术难题需要解决。

9.3.5.1 等离子体放电电源

等离子体发生装置对放电电源的要求很高。电源功率的大小直接决定着向反应系统输入的能量，即功率大，输入的能量多，产生的活性粒子密度大，洗消效率高，但成本高，电源的重量及体积也大；反之，功率小，可能洗消速率慢或效率低。因此，需要针对不同的放电方式和反应器构造进行模拟洗消试验，以探索出适合化学毒剂洗消需要的等离子体放电设备及其匹配的电源。

9.3.5.2　表面洗消尚需解决的问题

（1）现有的 APPJ 设备需要使用大量的惰性气体（氦气或氩气），惰性气体成本高且来源受限，使用时还需要携带大量的气罐，后勤保障负担重。因此，需要探索研究直接采用空气作为气源的可行性，一旦研制成功，可以直接利用周围空气，不仅降低成本和负担，尤其利于实现装备化。

（2）APPJ 对受染对象实施洗消时，需要将产生的等离子体喷到受沾染对象表面，而目前的大气压等离子体射流有效活性距离仅 1～2cm，有效洗消距离太短，不能满足装备洗消需要，必须研究提高其射流的有效活性距离。

（3）目前的 APPJ 洗消能力有限，受喷口直径限制，还不能实现大面积洗消，这远远不能满足实际作战情况的洗消要求。必须在现有技术的基础上，将 APPJ 设备放大，提高等离子喷射枪体的直径，并通过寻找合适的添加气提高洗消效率，研制出适合车辆甚至飞机使用的大面积 APPJ 洗消装置。

（4）深入开展等离子体消毒机理研究，特别是对毒剂在等离子体内降解产物的定性研究，降解速率及降解因素的研究，对等离子体能量及反应活性的定量表征方法的研究也应深入开展，以便指导等离子体发生器的研制与改进。在此基础上，可以研制适于战争或反恐作战需要的小型装备模型，进行放大试验，并不断优化改进，以尽快使其实用化、装备化。

总之，等离子体技术在表面洗消、染毒空气洗消等方面都有着良好的发展前景，国外已经开展了较深入的研究，已研制出一些针对生化毒剂洗消的装置，并申请了专利，正在努力研制适合战场需要的装备。国内在等离子体洗消领域也做了不少工作，对含磷含硫毒剂模拟剂形成的气态污染进行了较详细的实验研究，并对表面沾染的洗消也进行了初步的探索研究工作。在今后的工作中，一方面要对各种类型的毒剂进行详细的洗消实验，探索其应用范围；另一方面，探索研制能够适应复杂多变的战场需要的等离子体洗消装置，以加快我国等离子体洗消技术装备化的步伐。

9.4　担载型催化洗消技术

担载型催化技术利用担载型催化剂对化学战剂进行先吸附后降解，主要包括金属氧化物催化剂以及分子筛催化剂。由于金属氧化物催化剂及分子筛催化剂均具有较高的比表面积，因而吸附能力强，协同紫外线及加热可使化学战剂加速降解。实验证实，此技术对化学战剂蒸气及溶液具有很好的处理效果，且使用方法简单、环保，反应基体可再生，但其矿化能力不足，降解产物有可能再次对环境造成污染，且残留于催化剂表面的降解产物容易降低其使用寿命。

9.4.1　金属氧化物催化剂

利用金属氧化物表面的酸/碱性位点可以稳定吸附化学战剂分子，且其具有半导体性质，光照及加热条件下价带电子迁移到导带，留下强氧化性空穴，可有效降解化学战剂。

金属氧化物催化剂主要有 SiO_2 基体、Al_2O_3 基体、TiO_2 基体及 CuO 基体等。

9.4.1.1　SiO_2 基体

Bermudez 等人对沙林以及沙林模拟剂甲基膦酸二甲酯（DMMP）在无定形 SiO_2 基体上的吸附热进行计算机模拟计算发现，两者分子中的 $P=O$ 与 SiO_2 基体表面两个 $Si-OH$ 结构形成 $P=O(-H-O)_2$ 氢键最稳定，最有利于吸附，且实验证实气相中的水分会干扰 DMMP 与 SiO_2 基体形成氢键。

Saxena 等人在液相（辛烷为溶剂）中采用 SiO_2 洗消沙林，发现经氢氧化钠浸渍的 SiO_2 降解活性明显高于未处理 SiO_2，约 $700mg \cdot L^{-1}$ 的沙林溶液可在 15min 内完全洗消，具有很高的活性，且常温下沙林在 SiO_2 基体上的吸附基本符合一级反应模型，其吸附速率常数 K 可达 $0.057min^{-1}$。此外，Saxena 等人发现经过三氯异氰尿酸（TCCUA）浸渍的 SiO_2 吸附芥子气模拟剂 2-氯乙基硫醚（2-CEES）以及芥子气的速率均提高约 400 倍，速率常数分别达到 $1.38min^{-1}$ 及 $0.25min^{-1}$，其中芥子气溶液可在 25min 内 100% 降解，但他们未对 SiO_2 基体的使用寿命进行深入研究，且芥子气矿化效果不佳。

9.4.1.2 Al_2O_3 基体

Sheinker 等人发现采用溶胶-凝胶法制备的 γ-Al_2O_3 比负载 Fe_2O_3 的 γ-Al_2O_3 以及普通 γ-Al_2O_3 对 DMMP 更有吸附活性，Bermudez 利用软件计算了 γ-Al_2O_3 吸附沙林及 DMMP 的吸附热，发现与 SiO_2 基体相反，两者吸附于 Al_2O_3 表面最稳定的结构是 $Al\cdots O=P$ 而非 $Al-O-H\cdots O=P$，且实验发现环境中的水分对 γ-Al_2O_3 吸附 DMMP 无明显影响，证实了其软件计算的结果。此外还对沙林及 DMMP 的降解激发阈值进行了计算，其研究对于探索在自然条件下利用 γ-Al_2O_3 洗消沙林具有重要意义，在 Mitchell 等人的研究中对吸附反应进行了定量分析，发现负载 MnO_x 的 η-Al_2O_3 对 DMMP 有良好的吸附作用，一分子 Mn 约能吸附两分子 DMMP，在通入 O_3 的情况下，DMMP 能很快矿化为 CO_2 和 CO，而在 Al_2O_3 表面形成的 $H_3C-P(-O-surf)_3$ 等基团影响了基体寿命，如果能找出降解此类基团的方式，其仍是一种颇具前景的洗消方法。

9.4.1.3 TiO_2 基体

张建宏等人发现，相比加热，采用紫外线协同 TiO_2 洗消沙林模拟剂氯磷酸二乙酯（DECP）更具有活性且能使其基本矿化。Ratliff 等人与 Panayotov 等人各自在常温下使用 Au/TiO_2 基体洗消 DMMP，均取得比无负载 TiO_2 更好的洗消效果，其中 Ratliff 提出用 Pt 部分替代 Au 可提高 DMMP 的洗消速率，后者提出了 Au/TiO_2 的催化机理，但是此催化剂仍然面临寿命不高、易失活的问题，Panayotov 等人针对 TiO_2 失活机理进行了进一步的研究，结果表明 DMMP 在 TiO_2 基体上的吸附包括物理吸附（$Ti-OH\cdots O=P$ 氢键）和化学吸附（Lewis 酸性位点及晶格氧原子），而对失活基体加热只能恢复其物理吸附能力，同时他们在另一项研究中证实了 TiO_2 基体表面晶格氧及 Lewis 酸位对 DMMP 热降解具有重要作用，揭示了 TiO_2 基体失活的重要原因，其研究对寻找有效的催化剂再生方法具有重要意义。Mera 等人开发了一套 TiO_2 光催化洗消设备，对 DMMP 的饱和吸附及降解量可达 $1.1g \cdot g^{-1}$（TiO_2），处理效率约为 85.6%。韩世同等人对 $SO_4^{2-}/TiO_2/SiO_2$ 体系进行了研究，发现其协同紫外线相比无负载 TiO_2 对 2-CEES 有更好的洗消活性及稳定性，且水蒸气对低浓度（$<129\mu L \cdot L^{-1}$）2-CEES 洗消具有辅助作用。

9.4.1.4 其他催化剂

（1）担载 Zr^{4+} 基体 Mattsson 等人发现担载 Zr^{4+} 元素 6.8% 的 TiO_2 对 2-CEES 光降解速率明显高于无负载 TiO_2，他们认为负载 Zr^{4+} 可以使 TiO_2 的锐钛石晶型更稳定，阻止其向金红石晶型转变，从而提高洗消活性。Štengl 等人采用尿素水解法制备 Fe-Ti-Zr 氧化物，发现常温下其对芥子气的洗消活性强于现有报道的催化剂，与催化剂质量比为 2% 时，芥子气 64min 内可洗消 95%，且其未使用紫外线辅助洗消反应，显示出良好的应用前景。

（2）CuO 基体 Mahato 等人在常温下进行 CuO 洗消芥子气的实验研究，结果表明芥子气的降解主要来自水解作用，芥子气与 CuO 的质量比为 6% 时降解半衰期约为 7.5h。

（3）MgO 基体 汤海荣等人发现纳米级 MgO 对芥子气的洗消效果明显强于试剂级

MgO，其降解半衰期为 353.2h，同时发现 MgO 上的碱性中心对降解反应具有重要作用。在另外两项研究中，他们对酸/碱性中心对降解反应的影响机理进行了更详细的阐述，其研究对于探索 MgO 基体的表面改性方法具有指导意义。

（4）Y_2O_3 催化剂　Gordon 等人研究了 DMMP 在 Y_2O_3 表面的吸附，发现其吸附能力约为 4.6×10^{12} 分子每立方厘米，且其表面吸附的 DMMP 以 O—P—O 键为主，如果能提高 Y_2O_3 比表面积，那么 Y_2O_3 可作为一种良好的吸附剂，但作者未对降解反应进行进一步研究。

（5）硅铝酸盐催化剂　Knagge 等人的研究表明，常温下硅铝酸钠对 DMMP 的吸附约为 $1.43\,mmol \cdot g^{-1}$，升温至 200℃ 时，DMMP 可降解为低毒性的 CO_2、CO、二甲醚、甲醛等，如果能适当降低降解温度，硅铝酸钠可作为一种比较有效的洗消催化剂。

9.4.2　多孔型催化技术

相比于金属氧化物催化剂，多孔型催化剂具有更大的比表面积（$>1000\,m^2 \cdot g^{-1}$），理论上对化学战剂的吸附效果会更好，但由于其不具有金属氧化物的半导体性质，因而它的降解活性比金属氧化物差。

活性炭是一种来源广泛且廉价的吸附剂，Osovsky 等人发现气相中的水分能促进芥子气在活性炭表面的降解，水/炭为（0.6～5）/1 且温度大于 120℃ 时，芥子气在 0.5h 内完全降解，如果能进一步提高其降解活性，可大大节约洗消成本。Montoro 等人在研究中发现分子筛 MOF-5 对沙林及芥子气模拟剂的吸附具有较高的吸附热以及亨利系数，是一种优良的吸附剂，但同时发现与活性炭相反，水对分子筛吸附能力影响很大。在 Ma 等人对 NENU-11 分子筛的研究中也发现了同样的现象，NENU-11 分子筛在室温下能使吸附的 DMMP 降解34%，如果能严格控制洗消环境湿度，相信能提高分子筛的降解能力。习海玲等人尝试在分子筛表面担载金属氧化物，并对负载 MgO 的介孔分子筛 SBA-15 进行研究，发现负载量为5% 时 15h 内 2-CEES 降解比例可达 90% 以上，该研究为提高分子筛降解活性提供了一种新方法。

9.5　其他洗消技术

9.5.1　泡沫洗消技术

泡沫洗消技术作为一种新型的洗消理念是由美国 Sandia 国家实验室在 20 世纪 90 年代提出的。该技术以泡沫的形式将消毒剂喷洒在染毒物体表面，不仅可以极大地减少用水量，降低后勤负担，而且适用于不规则表面和垂直表面的洗消。特别是以过氧化氢为消毒成分时，不仅能快速、高效消除生化毒剂，而且具有无毒、无腐蚀性、不产生毒副产品等优点。

DeconFoam 100 泡沫洗消剂是美国能源部桑迪亚实验室研制的最新的炭疽杆菌芽孢生物战剂专用消毒产品，主要活性成分为 27.50% 过氧化氢、4.23% 复合季铵盐烷基二甲基苄基氯化铵。现场模拟消毒试验显示，其在几分钟之内使病毒、细菌（包括炭疽芽孢）和神经生化战剂（包括神经毒剂、芥子气和梭曼）失效，但对人员无害；美国桑迪亚国家实验室开发的 DF200 泡沫洗消剂，既能中和化学毒剂，又能杀灭生物战剂。试验证明，15min 内能中和毒剂的 98.5%，60min 可以中和毒剂的 99.84%。

在国内，唐金库在《过氧化氢泡沫洗消剂实验》研究中，以苄基 $C_{12} \sim C_{16}$ 烷基二甲基氯化铵为发泡剂，与稳定剂 1-十二烷醇进行复配，过氧化氢为消毒成分制得的泡沫洗消剂，对 G 类和 VX 类毒剂模拟剂的洗消效率进行研究，获得较好的实验效果。

9.5.2　超临界流体洗消技术

超临界流体具有与液体相似的溶解特性，具有类似气体的流动性。超临界流体洗消技术利用这一特性，在高压条件下将生化毒剂溶于流体中，降低压力又从流体中分离出来，从而达到洗消的目的。沙林和芥子气等化学毒剂在超临界 CO_2 中具有较高的溶解性，非常容易从不同结构和现状的材料表面脱除，富集之后再集中进行销毁。但是超临界流体的操作压力非常高，大部分敏感设备不能置于高压环境下，限制了该技术的应用。

9.5.3　可剥离膜洗消技术

可剥离膜洗消技术专门用于敏感设备上放射性物质的清除。该技术是将成膜液喷涂到沾染表面，成膜液中聚合物官能团与放射性物质发生物理化学作用，使其从污染表面进入膜中。待有机膜固化后，将包含放射性物质的有机膜从敏感设备表面上剥离，从而达到洗消的目的。美国劳伦斯国家实验室的 Sutton 等人采用可剥离膜技术对受到 U238 沾染的密闭手套箱进行了洗消处理，成膜液是 CBI 公司的 DeconGel1101 溶液。经过 α 检测仪测试表明，固化过程中 91％ 的放射性物质被吸收到膜中。

9.5.4　涡喷洗消技术

9.5.4.1　涡喷物理消除技术

涡喷发动机在大转速下工作时，喷射功率达 5000kW，在发动机喷口处的气流速率可达 $500m \cdot s^{-1}$，每分钟可喷射出 $3000m^3$ 的高速气流。高速气流和周围空气形成很大的速率差，从而掺混和带动高速气流周围的空气流动，形成流量达每分钟上万立方米气流的强大的局部"人工风暴"。这种"人工风暴"能够起到驱散和稀释有毒气体的作用和减轻对人员和环境的毒害作用。

9.5.4.2　涡喷化学消除技术

把漂白粉、次氯酸钠或者氢氧化钠、氢氧化钙、氨水、碳酸钠等消毒剂的水溶液雾化，再喷向有毒气体和染毒区域与有毒物质发生氧化、氯化反应或者中和反应来达到消毒的目的，喷射距离可达到 100m，高度可达 20m。也可喷射大流量雾状水滴，喷射的水雾粒度细、覆盖面积大，能吸收、溶解空气中的有毒气体，降低空气中的毒气含量，达到降低空气中有毒气体的目的。

9.5.5　高级氧化洗消技术

高级氧化技术是基于自由基氧化机理，在氧化剂、光、电或催化剂等作用下，原位诱发多种形式的强氧化活性物质，引起一系列反应，与毒性物质中的有机物反应对其进行洗消处理。

9.5.5.1　超临界水氧化法

超临界水氧化法是利用超临界水的特性，使有机废物和空气、氧气等氧化剂在超临界水中（反应温度和压力分别高于 374.3℃ 和 2.1MPa）发生均相氧化反应，使有机物的分子链断裂，有机物被完全氧化成 CO_2、H_2O、盐类等无毒的小分子化合物，达到彻底氧化降解有机毒物，产物无任何毒性的效果。国内外也开展了相关研究，主要是以毒剂模拟剂为反应物，研究其在超临界水中的氧化情况，结果表明，HD 模拟剂硫二甘醇（TDG）等、G 类模拟剂二甲基甲磷酸酯（DMMP）、甲磷酸（MPA）等和 VX 的水解产物在不同的超临界水氧化体系中都能得到比较彻底的降解。但由于超临界水氧化体系存在的严重的腐蚀性，尤其是当反应物分子中含有氯原子时，反应器的腐蚀会更加严重，这也是制约超临界水氧法得以大规模应用的一个重要因素。

9.5.5.2 超声波氧化法

常温常压下，水的氧化性不显著，但超声波（US）在水溶液中可以激发空化气泡的形成与破裂，空化气泡破裂过程中出现的瞬时高温高压（约 4000K 和 10MPa），可使水溶液产生 $\cdot O$、$\cdot OH$ 和 H_2O_2 等，这些强氧化性的自由基和基团能直接氧化分解溶液中的有机毒物。研究表明，US 法可以处理废水中的难降解的有机物，且无二次污染，反应条件也比较温和，但由于水本身的氧化性相对较弱，故降解效果并不理想。为提高降解效果，可引进氧化剂（O_3 和 H_2O_2 等）、催化剂（CuO、MnO_2 等），可以取得较好的效果。

◆ **参考文献** ◆

[1] 陈旭俊. 工业清洗剂及清洗技术 [M]. 北京：化学工业出版社，2002.
[2] 吴梧桐. 酶类药物学 [M]. 北京：中国医药科技出版社，2011.
[3] 陈智慧，杨荣杰，李蕾. 微胶囊技术及其在消防中的应用 [J]. 武警学院学报，2003，19(4)：18-20.
[4] 李战国，胡真等. 等离子体技术在化学毒剂洗消中的研究进展 [J]. 化工进展，2007，26(2)：204-206.
[5] 陈永铎，闫克平. 化学战剂绿色洗消技术 [J]. 化工进展，2012，31(10)：2313-2318.
[6] 唐金库. 过氧化氢泡沫洗消剂实验 [J]. 舰船科学技术，2010，32(12)：84-87.
[7] 白敏冬，张芝涛，吴春笃. 生化战的灾害及其消除技术研究趋势 [J]. 中国基础科学，2006，(5)：8-12.
[8] 王连鸳，朱海燕，马萌萌等. 氧化消毒技术进展 [J]. 公共安全中的化学问题研究进展，2013，(2)：289-293.

第 **10** 章

洗消工作的实施

化学品事故发生后，消防、公安、交通、医疗、安监等各方应急救援力量应立即投入事故应急救援行动中。由于危险化学品均具有一定的毒害性与腐蚀性，一旦其发生泄漏，会对现场周围的人员、车辆装备及环境造成一定程度的污染。为了从根本上降低或消除化学危险源造成的污染，在化学品事故泄漏险情得到有效控制后，必须及时、快速、高效地实施现场洗消，否则极易引起人员中毒、车辆装备腐蚀、生态环境破坏等危害。因此，洗消工作是化学品事故应急救援中一个必不可少的环节，有时还直接影响着整个应急救援行动的成败。因此，如何科学、高效地组织现场洗消工作是当前化学品事故应急救援亟待解决的一个重要课题。

洗消工作一般由公安消防部门组建的消防特勤防化专业洗消力量，在公安、交通、环卫和事故单位的配合下开设洗消站实施，也可由解放军防化部队防化洗消分队实施。开展洗消作业时，应根据危险化学品的理化性质有针对性地进行，并且注意其与洗消剂的物理化学反应，防止发生次生反应染毒事故。

10.1 洗消等级与方式

10.1.1 洗消等级

洗消的目的是保障生存、维持和恢复救援能力。与此相对应，洗消可分为局部洗消和全面洗消两个等级。

10.1.1.1 局部洗消

局部洗消是以保障生存、维持救援能力为目的所采取的应急措施，通常由染毒分队指挥员组织染毒分队利用自身配备的制式洗消装备或就便器材自行洗消。局部洗消的范围包括染毒人员、染毒装备上的必要部位和有限的活动区域，其洗消顺序一般是，皮肤洗消，个人服装、面具、手套的洗消，装备的操作部位及活动区域的洗消。局部洗消的目的是以较快的速度对影响生存和救援能力的地方进行洗消，不能随意扩大洗消范围。

局部洗消所使用的洗消剂应具有多效性，即洗消时不必鉴别危险化学品的种类而直接使用，这样才能保证快速完成洗消工作。

局部洗消完成后，可以使人员在救援时不直接接触致死性沾染，并防止污染的扩散。局部洗消后，人员不能解除防护。

10.1.1.2 全面洗消

全面洗消亦称彻底洗消，是以恢复救援能力、重建生存条件为目的所采取的应急措施。全面洗消包括对染毒人员、染毒服装、染毒车辆、染毒装备、染毒地域和染毒建（构）筑物等的彻底洗消。全面洗消后，人员可以解除防护，但要定期对染毒情况进行检测和观察人员是否有中毒症状。

全面洗消通常是在局部洗消后，根据指挥部的指示，在洗消专业分队开设的洗消站进行。全面洗消要有充分的时间和后勤保障，要有洗消专业分队的技术保障。

10.1.2 洗消方式

根据化学品事故应急救援的要求，洗消大体上可以分为固定洗消和移动洗消两种方式。

10.1.2.1 固定洗消

固定洗消是开设固定洗消站，接受被污染对象前来消毒去污的一种洗消方式，适宜于洗消对象数量多、洗消任务繁重时采用。固定洗消站一般设人员洗消场和车辆装备洗消场，并根据地形条件及洗消站需占用的面积划定污染区与洁净区，污染区应位于下风方向。

固定洗消站一般应设在便于污染对象到达的非污染地区，并尽可能靠近水源，洗消场地可在应急准备阶段构筑完成。固定洗消站可按照洗消任务量及洗消对象的情况，全面启动或部分启动。由固定洗消站派出的作业人员在被污染对象的集合点清点其数量，并会同运送被污染对象的负责人，将被污染的人员分成若干组，或将被污染的车辆装备分成若干批，根据洗消站的容量和作业能力，确定每次进入洗消站的数量，使消毒去污工作有秩序地进行。

固定洗消站的设置要求如下。

（1）及时设立救援力量到场后，应立即设立固定洗消站，以便及时对抢救疏散出来的染毒人员进行洗消。

（2）选择有利地势。固定洗消站一般应设立在上风向，跨污染区和安全区；应设置在交通便利处，以便及时利用交通工具将洗消后的人员进行疏散或向医疗部门进行转送；应尽可能靠近水源，以保障洗消工作顺利进行。

（3）出入口处应有明显的标识。

（4）洗消场所应密闭，防止废气、废水跑出去。

（5）出入口处应有相应的检测人员，在固定洗消站的入口处应设有专人负责检测，以确定前来洗消的对象有无洗消的必要或指出洗消的重点部位；在固定洗消站的出口处也要有专人对洗消后的人员进行检测，以确定洗消是否彻底。

（6）洗消废水必须收集处理，不能随意排放，以免引起二次污染。

10.1.2.2 移动洗消

移动洗消是利用移动洗消装备对需要紧急处理的染毒对象实施消毒去污的一种洗消方式。一般情况下，对化学品事故现场周围的染毒地面、染毒道路、染毒水源、染毒建（构）筑物、染毒空气实施洗消时均采用移动洗消。特别是对于在危险区域完成工程抢险、消防任务而严重被污染的人员，需要及时进行洗消，如果令其前往固定洗消站进行洗消，就会耽误时机，造成较严重的伤亡后果。为此，洗消分队应派出洗消装备和作业人员随同工程抢险人员、消防队伍行动，在危险区域边界外开设临时洗消点。临时洗消点可同时接受被污染伤员的洗消工作。

10.2 常用洗消车辆装备

根据危险化学品的理化性质选定合适的洗消剂后，洗消人员还需要使用一定的车辆装备将配置好的洗消液施放到染毒人员、染毒车辆装备、染毒环境等，开展洗消作业。因洗消对象及洗消范围大小的不同，所需洗消液用量多少的差异，洗消人员可视情况选用各种形式的洗消车辆装备，除消防部队的专业洗消车辆装备外，还应考虑能够进行洗消应援的相关单位的车辆装备，以解决化学品事故现场洗消车辆装备不足的现状。化学品事故应急救援行动中常用的洗消车辆装备主要包括化学洗消消防车、核生化侦检消防车、洗消帐篷、高压清洗机等。

图 10.1　化学洗消消防车外观图

10.2.1 化学洗消消防车

10.2.1.1 用途

化学洗消消防车（图 10.1）是根据化学品事故应急救援任务的需要而设计制造的专勤消防车，它利用泵管路系统的吸粉（或吸液）装置、洗消液搅拌装置、道路喷洒洗消装置、喷刷洗消装置等，对被危险化学品污染的地面、建（构）筑物、设备、车辆等实施洗消及加热洗消。

10.2.1.2 组成及性能

化学洗消消防车由底盘、乘员室、泵房、锅炉、器材箱、水泵及管路系统、附加电器装置等组成，如图 10.2 所示。

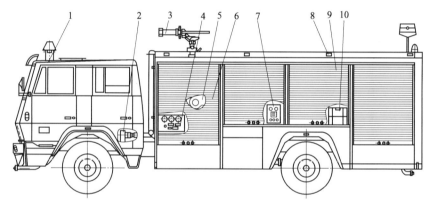

图 10.2　化学洗消消防车结构图

1—底盘；2—取力传动装置；3—水泵及管路系统；4—仪表管路总成；5—锅炉；6—泵房；
7—交流电气系统；8—附加电器装置；9—器材箱；10—器材布置及固定装置

10.2.1.3 使用方法

（1）锅炉注水作业　可用水泵自河道、水池吸水，或用消火栓向锅炉注水。

（2）调制洗消液

① 当罐内装好水后，可按下列步骤吸入粉状药剂，调制洗消液。打开吸粉口堵头，接上吸粉管，并将吸粉管一端伸入装有粉状药剂的桶内；启动水泵，打开后进水蝶阀，使水经水泵、右出水管、吸粉器、锅炉进行循环；打开吸粉口球阀，将吸粉胶管在药剂桶内上下、左右移动，并由中心向四周逐步抽吸，以达到均匀调制洗消液的目的；吸完药剂后，水泵应继续运转一段时间，以防吸粉管内的药剂倒流入桶内。

② 可直接从洗消吸液管路吸入，调制洗消液。打开吸液管路中的螺盖，接上吸液管，并将吸液管一端伸入装有洗消剂的桶内；打开注水球阀，打开吸液管路中的球阀；启动水泵，打开后进水蝶阀，使洗消剂经由水泵、注水管进入锅炉。

（3）洗消

① 调制好的洗消液在洗消前如有沉淀，可用水泵循环运转进行搅拌，以清除沉淀，此

时后进水蝶阀、注水球阀应处于打开位置。作业后停止水泵，关闭所有阀门。

②地面消毒　打开后进水蝶阀，启动水泵，打开前喷或后喷开关，可行车前喷或后喷进行地面消毒。作业后停止水泵，关闭所有阀门及开关。

③刷洗消毒　利用洗消卷盘进行洗消的步骤是，拉出洗消卷盘上的胶管，接好喷刷，打开后进水蝶阀，启动水泵，打开卷盘上的球阀，调节手油门控制出水压力，即可进行刷洗消毒。作业后停止水泵，关闭所有球阀、开关，拆下喷刷后放回原处。打开充气球阀，将胶管内的余水吹出后回绕在卷盘上。

④水柱消毒　利用直流喷枪进行洗消的步骤是，打开后喷管处喷枪接头闷盖，接好高压卷盘的胶管与直流喷枪，打开后进水蝶阀，启动水泵，打开喷枪接管处球阀，调节手油门控制出水压力，进行水柱消毒。作业后停止水泵，关闭所有球阀、开关，拆下喷枪后放回原处，盖上闷盖。

⑤注意事项　为提高洗消效果或在严寒环境下洗消，也可先用锅炉加热水后再吸入药粉或洗消剂调制洗消液；使用过洗消剂后，在没有进行清洗之前，若需要第二次引水装填，应注意避免水泵、管路及罐内残存的洗消液进入水泵内。

（4）残液收集　洗消后的残液可用隔膜泵收集。使用时可从固定处卸下，接好残液吸、排液管，接好气源管并打开球阀、隔膜泵即可作业。排出的残液用塑料桶收集，或直接吸入泵房内固定式残液收集箱，收集的残液运至指定地点处理。

10.2.2　核生化侦检消防车

10.2.2.1　用途

核生化侦检消防车（图10.3），又称消防多功能侦检车，是近年来发展起来的一种专勤消防车，车上装载各种侦检器材，可对事故现场的空气、土壤、水源中所含有毒、有害、易燃、放射性物质进行侦检。此外，车上还装有洗消分系统，当侦检剧毒或放射性物质时，能够对离车采样人员提供应急洗消，同时还能够对受污染的侦检器材提供应急洗消。

图10.3　核生化侦检消防车外观图

10.2.2.2　组成及性能

核生化侦检消防车车体由底盘、车厢组成，全车按区域可分为驾驶室、检测车厢和裙边舱，每个区域相对独立，成为各自独立的功能间；按功能可分为车体系统、检测分系统、防护分系统、洗消分系统及辅助系统等五个系统。

洗消分系统，又称德夫康（Defcon）消毒系统，配套在核生化侦检消防车上，由车内洗消间（也称喷淋室）、发泡单元、控制面板、消毒添加剂、卷盘设备等组成，如图10.4所示，

(a) 车内洗消间

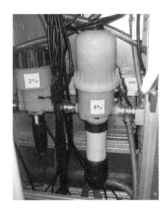

(b) 发泡单元配比混合器

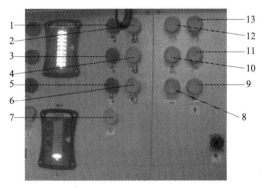

(c) 洗消控制面板

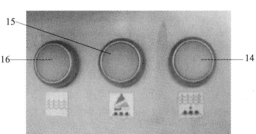

(d) 车尾部操作面板

(e) 德夫康消毒添加剂

(f) 软管卷盘设备

图 10.4　核生化侦检消防车洗消分系统结构图

1—警告指示灯 T2<25％（如果滤毒罐中 T2 添加剂少于 25％时，该灯亮起）；2—核子消毒按键（启动/停止
核子消毒）；3—警告指示灯 B1<25％（如果滤毒罐中 B1 添加剂少于 25％时，该灯亮起）；4—生物消毒按键
（启动/停止生物消毒）；5—警告指示灯 C1<25％（如果滤毒罐中 C1 添加剂少于 25％时，该灯亮起）；6—化学
消毒按键（启动/停止化学消毒）；7—设备通电/断电按键（启动/停止 Defcon 设备）；8—冲刷设备按键（启动/
停止冲刷设备）；9—喷淋室自动消毒按键（启动/停止喷淋室自动消毒）；10—发泡按键（启动/停止人工发泡）；
11—手提式喷头人工消毒按键（启动/停止手提式喷头人工消毒）；12—供水按键（启动/停止人工供水）；
13—卷盘人工消毒按键（启动/停止卷盘人工消毒）；14—冲刷按键（启动/停止冲刷设备）；15—发泡按键
（启动/停止人工发泡）；16—供水按键（启动/停止人工供水）

可实现车内洗消、车内淋浴、车外洗消等功能。德夫康消毒系统采用高反应德夫康消毒泡沫，其反应原理是建立在选择 Schmitz 压力空气泡沫系统之上，通过产生微孔泡沫，生产出水投入量最少、但有效覆盖面极大的泡沫层。这种泡沫吸附力极强，并有足够的接触时间进行有效消毒。

在对染毒对象实施洗消时，通过控制面板可以控制对喷淋室和卷盘的消毒。此外，在喷淋室内还单独装有一个启动自动消毒程序的按键，在卷盘的外面有一个用于对车辆进行人工消毒的操作面板。

10.2.2.3　使用方法

（1）运行前的准备工作

① 准备消毒剂，确保消毒剂量充足。

② 准备干净的水，确保水量充足。

③ 准备压力空气（开启压缩机）。

④ 确认电源安全。

⑤ 根据洗消对象的染毒情况调配好混合比。

⑥ 关闭排水阀门。

⑦ 检查喷淋室滤毒通风是否良好、密闭性是否良好。

（2）启动设备　按下按键7，系统通电，在出现水位过低、泡沫剂不足或消毒剂不足时，控制面板上相应的警示灯会亮起。此时应再次按下按键7，加注缺少的液体后重新启动设备。

（3）实施洗消

① 自动消毒　在化学品事故现场实施洗消作业时，按下按键6，系统将自动使用德夫康 GT2 和 GC1（Defcon-GT2/GC1）消毒添加剂的混合剂；设备启动后有 1.5min 的泡沫喷淋过程，经 5min 反应时间后，有 1.5min 的水喷淋过程；按下按键9；洗消完毕，再次按下按键6，即可停止消毒程序。

② 用喷管人工消毒　在化学品事故现场实施洗消作业时，按下按键6，等待冲刷；按下按键10，启动人工发泡；再次按下按键10，结束人工发泡；按下按键12，启动人工供水；再次按下按键12，结束人工供水；洗消完毕，再次按下按键6，即可停止消毒程序。

③ 用手提式喷头人工消毒　在化学品事故现场实施洗消作业时，按下按键6，等待冲刷；按下按键11，启动手提式喷头人工消毒；按下按键10，启动人工发泡，手握喷头上的手柄；再次按下按键10，结束人工发泡；按下按键12，启动人工供水，手握喷头上的手柄；再次按下按键12，结束人工供水；再次按下按键11，结束手提式喷头人工消毒；洗消完毕，再次按下按键6，即可停止消毒程序。

④ 用卷盘人工消毒　通过车辆尾部的操作面板操作卷盘，也可选择车内的控制面板操作卷盘。在化学品事故现场实施洗消作业时，按下按键6，等待喷射开始；按下按键13，启动卷盘人工消毒；按下按键15或10，启动人工发泡，手握射管上的手柄；再次按下按键15或10，结束人工发泡；按下按键16或12，启动人工供水，手握射管上的手柄；再次按下按键16或12，结束人工供水；再次按下按键13，结束卷盘人工消毒；洗消完毕，再次按下按键6，即可停止消毒程序。

（4）设备停机　德夫康系统停机前，要对相关设备冲刷和脱水。

① 冲刷　为防止残留消毒液对设备的腐蚀，每次洗消工作结束后或者长时间停用时，必须冲刷设备。冲刷喷淋管：按下按键8，开始冲刷；所有喷头喷出清水后，再次按下按键8，结束冲刷过程。冲刷手提式喷头：将手提式喷头阀门调整到打开位置；按下按键11，开

启手提式喷头人工消毒；按下按键 8，开始冲刷；当喷头上的阀门流出清水时，再次按下按键 8 和 11，结束冲刷过程；关闭手提式喷头上的阀门。冲刷卷盘：通过操作车辆尾部的操作面板冲刷卷盘，也可以选择操作车内的控制面板进行冲刷。将卷盘上的阀门调整到打开位置；按下按键 13，启动卷盘人工消毒；按下按键 14 或 8，开始冲刷卷盘；卷盘上的阀门喷出清水时，再次按下按键 14 或 8，结束冲刷过程；按下按键 13，结束卷盘人工消毒；关闭卷盘上的阀门。

② 设备脱水　每次结束洗消工作后，均要对设备进行脱水干燥。发泡单元脱水：打开车后脱水阀门；按下按键 8，设备开始脱水；当脱水阀门不再有水流出时，再次按下按键 8，结束脱水过程。手提式喷头脱水：将手提式喷头上的阀门调到打开位置；按下按键 11，启动手提式喷头人工消毒；按下按键 8，喷头开始脱水；当脱水阀门不再有水流出时，再次按下按键 8 和 11，结束脱水过程；关闭手提式喷头上的阀门。卷盘脱水：将卷盘上的阀门调至打开位置；按下按键 13，启动卷盘人工消毒；按下按键 8，卷盘开始脱水；当卷盘上的阀门不再有水流出时，按下按键 8 和 13，结束脱水过程；关闭卷盘上的阀门。

③ 关闭设备电源　按下按键 7；洗消工作结束后，经调整确定卷盘安全无误、软管也被固定好。

10.2.2.4　染毒人员及染毒车辆洗消

（1）染毒人员洗消　当受污染的应急工作人员由污染区进入车厢内之前，应首先确认洗消间的内门处于关闭状态，然后方可打开洗消间外门，进入洗消间，并关闭洗消间外门。启动自动消毒程序，该人员在喷淋室内转动，确保其防护服所有的地方都被泡沫覆盖。经过一定的反应时间（约 5min）后，用水将泡沫冲洗掉，冲水时，身体同样要转动。如果不再到车外执行任务，该人员可以用手提式喷头对喷淋室进行消毒。喷淋室的所有地方均要用泡沫覆盖，并经一定的反应时间（约 5min）后，用水将泡沫冲洗掉。防护服要在喷淋室内脱下，放入 PE 袋就地处理。这样，该人员方可离开喷淋室，进入车辆乘员室。

（2）染毒车辆洗消　通过卷盘上的阀门控制输入泡沫及水；当车辆各处均被泡沫覆盖后，可由输入泡沫转向输入水的运行程序；经过一定的反应时间（约 5min）后，再用水将泡沫冲洗掉。

10.2.3　洗消帐篷

10.2.3.1　公众洗消帐篷

（1）用途　公众洗消帐篷（图 10.5）也称公众洗消站，主要用于对从有毒物质污染环境中撤离人员的身体进行喷淋洗消，也可用作临时会议室、指挥部、紧急救护场所等。

（2）性能及组成　公众洗消帐篷为整体式充气帐篷，长 10.3m，宽 5.6m，高 2.8m，面积约 60m²，由强化 PVC 材料制成，具有防水、防风、防寒性能。1 个公众洗消帐篷包括 1 个运输包（内有帐篷、撑杆）和 1 个附件箱（内有 1 个帐篷包装袋、1 个拉锁包、2 个修理包、1 个充气支撑装置、塑料链和脚踏打气筒）。帐篷内设喷淋间、更衣间等场所，可根据污染物质的类别分区使用。

图 10.5　公众洗消帐篷

（3）使用方法　将公众洗消帐篷铺设在平地上，使用供气器材（电动充排气泵、充气软管箱、空气加热送风机、送风软管、分流器、恒温器、45m 卷线盘）逐个给帐篷的气柱充气。充完 1 根气柱后用撑杆固定，使帐篷成型。将洗消用具（6 个喷淋头、更衣间、喷淋槽、洗消篷）和供水器材（4000L 水袋、洗消水加热器、洗消排污泵、15L 均混桶及相应的连接用软管）与帐篷连接。

（4）注意事项　尽量选择平整且磨损较小的场地搭设，以免帐篷刮划破损；避免拖拉，以免直接和地面发生摩擦，导致帐篷表面破裂；避开油污、腐蚀剂、酸碱液体及尖锐利器。

（5）维护保养　每次使用后必须清洗擦拭干净，晾干后方能收起放好。

10.2.3.2　单人洗消帐篷

（1）用途　单人洗消帐篷（图 10.6）主要用于单个消防员离开污染现场时，对所穿着的特种服装进行洗消。

（2）性能及组成　单人洗消帐篷配有充气、淋浴、照明等辅助设备，折叠尺寸为 $900mm \times 600mm \times 500mm$，占地面积为 $4m^2$，质量为 25kg，压缩空气充气。底板可充当洗消槽，并连接有 DN45 的供水管和排水管。

（3）使用方法

① 将折叠存放在运输袋内的单人洗消帐篷打开，确定帐篷供水及排水接头的位置，确定充气阀门的安装位置。

② 将电源线从化学洗消消防车连接到电动充排气泵上，将充气软管分别与电动充排气泵的充气口及帐篷相连接，启动化学洗消消防车发动机供电，给帐篷充气。充气时，牵拉帐篷的四个角，待气充至一半后放开。风大时，应将帐篷的四根固定带用铁钎打入地下，使帐篷不被风吹倒。

图 10.6　单人洗消帐篷

③ 将洗消供水泵放至距帐篷 2m 处，供水软管的一头接在供水泵上，另一头接在从化学洗消消防车出水口铺设的水带上，供水泵与 15L 均混桶相接。

④ 将洗消排污泵及洗消废水回收袋放至距帐篷 4m 处连接好，并打开回收袋的接头开关，将排污泵与帐篷的一个排水口相接，接通排污泵的电源。

（4）使用注意事项　帐篷最好搭设在稍有斜度的地面上，以利洗消废水的排出；尽量选择平整且磨损较小的场地搭设，避免帐篷底部刮划破损；接头连接要牢靠，软管不得扭卷；洗消废水回收软管阀门应全开。

（5）维护保养　每次使用后必须清洗擦拭干净，晾干后方能收起放好。

10.2.3.3　附属设备

洗消帐篷一般均配有电动充排气泵、洗消供水泵、洗消排污泵、空气加热送风机、洗消水加热器、15L 均混桶、洗消废水回收袋等设备。

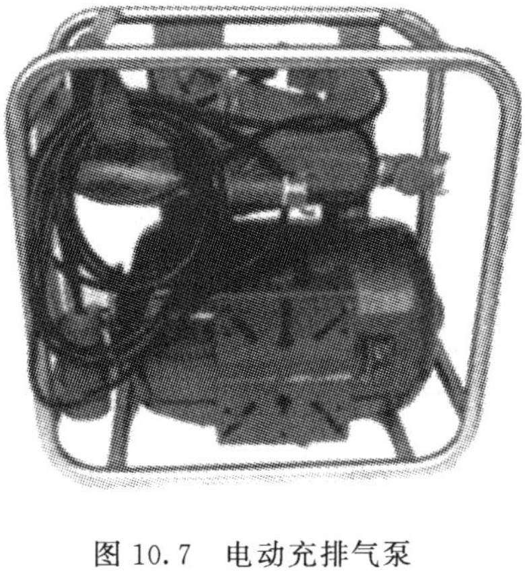

（1）电动充排气泵

① 用途　电动充排气泵（图 10.7）主要用于给洗消帐篷充气和排气。

② 性能参数　电动充排气泵由一根 20m 长电源线、一个进气口、一个出气口组成，电压为 220V。

③ 使用方法　将电动充排气泵电源插头插于线盘上，然后发动洗消车发电机；将充气软管的接头接于电动充排气泵的出气口上，将充气软管的另一端连接于洗

图 10.7　电动充排气泵

消帐篷的第一个充气截流阀；打开第一个截流阀，关闭其他截流阀；打开电源，电动充排气泵开始工作；等第一个气柱充足气后，关闭第一个截流阀，拔下充气管，盖上阀门盖子，接着充第二个，依此类推，直至将所有气柱充完为止。

④ 使用注意事项　在充气过程中，要按顺序充气，不得同时充气；如需排气，只需将充气软管接于电动充排气泵的抽气接口即可。

⑤ 维护保养　电动充排气泵多次充气后要对充气泵的性能进行测试，以使其能够保持正常工作状态。

（2）洗消供水泵

① 用途　洗消供水泵（图10.8）主要用于对洗消帐篷内的喷淋设备提供水源。

图 10.8　洗消供水泵

图 10.9　洗消排污泵

② 性能参数　洗消供水泵带有一个 $\phi45cm$ 的进液口和出液口，可提供最大压力为0.2MPa 的洗消液。

③ 使用方法　操作时，将洗消供水泵的进液口与洗消水管相连接，出液口与喷淋设备的进液口相连接，然后启动开关按钮即可。

④ 使用注意事项　连接时，进液口与出液口不能接错。

⑤ 维护保养　每次使用后应及时进行冲洗，保持清洁。

（3）洗消排污泵

① 用途　洗消排污泵（图10.9）主要用于抽吸洗消后的污水，便于后续集中处理。

② 性能参数　使用电压220V 交流电，带有两个 $\phi45cm$ 的进出口。

③ 使用方法　将排污管连接于洗消排污泵的进水口，将洗消废水回收袋连接于洗消排污泵的出水口。

④ 使用注意事项　使用时，进水口在下，出水口在上，不能互接。

⑤ 维护保养　使用完毕后，要对洗消排污泵进行测试，以确认是否好用。

（4）空气加热送风机

① 用途　空气加热送风机（图10.10）用于向洗消帐篷内输送暖风或自然风，实现空气流通，并通过恒温器保持适宜的室内温度。

② 性能参数　电源为220V/50Hz，有手动控制和恒温器自动控制两种；双出口柴油热风机，耗油量 $3.65L \cdot h^{-1}$，油箱51L；工作时间14h；供热量 $146440kJ \cdot h^{-1}$；最高风温95℃；质量70kg。

③ 使用方法　将空气加热送风机的送风管连接好，并置于洗消帐篷内，连接时要用铁钉座固定，然后安装排烟管道，打开电源开关，根据需要启动开关按钮，调节适量的风量和温度。

图 10.10 空气加热送风机

图 10.11 洗消水加热器

④ 维护保养 使用标准燃油，定期检查养护，保证喷嘴清洁；每月检查机器是否好用。

（5）洗消水加热器

① 用途 洗消水加热器（图 10.11）主要用于对供入洗消帐篷内的水进行加热。

② 性能参数 洗消水加热器的主要部件有燃烧器、热交换器、排气系统、电路板和恒温器，可以提供 95℃的热水，水的热输出功率在 70～110kW 之间。水罐分为两挡工作，水流量为 600～3200L·h^{-1}，升温能力为 30℃/（3200L·h^{-1}），供水压力为 1.2MPa，电源为 220V/50Hz，质量为 148kg。

③ 使用方法 将洗消水加热器抬至距离洗消帐篷进水口 1.5m 处，将 1 根红色水带及带有 65mm 内扣式接口的一端连接至洗消车的出水口处，再将此红色水带及带有 65mm×80mm 内扣式接头的另一端接于洗消供水泵进水口处；将装有均混桶 1 只、红色水管 1 根、丁字接头 1 个、金属架 1 只的塑料器材箱抬至洗消供水泵旁；将均混桶夹于金属架当中（均混桶出水口朝下），再将塑料器材箱垫在金属架下面，然后将丁字形接头一头接于洗消供水泵出水口，一头接于均混桶出水口；将红色水管一头接于洗消供水泵出水口，另一头接于洗消水加热器进水口；拿 1 个电线盘、1 个柴油桶、3 根蓝色供水管至洗消水加热器旁放下；打开油桶盖，将洗消水加热器上的 2 根油管插入油桶中；依次从上而下连接长、中、短 3 根蓝色水管，水管一头接于洗消水加热器出水口，另一头插入洗消帐篷的供水口处；将洗消水加热器的接头和洗消供水泵的电源插头插入电线盘插座，洗消车发电机供电，打开洗消车供水开关，同时控制洗消供水泵开关，打开电源；打开洗消水加热器的电源开关，调节水温，并且注意观察压力表。

④ 维护保养 每次使用完毕，擦拭热水罐外部及燃油过滤器；每 6 个月擦拭泵内过滤器和用酸性不含树脂的润滑油擦拭燃烧器马达（发动机）；每使用 200 次点火器喷嘴后，应进行例行保养，检查是否积炭，并擦拭干净；每月检查机器是否运转正常。

10.2.4 高压清洗机

10.2.4.1 用途

高压清洗机（图 10.12）应用了高温、高压、射流洗消等先进技术，是一种具有高压力、小流量等特点的小型洗消装备，主要用于清洗各种机械、车辆、建筑物、工具上的有毒污渍。

图 10.12　高压清洗机

10.2.4.2　性能及组成

高压清洗机由带长手柄的高压水管、喷头、开关、进水管、接头、捆绑带、携带手柄、喷枪、消洗剂输送管、高压出口等组成。电源启动，能喷射高压水流，必要时可以添加洗消剂。

10.2.4.3　使用方法

先连接好水源，再连接电源，选用枪头，手握枪杆，在距离被污染车辆和器材约 30cm 处启动按钮，按照从高到低、从上风到下风的方向进行洗消。

10.2.4.4　注意事项

不要使用带有杂质和酸性的液体；使用时所有水管接口保持密封；避免电子元件触水；使用完毕立即关机。

10.2.4.5　维护保养

保持清洁，检查管道和枪是否好用；每月检查机器有无故障。

10.2.5　其他洗消车辆装备

10.2.5.1　水罐消防车

水罐消防车是消防部队灭火救援最常用的一种消防车，车上装有水罐、水泵，有的还装有水炮，随车配备着水带、水枪和消防梯等消防器材。水罐消防车用于化学品事故现场洗消时，既可以喷水，也可以喷射预先配制的洗消液。需要注意的是，使用水罐消防车实施洗消时，尽可能选用罐内涂有聚酯层的中低压泵或高低压泵水罐消防车，以减轻洗消液对罐体的腐蚀。

10.2.5.2　泡沫消防车

泡沫消防车主要用于扑救 B 类火灾，车上装有较大容量的水罐、泡沫液罐、空气泡沫比例混合装置、水泵，有的还装有泡沫炮，随车配备着水带、水枪、泡沫枪等消防器材。泡沫消防车用于化学品事故现场洗消时，可用泡沫液罐盛放浓度较高的洗消剂，经比例混合器与水混合后通过水枪或水炮喷向染毒区域。

10.2.5.3　干粉消防车

干粉消防车主要用于扑救易燃液体（如油类、液态烃、醇、酯、醚等）火灾、可燃气体（如液化石油气、天然气、煤气等）火灾和一般电器火灾，车上装有水罐、水泵、干粉灭火剂罐、高压气瓶或燃气发生器、干粉枪卷盘、干粉炮等消防器材。干粉消防车是采用化学消毒粉剂对化学危险源或污染区实施洗消的较理想装备，必要时干粉消防车也可作为洗消供水车使用。

此外，消防部队配备的二氧化碳消防车、排烟消防车、高喷消防车、机场专用消防车、消防艇等，根据事故现场的具体情况都可用于洗消作业。

10.2.5.4　市政洒水车

环卫部门的洒水车是大中城市用来对道路洒水的车辆，实施化学品事故应急救援时稍加改装，在其水罐内装入洗消液，就可直接对染毒地面实施洗消。

绿化部门还有一种对马路两旁的高大树木洒水或喷射杀虫药剂的车辆，配有小型水炮，能将水喷到一定的高度。这种车辆在化学品事故应急救援中可对染毒树木、染毒建（构）筑物、染毒的高位设备实施洗消。

10.2.5.5　农用喷雾器

农用喷雾器常用于农田、果园、林场等场所的杀虫灭菌，它也可在化学品事故应急救援中作为一种小型洗消装备，对染毒地面和染毒植被实施洗消。

农用喷雾器可分为背负式手动喷雾器和背负式机动喷雾器两种。背负式手动喷雾器是利用打气筒加压的手动式喷雾器；背负式机动喷雾器是一种轻便的喷粉-喷雾器材，由汽油发动机作动力，带动鼓风机吹风，具有一定负压的空气流将药桶中的药剂或药液卷吸喷出。在阴雨天或空气湿度较大时，直接喷洒粉状药剂进行洗消，可争取救援时间，使危害程度降低到最低限度。当化学品事故现场允许配制消毒药液时，由于药液反应速率快、消毒效率高且消毒剂用量少，因此应尽量喷洒药液消毒。

10.3　不同染毒对象的洗消

洗消是对化学品事故现场染毒体的残余毒害作用进行彻底消除的一种重要手段，其洗消对象主要包括染毒人员、染毒车辆装备、染毒环境等。而在化学品事故现场，能否及时、快速、高效地开展应急洗消工作，在很大程度上取决于洗消准备工作的完备程度。

10.3.1　洗消准备工作

化学品事故现场应急洗消准备工作主要包括洗消液的准备、洗消装备的准备及洗消人员的准备三个方面。

10.3.1.1　洗消液的准备

洗消液的准备一般包括洗消剂种类的选择、洗消剂用量的确定、洗消液的调制。

（1）洗消剂种类的选择　在化学品事故现场实施洗消作业时，应根据危险化学品的理化性质和不同的染毒对象选用合适的洗消剂。例如，当硫酸泄漏时，由于其具有强酸性，洗消时应选择碱性洗消剂进行中和；而对于不同的染毒对象，选用的碱性洗消剂也有一定区别，对染毒地面可使用氢氧化钠等中、强碱性溶液，对于人体、器材装备可使用碳酸钠、碳酸氢钠等弱碱性溶液。

（2）洗消剂用量的确定　洗消剂的理论用量一般应根据洗消剂与危险化学品的化学反应式来确定。考虑到洗消剂在运输、调配及洗消过程中的质量损失，一般情况下，洗消剂的实际调运量或调制量为理论用量的 $1.2 \sim 1.5$ 倍。

（3）洗消液的调制　洗消液是按一定比例将洗消剂溶于某种溶剂中而配成的溶液。洗消剂在洗消液中所占的比例，是所配制的洗消液能否有效洗消的关键。要想按一定的比例正确地配制洗消液，必须对洗消剂和溶剂进行精确的计算。在配制洗消液时，通常是已知所需洗消液的浓度，并已通过化学反应式得出洗消剂的用量，只需计算所需溶剂的用量，其计算公式如下。

$$Q_溶 = Q_剂 / c(1-c)$$

式中，$Q_溶$ 为溶剂的用量；$Q_剂$ 为洗消剂的用量；c 为洗消剂的浓度。

10.3.1.2　洗消装备的准备

在化学品事故现场开展应急洗消工作时，洗消装备的准备首先应立足于专业洗消器材。目前，公安消防部队是危险化学品泄漏事故处置的主体力量，在发生重特大化学品事故时，解放军所属防化部队也是化学品事故应急救援的重要力量之一。消防部队及防化部队均配备有一定数量的洗消装备，如化学洗消消防车、核生化侦检消防车、公众洗消帐篷、单人洗消帐篷、喷洒车等。因此，在实施化学品事故应急洗消时，应充分发挥上述专业洗消装备的优势，同时还应积极调用社会相关应急应援单位的器材，如市政的洒水车、农用喷雾（粉）器等来最大限度地满足应急洗消工作的需要。

10.3.1.3　洗消人员的准备

实施化学品事故应急洗消的人员，应视危险化学品的毒害性大小采取相应的安全防护等级与标准。此外，为了在实施洗消前确定染毒人员的染毒程度及染毒重点部位、在实施洗消后确定其残余污染是否达到安全标准，洗消人员还根据危险化学品种类有针对性地选择侦检仪器。

10.3.2　染毒人员的洗消

染毒人员的洗消包括染毒区作业人员的洗消、染毒群众的洗消、警戒区内工作人员（警戒、记者、医务人员等）的洗消。

气态或液态危险化学品可直接接触裸露的皮肤或通过服装渗透侵入皮肤而染毒。一旦毒物与皮肤接触，如不立即进行处理，就会产生渗透和吸收。

10.3.2.1　人体皮肤的结构

皮肤是指身体表面包在肌肉外面的组织，它是人体最大、最重要的器官之一，其质量占体重的 $5\%\sim15\%$，其面积为 $1.5\sim2m^2$，其厚度因人或因部位而异，一般为 $0.5\sim4mm$，主要承担着保护身体、排汗、感觉冷热和压力的功能。皮肤覆盖全身，使体内各种组织和器官免受物理性、机械性、化学性和病原微生物性的侵袭。

根据皮肤的解剖结构，人体皮肤由表皮、真皮及皮下组织三层构成，并含有附属器官（汗腺、皮脂腺、毛囊、指甲、趾甲）以及血管、淋巴管、神经和肌肉等。

表皮为皮肤的最外层，其厚度为 $0.03\sim1mm$，它覆盖全身并具有保护作用。表皮按细胞形态可分为五层，由外至内依次为角质层、透明层、颗粒层、棘细胞层、基底细胞层。其中，角质层为表皮的最外一层，由 $4\sim8$ 层薄且扁平的死亡角化细胞重叠堆积而成。张力原纤维和透明角质蛋白颗粒互溶合成的角质层较坚硬，可抵御酸、碱和物理元素刺激作用，起到生态保护膜的作用。透明层为 $2\sim3$ 层扁平、无核、透明的角化细胞构成，它仅分布于手掌和脚底，感觉厚而结实，此层富含磷质，有防水分和电解质通过的屏障作用（常称屏障带）。颗粒层由 $2\sim5$ 层较厚的扁平细胞核构成，其特征是这些细胞无分裂能力，几乎接近死亡，细胞内可见到透明角质蛋白颗粒。棘细胞层由 $4\sim10$ 层带棘的多角形细胞构成，是表皮中最厚的一层。此层各细胞间存有空隙，在细胞间有葡萄糖氨基聚糖。此糖具有亲水性，利于与周围进行物质交换。胞质内还有颗粒状的磷脂和酸性黏多糖，是淋巴液循环和物质交换的场所。棘细胞间含有许多感觉神经末梢，有感知外界各种刺激的组织液，并可为细胞提供营养。基底细胞层为表皮的最内层，与真皮呈波浪式相接，由 $2\sim4$ 层不同形状的细胞构成。此层是表皮的增殖部分，增殖后的新细胞向外层推移，并逐渐分化为其他各层细胞。

真皮位于表皮的下方，它比表皮层要厚一些，一般可达 $2.4mm$。真皮为排列致密而不规则的致密结缔组织，由浅部的乳头层和深部的网状层构成。此层由纤维母细胞及其产生的胶原纤维、弹性纤维、网状纤维和基质组成，故皮肤具有很好的弹性和韧性。真皮内有血管、淋巴管、神经和神经末梢，还有毛囊、皮脂腺和汗腺等附属器官。真皮以基膜与表皮分界，分界处呈高低不平的波浪状。真皮与皮下组织之间则无明显分界，而是由网状层逐渐过渡为皮下组织。

皮下组织是人体皮肤最下面的一层，它的厚度从几毫米到几厘米不等，由大量的脂肪细胞和结缔组织组成，它为人体储藏了热量和能量。

10.3.2.2 毒物经皮肤渗透的途径及影响因素

（1）毒物经皮肤渗透的途径 在化学品事故应急救援中，毒物经皮肤吸收引起中毒比较常见，气态或液态毒物可经无损皮肤或伤口渗透吸收而引起中毒。

根据油水分配系数，液态毒物可分为水溶性毒物、脂溶性毒物和脂水兼溶性毒物（或称水溶脂溶性毒物）三种。水溶性毒物是一类溶于水而不溶于油脂的有毒物质，一般多为无机化合物，如氨气、氰化钾水溶液等。水溶性毒物难以渗透完好的皮肤，不易经皮肤吸收而中毒。脂溶性毒物是一类溶于油脂而不溶于水的有毒物质，如苯、氯仿等。这类毒物能溶入皮肤而引起中毒，但也只是局限于表皮细胞。脂水兼溶性毒物是一类既溶于油脂又溶于水的有毒物质，如苯胺、肼、甲基肼等。脂水兼溶性毒物经皮肤表皮吸收后，因其还具有水溶性，因而能够促使毒物在肌体血液中进一步扩散和吸收，因此脂水兼溶性毒物最易通过皮肤吸收而引起中毒，对人体的毒害作用也最大。此外，强酸、强碱液体溅到皮肤上，能造成严重的化学烧伤。而有些危险化学品（如液化石油气）虽然不具有腐蚀性，但若接触人体会迅速气化而急剧吸热，使人体皮肤产生冻伤（或称冷灼伤）。一般来说，液态毒物比气态毒物对人体体表皮肤的侵害作用要强烈，因为液态毒物的浓度和作用区更为集中。

毒物经无损皮肤吸收引起中毒一般有以下三个途径。

① 透过角质层细胞膜进入角质层细胞，然后再透过表皮其他层。

② 通过毛囊、皮脂腺和汗腺导管而被吸收。

③ 通过角质层细胞间隙渗透进入，如果表皮受到伤害，如外伤、灼伤等，可促进毒物的渗透吸收。

（2）影响毒物经皮肤渗透速率的因素 毒物经皮肤吸收引起中毒的数量和速率，除与其脂溶性、水溶性、浓度等有关外，环境温度升高，出汗增多，也能促使黏附于皮肤上的毒物易于吸收。此外，潮湿也可促进毒物经皮肤侵入，特别是对于气态毒物更为明显。

10.3.2.3 染毒人员的洗消方法

（1）服装及装具的洗消 服装、装具染毒后，应及时进行洗消。一是采用人员消毒包或其他方法进行紧急局部洗消，关键要将染毒服装上的毒剂液滴清除；二是对服装、装具进行全面洗消。其具体洗消方法如下。

① 自然消毒法 自然消毒法是利用自然条件（如风吹、雨淋、日晒等）引起毒剂解吸附、挥发和分解的消毒方法。染毒服装须晾晒于空旷、通风、远离人群或处于人群集中的下风方向，必须将毒区边界加以明显标志，禁止人畜进入。此法适合于被易挥发有毒气体污染的透气式防毒服，不需专门装备，简便、易行，但对空气有污染。

② 消毒粉消毒法 消毒粉的生产原料为膨润土，主要成分是蒙脱土，白色粉末，不溶于水和有机溶剂，无腐蚀性。消毒粉具有多孔结构，具有良好的吸附性，可吸附各种液态毒剂，吸附机理主要是物理吸附，化学吸附量较少。消毒粉吸附液态毒剂的能力是相当可观的，其吸附能力可达到 $100\sim150\text{mg}\cdot\text{g}^{-1}$。人员服装局部染毒后，应迅速将消毒粉均匀拍撒在染毒部位上，停留 $1\sim3\text{min}$ 后，揉擦数十次，拍打干净，然后再重复两次上述消毒过程，消毒粉用量为 $1\text{g}\cdot(10\text{cm}^2)^{-1}$。消毒时，洗消人员应全身防护，站在上风方向，并经常变换位置，以免造成次生染毒。

③ 药剂/水淋消毒法药剂/水淋消毒法 适合于隔绝式防护器材。通过淋浴或喷枪将药剂分散于防护服表面，保持一定时间后用清水冲洗。根据污染类型可选择合适的洗消剂，需专门的洗消装备，会产生洗消废水。

④ 高温煮沸消毒法 高温煮沸消毒法是将染毒的服装、装具放在沸水中煮，使毒剂发生水解的消毒方法。通常在水中加入 2%碳酸钠，用于中和酸性和破坏毒性，加速水解。可

用专门洗消装备或其他容器（如盆、桶）与热水等组合进行消毒。需注意的是，合成纤维、毛皮、皮革、活性炭布等不适合于煮沸消毒。

⑤ 蒸气熏蒸消毒法　蒸气熏蒸消毒法适合于易分解、易反应的毒剂污染物和各种服装消毒。在密闭空间内，采用湿热蒸气、反应型气雾剂等对受染装具进行熏蒸消毒，根据洗消对象选择温度和洗消剂。

⑥ 热空气消毒法　热空气消毒法是利用热空气的热效应使沾染在服装、装具上的毒剂蒸发掉的消毒方法。消毒时，将染毒的服装、装具悬挂在密闭的消毒室内，向室内通入热空气，使吸附的毒剂受热蒸发。消毒室每隔 0.5～3min 换气 1 次，排出蒸发的毒气。房间、地坑、帐篷等均可作为消毒室。

（2）人员皮肤的洗消　对染毒人员皮肤进行洗消时，一般可用大量清洁的或温水进行；如果泄漏毒物的毒性大，仅使用普通清水无法达到洗消效果时，应使用加入相应消毒剂的水进行洗消。

① 局部洗消　对局部皮肤的洗消，可按吸、消、洗的顺序实施。首先用纱布、棉花或纸片等将明显的毒剂液滴轻轻吸掉，然后用细纱布浸渍皮肤消毒液，对染毒部位由外向里进行擦拭，重复消毒 2～3 次；数分钟后，用纱布或毛巾等浸上干净的温水，将皮肤消毒部位擦净。人体皮肤局部染毒后，也可立即拍撒消毒粉，停留 1～3min 后，用泡沫塑料擦拭并除去，重复 3 次，然后用细纱布浸渍皮肤消毒液，对染毒部位由外向里进行擦拭，重复消毒 2～3 次；数分钟后，用纱布或毛巾等浸上干净的温水，将皮肤消毒部位擦净。对眼睛和面部的洗消，应按深呼吸、憋气、脱面具、洗消液洗涤、温水冲洗的顺序实施。眼睛和面部的消毒要深呼吸，憋住气，脱掉面具，立即用水冲洗眼睛。冲洗时应闭嘴，防止液体流入嘴内。对面部和面罩，可将皮肤消毒液浸在纱布上，进行擦拭消毒，然后用干净的温水冲洗干净。对伤口的洗消，应按吸毒、止血、消毒、冲洗、包扎的顺序实施。伤口染毒时，必须立即用纱布将伤口内的毒剂液滴吸掉。肢体部位负伤，应在其上端扎上止血带或其他代用品，用皮肤消毒液加数倍水或用大量清水反复冲洗伤口，然后包扎。

② 完全洗消　对染毒人员的完全洗消应按图 10.13 所示流程进行。

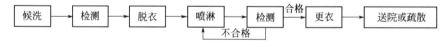

图 10.13　染毒人员的洗消流程

染毒人员的完全洗消需要大量的清洁温水，有条件的单位可通过洗消装置或喷淋装置对染毒人员进行喷淋冲洗。对染毒人员全面洗消的场所必须是密闭的，同时要保障大量的温水供应。染毒人员首先在洗消站的入口处接受检测人员的检测，确定有无洗消的必要或指出洗消的重点部位。如需洗消，染毒人员应脱去衣服，进入洗消装置（如洗消帐篷）进行喷淋冲洗。在洗消站的出口处也要经过检测，确认洗消是否合格。检测合格的染毒人员方可换上洁净的衣服，离开洗消站。否则，染毒人员需要重新洗消、检测，直到检测合格。

对染毒人员实施洗消时，应依照伤员、妇幼、老年、青壮年的顺序安排洗消。参战人员在脱去防护服装之前，必须进行彻底洗消，经检测合格后方可脱去防护服装。

10.3.3　染毒车辆装备的洗消

染毒车辆装备的洗消包括事故现场投入救援行动的消防车辆及器材装备；社会联动力量投入的救援装备，包括各种检测、输转、堵漏等设备、仪器；原来停留在警戒区域内的车辆，有染毒可能的应予以全部洗消。

10.3.3.1 车辆装备的染毒特点

由于不同的车辆装备使用的材质不同，因此其染毒程度和洗消方法也有差异。对金属、玻璃等坚硬的材料，毒物不易渗入，只需表面洗消即可；对木质、橡胶、皮革等松软的材料，毒物容易渗透，需要多次进行洗消。对车辆装备进行洗消时，应根据不同的材料，确定消毒液的用量和消毒次数。

10.3.3.2 染毒车辆装备的洗消方法

（1）局部洗消 对器材装备的局部，若进行擦拭消毒，应按照自上而下、从前至后、自外向里、分段逐片的顺序，先吸去明显的毒剂液滴，然后用消毒液擦拭 2～3 次，对人员经常接触的部位及缝隙、沟槽和油垢较多的部位，应用铁丝或细木棍等缠上棉花或布，蘸消毒液擦拭。消毒 10～15min 后，用清水冲洗干净，并擦干上油保养。

（2）完全洗消 对染毒器材装备的完全洗消程序如下。

① 集中染毒器材装备，实施洗消液的外部喷淋或高压水冲洗。

② 将染毒器材装备可拆卸的部件拆开，并集中采用洗消液喷淋或高压水冲洗。

③ 经检测合格后，擦拭干净，上油保养，并驶离洗消场。检测不合格时，应重新进行洗消，直到检测合格为止。

图 10.14 所示为染毒器材装备的洗消程序。

图 10.14 染毒器材装备的洗消程序

对忌水性的精密敏感设备，可用药棉蘸取洗消液反复擦拭，经检测合格，方可离开洗消场；或采用非水反应型气雾剂消毒技术、热空气流吹扫技术、真空负压热空气组合技术实施洗消。

对染毒车辆的洗消，应采用高压清洗机、高压水枪等射水器材，实施自上而下的洗消。特别是对车辆的隐蔽部位、轮胎等难以洗涤的部位，要用高压水流彻底消毒。各部位经检测合格，上油保养后，方可驶离洗消场。

此外，对车辆内部、精密敏感设备的消毒，蒸发消毒也是比较理想的方法。蒸发消毒是将染毒表面曝露在热气流中进行的，理论上所需的最低能量由化学毒物的沸点、蒸发潜热及热容所决定。燃气射流车就是利用航空涡轮喷气发动机所喷出的高速热气流对大型装备进行洗消。在寒冷地区，蒸发消毒是最令人满意的消毒方法。蒸发消毒虽然可使部分毒物受热分解，但大部分毒物将转变成更加活跃的空气染毒状态，对下风区域造成威胁。因此，实施蒸发消毒时，应根据大气扩散模式和毒物种类，估算出危害范围和程度，进行合理的指挥和防护。

10.3.4 染毒环境的洗消

染毒环境的洗消包括染毒空气的洗消；染毒地面的洗消；染毒水域的洗消；染毒建（构）筑物的洗消；染毒树木、植被的洗消。

10.3.4.1 染毒空气的洗消

（1）空气染毒的特点 由于空气分子具有快速流动性，因此染毒空气具有扩散速度快、染毒范围广等特点。

（2）染毒空气的洗消方法 由于染毒空气的快速流动性和扩散性，对染毒空气的洗消，首先应尽快切断污染源，有效控制污染范围。在此基础上，再采用一定的消毒液和消毒方法进行染毒空气的洗消。对于低浓度、人口稀少地区的染毒空气可采用自然通风的方式进行洗消；对于高浓度、人口众多地区的染毒空气可喷洒相应的消毒液进行洗消；对于密闭空间的染毒空气常采用物理吸附法、喷雾熏蒸法和紫外消毒法进行洗消。

10.3.4.2 染毒地面的洗消

（1）地面染毒的特点　危险化学品，特别是液态或固态危险化学品一旦发生泄漏，大部分将落在地面上，造成地面染毒。毒物在土壤层的活动特点及其规律是毒物在土壤颗粒间的渗透扩散、土壤中黏土成分对毒物的吸附，以及分散了的毒物在自然条件下的水解、蒸发、消失，这些过程的快慢取决于自然条件和毒物的分散程度。

① 渗透扩散过程　当毒物液滴降落到干燥的土壤表面后，会立即向土壤内部渗透。

② 分散、吸附和解吸附过程　土壤中除含砂粒、有机质外，还含有高岭土、蒙脱土等黏土成分，这些黏土成分可以吸附部分毒物。由于土壤中的空隙结构，形成了毛细管和毛细管引力，使大部分毒物液滴在扩散中分散。其中，一部分在分散中以蒸气状态转移到空气中成为二次染毒毒分，一部分则因土壤含水率不同而被不同程度地吸附在土壤中。这一部分被吸附的毒物又可根据温度和湿度等条件，重新在土壤之间或土壤-水之间分配。此外，毒物在分散、吸附过程中，还能与土壤中的组分（如水等）进行水解等反应。

③ 分解过程　土壤中可能引起分解毒物作用的成分是水分和弱碱性物质。它们的消毒能力本来是很弱的，但是分散毒物的能力却不可忽视。正是由于它们能将毒物分解成液膜或单分子层，增加了毒物与水分子的接触面积，才使得分解过程得以加速进行。

（2）染毒地面的洗消方法　染毒地面的洗消可采用自然消毒法，即通过风吹、雨淋以及染毒地面自身的自洗能力，经过一定的时间，逐步达到洗消的目的；也可以采用机械转移消毒法，即利用人工或工程机械铲除或掩埋受污染的表层土壤，掩埋时应加入消毒液。此外，对于大面积染毒地面的洗消，可根据其面积大小，在洗消专业组织的统一指挥下，集中洗消车辆，将染毒地面划分成若干条和块，一次或多次反复进行洗消作业。应该注意，对染毒地面的洗消，不宜集中过多的车辆，可开辟消毒通道，采取轮班作业的方式实施。若需要进行地面消毒的范围较小，可不必使用洗消车辆，而由洗消专业组织派出作业人员携带轻便洗消装备（如农用或林用喷雾器）进行洗消作业。

10.3.4.3 染毒水域的洗消

（1）水域染毒的特点　有毒危险化学品泄入水中，一般以三种状态起毒害作用，一是油状不溶于水，漂浮于水面的油状污染物可直接污染码头设施和船舶的接水部分；二是能溶解于水，直接污染水域；三是沉入水底，将成为一种长期的污染毒源。

（2）染毒水域的洗消方法　当毒物泄漏量不大且毒性不强时，可不对染毒水域做任何处理，依靠水源的自洗能力进行洗消。当毒物泄漏量较大且毒性较强时，可在染毒水域下游建立数个净水拦河坝，逐步减轻其污染程度，并向染毒水域投放相应的消毒剂进行洗消。反渗透法是采用具有选择透过性的薄膜，在压力推动下使水透过而其他物质被阻挡的过程。20世纪60年代末被美军应用于核生化污染水的消毒，20世纪70年代列入装备，目前已是西方发达国家的主要净水方法，该方法也可用于染毒水域的洗消。

10.3.4.4 染毒建（构）筑物、染毒树木、染毒植被的洗消

毒气云团过后对地面建（构）筑物的影响不大，一般不需要组织洗消，可对染毒建（构）筑物暂时封锁，依靠自然条件如日晒、风吹等使毒气散逸消失。但对于某些建筑物内、容器内和低凹地滞留的残毒还需进行洗消处理。

对建筑物实施洗消时，因其高大、密集、垂直表面多、消毒面积大，应按照由上至下、由左至右的顺序进行洗消。

对建（构）筑物表面、染毒树木或高源点附近设施表面的洗消，应充分发挥高压水枪、高压清洗机的作用，喷洒喷雾水或相应的消毒液进行洗消。

对染毒植被可采用燃烧消毒法、机械转移消毒法或喷洒消毒液进行洗消。

综上所述，不论对何种染毒对象实施洗消，最终都必须达到相应的标准，因为喷洒一次洗消液，并不一定能彻底消除危害。此外，洗消作业完成后，洗消污水的排放必须经过环保部门的检测，以免造成次生灾害。

◆ 参考文献 ◆

［1］ 刘立文，李向欣 . 化学灾害事故抢险救灾［M］. 廊坊：中国人民武装警察部队学院，2007.

［2］ 中国人民解放军军事医学科学院，上海市消防局 . 化学事故应急救援［M］. 上海：上海科学技术出版社，2001.

［3］ 胡忆沩 . 危险化学品应急处置［M］. 北京：化学工业出版社，2009.

［4］ 公安部消防局 . 危险化学品事故处置研究指南［M］. 武汉：湖北科学技术出版社，2010.

［5］ 国家安全生产应急救援指挥中心 . 危险化学品事故应急处置技术［M］. 北京：煤炭工业出版社，2009.

［6］ 孙玉叶，夏登友 . 危险化学品事故应急救援与处置［M］. 北京：化学工业出版社，2008.

［7］ 中华人民共和国公安部消防局 . 中国消防手册(第十一卷)抢险救援［M］. 上海：上海科学技术出版社，2007.

［8］ 李建华 . 灾害事故抢险救援方法与技术［M］. 北京：中国劳动社会保障出版社，2005.

第**11**章

典型洗消案例评析

11.1 液氯泄漏事故洗消案例评析

氯气学名为氯，商品名为液氯，通常经加压或冷冻液化后储存于耐压钢瓶或储罐内。氯作为强氧化剂，是一种基本有机化工原料，用途极为广泛，主要用于纺织、造纸、医药、农药、冶金、自来水杀菌剂、漂白剂和制造氯化合物、盐酸、聚氯乙烯等。氯气为高毒类物质，是引发化学品事故的常见危险化学品之一，在生产、储存、运输及使用过程中一旦发生泄漏，极易造成重大人员伤亡和区域性污染。近年来，我国氯气安全生产形势十分严峻，重特大事故频繁发生，比较典型的有：2004 年重庆市天原化工总厂"4·16"液氯泄漏爆炸事故、2005 年京沪高速公路江苏淮安段"3·29"液氯槽车泄漏事故等。

科学洗消氯气，是液氯泄漏事故应急救援的关键环节之一，也是从根本上消除氯气泄漏危害的重要手段。因此，本节以 2005 年京沪高速公路江苏淮安段"3·29"液氯槽车泄漏事故为例，探讨液氯泄漏事故的应急洗消。

11.1.1 事故现场基本情况

11.1.1.1 事故发生经过

2005 年 3 月 29 日 18 时 50 分，一辆载有 40.44t 液氯的槽罐车由北向南行驶至京沪高速公路江苏淮安段 103km 处（淮安市淮阴区境内）时，因其左前胎爆胎，车辆向左撞断隔离带至逆向车道并翻车，导致液氯槽车车头与罐体脱离，罐体横卧在路中央，并与一辆由南向北行驶载有液化气空钢瓶的卡车相撞，槽罐进、出料口阀门齐根断裂，大量液氯发生泄漏。液化气空钢瓶的卡车司机当场死亡，槽罐车驾驶员未及时报警，逃离了事故现场。

11.1.1.2 京沪高速情况

京沪高速公路为我国南北交通的大动脉，双向 4 车道，全长 1262km，江苏境内长 465km，其中淮安段 70km，日平均车流量 16000 辆，事故当日车流量为 18665 辆。

11.1.1.3 事故车辆情况

（1）液氯槽罐车情况 鲁 H-00099 槽罐车长 12m，罐体直径 2.4m，额定吨位为 15t，实际载有约 40.44t，超载 25.44t。事故发生后，有关部门对车辆进行检测时发现，该车辆已有半年没有经过安全部门检测，左前轮胎已报废，达不到危险化学品运输车辆的性能要求。

（2）液化气钢瓶运输车辆情况 鲁 Q-A938 挂卡车长 13m，装载液化气空钢瓶（5kg）约 800 只。

11.1.1.4 现场周边情况

事故当天风向是东到东南风，事故点下风及侧下风方向主要有淮阴区王兴乡的高荡、张小圩、圆南和涟水县蒋庵乡的小陈庄、悦来集、张官荡、石桥等十来个行政村，其中距离事故点最近的有高荡村的 3 个组，高荡五组、六组、七组，共 200 户约 550 人，离事故点最近住户的直线距离只有 60m，如图 11.1 所示。

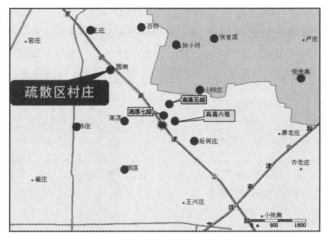

图 11.1 现场周边情况示意图

11.1.1.5 天气情况

29 日 18 时，晴到多云，东到东南风，风力 3 级左右，风速 3.8m·s^{-1}，气温 12℃；30 日晴，东南到南风，风力 1~2 级，风速 0.8~3.2m·s^{-1}，气温 6~20℃；31 日晴，南到东南风，风力 1~2 级，风速 0.8~3.2m·s^{-1}，气温 6~21℃。

11.1.1.6 水源情况

事故现场没有可以利用的水源，最近的取水点有三处，都是口径为 150mm、流量 18L·s^{-1} 的室外消火栓。第一个消防栓位于事故点北面的淮安北出口处（距事故点 8km），第二个消火栓位于事故点南面的淮连高速公路涟水服务区（距事故点 12km），第三个消火栓位于事故点南面的淮连高速公路淮安收费站（距事故点 16km），如图 11.2 所示。

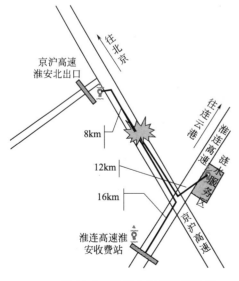

图 11.2 现场水源情况示意图

图 11.3 封堵漏口

11.1.2 事故现场洗消措施

18 时 55 分，淮安市消防支队接到淮阴区公安 110 指挥中心转警后，迅速调集 8 个中

237

队、29 辆消防车、150 名官兵赶赴现场救援。江苏省消防总队接报后，先后调集 5 个支队、10 辆消防车、90 名官兵到场增援。在现场指挥部的统一指挥下，在淮安市公安、武警、交通、安监、医疗和环保等相关部门的协同配合下，消防人员采取安全防护、警戒疏散、侦察检测、喷雾稀释、封堵漏口、起吊转移、快速中和等措施，经过近 65h 的艰苦奋战，成功处置了这起液氯槽罐车泄漏事故。图 11.3、图 11.4 及图 11.5 为事故处置关键环节图片。

图 11.4　起吊转移

图 11.5　快速中和

11.1.2.1　洗消剂的确定

根据氯气的理化性质和染毒对象受污染的具体情况，氯气的洗消方法主要有物理洗消法和化学洗消法两种。

氯气的物理洗消法主要是利用通风消毒法、自然条件消毒法等方式将氯气浓度降低至最高容许浓度以下。例如，可采用水动排烟机等强制排除局部空间或小区域内的氯气；也可对染毒区暂时封闭，依靠自然条件如日晒、风吹等使氯气消散。氯气的物理洗消法只是通过各种方式将氯气的浓度稀释至最高允许浓度以下，或防止人体接触来减弱或控制其危害，并不能从本质上消除氯气对环境的影响，而且洗消效率较低。

氯气的化学洗消法主要是利用氯气能部分溶于水，并与水作用发生自氧化还原反应，生成次氯酸和盐酸，从而减弱其毒性，其化学反应式如下。

$$Cl_2 + H_2O \rightleftharpoons HCl + HClO$$
$$HCl \longrightarrow H^+ + Cl^-$$
$$HClO \rightleftharpoons H^+ + ClO^-$$

因此，对于泄漏的氯气云团，可采用喷雾水直接喷射，使其溶于水中。但是，氯气在水中的自氧化还原反应是可逆的，即水中存在的次氯酸和稀盐酸会阻止氯气的进一步反应，甚至当溶液的酸性增高到一定程度时，还会导致从溶液中产生氯气。因此，用纯水洗消氯气的效率不高，而且其产物仍然具有较强的氧化性和一定的酸性，容易造成二次污染。

为提高洗消效果，通常将氢氧化钠、氢氧化钙、碳酸钠、碳酸氢钠等碱性物质溶于水后喷洒于染毒区域或受污染物体表面进行中和，以促进氯气的进一步溶解，并使氯气有效地转化为次氯酸盐和氯化盐。氢氧化钠溶液、碳酸氢钠溶液洗消氯气的化学反应式如下。

$$2NaOH + Cl_2 \longrightarrow NaCl + NaClO + H_2O$$
$$2NaHCO_3 + Cl_2 \longrightarrow NaCl + NaClO + 2CO_2 + H_2O$$

11.1.2.2　洗消措施

在此次事故处置过程中，消防部队采取的具体洗消措施如下。

（1）染毒人员及器材装备的洗消　搭建洗消帐篷，建立洗消站，处置过程中及时对参战官兵及染毒装备用水进行喷淋洗消。

（2）染毒环境的洗消

① 在堵漏和起吊过程中，用开花、喷雾水枪对泄漏罐周围进行稀释。

② 将液氯罐吊入中和池中，用氢氧化钠溶液进行中和，并对中和池周围进行封闭，由专人看护，确保中和后的液体自然降解。

③ 调集 100 台喷雾机械和 10 台大型喷雾车对污染区喷洒氢氧化钠溶液。

④ 调集 10 部消防水罐车，利用雾状水对污染区进行稀释。

⑤ 环保部门对污染现场进行不间断地环境监测，直至毒气全部消除。

11.1.3 氯气洗消技术探讨

在本次事故处置过程中，消防部队对染毒人员及器材装备采用喷雾水洗消，对染毒环境采用喷雾水和氢氧化钠溶液联合洗消。用纯水洗消，尽管腐蚀性小，但洗消效率低；用氢氧化钠溶液洗消，尽管洗消效率较高，但氢氧化钠的腐蚀性较强，容易对洗消器材造成腐蚀，同时为了彻底消除氯气的毒害性，喷洒的碱液一般均过量，这样会对环境造成一定程度的危害。为了提高洗消效率，减少洗消剂对洗消器材及环境的破坏，克服传统洗消方式带来的弊端，近年来中国科学技术大学火灾科学国家重点实验室的倪晓敏等人采用含有苹果酸钠、谷氨酸钠、甘氨酸钠、氯化亚铁、草酸钠、柠檬酸钠、抗坏血酸钠等添加剂的细水雾对氯气泄漏进行了小尺度模拟洗消实验研究。研究结果表明，含上述添加剂的细水雾不仅克服了喷雾水对氯气洗消效率不高、洗消不彻底等不足，在较大程度上减少了洗消剂用量和洗消时间，而且也克服了碱液洗消氯气腐蚀性强等不足。

11.2 液氨泄漏事故洗消案例评析

氨作为一种重要的化工原料，是化肥工业的主要产品和原料，还可作为冷冻剂广泛应用于制冷。为方便运输及储存，通常将气态氨通过加压或冷却得到液态氨。氨具有毒性、强刺激性和腐蚀性，在储存和运输中一旦发生泄漏，易造成人员伤亡、财产损失和环境污染。随着氨在生产和生活中的广泛应用，近年来液氨泄漏事故时有发生，比较典型的有陕西省西安市水产冷库"4·25"液氨泄漏事故、山东省聊城市鲁西化工集团莘县化肥责任有限公司"7·8"液氨泄漏事故等。

科学洗消氨气，是液氨泄漏事故应急救援的关键环节之一，也是从根本上消除氨气泄漏危害的重要手段。因此，本节以陕西省西安市水产冷库"4·25"液氨泄漏事故为例，介绍液氨泄漏事故的应急洗消。

11.2.1 事故现场基本情况

11.2.1.1 事故单位基本情况

西安市水产冷库隶属于西安市水产公司，占地 54.88 亩，冷藏储量 2000t 的主库 1 座，日结冻能力 80t，有每小时制冷量为 55 万大卡的冷冻机 4 组、8 台，日产 15t 制冰机 1 台，1 条 0.8km 铁路专用线，通用仓库 2000m²，固定资产总值 1287 万元人民币，职工 118 人（其中各类专业技术人员 25 人）。

库区内有 3 个小工厂、1 个公司，即热处理厂、钢窗厂、油漆厂和秦达公司，库区东北角设有办公区和家属区。库区设备间有 5 个卧式高压罐、4 个架空立式低温低压罐、3 台氨泵，储存液氨 21t。库内主要存放冷饮、肉类、鱼类等速冻食品 2000 余吨，是西安市最大的冷库，担负着全市居民日常生活副食品供给的任务。

库内主要的消防设施有：地上消火栓 3 个，200t 蓄水池 1 个，移动式灭火器 27 具，过滤式防毒面具4具。

11.2.1.2　事故发生经过

2000年4月25日上午，西安市水产冷库技术人员在设备间检修3号氨泵时，误将2号氨泵进液阀关闭，当打开3号氨泵工作嘴时，制冷剂液氨从工作嘴喷出，瞬间氨气充满了整个设备间，并迅速向库区扩散蔓延。面对穿透力极强的氨气，冷库仅有4具过滤式防毒面具，技术人员显得束手无策，无法控制。

11.2.2　事故现场洗消措施

10时44分，西安市消防支队119调度指挥中心接到报警后，先后调集5个消防中队、13辆消防车、89名消防官兵赶赴现场实施救援。在现场指挥部的统一指挥下，各级指战员科学采取警戒疏散、侦察检测、消除电源和火源、关阀止漏、现场洗消等措施，经过近1h的艰苦奋战，成功排除了险情。

11.2.2.1　洗消剂的确定

根据氨气的理化性质和染毒对象受污染的具体情况，氨气的洗消方法主要有物理洗消法和化学洗消法。

氨气的物理洗消法除利用通风消毒法、自然条件消毒法将氨气浓度降低至最高容许浓度以下外，还可利用溶洗消毒法对氨气实施物理洗消，即利用氨气极易溶于水的特点，采用喷雾水对污染区域进行喷淋，使逸出的氨气溶解于水中，形成氨水，其化学反应式如下。

$$NH_3 + H_2O \Longleftrightarrow NH_3 \cdot H_2O \Longleftrightarrow NH_4^+ + OH^-$$

与氯气的物理洗消法类似，氨气的物理洗消法也不能从本质上消除氨气对环境的影响，洗消效率也较低。例如，采用喷雾水进行稀释降毒时，一方面氨气和水的反应是一个典型的气液反应过程，决定反应速率的关键因素之一是氨气在水中的溶解速率和氨气的分压差，喷雾水对氨气的吸收只能进行到氨气的组分分压略高于氨气在溶液中的平衡分压为止；另一方面氨气冲洗水中的氨并未被破坏，且氨水稳定性较差，受热温度升高时，氨气会重新挥发出来，而且洗消产物氨水在地面流淌时容易进入下水道、河流等其他水体，造成更大的危害。

氨气的化学洗消法主要是利用酸性洗消剂（如对染毒环境洗消时，可采用盐酸、硫酸、硝酸等中强酸溶液；对染毒人员及器材装备洗消时，可采用硼酸、柠檬酸等弱酸溶液）与氨发生中和反应来减少液相中溶质氨的浓度，从而增大传质推动力，提高洗消效率。稀盐酸、稀硼酸洗消氨气的化学反应式如下。

$$HCl + NH_3 \longrightarrow NH_4Cl$$
$$H_3BO_3 + 3NH_3 \longrightarrow (NH_4)_3BO_3$$

11.2.2.2　洗消措施

在此次事故处置过程中，消防部队采取的具体洗消措施主要有以下几点。

（1）染毒人员和器材装备的洗消　洗消组在库区大门外设置洗消站，由1部重型水罐消防车和2部水罐消防车供水，负责对进出危险区的人员、器材进行反复洗消。

（2）染毒环境的洗消　氨气泄漏处置完毕后，洗消组首先利用消防车出1支开花水枪对设备间的设备和场地进行彻底洗消。洗消完毕，侦检人员再次进行测试，设备间空气中的氨气浓度低于$30mg \cdot m^{-3}$。

11.2.3　氨气洗消技术探讨

在本次事故处置过程中，消防部队对染毒人员、染毒器材装备及染毒环境均采用喷雾水洗消，尽管腐蚀性小，但洗消效率低。为了提高洗消效率，减少稀酸型洗消剂对洗消器材及环境的破坏，近年来中国科学技术大学火灾科学国家重点实验室的倪晓敏等人采用含有 $MgCl_2$、$AlCl_3$ 及氟表面活性剂的多元复合型洗消剂对液氨泄漏进行小尺度模拟洗消实验研究。经研究发现，相比于含有单一金属离子的溶液，Mg^{2+} 和 Al^{3+} 之间存在着协同洗消作用，该多元复合型洗消剂不仅可将 NH_3 完全转变为 NH_4^+，自身转变为无毒无害的氢氧化物，而且少量氟表面活性剂的加入，可以降低洗消剂的表面张力，改善细水雾的流动特性。相对于传统的纯水或稀酸型洗消剂，多元复合洗消剂的配制工艺简单，洗消效率高，洗消彻底，洗消产物无毒无害，是一种高效的环保型洗消剂。此外，他们还采用含复合型酸性添加剂 MZ-1 和 MZ-2（由无机酸、有机酸、表面活性剂和醇组成）的细水雾对氨气泄漏进行小尺度模拟实验研究。研究结果表明，采用含酸性 MZ 复合添加剂的细水雾洗消氨气，综合利用了物理洗消和化学洗消的耦合作用，一方面添加剂中的表面活性剂组分可以降低溶液的表面张力，使细水雾的雾滴粒径减小，提高洗消剂与氨气的接触面积；另一方面复合添加剂中的酸性组分可以与氨气反应，将氨分子转化为较稳定的铵离子，增大传质推动力，从而大大提高了洗消效率，且洗消更加彻底。

11.3　硫化氢泄漏事故洗消案例评析

硫化氢一般是化学反应和蛋白质自然分解的产物，在石油开采、橡胶、鞣革、煤低温焦化、甜菜制糖等生产中有硫化氢产生，在清理水井、下水道、隧道、垃圾堆等作业中可能遇到硫化氢，在石油天然气、火山喷发的气体中也含有硫化氢。硫化氢是一种窒息性气体，危害性极大，近年来世界各国硫化氢中毒事件时有发生。在我国，硫化氢中毒事件在职业性急性中毒事件中排名第二，中毒者数量仅次于一氧化碳。近年来，比较典型的硫化氢泄漏事故有重庆市开县"12·23"特大天然气井喷事故、云南省昆明市安宁齐天化肥厂"6·12"硫化氢泄漏事故等。

科学洗消硫化氢，是硫化氢泄漏事故应急救援的关键环节之一，也是从根本上消除硫化氢泄漏危害的重要手段。因此，本节以重庆市开县"12·23"特大天然气井喷事故为例，介绍硫化氢泄漏事故的应急洗消。

11.3.1　事故现场基本情况

11.3.1.1　井场基本情况

"罗家 16H 井"位于重庆市开县高桥镇晓阳村黄泥哑口，距重庆市区约 400km，距开县县城约 75km，距开县高桥镇约 1km，离井场 100m 范围内住有 10 余户居民，500m 范围内住有大量居民。井场在一山脚下，周围道路崎岖狭窄，交通不便，四面环山，通讯落后。该井是中石油四川石油管理局川东钻探公司钻探的一口天然气井，设计井深 4322m，垂深 3410m，水平段长 700m，于 2003 年 5 月 23 日开钻，事故发生前钻至井深 4049.68m。该气井是四川盆地中发现储量最大的天然气田，也是目前我国最大的天然气田之一，可日产 100 万立方天然气。

11.3.1.2　事故发生经过

2003 年 12 月 23 日 2 时 52 分，罗家 16H 井钻至井深 4049.68m，因为需要更换钻具，经过 35min 的泥浆循环后开始起钻。12 时，起钻至井深 1948.84m。此时因顶驱滑轨偏移，致使挂卡困难，于是停止起钻，开始检修顶驱。16 时 20 分，检修顶驱完毕，继续起钻。21 时 55 分，起钻至井深 209.31m，录井员发现录井仪显示泥浆密度、电导、出口温度、烃类组分出现异常，泥浆总体积上涨，溢流 1.1m³。录井员随即向司钻报告发生了井涌。司钻接到报告后，立即发出井喷警报，并停止起钻，下放钻具，准备抢接顶驱关旋塞。21 时 57 分，当钻具下放十余米时，大量泥浆强烈喷出井外，将转盘的两块大方瓦冲飞，致使钻具因无支撑点而无法对接，故停止下放钻具，抢接顶驱关旋塞未成功。21 时 59 分，采取关球形和半闭防喷器的措施，但喷势未减，突然一声闷响，顶驱下部起火。作业人员使用灭火器灭火，但由于粉末喷不到着火部位而失败。随后关闭防喷器，将钻杆压扁，从挤扁的钻杆内喷出的泥浆将顶驱火熄灭。此后，作业人员试图上提顶驱拉断钻杆，也未成功。于是开通反循环压井通道，启动泥浆泵，向井筒环空内泵注重泥浆，由于没有关闭与井筒环空连接的放喷管线阀门，重泥浆由放喷管线喷出，内喷仍在继续。22 时 04 分左右，井喷完全失控，井场硫化氢气味很浓。

据测试，该井井下压力达 46MPa，井口压力达 28MPa，日喷天然气 400 万～500 万立方米，大量的天然气弥漫在井场周围数公里，一旦遇到火星将会引起燃烧爆炸。同时，伴随天然气冲出大量硫化氢气体，含量高达 140g·m⁻³，井场附近空气中硫化氢含量最高时达 200mg·m⁻³ 以上（空气中最大允许含量不超过 10mg·m⁻³），井场附近空气中硫化氢最低浓度不小于 100mg·m⁻³。24 日，井场下风方向 3～5km 范围内空气中硫化氢浓度大于 300mg·m⁻³，方圆 5km 范围内都能闻到恶臭味。此次事故波及开县境内的高桥镇、麻柳乡、正坝镇、天和乡 4 个乡镇 28 个村，造成 243 人死亡，59790 名群众不同程度中毒和受灾，大量牲畜、家禽和野生动物死亡，环境严重污染，是我国石油史上罕见的一次特大井喷事故。

11.3.2 事故现场洗消措施

22 时 39 分，奉重庆市政府、市公安局命令，重庆市消防总队先后调集 11 个消防中队、21 辆消防车、135 名指战员赶赴现场参加抢险救援。在国务院工作组、公安部消防局、市、地党政领导、市公安局和抢险救援指挥部的统一领导下，重庆市消防总队与重庆市安全生产监管局、中石油四川管理局等部门密切配合、协同作战，利用广播和电话等通信工具向井场周围群众喊话、深入毒区挨家挨户搜寻的方式全力搜救遇险人员，经侦察和询问后制定了压井消防保卫方案，包括进攻路线、水枪手的位置、保护对象、消防供水、压井不成功紧急情况下呼吸器的快速佩戴、撤离方向和路线等，掩护石油工人将 260t 重金属泥浆在压井车的强大压力作用下源源不断地压入气井，使井喷险情得以成功消除。图 11.6～图 11.9 分别为事故处置关键环节图片。

图 11.6 压井准备

图 11.7 压井过程

11.3.2.1 洗消剂的确定

根据硫化氢的理化性质和染毒对象受污染的具体情况，硫化氢的洗消方法主要有物理洗消法和化学洗消法。

图 11.8 压井成功

图 11.9 燃烧消毒

硫化氢的物理洗消法主要是利用通风消毒法、自然条件消毒法、溶洗消毒法等方式将硫化氢的浓度降低至最高允许浓度以下。硫化氢的物理洗消法同样不能从本质上消除硫化氢对环境的影响，洗消效率也较低。同时，利用溶洗消毒法洗消硫化氢时，应注意收集并处理废水，否则会扩大污染范围，造成更大的危害。

硫化氢的化学洗消法主要是利用碱性洗消剂（如对染毒环境洗消时，可采用氢氧化钠、氢氧化钙等中强碱溶液；对染毒人员及器材装备洗消时，可采用碳酸钠、碳酸氢钠等弱碱溶液）与硫化氢之间的中和反应来减少液相中溶质的浓度，从而增大传质推动力，提高洗消效率。氢氧化钠溶液、碳酸氢钠溶液洗消硫化氢的化学反应式如下。

$$2NaOH + H_2S \longrightarrow Na_2S + 2H_2O$$
$$2NaHCO_3 + H_2S \longrightarrow Na_2S + 2CO_2 + 2H_2O$$

此外，硫化氢为易燃气体，在掩护力量到位的前提下，也可采用燃烧消毒法降低硫化氢的毒害性，利于事故处置，其化学反应式如下。

$$2H_2S + 3O_2 \longrightarrow 2SO_2 + 2H_2O$$

11.3.2.2 洗消措施

在此次事故处置过程中，消防部队采取的具体洗消措施如下。

（1）染毒人员的洗消 洗消小组及时搭建公众洗消帐篷，建立洗消站，做好人员洗消准备。

（2）染毒环境的洗消 井口停喷后，天然气从放喷管释放出来，救援人员点燃了离井架120m处2根直径75mm的放空管线，喷出的硫化氢燃烧后生成二氧化硫，大大降低了硫化氢的毒性。与此同时，对井场周围的染毒植被也进行了焚烧，进一步降低了硫化氢的污染程度。

11.3.3 硫化氢洗消技术探讨

在本次事故处置过程中，消防部队对染毒人员采用喷雾水洗消，尽管腐蚀性小，但洗消效率低；对染毒环境采用燃烧消毒法洗消，尽管洗消效率较高，但燃烧时可能会使部分毒物挥发，造成临近或下风方向空气污染，因此需做好防护前期准备工作，并要求洗消人员做好严格的防护措施。近年来，国内一些学者对硫化氢洗消进行了实验研究，如防化研究所的李战国等人采用脉冲电晕放电等离子体对空气中的硫化氢进行降解研究，探索了脉冲峰压、脉冲频率、气体流量以及气体初始浓度对净化效果的影响。结果表明，脉冲电晕放电可以有效消除硫化氢污染，净化率随脉冲峰压和脉冲频率的增加而提高，随气体初始浓度和流量的增加而下降，净化率高达99.2%，且硫化氢经放电处理后主要产物为低毒的二氧化硫和三氧化硫。

11.4 氯磺酸泄漏事故洗消案例评析

氯磺酸是一种无色或淡黄色的油状液体，具有辛辣气味，在空气中发烟，是硫酸的一个—OH 基团被氯取代后形成的化合物，主要用于有机化合物的磺化、制取药物、染料、农药、洗涤剂等。氯磺酸具有强腐蚀性，可通过吸入、食入、皮肤或眼睛接触途径对人体造成灼伤。同时，氯磺酸也是一种强氧化剂，遇水猛烈分解，产生大量的热和浓烟，甚至引起爆炸；在潮湿空气中与金属接触，能腐蚀金属并放出氢气，极易引起燃烧爆炸；与易燃物（如苯）和可燃物（如糖、纤维素等）接触会发生剧烈反应，甚至引起燃烧，产生有害的燃烧产物氯化氢、硫的氧化物。近年来，随着氯磺酸的应用日益广泛，氯磺酸泄漏事故时有发生，比较典型的是北京市东六环"5·19"氯磺酸运输槽罐车泄漏事故。

科学洗消氯磺酸，是氯磺酸泄漏事故应急救援的关键环节之一，也是从根本上消除氯磺酸泄漏危害的重要手段。因此，本节以北京市东六环"5·19"氯磺酸运输槽罐车泄漏事故为例，介绍氯磺酸泄漏事故的应急洗消。

11.4.1 事故现场基本情况

11.4.1.1 事故基本情况

2009 年 5 月 19 日 23 时 40 分，一辆装载 80t 氯磺酸的大型槽罐车（车牌号为冀 F36626）由内蒙古赤峰市驶往河北省石家庄市，在途经北京市东六环路土桥收费站由北向南 1km 处时发生泄漏。发生泄漏事故后，槽车停靠在距路边 0.5m 左右处，尾部冒着白烟，白烟高度约 10m，并形成宽约 3m、长约 20m 的雾团向西北方向缓慢扩散。泄漏点位于槽车左后轮胎挡泥板上方的横梁与罐体衔接处，泄漏点是一个长 4cm 左右的裂缝，泄漏的氯磺酸液体沿着路面向北流淌约 30m 后经路边排水槽流向排水沟，并在排水沟内形成约 10m² 左右的污染区。

11.4.1.2 现场周边情况

事故地点东侧 230m 处是通州区太玉园居民小区，常住人口约 4100 人；西侧 400m 处是高楼金村，常住人口约 400 人；南北两侧为东六环主路，各距最近的收费站（次渠收费站和土桥收费站）分别为 8km 和 1km。

11.4.1.3 气象情况

据通州区气象局提供的气象数据显示，5 月 19 日晚 24 时天气晴，风向为东南风，气温为 28℃，大气压为 99.89kPa，空气湿度为 31%，风速 5.0m·s⁻¹。

11.4.2 事故现场洗消措施

23 时 43 分，北京市消防总队 119 指挥中心接到报警后，根据事故现场情况，立即启动《化学危险品运输车辆事故处置预案》，先后调集 5 个中队、15 辆消防车、95 名消防官兵赶赴现场参加抢险救援。处置期间，总队全勤指挥部、公安部七局战训处、市公安局、通州区应急办、安监局、环保局、交通局等相关单位和领导先后到场指挥处置工作。在现场总指挥部的统一指挥下，各参战力量密切配合、协同作战，始终坚持"救人第一"的指导思想，正确采取安全防护、警戒疏散、侦察检测、封堵漏口、化学洗消、倒罐输转等处置措施，经过 21h 的连续奋战，圆满完成了处置任务。图 11.10～图 11.13 分别为事故处置关键环节图片。

11.4.2.1 洗消剂的确定

根据氯磺酸的理化性质和染毒对象受污染的具体情况，氯磺酸的洗消方法主要有物理洗

图 11.10　侦察检测

图 11.11　倒罐输转

图 11.12　人员洗消

图 11.13　覆盖中和

消法和化学洗消法。

　　氯磺酸的物理洗消法主要是利用吸附消毒法，如用砂土、蛭石或其他惰性材料将液态氯磺酸吸附回收后转移处理，利用通风消毒法、自然条件消毒法或溶洗消毒法将氯磺酸蒸气浓度降低至最高允许浓度以下。氯磺酸的物理洗消法同样不能从本质上消除氯磺酸对环境的影响，如使用吸附剂时还要对吸附后的产物进行处理，操作方法烦琐，洗消效率较低；同时利用溶洗消毒法洗消氯磺酸蒸气时，也应注意收集并处理废水，以免使污染范围扩大，造成更大的危害。

　　氯磺酸的化学洗消法主要是利用碱性洗消剂（如对染毒环境洗消时，可采用氢氧化钠、氢氧化钙等中强碱溶液；对染毒人员及器材装备洗消时，可采用碳酸钠、碳酸氢钠等弱碱溶液）与氯磺酸之间的中和反应来降低氯磺酸的毒害性与腐蚀性。氢氧化钠溶液、碳酸氢钠溶液洗消氯磺酸的化学反应式如下。

$$NaOH + HSO_3Cl \longrightarrow NaSO_3Cl + H_2O$$
$$NaHCO_3 + HSO_3Cl \longrightarrow NaSO_3Cl + CO_2 + H_2O$$

11.4.2.2　洗消措施

　　在此次事故处置过程中，消防部队采取的具体洗消措施如下。

　　（1）染毒人员的洗消　洗消小组及时搭建公众洗消帐篷，建立洗消站，可用 3% 的三合二洗消液，对侦检、堵漏人员做好洗消准备。特别是在堵漏过程中，为防止堵漏人员长时间沾染氯磺酸对防护服造成腐蚀，在每次堵漏作业结束后，洗消小组依托洗消帐篷及时利用三合二洗消液对参与封堵的特勤人员进行彻底洗消，确保不造成二次污染和对官兵的更大伤害。

　　（2）染毒环境的洗消

　　① 利用移动式排烟机对酸雾进行驱散。

② 对于泄漏形成的白色氯磺酸气团，出 2 支喷雾水枪对第一事故现场下风向 50m 范围内的酸雾进行稀释降毒。

③ 利用区应急办调派的 1 部公路洒水车和一车生石灰对第一事故现场被污染的路面及排水沟进行覆盖中和清洗，大大降低了氯磺酸对事故车辆轮胎、路面的腐蚀及现场酸雾的浓度。

④ 在将氯磺酸槽罐车转移到第二事故现场后，调派 2 部消防车出 2 支喷雾水枪，稀释下风方向 200m 范围内飘散的酸雾，防止对附近村民造成伤害。

⑤ 倒罐成功后，利用铲车和挖掘机将遗撒在第二事故现场的氯磺酸与生石灰粉反复搅拌彻底中和后进行深度掩埋。

11.4.3　氯磺酸洗消技术探讨

在本次事故处置过程中，消防部队对染毒人员采用 3% 的三合二洗消液进行洗消，对染毒空气采用喷雾水进行洗消，对事故现场染毒路面及第二事故现场地面采用生石灰覆盖中和进行洗消。对染毒人员采用三合二洗消液进行洗消，易造成服装及人体皮肤腐蚀，因此建议选用腐蚀性较小的碳酸钠、碳酸氢钠等碱性盐类洗消剂进行洗消。

11.5　氰化物泄漏事故洗消案例评析

氰化物是含有氰基（CN⁻）的一类化合物的总称，分简单氰化物、氰络合物和有机氰化物三种。通常所说的氰化物一般是指简单氰化物，如氰化氢、氰化钠和氰化钾等，它们均易溶于水，进入人体后易解离出氰基，对人体有较强的毒害性。氰化物在民用工业中的用途十分广泛，它是赤血盐和黄血盐染料的原料，且大量用于贵重金属的提纯筛选、电镀和农药制造等。氰化物大多数为剧毒或高毒物质，一旦发生泄漏，往往会造成严重的后果。近几年来，国内外氰化物泄漏事故时有发生，其中最为典型的是北京市怀柔区京都黄金冶炼有限公司"4·20"氰化物泄漏事故。

科学洗消氰化物，是氰化物泄漏事故应急救援的关键环节之一，也是从根本上消除氰化物泄漏危害的重要手段。因此，本节以北京市怀柔区京都黄金冶炼有限公司"4·20"氰化物泄漏事故为例，介绍氰化物泄漏事故的应急洗消。

11.5.1　事故现场基本情况

11.5.1.1　事故单位基本情况

京都黄金冶炼有限公司位于北京市怀柔区雁栖镇八道河村西北部山区深处，隶属于北京中发股份有限公司，主要以冶炼黄金为主，占地面积 43.5 亩，厂内共有职工 143 人。1990 年 5 月建厂，1991 年 11 月正式投入生产，曾有过连续六年年产黄金 1000kg、年产值近亿元的历史，是全国十四家重点黄金冶炼企业之一。2000 年以后，由于外购矿石供应不足等原因，效益下降，设备老化，处于半停产状态。

该厂采用湿法冶炼工艺，工艺设备属于国内先进水平。其主要生产工艺流程为：原矿石→破碎→磨矿→氰化浸出→炭吸附→解吸电积→冶炼铸锭→尾矿压滤→尾矿库存放。由于生产过程中含氰溶液中有杂质不断积累，会降低浸金效率，所以必须定期净化除杂。该厂采用酸化处理，其方法是向含氰贫液中加入浓硫酸将贫液的 pH 值降至 2.8～3，使杂质沉淀，这时贫液中的氰化钠生成氰化氢（沸点仅 25.6℃，极易挥发），然后再对挥发的氰化氢用氢氧化钠（NaOH）碱液中和吸收，使游离的氰化氢还原成氰化钠溶液后返回工艺流程中浸金使用。上述过程全部是在密闭系统中循环进行的，正常情况下氰化氢气体不可能发生泄漏。

11.5.1.2　事故基本情况

2004 年 4 月 20 日 18 时许，由于在酸化处理过程中，操作人员在中间槽内加碱量不足，导致含有大量氰化氢的酸性溶液流入敞开的泵槽，而循环泵又未及时开启，致使含有氰化氢的酸性溶液由泵槽向外大量溢出，产生的氰化氢蒸气浓度很高，而且通风不畅，造成现场操作工人 3 人死亡、1 人中毒，抢救中毒人员过程中由于处置不当又造成 9 人中毒，共计造成 3 人死亡、10 人中毒。

事故单位京都黄金冶炼有限公司地处雁栖湖和雁栖河上游，根据北京市水利局和北京市防汛抗旱指挥部有关文件，雁栖湖现已被列入向市区调水的水源地之一，而且北京市应急备用井也在这一地区。事故发生后，30 余吨含有氰化氢的有毒液体泄漏外溢并蔓延车间外 250 余米处，最宽处达 20m，厂房地面上存留有毒液体 10～20cm 深。方圆 500m² 范围内空气中有毒气体浓度严重超标，厂区周围植物大量枯死。如果泄漏事故得不到及时有效地控制或处置不当，就极有可能使厂内 1300 多吨含有氰化钠的有毒液体泄漏外溢流入雁栖河，造成北京市饮用水源被污染，后果不堪设想。

11.5.2　事故现场洗消措施

21 时 16 分，北京市消防总队 119 调度指挥中心接到市局指挥中心转来市人民政府值班室电传通报后，立即启动《危险化学品事故应急救援预案》，先后调集怀柔、密云、空港消防中队，方庄、西客站特勤中队及特勤大队、五支队、局机关的防化洗消车、普通水罐车、照明车、破拆车、器材保障车等 20 辆消防车、200 余名消防官兵赶赴现场进行处置。与此同时，北京市委书记、市长等领导做出重要批示，公安部消防局政委、市公安局副局长先后赶到现场，与到场的市环保局、市卫生局、市安全生产监督管理局、市疾控中心等部门的领导成立了现场处置总指挥部。在总指挥部的统一指挥下，各参战力量密切配合、协同作战，坚持"先控制，后处置，救人第一"的指导思想，正确采用安全防护、现场警戒、侦察检测、关阀堵漏、化学洗消、善后监护等处置程序，科学运用通风排毒、筑堤围堰、关阀断料、稀释防爆、化学中和等战术措施，经过 20 多个小时的顽强奋战，成功地排除了险情。图 11.14～图 11.17 分别为事故处置关键环节图片。

图 11.14　通风排毒

图 11.15　化学中和

11.5.2.1　洗消剂的确定

氰化物的洗消可分为两部分：一是对气态氰化氢的吸收消除；二是对氢氰酸及其盐类在水中的氰根离子的消毒。

（1）气态氰化氢的洗消　对气态氰化氢可采用酸碱中和法。利用氰化氢的弱酸性，可用碱性洗消剂（如氢氧化钠溶液、石灰水等）进行中和，生成的盐类及其水溶液经收集再进一

图 11.16　覆盖中和

图 11.17　人员洗消

步处理。氢氧化钠洗消氰化氢的化学反应式如下。

$$NaOH + HCN \longrightarrow NaCN + H_2O$$

此外，对封闭空间的染毒空气，还可采用通风消毒法降低局部空间内氰化氢的浓度。

（2）水中氰根离子的消毒　对水中氰根离子的消毒常用的有碱性氯化法和铁盐法。

① 碱性氯化法利用氰根的还原性，在碱性条件下，加入氯氧化剂（如三合二或漂白粉等），水解生成具有强氧化性的次氯酸根，将氰化物氧化成低毒的氰酸盐；当氯氧化剂足量时，氰酸盐继续被氧化，最终成无毒的二氧化碳和氮气，从而将氰根的毒性消除。碱性氯化法的具体操作方法如下。

第一阶段，先将含氰溶液的 pH 值调至大于等于 10，再加入氯氧化剂，利用次氯酸根与氰根发生氧化氯化反应，生成低毒的氰酸盐，其化学反应式如下。

$$CN^- + ClO^- + H_2O \longrightarrow CNCl + 2OH^-$$
$$CNCl + 2OH^- \longrightarrow CNO^- + Cl^- + H_2O$$

在此阶段，若含氰溶液的 pH 值过低，会有剧毒的氯化氰产生。

第二阶段，调整溶液 pH 值为 7.5～8.0，继续加入氯氧化剂，将低毒的氰酸盐最终氧化为二氧化碳和氮气，其化学反应式如下。

$$2CNO^- + 3ClO^- + H_2O \longrightarrow 2CO_2\uparrow + N_2\uparrow + 3Cl^- + 2OH^-$$

在此阶段，若含氰溶液的 pH 值过高，会影响化学反应的速率。

在采用碱性氯化法洗消水中氰根离子时，应注意，控制好各阶段的 pH 值；加入足量的氯氧化剂；洗消人员应做好个人安全防护。

② 铁盐法利用氰根的络合性，氰根与亚铁盐作用生成无毒的稳定络合物；在碱性溶液中，络合物与铁盐进一步作用，生成深蓝色的普鲁士蓝沉淀。

铁盐法洗消氢氰酸的化学反应式如下。

$$6HCN + FeSO_4 + 6KOH \longrightarrow K_4[Fe(CN)_6] + K_2SO_4 + 6H_2O$$
$$3K_4[Fe(CN)_6] + 4FeCl_3 \longrightarrow Fe_4[Fe(CN)_6]_3\downarrow + 12KCl$$

铁盐法洗消氰化钠的化学反应式如下。

$$6NaCN + FeSO_4 \longrightarrow Na_4[Fe(CN)_6] + Na_2SO_4$$
$$3Na_4[Fe(CN)_6] + 4FeCl_3 \longrightarrow Fe_4[Fe(CN)_6]_3\downarrow + 12NaCl$$

11.5.2.2　洗消措施

在此次事故处置过程中，消防人员采取的具体洗消措施如下。

（1）染毒人员的洗消　在距现场 3000m 处设置洗消站，搭建洗消帐篷，配制三合二洗消药剂，对从危险区域撤离的救援人员进行洗消。

（2）染毒环境的洗消

① 拆除了事故车间的棉门帘，打开二层窗户进行通风换气。

② 利用防化洗消消防车对毒液外溢流淌地带及厂房周围的 10000m² 范围进行中和洗消，消除氰化氢有毒气体对作业环境的危害。

③ 在厂房技术人员的配合下，消防特勤人员轮班作业，将 300 多千克氢氧化钠粉末均匀抛撒到中间槽内及厂房地面残存的毒液上，使现场泄漏毒液呈碱性。其间，厂方技术人员先后 4 次进行 pH 值测试，厂房内残存毒液 pH 值为 9～10，罐内毒液 pH 值为 7～8，均呈碱性。

④ 将次氯酸钙均匀抛撒到厂房一层的每一个角落，对地面流淌毒液进行氯化中和。整个过程持续了 4 个多小时，将厂房内外的残存毒液全面覆盖，进行彻底消毒。

⑤ 消防人员对现场进行了 2 次侦检，确认残存毒液毒性下降。然后，环保、防疫人员设置了 12 个监测点，监测现场毒气浓度。

⑥ 北京市疾病控制中心送来 5 笼 11 只小白鼠测试现场毒性，消防人员进入现场将其放在不同位置，停留一段时间后对小白鼠进行观察检测，11 只小白鼠均无异常。

11.5.3　氰化物洗消技术探讨

在本次事故处置过程中，消防部队对染毒人员采用三合二洗消液进行洗消，对染毒地面及空气采用自然通风、氢氧化钠中和、次氯酸钙氯化氧化进行洗消。在氰化物泄漏事故现场，对染毒人员的洗消应尽可能选择刺激性较小的氯胺类洗消剂，以免对人体皮肤产生腐蚀，一般采用二氯胺或敌腐特灵较为合适，如可用 5% 的二氯胺酒精溶液对皮肤和服装消毒，可用 0.1%～0.5% 的水溶液，对眼、耳、鼻、口腔消毒。当氯胺类洗消剂或敌腐特灵储备较为充足时，也可用于对器材装备进行洗消。若使用腐蚀性较大的洗消剂（如三合二、漂白粉）对器材装备实施洗消，洗消完毕应用大量的清水进行冲洗，擦干后立即上油保养，以减轻洗消剂对器材装备的腐蚀。对道路、地面、水域和建（构）筑物实施洗消时，由于洗消剂的用量较大，应尽可能选择容易得到且价格较为低廉的洗消剂，如三合二、漂白粉、硫酸亚铁、氯化铁等。

11.6　苯泄漏事故洗消案例评析

苯是一种重要的有机化工原料，主要用作溶剂及合成苯的衍生物（如苯乙烯、环己烷、苯酚等）、香料、染料、塑料、医药、炸药、橡胶等。苯是有毒、易燃物质，在生产、储存、运输及使用过程中一旦发生泄漏，极易引发爆炸、燃烧和中毒事故，导致严重后果。近年来，苯泄漏事故时有发生，比较典型的有中石油吉林石化公司双苯厂"11·3"火灾爆炸事故、江苏省常州市江苏亚邦染料股份有限公司"8·23"火灾事故及合界高速公路安庆段"9·1"液苯槽车泄漏事故等。

科学洗消苯，是苯泄漏事故应急救援的关键环节之一，也是从根本上消除苯泄漏危害的重要手段。因此，本节以合界高速公路安庆段"9·1"液苯槽车泄漏事故为例，介绍苯泄漏事故的应急洗消。

11.6.1　事故现场基本情况

2006 年 9 月 1 日 23 时许，一辆装载 26t 液苯（牌照为皖 F05967）的淮北籍半挂槽车在行至合界（合肥-界子墩）高速（潜山段）武汉至合肥方向 144km 处时，由于驾驶员疲劳驾驶致使车辆失控，在撞断高速公路防护栏后，径直冲入高速公路路基下约 15m 处的池塘中

（该池塘 3m 多深），槽罐车的前轮胎和车体分离，罐体阀门损坏，大量液苯发生泄漏，两名驾驶员被困车内，合界、合安高速中断。听到巨大的响声，当地村民迅速赶到现场，由于当时没有电话，村民们先将被困于驾驶室的两个人救出后才用高速公路应急电话报警。

11.6.2　事故现场洗消措施

23 时 34 分，潜山县消防大队接到报警后，立即出动 1 辆消防车赶往事发地点，经初步侦察和现场询情后，立即向安庆市消防支队 119 指挥中心汇报并请求增援。9 月 2 日 0 时 05 分，安庆市消防支队 119 指挥中心接到报警后，先后调集特勤中队、二中队、三中队及怀宁大队的 7 辆消防车、50 名消防官兵赶赴现场，同时向市政府、市公安局报告，请求及时启动《化学危险品灾害处置预案》。随后，安庆市政府、市公安、安监、环保等单位领导相继到达现场。在现场总指挥部的统一指挥下，各参战力量密切配合、协同作战，科学采取警戒疏散、侦察检查、泡沫覆盖、吊装罐体、倒罐输转、引燃残液等措施，经过 13 个多小时的艰苦奋战，成功排除了险情。图 11.18、图 11.19 分别为事故处置关键环节图片。

图 11.18　拆除电瓶

图 11.19　起吊槽车

11.6.2.1　洗消剂的确定

根据苯的理化性质和受污染的具体情况，少量苯泄漏多采用砂土、水泥粉、煤灰、液体吸附垫等吸附，收集后倒置空旷处掩埋；大量苯泄漏多采用防爆泵抽吸或使用无火花容器收集并集中处理；对于苯蒸气，多用喷雾水枪稀释驱散，特别是低洼、沟渠等处。

此外，由于苯具有高度易燃性，因此也可在掩护力量到位的前提下，采用点火燃烧的方式降低苯的毒害性，这样利于事故处置。

11.6.2.2　洗消措施

在此次事故处置过程中，消防人员采取的具体洗消措施如下。

对于泄漏于池塘内的液苯，为防止发生爆炸、毒害等险情，总指挥部经多方讨论，最后决定采用消防部门提出的用火点燃方案，具体操作由消防部门实施。安庆市消防支队指挥员根据泄漏地点环境、液苯泄漏量、气象、风向和液苯的特点、理化性质，在做好点火准备工作后，将麻绳浸泡汽油后绑在矿泉水瓶上，点燃矿泉水瓶后，从距现场 30m 处的高速公路上向池塘投掷。池塘上空立即燃起滚滚浓烟，8min 后，残液燃烧完毕，经环保部门检测达到安全水平。

11.6.3　苯洗消技术探讨

在本次事故处置过程中，消防部队对染毒环境采用燃烧消毒法进行洗消，尽管洗消效率较高，但苯燃烧后的产物会产生一定程度的环境污染。近年来，国内一些学者对苯系物的洗消方法进行了实验研究，如中国人民武装警察部队学院的张晓晨将有机废水处理领域的芬顿（Fenton）催化氧化技术应用于苯、硝基苯、苯乙酸、苯胺、苯酚等苯系物危险化学品水体泄漏洗消中，洗消率均超过 95％以上，取得了良好的洗消效果。该技术不仅可应用于泄漏于水体中的苯系物洗消，也可与传统洗消方法联合使用来对陆上泄漏的苯系物进行洗消，即在筑堤围堵的基础上，可先采用防爆泵抽吸并收集，再用吸附材料进行吸附，然后对地面残液进行冲洗，当苯系物的浓度降至适宜值后，再采用芬顿催化氧化技术处理冲洗后的废水，从而使其达到排放标准。

11.7 硫酸二甲酯泄漏事故洗消案例评析

硫酸二甲酯，又称硫酸甲酯，是一种无色或微黄色、略带葱头气味的油状可燃液体，主要应用于医药、化工及燃料行业。硫酸二甲酯是一种高毒和高腐蚀性的危险化学品，其毒性作用与糜烂性毒剂芥子气相似，对眼、上呼吸道及皮肤有强腐蚀性，高浓度时可导致化学性肺炎、肺水肿而致人死亡。近年来，我国曾发生数起硫酸二甲酯泄漏事故，比较典型的有：湖北省汉宜高速公路枝江段"5·18"硫酸二甲酯槽车泄漏事故、浙江省湖州市"9·6"硫酸二甲酯泄漏事故等。

科学洗消硫酸二甲酯，是硫酸二甲酯泄漏事故应急救援的关键环节之一，也是从根本上消除硫酸二甲酯泄漏危害的重要手段。因此，本节以浙江省湖州市"9·6"硫酸二甲酯泄漏事故为例，介绍硫酸二甲酯泄漏事故的应急洗消。

11.7.1 事故现场基本情况

11.7.1.1 事故基本情况

2006 年 9 月 6 日凌晨 2 时 24 分，一辆安徽牌照货车（皖 P27099）途经 318 国道时，与同向行驶的一辆湖北牌照（鄂 J70765）装有硫磺二甲酯的槽罐车追尾相撞，致使槽罐车内 9t 硫酸二甲酯发生泄漏，严重威胁周边居民的生命安全。从槽罐车泄漏出的大量硫酸二甲酯由东向西流入道路旁一面积约 500m² 的半干涸池塘，形成了 1000m² 范围的污染区域。

11.7.1.2 现场周边情况

事故发生地为 318 国道湖州市吴兴区八里店镇谈家扇村路段，现场东侧 80m 处为一建筑工地，事故发生时有 15 名民工；东南方向 100m 处为恒久机械厂，当时厂内除值班人员外，其余职工均已下班；南侧 8m 和西侧 10m 处为民房，住有 8 户、22 名群众；北侧约 800m 处为大东吴加油站。由于事发时正值深夜，泄漏点周围 100m 范围内的多处民房、厂房、建筑工地，共有 37 名群众正在熟睡之中，毫无察觉。

11.7.2 事故现场洗消措施

2 时 24 分，湖州市消防支队指挥中心接到报警后，支队全勤指挥部立即启动《重大化学危险物品事故处置预案》，先后调集特勤中队、飞英中队、织里中队和八里店镇专职消防队的 7 辆消防车、46 名消防官兵赶赴事故现场实施处置。与此同时，湖州市政府调集了公安、安监、环保、卫生等部门以及湖州菱化集团化工专家前往现场参与事故处置。在现场指挥部的统一指挥下，各级指挥员始终坚持"救人第一"的指导思想，采取了"先救人，后处置"的战术措施，先后采取了警戒疏散、侦察检测、封堵漏口、倒罐输转等处置措施，经过近 13h 的连续奋战，成功排除了险情。

11.7.2.1　洗消剂的确定

根据硫酸二甲酯的理化性质和受污染的具体情况，少量硫酸二甲酯泄漏可采用砂土、蛭石或其他惰性材料吸收残液，然后转移至安全场所。大量硫酸二甲酯泄漏多采用防爆泵抽吸或使用无火花容器收集并集中处理。此外，由于硫酸二甲酯在碱水中可迅速水解并发生中和，生成毒性较小的甲胺、二甲胺等物质，因此也可采用稀氨水等碱性物质中和泄漏的硫酸二甲酯，降低其危害性。

11.7.2.2　洗消措施

在此过程中，采取的洗消措施如下。

（1）染毒人员及装备的洗消　事故处置完毕，根据指挥部指令，特勤中队参战人员和装备采用纯水进行严格洗消后归队。

（2）染毒环境的洗消

① 现场指挥部调集9t纯碱到事故现场，采取先筑堤后覆盖的方法对泄漏出来的硫酸二甲酯进行处置。

② 硫酸二甲酯被成功输转后，现场指挥部命令飞英中队的12t水罐车从杨家埠汇晶化工厂调来12t浓度为10％的氨水，对事故现场进行大范围中和。

11.7.3　硫酸二甲酯洗消技术探讨

在本次事故处置过程中，消防部队对染毒人员及器材装备采用纯水进行洗消，对染毒环境采用碱液及浓度为10％的氨水进行洗消，消除或降低了硫酸二甲酯的泄漏危害。一般而言，小量硫酸二甲酯泄漏时，可采用砂土、蛭石或其他惰性材料吸收；大量泄漏时，一般先构筑围堤或挖坑收容，然后泡沫覆盖，降低蒸气灾害，最后用泵转移至槽车或专用收集器中，回收或运至废物处理场所处置。此外，由于硫酸二甲酯可燃，因此可采用燃烧消毒法降低其危害。对染毒人员的皮肤进行洗消时，可采用大量纯水或5％碳酸氢钠溶液冲洗；对于眼部，可先用生理盐水或纯水彻底冲洗，再用5％～10％碳酸氢钠溶液冲洗。

◆ 参考文献 ◆

［1］　公安部消防局.危险化学品事故处置研究指南［M］.武汉：湖北科学技术出版社，2010.

［2］　公安部消防局.2010中国消防年鉴［M］.北京：国际文化出版公司，2010.

［3］　《危险化学品重特大事故案例精选》编委会.危险化学品重特大事故案例精选［M］.北京：中国劳动社会保障出版社，2007.

［4］　倪小敏，金翔等.对含不同添加剂的细水雾洗消氯气的实验研究［J］.污染防治技术，2008，21（6）：50-53.

［5］　韩晓宁，伍昱等.氯气洗消剂小尺度实验研究［J］.消防科学与技术，2011，30（1）：65-68.

［6］　伍昱，宋磊等.添加剂对细水雾氯气洗消效率的影响研究［J］.安全与环境学报，2009，9（1）：54-57.

［7］　倪小敏，蔡昕等.含酸性添加剂的细水雾洗消氨气的性能研究［J］.环境科学与管理，2008，33（12）：98-101.

［8］　倪小敏，肖修昆等.一种多元复合型液氨洗消剂的实验研究［J］.中国安全科学学报，2008，18（8）：97-102.

［9］　李战国，胡珍等.低温等离子体治理 H_2S 污染的实验研究 ［J］.环境污染治理技术与设备，2006，7（10）：106-131.

［10］　黄金印.氰化物泄漏事故洗消剂的选择与应急救援对策［J］.消防科学与技术，2004，23（2）：191-195.

［11］　张晓晨.典型苯系物危险化学品水体泄漏洗消效能研究［D］.中国人民武装警察部队学院，2013.